U0605854

脂肪醇及其衍生物的制备与应用

李虎 孙永强 等著

Preparation and Application of Fatty Alcohols and Their Derivatives

化学工业出版社
·北京·

内容简介

脂肪醇及其衍生物是洗涤剂、表面活性剂、塑料增塑剂等工业产品的重要基础原料之一，广泛用于化工、石油、冶金、纺织、机械、采矿、建筑、造纸、交通运输、食品、医药卫生及农业等国民经济各个领域和人们的日常生活。本书就脂肪醇及其衍生物的原料、制备工艺、理化分析和应用性能等展开介绍，为行业上下游研发和生产提供指导和参考。

本书适合精细化工、医药等行业的从业人员参考，也可作为化工合成相关专业师生的教材。

图书在版编目（CIP）数据

脂肪醇及其衍生物的制备与应用 / 李虎等著.
北京 : 化学工业出版社, 2024. 12. -- ISBN 978-7-122-47149-9

I. TQ223

中国国家版本馆 CIP 数据核字第 2024V0N943 号

责任编辑：于　水　　文字编辑：姚子丽
责任校对：刘曦阳　　装帧设计：王晓宇

出版发行：化学工业出版社（北京市东城区青年湖南街 13 号　邮政编码 100011）
印　　装：北京建宏印刷有限公司
710mm×1000mm　1/16　印张 21¾　字数 414 千字　2025 年 7 月北京第 1 版第 1 次印刷

购书咨询：010-64518888　　售后服务：010-64518899
网　　址：http://www.cip.com.cn
凡购买本书，如有缺损质量问题，本社销售中心负责调换。

定　　价：168.00 元

版权所有　违者必究

前言
PREFACE

高碳脂肪醇作为生产表面活性剂、增塑剂、洗涤剂等精细化工产品的重要基础原料，在化学工业中扮演着重要的角色，全球市场已形成以科莱恩、巴斯夫、沙索化学等跨国企业为主导的集约化生产格局，年产能逾300万吨，其中棕榈油基产品占比达65%以上。我国通过天然油脂深加工与石油基合成工艺双轨发展，现已构建了完整的高碳醇产业体系。在20世纪八九十年代就实现了多家企业脂肪醇的工业化，如河南商丘龙宇化工有限公司、无锡市东泰精细化工有限责任公司、浙江凤凰脂肪醇厂、武汉市四方行化工有限公司、大连华能脂肪醇厂、江门脂肪醇厂、辽宁圣德华星化工有限公司等，但是整体规模都不大。国内合成醇在历史上曾建立了羰基合成醇（抚顺洗化厂）、齐格勒醇（吉联）装置，然而受各种因素的影响，两套装置均未能得到良好运行，目前已废弃。经过21世纪20余年的发展，形成了以江苏盛泰、浙江嘉化、丰益油脂（连云港）、德源（中国）高科、辽宁圣德华星、浙江恒翔等为主的脂肪醇大规模产业化企业，产能达到了60万吨/年，由于原料主要来自东南亚的椰子油、棕榈仁油、棕榈油及牛羊油，因此受东南亚油脂产业的影响较大。据不完全统计，截至2024年末，我国脂肪醇的产能达到了70万吨/年，实际产量也达到了50万吨/年以上。国内脂肪醇市场需求端则呈现了更强劲的增长态势，2024年市场表观需求量增加到100万吨/年以上。值得注意的是，其中很大部分仍需进口，这种供需缺口既反映出下游产业升级带来的高端产品需求增长，也凸显出原料供给端油品进口受限带来的成本压力。

近年来随着国民经济的快速发展，对功能性化学品，尤其是功能性表面活性剂的需求越来越高，合成醇尤其是各种异构醇和仲醇等，仍受制于进口。国内近年来合成醇的发展较为集中，扬巴和茂巴的异构十醇运行良好，江苏赛科建立了我国第一套石蜡氧化制仲醇的生产装置，内蒙古伊诺建立了煤基α-烯烃制备羰基合成醇和格尔伯特醇的装置，广东仁康达建立了异构十三醇的生产装置。目前仍有很多石油化工企业和煤化工企业在筹备合成醇的项目建设，国内将迎来合成醇的快速发展时代。

关于脂肪醇的书籍，自20世纪80年代之后，没有人进行相关的资料整理，而在脂肪醇及其衍生物的研究方向上，全球范围内的科技工作者，在催化体系、工艺路线、分析检测等方面的研究做了大量的工作。结合对行业的理解，本书收录了国内外发表的近1500篇脂肪醇相关文献，可以为读者提供脂肪醇技术体系的完整框架，在总结工业化技术路线的同时，在脂肪醇催化、工艺路线及未来发展方面，也给读者提供参考。全书共分7章，第1章对本书的各部分做了整体的概述；第2章和第3章分别对天然脂肪醇、各类合成脂肪醇的原料、催化体系、制备工艺进行了详细的介绍；第4章对脂肪醇涉及的各种分析方法做了总结与归纳；第5章分专题讨论了脂肪醇主要衍生物的制备、物化性能及应用；第6章与第7章分别介绍了脂肪醇及其衍生物的毒理学研究方法及数据、脂肪醇衍生物的生态学方法研究及相关数据。

本书由李虎和孙永强等著。参加本书编写的还有袁华、胡志勇、朱海林、李瑞龙、袁华、冯丽、刘冠杰、石博文、冯佳丽、海红莲、马雪梅、李伟、孙向前、朱楠、潘晓阳、冯光华、贾玉峰、姜慧婧、吕燕婷、桂建舟、刘丹、石永杰、杨自玲、黄浩、石好亮。同时，感谢李秋小教授级高工、江南大学方云教授、北京大学黄建斌教授的指导与帮助；此外，本书在撰写过程中也得到了许多无私的帮助，包括江苏赛科的李迪川和江苏盛泰化学的刘延峰同志以及在我们研究室攻读硕士学位的研究生王子涵、刘鹏翀、王渊、刁梓薇、阮义蕾、任杰、李昕鹏、段泽峰、王德华、庞婉玉、王笑、常西乐、庞婉玉、高雅利、曹新利、杨彤宇、马宇悦、董力铭、原梦颖、王正洁、梁鹏慧、高国芳、冯亚丹等众多同学。

在本书编写过程中，我们力求做到科学、系统、实用。我们广泛收集了各种资料和数据，查阅了大量的文献和资料，以确保书中的内容和数据准确可靠，在此谨向有关作者深表感谢。本书涉及的学科方向多、范围广，限于编者的水平与能力，难免有缺点与不足之处，敬请广大读者批评指正。

孙永强

2025 年 5 月于中北大学

目录
CONTENTS

第1章

绪论

脂肪醇（aliphatic alcohol）指羟基与脂肪烃基连接形成的醇类。通常称含有1～2个碳原子的为低碳数脂肪醇或低级醇，含有3～5个碳原子的为中碳数脂肪醇或中级醇，含有6个以上碳原子的为高碳数脂肪醇或高级醇。本书中的脂肪醇均指具有8～22个碳原子链的脂肪族醇类。

脂肪醇及其衍生物是洗涤剂、表面活性剂、塑料增塑剂等工业产品的重要基础原料之一，广泛用于化工、石油、冶金、纺织、机械、采矿、建筑、塑料、橡胶、皮革、造纸、交通运输、食品、医药卫生、日用化工及农业等国民经济各个领域和人们日常生活。按原料来源不同脂肪醇通常分为天然醇和合成醇。

1.1 天然醇的原料及制备工艺

天然脂肪醇简称为天然醇，是以自然界广泛存在的动植物油脂为原料，经前处理及加氢还原得到的产品，是工业脂肪醇的主要来源。天然脂肪醇的制取最早源于鲸鱼的油脂鲸蜡，鲸蜡经水解处理就可得到脂肪醇。后续逐步开发出其他来源，如以来源较丰富、含油率较高的动植物所富含的油脂为原料。

（1）制备天然脂肪醇的油脂原料

天然油脂的主要成分是不同碳链长度的脂肪酸与甘油形成的甘油三酯，可用来制备不同种类的脂肪酸、脂肪醇和甘油等。天然油脂中的脂肪酸成分和含量随动植物种类、部位等的不同有所不同，如油棕榈果果肉和果仁所产出的油脂分别称为棕榈油和棕榈仁油，棕榈油以C_{16}～C_{18}的脂肪酸酯为主要成分，而棕榈仁油则主要富含C_{12}～C_{14}的脂肪酸酯。另外，根据工业生产中的规模和用途，又将天然油脂原料分为工业生产常用的大宗油脂和用量较小但具有特殊作用的经济型和功效型油脂。最常用于工业生产的植物油脂为椰子油、棕榈仁油和棕榈油，最常见的动物油脂为牛羊油和猪油。

我国是世界上主要的油料生产国和消费国之一，但由于地理环境等因素的影响，用于脂肪醇大规模工业生产的椰子油、棕榈仁油和棕榈油等较为缺乏，大量依赖进口。与此同时，我国也拥有一些独特的油脂原料，如米糠油、乌臼油、光皮树油、麻风树油、沙棘油、茶油等，此类油脂原料可以作为特殊天然脂肪醇的原料。

除了从天然动植物中提取油脂外，还可以从地沟油、酸化油脚以及垃圾中提取油脂。此类油脂由于杂质含量高和有毒等问题，无法作为食用油品，但其主要成分仍为脂肪酸甘油三酯，能够用来生产脂肪酸甲酯、脂肪醇等产品。

(2) 天然油脂制备脂肪醇的方法

以天然油脂为原料制备脂肪醇是脂肪醇工业化生产的重要途径，相应的生产方法与工艺经历过多次演变。时至今日，仍广泛应用于脂肪醇工业化生产的代表性方法有 Henkel 工艺（固定床甲酯高压加氢法）、Lurgi 工艺（固定床蜡酯中压加氢法）、Davy 工艺（固定床甲酯气相中压加氢法）和 P&G 工艺（悬浮床甲酯加氢法）等（表 1.1）。不同的生产工艺在原料、催化剂、反应器等方面存在差异，但基本都是以天然油脂转化的脂肪酸甲酯/酯为中间产物，再经过催化加氢制得。

表 1.1　脂肪酸（或酯）加氢制脂肪醇各工艺比较

工艺路线	生产能力/(kt/a)	操作条件	氢油比	收率	特点
Lurgi 公司油脂水解悬浮床加氢	60	310℃,31MPa,亚铬酸铜	3000	>98%	氢油比小,产品质量高,酯化和加氢在同一反应器中同时进行
Davy 公司固定床甲酯气相中压加氢	40	200～250℃,4～8MPa,磺酸树脂催化剂	氢气大过量	>98%	以脂肪酸甲酯为原料,加氢反应压力低,副产物少,生产效率高
Kao 公司固定床甲酯加氢	15	275℃,24MPa,Cu-Fe-Al	氢气大过量	>95%	催化剂空速较高,寿命长,产品质量好
Henkel 公司固定床甲酯加氢	100	200～250℃,20～30MPa,Cu-Zn	8000	>98%	空速较高,催化剂寿命长,产品纯度高
Oleofina S. A 公司固定床甲酯加氢	3	175～250℃,20～30MPa,亚铬酸铜	13000	>98%	空速高,产品纯度高,条件较温和
P&G 公司油脂醇解悬浮床加氢	60	270℃,19.6MPa,亚铬酸铜	3000～5000	>98%	是悬浮床加氢的代表工艺,空速高,寿命长

续表

工艺路线	生产能力/(kt/a)	操作条件	氢油比	收率	特点
New Japan Chemical Co. 醇解固定床滴流加氢	18(饱和醇)、6(不饱和醇)	200～300℃，25～30MPa，Cu-Cr、Cu-Zn	8000～10000	>98%	是典型的滴流加氢工艺，同时生产饱和醇和不饱和醇，催化剂寿命较长

由天然油脂得到的脂肪酸甲酯，在催化剂作用下，经加氢反应制得脂肪醇。最常见的催化剂是铜-镍系催化剂，也有报道使用铂和钯等贵金属以及钴基催化剂。工业上，以脂肪酸甲酯加氢连续化生产工艺为主流，常见的反应器类型有固定床、悬浮床以及串联而成的流动床，反应压力约为16～30MPa，温度约为150～300℃。为了提高反应效率、降低反应苛刻度，还有一些研究采用了气相加氢、增加溶剂及超临界工艺等改进方法，这些方法目前尚未在工业化生产中得到应用。

除上述较为常见的工业化生产工艺外，脂肪醇的生产还有其他几种方法，如最早出现的鲸蜡水解法，由于保护海洋哺乳动物资源法规的实施，而失去了现实意义；金属钠还原法则因为经济性和安全性问题，目前只应用于小品种的不饱和醇的制备；油脂直接氢化法避免了制备脂肪酸甲酯的步骤，一步法得到脂肪醇，副产物为1,2-丙二醇与1,3-丙二醇。脂肪酸加氢法也曾是具有代表性的脂肪醇生产方法，但对反应设备的要求较高，后经过不断改进，逐步发展为蜡脂加氢工艺。

1.2　合成醇的原料及制备工艺

合成醇是以煤或石油为原料制备的脂肪醇，主要生产工艺有羰基合成醇的制备、齐格勒醇的制备、液蜡氧化制仲醇、格尔伯特醇的制备以及烯烃水合制醇。

(1) 羰基合成醇的制备

羰基合成醇（OXO醇）是以烯烃为原料，在催化剂作用下，烯烃与一氧化碳、氢气进行氢甲酰化反应合成醛，然后再加氢还原成的脂肪醇。

OXO醇的原料烯烃可以是α-烯烃，也可以是内烯烃。其中烯烃的主要制备方法有石油原料制烯烃（包括石蜡裂解制α-烯烃、正构烷烃脱氢制内烯烃、烷烃氯化脱氯化氢制内烯烃）、煤制烯烃、乙烯齐聚制α-烯烃等。

(2) 齐格勒醇的制备

齐格勒醇是以乙烯为原料，在三乙基铝存在下经齐聚、氧化、水解而制得的高级脂肪醇。齐格勒醇的生产工艺主要有两种，一种是维斯塔（Vista）工艺，产品为 Alfol 醇；另一种是乙基（Ethy1）工艺，产品为 Epal 醇。齐格勒醇由于产品分布的问题，限制了其发展。

(3) 液蜡氧化制仲醇

液蜡氧化制仲醇是通过对深度脱芳且馏程小于 50℃ 的液蜡进行氧化得到仲醇的工艺。液蜡氧化法生产高级醇的生产原料为正构烷烃，碳链长度为 C_{11}～C_{18}。

液蜡氧化制仲醇的优点在于可以得到高纯度的仲醇，但是，液蜡氧化需要使用大量的氧化剂，产生大量废水和废气，需要环保处理，并且反应条件较为苛刻，增加了操作难度和生产成本。

(4) 格尔伯特醇的制备

格尔伯特醇（Guerbet alcohol）是一种在 β 位上有较长支链的饱和脂肪伯醇。与直链饱和醇相比，由于支链的存在，格尔伯特醇具有较低的凝固点和黏度，且耐氧化性、溶解性能好。

格尔伯特醇的生产原料主要有 α-烯烃和脂肪醇，其生产工艺亦有两种：一种是以 α-烯烃为原料，经 CO、H_2 羰基化反应得到醛，然后两分子的醛缩合生成碳数增加一倍的不饱和醛，最后加氢得到高碳数的醇；另一种是直接用醇在催化剂的作用下脱氢生成醛，然后经醛的缩合及加氢反应得到相应碳数的格尔伯特醇。

(5) 烯烃水合制醇

烯烃水合是制备醇类化合物最简单、最具成效的途径之一，可以将烯烃原料高效地转化为高价值醇类化合物。烯烃水合反应主要有直接水合和间接水合两种路线，依照具体反应过程不同，烯烃水合的方法主要有强酸水解法、酯化-水解法、硼氢化-氧化水解法、光催化法、生物酶催化法等。虽然从经济、环保等角度分析，烯烃直接水合制醇优势明显，但是，目前烯烃水合反应多数针对 C_4、C_5 等低碳烯烃，未见到烯烃直接水合制高碳醇的文献报道。

1.3 脂肪醇及其衍生物的分析鉴定

脂肪醇的理化参数主要包括熔点、沸点、相对密度、黏度、折射率、闪点、摩尔折射率、摩尔体积、等张比容、表面张力、极化率等。这些理化参数可由国标方法或者行业内认可的方法测得，用于描述和评估天然醇的物理和化学性质。它们不仅有助于我们了解天然醇的本质和特性，还能为脂肪醇相关的工业生产、产品开发、实际应用等领域提供重要的技术支持和保障。脂肪醇的产品指标主要包括酸值、皂值、碘值和羟值，测定方法除国标之外不同企业皆有各自的选择，但国家标准对产品指标均有一定的数值范围要求。

在工业生产与实际应用过程中，无论是天然脂肪醇还是合成醇，一般情况下都是混合醇，因此红外吸收光谱、拉曼光谱和核磁共振波谱在合成醇的分析中极少采用。色谱及色谱联用技术，如气相色谱、气相色谱-质谱联用、液相色谱、液相色谱-质谱联用等广泛用于对脂肪醇的结构鉴定与成分分析。

1.4　脂肪醇及其衍生物的应用

脂肪醇通常为无色或淡黄色的油性液体或固体，具有较高的沸点和密度，不溶于水，但可与许多有机溶剂互溶。脂肪醇具有典型的醇类化学性质，如与酸反应生成酯、与醛反应生成缩醛等。

脂肪醇及其衍生物是洗涤剂、表面活性剂、塑料增塑剂等精细化工产品的重要基础原料之一，由它生产的精细化工产品有上千种之多，广泛用于化工、石油、冶金、纺织、机械、采矿、建筑、造纸、交通运输、食品、医药卫生及农业等。

洗涤剂脂肪醇系列表面活性剂是20世纪80年代以来各类表面活性剂中发展最快的产品，用途广、需求量大，与人们日常生活息息相关，品种有脂肪醇聚乙二醇醚、脂肪醇醚硫酸盐和脂肪醇硫酸盐、脂肪醇酯、磺基丁二酸酯等。该类产品作为洗涤剂活性物，具有去污能力强、配伍性好、泡沫少、易生物降解、耐硬水以及低温水洗涤性好等优良性能，成为洗涤剂的重要原料。

1.5　脂肪醇及其衍生物的毒理学与生态学

毒理学（toxicology）作为一门应用型交叉学科，系统研究外源性化学、物理及生物因素对生物体产生的有害效应。其核心研究内容包括：化学物质的毒性作用机制、剂量-效应关系、暴露频率与毒效动力学特征，并通过定量与定性分析手段评估毒性风险。该学科通过建立毒性阈值和暴露限值体系，为制定人体健康防护标准和生态环境安全策略提供科学依据。

生态学（ecology）由德国学者恩斯特·海克尔于1866年提出，聚焦生物体与环境（涵盖非生物因子及生物群落）的相互作用关系。针对化学物质领域，生态毒理学重点探究化合物在生态系统中的环境归趋，包括其迁移转化规律、生物富集特性及多维度生态效应。

脂肪醇及其衍生物作为应用广泛的化学品，其环境风险需通过生物降解性和水生毒性双维度进行评估。生物降解性表征化合物在自然环境中的分解能力，具体分为：①初级降解。微生物介导的分子结构改变导致功能特性丧失，如表面活性剂失去表面活性。②终极降解。化合物完全矿化为 CO_2、H_2O 及无机盐等终产物，或转化为微生物细胞组分。现有研究多聚焦于初级降解，而对终产物的生态安全性评估仍显不足。该类物质的降解效率与其分子复杂性呈负相关：短链/简单结构衍生物通常具有较高的生物可降解性，而长链/复杂结构化合物则表现出环境持久性特征。

水生毒性评估需重点关注暴露浓度、时间维度及物种敏感性差异。急性毒性表现为高浓度暴露下的呼吸抑制、生长停滞及致死效应；慢性毒性则体现为低剂量长期暴露引发的生殖障碍、行为异常及免疫抑制等亚致死效应。值得注意的是，不同营养级生物（如藻类、甲壳类、鱼类）对同类化合物的敏感性存在显著差异，建立多物种评估模型尤为重要。

鉴于传统动物实验在生态健康风险预测中的局限性，计算毒理学作为 21 世纪新兴学科，整合化学信息学、系统生物学与计算建模技术，构建化学品环境暴露-效应-风险评估预测体系。该方法通过分子描述符筛选与 QSAR（定量构效关系）模型开发，实现化合物环境行为的数字化模拟。当前研究重点在于：①拓展模型适用的化学空间；②验证多机制毒性预测的可靠性；③建立实验数据与计算模型的协同验证框架。

深化脂肪醇类物质的环境行为研究，不仅可完善其生态风险预警体系，更为绿色化学品的分子设计提供理论支撑。通过构效关系指导的结构优化（如引入易降解基团、调控亲脂性参数），可同步提升化合物的环境友好性与功能有效性，推动表面活性剂产业向可持续发展转型。

1.6 脂肪醇的发展前景

脂肪醇在化学工业中扮演着重要的角色，它是表面活性剂生产中不可或缺的原料。实际应用中，90%以上的脂肪醇会被转化为衍生物，作为醇类表面活性剂广泛应用于家用和工业清洗剂中，由于它们具有去污能力出色、耐硬水、低温洗涤效果好、配伍能力强以及生物降解快等综合性能，因此在日常生活和工业中得到广泛应用。

目前，世界范围内的脂肪醇生产规模仍在不断扩大。近年来，我国天然油脂化工及石油化工产业不断走向成熟，技术手段也逐渐完善，使得我国脂肪醇产业得以快速发展，而在长碳链合成醇方面还不尽理想。随着洗涤用品、工业助剂的迅猛发展，同时在表面活性剂、化妆品等下游产业快速发展的推动下，我国脂肪醇产销量稳定增长。据不完全统计，脂肪醇的产量从 2015 年的 29.3 万吨增长到了 2022 年的 43.7 万吨。脂肪醇市场需求量也在不断增加，从 2015 年 60 万吨增长到了 2022 年的 90 万吨。图 1.1 是 2015～2022 年我国脂肪醇实际生产产量以及对脂肪醇的需求量情况。

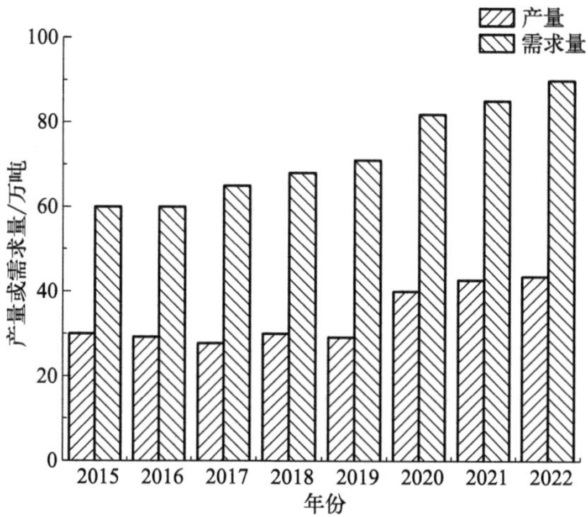

图 1.1　2015～2022 年我国脂肪醇产量及需求量情况

由图 1.1 可以看出，我国脂肪醇需求量越来越大，但是由于我国目前原料生产能力有限，不得不依赖进口，我国的脂肪醇进口量也在逐年上升。2015～2019 年我国脂肪醇进口量逐年增长，脂肪醇进口货连续多年占比 50%。2020 年公共卫生事件对海外装置生产、运输和出口贸易产生影响，加上国内脂肪醇闲置产能重新复产，进口货源有所减少，为 41.97 万吨。2022 年之后，进口数量又有所增加。图 1.2 是 2015～2023 年我国工业用脂肪醇进出口情况。

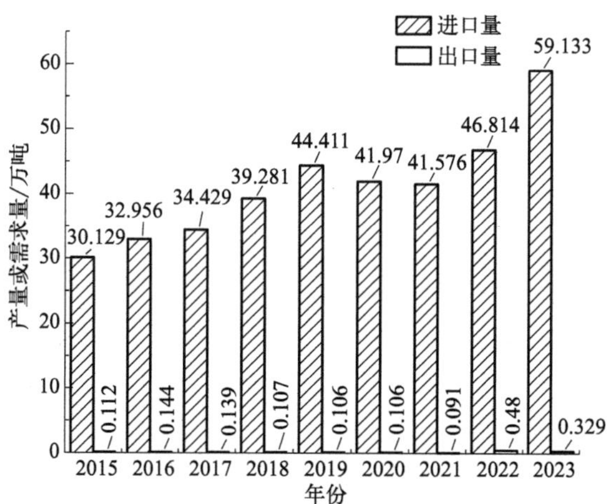

图 1.2　2015～2023 年我国工业用脂肪醇进出口情况

自 20 世纪 80 年代以来，伴随着国内表面活性剂的需求大幅提升，不断形成了脂肪醇行业产业链，上游为原材料环节，主要包括椰子油、棕榈油、氢气、一氧化碳等；中游为脂肪醇生产供应环节；下游主要应用于表面活性剂、化妆品、塑料、涂料等领域。进入21世纪，下游洗涤用品行业快速发展，带动脂肪醇需求提升，行业发展逐渐以天然脂肪醇发展为主。而众多的合成醇，如羰基合成醇、格尔波特醇以及仲醇，这些脂肪醇及其衍生物由于其结构的特殊性，常有独特的性能（功效），近年来在应用方面得到了快速发展。但是在国内合成醇主体还是以进口为主。天然醇的原料主要来自棕榈仁油、椰子油和棕榈油，全球棕榈油生产高度集中在东南亚一带，印度尼西亚和马来西亚两国的棕榈油产量占全球产量的84%，基本主导了天然醇原料行业的发展，受到此领域开发的限制，未来一段时间内，国内天然脂肪醇产业依赖进口的局面或将持续。随着石油化工和煤化工的精细化发展，中国对生产合成醇的原料，烷烃和α-烯烃的精制水平也得到了快速发展，石油企业和煤化工企业也开始部署不同合成醇的研究开发与产业。随着经济水平和人民生活水平的提高，对于脂肪醇及其衍生物产品的需求量将持续增长，其市场前景广阔。

随着洗涤剂和工业领域的快速发展，对脂肪醇及其衍生物提出了更多细分化的功能性需求，给脂肪醇及其衍生物，尤其是合成醇及其衍生物产业带来了很好的发展机遇。市场将推动企业和高校不断研发和创新，开发更多高附加值的脂肪醇及其衍生物产品，满足多样化需求，促进整个行业的健康发展。

第2章

天然脂肪醇的原料及制备工艺

天然脂肪醇是指以从自然界广泛存在的各种植物种子及果实或动物组织中提取出的油脂为原料，经高压加氢等处理得到的一类系列产品。

油脂是油和脂肪的统称，其主要成分是多种含偶数碳原子的高级脂肪酸甘油酯的混合物。一般来讲，油中含高级不饱和脂肪酸的甘油酯较多，常温下为液态；脂肪中含高级饱和脂肪酸的甘油酯较多，常温下为固态。几乎所有的天然油脂都是以甘油与脂肪酸形成的甘油三酯为主要成分，此外，还含有少量种类繁多的类脂物，能溶于油脂，并与油脂某些性质相似，如脂肪酸甘油单酯及甘油二酯、蜡、磷酸酯、醚酯、甾醇酯及三萜酯、甾醇等。

2.1 天然油脂原料

2.1.1 植物油脂

植物油脂是从植物种子、果实、胚茎叶等组织中提取出的油性成分，是生产天然脂肪醇的重要原料，主要成分是直链高级脂肪酸和甘油生成的酯。2023 年全球范围内天然油脂的年产量约为 2.6 亿吨，而中国是世界上植物油料的主要生产国和消费国，每年植物油料产量在 4000 万～6000 万吨，消费量超过 1.5 亿吨。植物油脂因其具有多功能性、可持续性及生物降解性等，广泛应用于国民经济各个领域。

2.1.1.1 工业生产中常用植物油

(1) 椰子油

椰子油是源于椰子果肉的植物油脂，是椰子加工的主要产品，新鲜椰肉一般含油 33%，椰子干含油可达 63%。椰子油是国际油脂贸易的大宗产品，广泛应用于食品工业、化妆品和洗涤用品工业。椰子的种植地主要集中在亚太椰子共同体（Asian and Pacific Coconut Community，APCC）国家，其中东南亚是世界主要的椰子油生产地区。我国有 200 多年的椰子种植历史，主要产于海南东部、广东雷州半岛、云南和台湾南部等地，但因种植纬度和气候的问题，出油率低。

椰子油的主要成分是月桂酸（C_{12}）、肉豆蔻酸（C_{14}，也称豆蔻酸）等饱和脂肪酸的甘油酯，含有少量己酸、辛酸、癸酸的甘油酯。其中最主要的成分是月桂酸甘油酯，占比达47%～54%，肉豆蔻酸甘油酯占20%左右。此外，椰子油中还含有少量的不饱和脂肪酸和中性脂肪酸。这些成分共同赋予了椰子油独特的性质和用途。

① 椰子油组成成分。椰子油中甘油酯的脂肪酸成分，碳链分布范围较广，囊括了C_6～C_{18}的各类脂肪酸，以C_{12}～C_{14}为主，具体成分见表2.1。

表2.1　椰子油与初榨椰子油脂肪酸组成

脂肪酸名称	碳链分布（碳链长度：双键个数）	含量/%	
		椰子油(CO)	初榨椰子油(VCO)
辛酸	C_8：0	6～9	4.6～10.0
羊蜡酸	C_{10}：0	6～10	5.0～8.0
月桂酸	C_{12}：0	46～50	45.1～53.2
肉豆蔻酸	C_{14}：0	17～19	16.8～21
棕榈酸	C_{16}：0	8～10	7.5～10.2
硬脂酸	C_{18}：0	2～3	2.0～4.0
油酸	C_{18}：1	5～7	5.0～10.0
亚油酸	C_{18}：2	1.1～1.9	1.0～2.5
亚麻酸	C_{18}：3	1～2.5	0～0.2

② 椰子油制备方法。传统的椰子油加工有干法和湿法两种。干法也称压榨法，是以椰干为原料，经过磨碎、干燥、压榨、萃取等工艺制得，该方法历史悠久，出油率高，但是所得椰子油的品质不高；湿法又称离心法，是以鲜椰肉为原料，经榨汁制得椰奶，然后将椰奶加热并离心，分成椰奶酪、脱脂椰奶和淤渣等组分，再将椰奶酪加热蒸发浓缩，然后进行离心分离，分离出的浑浊椰油再次离心澄清，经干燥后制得最终产品椰子油。除上述两种传统方法外，还有一种酶解法，是通过酶分解椰奶中的油脂复合体，从而加速油及蛋白质的分离，使以乳化状态存在的椰油与水分离而获得椰子油。

③ 椰子油的特性及应用。椰子油是一种相对稳定的油脂，具有较好的耐热性和抗氧化性，在高温和氧气存在的情况下不容易变质，可保持其营养成分和独特的生物活性，因此，椰子油在烹饪、烘焙等方面具有一定的应用价值。椰子油独特的生物活性，包括抗菌抗炎、抗氧化等，使得其在预防和治疗某些疾病方面具有一定的作用。此外，椰子油还可以提高人体的免疫力，增强人体的抵抗力。椰子油还是生产脂肪醇的重要原料，可用于制造香皂、肥皂、甘油、香波、液体肥皂等产品以及烷醇酰胺等表面活性剂，还可在油墨工业中用于制造椰子油醇酸

树脂。

椰子油除用于月桂酸和肉豆蔻酸的生产外，其脂肪酸组成中还富含中碳链脂肪酸，辛酸（C_8：0）和羊蜡酸（C_{10}：0）含量约为 15%，远高于大豆油、油菜籽油、花生油等，因此，椰子油成为目前中碳链脂肪酸的主要来源之一，是生产中碳链甘油三酯（又称中链三甘酯，medium-chain triglycerides，MCT）的主要原料。目前，MCT 的合成方法可概括为 3 种，即水解酯化法、酰氯醇解法和酶法。

水解酯化法是国内外普遍采用的方法，首先将椰子油进行水解，蒸馏制得中碳链脂肪酸（MCFA），然后与甘油进行酯化，再精制得到 MCT。这种方法费时且耗能大，副产物分离难，但所得 MCT 纯度高。

酰氯醇解法是先将椰子油水解、精馏获得 MCFA，再与 PX_3、PX_5 或 $SOCl_2$ 等反应制得脂肪酰氯，后将脂肪酰氯用甘油进行醇解制得 MCT。此法能耗低，但是污染较大。

酶法是近年来的研究热点，即在有机溶剂中，以脂肪酶为催化剂，通过酸解反应（或醇解反应）、酯化反应（或酯交换反应）从而生成 MCT。该法制得的 MCT 质量较好、颜色浅，但生产成本相对较高。

MCT 具有黏度低、延伸性好、凝固点低、表面张力小、透明度高、氧化稳定性极强等特点，在许多领域有重要的用途。如在医药产业中，MCT 可作为许多药物的溶剂、基础剂、乳化剂、热杀菌促进剂等；在食品工业中，MCT 是一种功能性油脂及其他油脂代用品；在食品加工中，MCT 可作为脱模剂，赋予食品良好的光泽。由于 MCT 在人体中的代谢不同于长链甘油三酯，不需要肉碱的参与，非常适合于肝胆肠疾病患者、手术后体弱者、婴幼儿等人群食用。同时 MCT 代谢后产生的能量低，不会导致肥胖症，因此非常适合用于运动员食品，能迅速补充能量。临床试验还表明，含 MCT 的食品还有抗血栓、抗肿瘤等效果。

(2) 棕榈仁油

棕榈树又称油棕，是盛产于马来西亚、印度尼西亚等赤道附近国家的一种热带木本植物，是重要的植物油脂来源之一。以棕榈果的果肉和果仁为原料，可以分别得到棕榈油和棕榈仁油，其中棕榈仁油是典型的月桂酸（C_{12}）型油脂，总产量为棕榈油的 12%左右。棕榈仁油中饱和脂肪酸含量达 80%以上，尤其月桂酸含量高达 48%以上，且其熔点适中，是中短碳链脂肪酸的主要天然来源。近年来世界油棕行业不断快速增长，提供了丰富的棕榈仁油来源，但我国缺乏相关资源，棕榈仁油的消费基本依赖进口。棕榈仁油工业上广泛用于制皂，也可用作巧克力糖果、可可脂代用品、咖啡伴侣以及植脂鲜奶油制作的原料。

① 棕榈仁油成分组成。马来西亚棕榈仁油的脂肪酸成分及含量列于表 2.2。

其组成以月桂酸为主要成分，含量接近50%。而棕榈仁油中油酸、亚油酸含量明显高于椰子油，其脂肪酸凝固点和碘值都高于椰子油，后者的低碳脂肪酸含量较高。

表 2.2 棕榈仁油脂肪酸组成

脂肪酸名称	碳链分布(碳链长度:双键个数)	含量/%	平均值/%
辛酸	C_8 ∶ 0	3.4～5.9	4.1
羊蜡酸	C_{10} ∶ 0	3.3～4.4	3.7
月桂酸	C_{12} ∶ 0	46.3～51.1	48.3
肉豆蔻酸	C_{14} ∶ 0	14.3～16.8	15.6
棕榈酸	C_{16} ∶ 0	6.5～8.9	7.8
硬脂酸	C_{18} ∶ 0	1.6～2.6	2.0
油酸	C_{18} ∶ 1	13.2～16.4	15.1
亚油酸	C_{18} ∶ 2	2.2～3.4	2.7

② 棕榈仁油的主要用途。椰子油和棕榈仁油是当今工业生产中月桂酸的主要来源。由于这两种油品的理化性质十分接近，它们基本上可以互相代用，因此棕榈仁油和椰子油应用领域相同。不同的是，椰子油的生产发展缓慢且价格波动大，相反棕榈仁油作为棕榈油的副产物或伴生产物，产量稳定增长而且货源有保证。全世界的油脂市场中，月桂酸的年消费量已在500万吨以上，非食品方面的应用占50%～60%，油脂化工约占13%。由于棕榈仁油和椰子油性能相似，因而制皂时在油脂配方中可以互相代替，以增加肥皂的泡沫及溶解度。在食用油市场上，棕榈仁油难以和廉价的豆油、菜籽油和棕榈油等竞争，因此仅应用于一些特殊的食品加工领域，用来生产高附加值的食品，如人造奶油、起酥油、代可可脂等。

(3) 棕榈油

棕榈油与大豆油、菜籽油并称为世界三大植物油，是目前世界上生产、消费、进出口量最大的植物油品种，在世界油脂总产量中的比例超过30%。棕榈树原产于非洲西部地区，1870年传入马来西亚，逐渐在东南亚地区广泛种植。作为棕榈油的主要产区，东南亚和非洲棕榈油的产量约占世界总产量的88%。

棕榈油是从油棕的棕果中榨取出来的天然半流体状物质，可以加工成为液体和固体两种状态，能部分替代其他油脂，如大豆油、花生油、葵花籽油、椰子油、猪油和牛油等。棕榈油以其良好的天然属性、低廉的价格而在世界范围内得到广泛应用，我国每年进口棕榈油超过700万吨。

① 棕榈油的成分组成。棕榈油是一种由数种饱和脂肪酸甘油酯和不饱和脂肪酸甘油酯所组成的混合物，含有39.0%～45.0%（质量分数）的油酸（C_{18} ∶ 1）、

11.0%～17.0%的亚油酸（C_{18}：2）、38.0%～46.0%的棕榈酸（C_{16}）、4.0%～6.0%的硬脂酸（C_{18}）和0.7%～1.0%的肉豆蔻酸（C_{14}：0），还含有少量的类胡萝卜素和维生素E（生育酚）等物质。由于棕榈油的主要脂肪酸成分是棕榈酸和油酸，因此棕榈油成为生产C_{16}～C_{18}脂肪醇的主要原料。棕榈油中脂肪酸成分结构式见图2.1，图中从上到下依次为油酸、亚油酸、棕榈酸、硬脂酸、肉豆蔻酸。

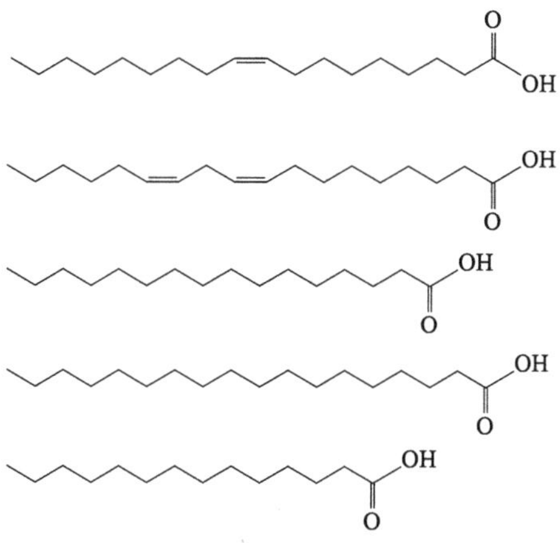

图 2.1 棕榈油中脂肪酸成分结构式

棕榈油和棕榈仁油是有显著区别的，其油脂中的各种油酸类和营养物质的含量不同，因而实际用途也有差异。

② 棕榈油的主要用途。棕榈油以其独特组分和相对低廉价格被众多行业所青睐，目前广泛应用于食品及化工等领域。相比于其他食用油脂，棕榈油具有如下优势：熔点较高，随着温度的变化其黏度的变化较小，具有良好的抗氧化性，这些特点使得棕榈油具有很好的耐炸性，因而用于制作奶油、食用油以及油炸食品的起酥油；棕榈油中维生素A和维生素E含量高，棕榈油经分提，固体脂与液体油分开，其中液态棕榈油组分中单不饱和脂肪酸和维生素E含量较高，因而常被加入各种调和油中。这些优势使棕榈油成为世界上具有一定竞争优势的食用植物油。但棕榈油也有缺点，如天然棕榈油饱和脂肪酸含量超过50%，若长期食用可能会造成饱和脂肪酸摄入过量，导致甘油三酯、低密度脂蛋白指标升高。

棕榈油还广泛应用于日化、生物柴油等工业领域，每年消耗量超过2000万吨。棕榈油在日化行业中可以用于制造香皂、肥皂等，和牛羊油同属固体类脂，用来保证肥皂有足够的硬度。同时，棕榈油的气味使其适合加香，用于制作香皂可使香皂气味纯正，与使用相同数量且是同一种香精的其他香皂相比，棕榈油香皂的香味更纯正，这就更加确定了棕榈油在日化工业生产中的地位。

棕榈油分子中含有一定量含双键的油酸结构，可以与一些活性单体发生共聚合反应，得到聚合物材料，从而实现棕榈油的材料化。另外棕榈油的十六烷值较高，燃烧性能较好，且硫含量很低，燃烧后对环境的影响很小。棕榈油的黏度比柴油大很多，蒸发性能不如柴油，但和其他物质调和之后，可作为燃烧性能很好的生物柴油使用。

2.1.1.2 功能化小品种植物油

(1) 经济型植物油脂

① 山苍子油。山苍子是樟科木姜子属植物山鸡椒的别称。山苍子广泛分布于我国长江以南地区，尤以福建、湖南、四川、江西和安徽等省营造面积最大。我国山苍子种植总面积达 1.44 万公顷，年产量超过 14 万吨，总产值达 9.76 亿元。

山苍子油是从山苍子鲜果中提取的天然香精油，呈淡黄色，其中含有大量柠檬醛，故带有强烈的柠檬香味，但香气杂。山苍子油所含主要成分有油酸、亚油酸、月桂酸、柠檬醛、柠檬烯、甲基庚烯酮、芫荽油醇等，其中月桂酸（结构式见图 2.2）含量接近 50%。因此山苍子油也是 C_{12}～C_{14} 脂肪醇生产的重要原料。

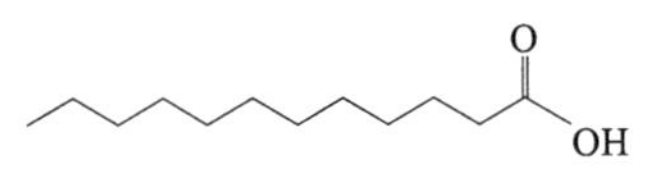

图 2.2 月桂酸结构式

山苍子油因其具有良好的抗氧化性、杀菌性，易吸收和安全等特点，在化工、医药等许多领域都有着广泛的应用。在医药领域，既是合成维生素 A 和维生素 E 的主要原料，又在脑血栓、冠心病、癌症等疑难病上有良好的药用价值；在化工行业，是生物柴油的理想原料；在日用化学品上，也有许多精制后的山苍子油合成表面活性剂的相关报道。

② 大豆油。大豆是一年生草本植物，豆科大豆属，起源于中国，是我国重要的经济作物。大豆在我国各地区均有栽培，其中以东北地区为主产区。大豆的正常亩（1 亩＝666.67 平方米）产量在 300～400 斤（1 斤＝0.5 千克）左右，后随着扩种大豆的政策实施，2022 年，大豆种植面积达到 1020 万公顷，比 2021 年增加 182 万公顷，国内的大豆产量达到 2028 万吨（首次超过 2000 万吨），同比增长 23.7%。2023 年，我国进口大豆 9940.9 万吨，进口额 4198.9 亿元。

以大豆种子为原料经压榨生产的大豆油是世界三大植物油之一，主要成分有棕榈酸、硬脂酸、花生四烯酸（非共轭多不饱和脂肪酸，结构见图 2.3）、油酸、维生素 E、维生素 D、维生素 A、胡萝卜素、钙、磷、铁以及丰富的卵磷脂。

大豆油具有产出高、成本低以及营养价值高的优点，因此除大量用于食用外，在工业领域也得到了广泛应用。大豆油含有酯键和不饱和双键，可通过对其

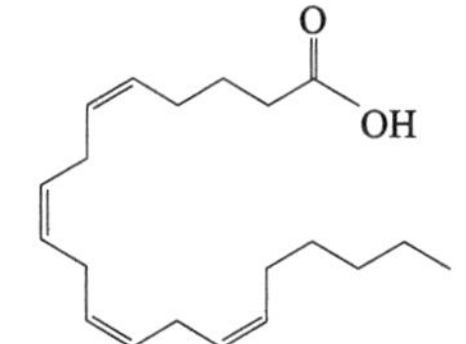

图 2.3　花生四烯酸结构式

结构进行改性，达到不同应用的需求。例如对大豆油进行环氧化改性后，可用在涂料、表面活性剂等领域；环氧化改性大豆油后添加到聚氨酯中，可使其在胶黏剂、泡沫等领域具有广泛应用；利用酯交换反应对大豆油进行醇解改性后，可以制备出生物柴油等。

③ 菜籽油。菜籽油是一种从油菜籽中提取的植物油。油菜籽是十字花科芸薹属作物芸薹（通称油菜）的种子。我国油菜的主要种植区集中在长江流域、东北和西北地区、内蒙古海拉尔地区。从播种面积来看，我国 2021 年油菜播种面积为 6991.6 千公顷，同比增长 3.4%，已是连续第 3 年恢复性增加。此外，2021 年的油菜籽单位面积产量为 2104.5 公斤/公顷，同比增长 1.3%，缓速增长。

菜籽油是我国自给率最高的植物油品种，国产菜籽油占当年新增植物油的供应量的 80%以上。菜籽油的主要成分有油酸、亚油酸、亚麻酸、芥酸（结构式见图 2.4）等不饱和脂肪酸以及维生素 E 等营养成分。根据菜籽油中芥酸的含量可将菜籽油分为普通菜籽油和低芥酸菜籽油，我国 GB/T 1536—2021《菜籽油》规定，脂肪酸组成中芥酸含量不超过 3.0%的，可称为低芥酸菜籽油。

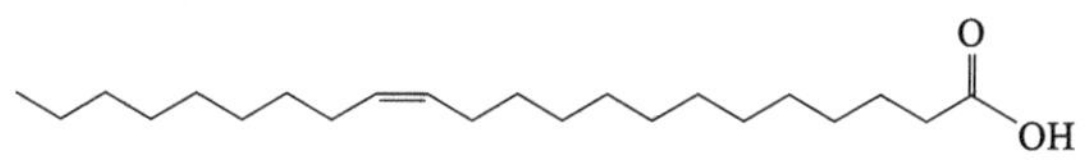

图 2.4　芥酸结构式

普通菜籽油具有沸点、闪点高和热容量大的优点，可以用作金属热处理淬火油；芥酸含量越高，油脂的润滑性越好，普通菜籽油因具有高含量的芥酸，可用作连续铸钢模具润滑油和船舶机械润滑油等；加工后的菜籽油同样具有广泛的应用，如硫化后的菜籽油用作天然橡胶的软化剂，硫酸化后的菜籽油用于制备润滑性能良好的表面活性剂等。

我国菜籽油中脂肪酸的碳分布是十八烯酸和二十二烯酸，两者基本上各占一半，是制造高纯度油醇和山嵛醇的良好原料，也是目前我国可供工业化制山嵛醇的天然油脂中的唯一油种，主要成分见表 2.3。

表 2.3 不同芥酸含量菜籽油的主要成分

品种	脂肪酸含量/%									
	$C_{16}:0$	$C_{16}:1$	$C_{18}:0$	$C_{18}:1$	$C_{18}:2$	$C_{18}:3$	$C_{20}:0$	$C_{20}:1$	$C_{22}:0$	$C_{22}:1$
高芥酸菜籽油	3～4		1～2	11～24	15～20	8～10	微	10	微	24～52
低芥酸菜籽油	3～4		1～2	60	20	9～13	微	2～3	微	0～5

④ 花生油。花生是豆科落花生属植物落花生的通称。在中国，花生产地分布十分广泛，各省份均有种植，主产地区为山东、辽宁东部、广东雷州半岛、黄淮河地区以及东南沿海的海滨丘陵和沙土区。近年来随着花生产量的不断提高。采用花生作为原料制取的花生油深受消费者的喜爱。花生油是以花生为原料榨取的以食用为主的天然油脂，是一种极其常见的植物油，其主要脂肪酸成分有棕榈酸、硬脂酸、亚油酸、花生酸（结构式见图 2.5)、油酸等。花生油酸价以 KOH 计为 0.86mg/g，皂化值以 KOH 计为 189.45mg/g，碘值以 I_2 计为 96.01g/100g，过氧化值为 0.06g/100g。

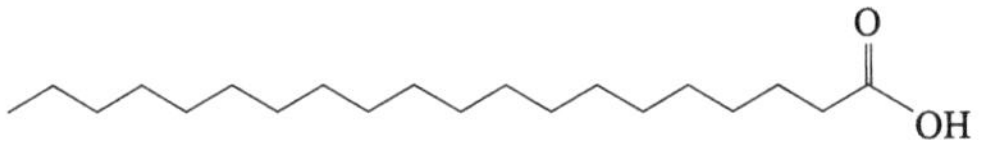

图 2.5 花生酸结构式

花生油具有营养价值极高、抗氧化性良好、生物降解性好、极压抗磨性优良以及低温流动性好等优点，因此除了用于食品烹饪，在一些工业领域也具有一些用途。如可作为润滑剂用于机械设备；在涂料中作为添加剂改善涂料的流动性；添加在化妆品和个人护理产品中，发挥滋润和保护皮肤的作用等。

⑤ 乌桕油。乌桕又称腊子树，大戟科乌桕属落叶乔木，主要分布在中国黄河以南的各个省区，如四川、云南、贵州、江西、福建、湖北、浙江、安徽等。乌桕既可作为观赏风景树，又可作为经济林木，一般的单株油脂产量为 15～25 千克，高的可达 50 千克。

乌桕油是以乌桕树的种子（柏籽）为原料榨取的油脂，柏籽含油量高达 40%以上。乌桕油的主要成分为油酸、亚油酸、α-亚麻酸（图 2.6）的甘油酯，还含有少量的 2,4-癸二烯酸和棕榈酸的甘油酯。与一般植物的种子不同，柏籽种皮和种仁可分别榨取固态和液态两种不同性状的油脂。

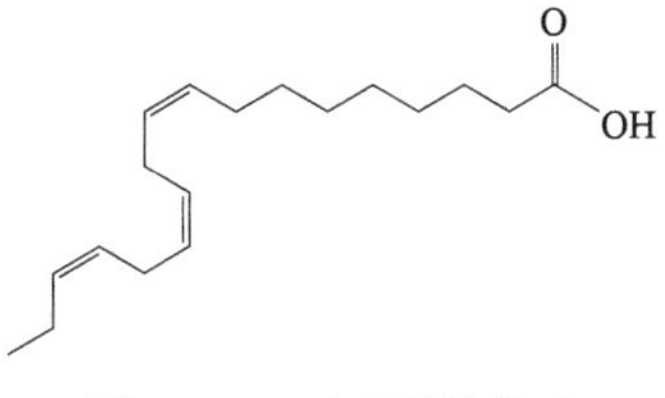

图 2.6 α-亚麻酸结构式

乌桕油含有丰富的不饱和酸，在化妆品、润滑剂、高级燃料以及涂料等领域都有广泛的应用。其具有一定抗炎作用，比较温和，常被用于制备肥皂以及一些洗漱用品；利用乌桕油黏度较低、流动性较好的特点，可以制作润滑剂和润滑油；以乌桕油为原料能够制备出高性能的柴油替代品，通过微波法促进乌桕油反应，可制备出更高性能的高级燃料。

⑥ 棉籽油。棉籽是锦葵科棉属植物的种子。棉属植物是极重要的经济作物，全世界都在广泛栽培，其种子表面密被的棉毛（俗呼棉花）为纺织工业的主要原料之一；种子可榨油，产品可用作工业润滑油，经高温精炼除掉棉酚后可供食用；其残渣即棉籽饼，可供牲畜饲料，或作肥料。棉属植物的原产地为亚洲、非洲、美洲的热带地区，我国栽培的有 4 种（树棉、海岛棉、草棉、陆地棉）和 2 变种（巴西海岛棉、钝叶树棉），产区主要为新疆棉区、黄河流域棉区、长江流域棉区。其中，陆地棉广泛栽培于全国各产棉区，且已作为主要生产品种取代树棉和草棉；而海岛棉的纤维较长，属长绒棉，可纺 60 支以上细纱，由于其对“光、热、水”条件要求较高，仅在新疆有大面积种植。2024 年，中国棉花种植面积为 4257.4 万亩，总产量为 616.4 万吨。

棉籽多用于榨油。粗制棉籽油颜色深红，含有棉酚等成分，食用后可造成生精细胞损害，导致男性无精不育。精炼棉籽油一般呈橙黄色或棕色，脂肪酸成分包括棕榈酸 21.6％～24.8％、硬脂酸 1.9％～2.4％、花生酸 0～0.1％、油酸 18.0％～30.7％、亚油酸 44.9％～55.0％。精炼后的棉籽油清除了棉酚等有毒物质，可供人食用。精炼棉籽油中亚油酸的含量较多，有益于人体的健康。

棉籽油具有多种工业用途。棉籽油可作为食品添加剂，在烘焙食品中常用作润滑剂，以改善面团的可塑性和延展性。棉籽油含有多种不饱和脂肪酸，在医药领域可用作口服药物的溶剂，具有较高的生物利用度和良好的药效，也可用于制备软膏、栓剂等外用药物。棉籽油常用于制备洗发水、香皂、面霜等化妆品，所制化妆品具有良好的渗透性和保湿性，适合用于干燥皮肤和老化肌肤的护理。棉籽油具有较高的黏度、良好的稳定性和抗氧化性，因此在机械制造、汽车制造、航空航天等领域被用作增塑剂、润滑剂、防锈剂、防腐剂等。棉籽油还是油漆的常用原料，可以作为油漆的稀释剂，增加油漆的涂抹性和渗透性。棉籽油还是生产肥皂和蜡烛的重要原料。

（2）功效型植物油脂

① 山茶籽油。山茶籽油是由山茶科山茶属山茶亚属植物（主要是油茶）的种子经过提取精炼等工序制得的植物油。油茶是我国主要的木本油料作物。油茶籽中含有水分、粗脂肪、淀粉、粗蛋白质、茶籽多糖、多酚类物质、黄酮类化合物、皂素、粗纤维以及少量鞣质等成分。我国油茶籽产地主要集中分布在湖南、江西、广西、湖北、广东、福建、安徽、浙江、贵州、河南等省区。2020 年和

2021年，我国油茶籽产量激增，分别达314.16万吨和394.24万吨，同比增长17.25%和25.49%，其中，湖南省的油茶籽产量最大。

山茶籽油的主要脂肪酸成分包括油酸、亚油酸以及棕榈酸等，其中不饱和脂肪酸占比达到90%以上。另外还包含茶多酚、山茶苷和角鲨烯等生物活性物质。

山茶籽油因具有天然温和无刺激、渗透性好、抗氧化能力强等特性，不仅在食品行业备受人们的关注，在工业领域同样具有广泛的应用。在医药方面，山茶籽油可以起到有效改善心血管疾病、抑制癌细胞的作用；在化妆品行业，通常以山茶籽油为原料的产品，具有提高皮肤和头发的滋润性、顺滑度和弹性等作用，同时具有一定的抗炎效果，能降低皮肤过敏概率，可应用于药妆。

② 橄榄油。橄榄油是以木犀科木犀榄属植物木樨榄（俗称油橄榄）的鲜果为原料制取的油品。在我国，油橄榄主要分布在云南、广东、广西、四川、甘肃等地，其中四川、甘肃的种植基地发展较快。中国油橄榄产业起步较早，但规模较小，截至2018年，中国油橄榄的种植面积为39.6万公顷，2019年我国油橄榄产量为6.3万吨，同比增长28.25%。

橄榄油中含有多种脂肪酸甘油三酯，以及酚类化合物、类胡萝卜素（β-胡萝卜素和叶黄素）、角鲨烯、植物甾醇和叶绿素等脂肪伴随物，营养成分较高。

根据极性不同，橄榄油中脂肪伴随物可分为非极性伴随物和极性伴随物。非极性伴随物包括角鲨烯和植物甾醇等。其中，角鲨烯具有多种生物活性和较强的抗氧化能力。植物甾醇具有抑制胆固醇的生化合成、抑制人体对胆固醇的吸收、促进胆固醇的降解代谢等作用。极性伴随物是指酚类化合物，在保持橄榄油风味、提高油脂氧化稳定性以及清除自由基等方面发挥着重要作用。

除了在食用油以及食品添加剂方面深受人们喜爱，橄榄油因含有抗氧化成分，且具有生物可降解性、温和性、高温稳定性、润滑性等优势，在工业领域也得到了广泛应用。在医药领域，橄榄油可用作抗炎药、治疗医用胶带和生发剂等；在织物纤维行业，可用作尼龙纤维纱线整理剂、棉纤柔软剂和毛纺平滑剂等；在化妆品行业，橄榄油最出色的功效就是滋润保湿，它能迅速改善肌肤的干燥状况，同时橄榄油还具有美白和延缓衰老的作用，可以防止皱纹提早产生，让皮肤保持活力与弹性，紧致肌肤，通常被应用于营养美容霜、水溶性发蜡和皂基型洗涤类化妆品等。

③ 亚麻籽油。亚麻为亚麻科亚麻属一年生草本植物，主要分布在北方和西南地区，产量最多的省区是甘肃、宁夏、陕西、内蒙古。亚麻是我国八大油料作物之一，目前年产量稳定在40～50万吨，仅次于加拿大居世界第二。

亚麻籽是亚麻的种子，亚麻籽的主要成分为脂肪、蛋白质、膳食纤维，其他成分还包括矿物质、α-亚麻酸、木酚素、亚麻籽胶、维生素等。亚麻籽油是从亚麻籽中提取出来的油脂，富含不饱和脂肪酸，主要包括油酸、亚油酸和α-亚麻酸等。其中 α-亚麻酸属于人体必需但自身不能合成的不饱和脂肪酸，可以在代谢过程中生成二十二碳六烯酸（DHA）和二十碳五烯酸（EPA），是维持肌体正常生理功能和生长发育的必需脂肪酸。

亚麻籽油具有调节血糖、抗炎、抗衰老、保护神经以及增强免疫功能等作用。在医药行业，亚麻籽油的药用价值引起研究人员关注，通常用于防治肥胖和糖尿病、抗癌、改善肠道功能和抗心血管疾病等方面。冷榨亚麻籽油由于富含功能性成分以及具有化妆品用油所需优异的铺展性和渗透性，因而我国以及欧美一些发达国家将亚麻籽油及亚麻籽活性成分开发为化妆品功能性原料，并成功应用于多种皮肤和头发护理类化妆品及特殊用途化妆品中，起到保湿护肤的作用。在一些疗养性化妆品配方中，亚麻籽油同样能发挥一定的作用。除此之外，亚麻籽油在润滑剂、生物燃料、塑料橡胶添加剂等行业也都具有一定的实用性。

④ 葵花籽油。向日葵是菊科向日葵属草本植物，其种子称为葵花籽。我国的主产区在黄河以北省份，主要分布在东北、西北和华北地区，如内蒙古、吉林、辽宁、黑龙江、山西等省（自治区）。2016～2020 年全球葵花籽收获面积整体呈现上升趋势，2020 年全球葵花籽收获面积达到了 2787.43 万公顷，相比 2019 年上升了 1.98％。据中国农村统计年鉴数据，我国 2021 年葵花籽产量为 215.4 万吨，占油料作物总产量的 5.96％。

葵花籽油是从葵花籽中提取的植物油，是以高亚油酸含量著称的食用油，通常呈现金黄色，质地清爽，有淡淡的坚果味。葵花籽油所含脂肪酸成分中，不饱和脂肪酸具有极高的占比，其中亚油酸占比最多，油酸次之，还包括硬脂酸、棕榈酸等饱和脂肪酸。葵花籽油中还含有维生素 E、植物固醇、磷脂、胡萝卜素等营养成分。

葵花籽油在工业上也具有十分广泛的使用价值。在橡胶行业，葵花籽油可以作为橡胶添加剂，尤其是经环氧化后的葵花籽油增塑剂，能更好地改善橡胶的弹性、耐寒性和耐老化性。在一些对环境友好、要求高的应用中，葵花籽油可以作为润滑剂，改善机械润滑性。在日用化学品行业，将葵花籽油添加在沐浴产品中可使沐浴产品具有一定即时保湿性，长期使用具有降低经皮水分流失的作用。

⑤ 玉米油。玉米油是采用玉米胚（包括玉米胚芽和少量玉米皮、玉米胚乳）制取的油品。玉米，植物学学名为玉蜀黍，是禾本科玉蜀黍属一年生高大草本植物。玉米在我国各地均有广泛种植，生产规模相对较大的省区主要有黑龙江省、吉林省、内蒙古自治区、山东省、河南省、河北省、辽宁省等。根据 2023 年中国玉米产业数据分析报告，玉米种植 2021～2022 年已连续两年保持在 6.5 亿亩以上；产量则常年在 2.5 亿吨左右波动，2021～2022 年已连续两年保持在 2.7 亿吨以上。

玉米油中含量较高的脂肪酸主要是棕榈酸（$C_{16}:0$）、油酸（$C_{18}:1$）和亚油酸（C_{18}：2），且多不饱和脂肪酸亚油酸含量最高，单不饱和脂肪酸油酸次之。除此之外，还富含多种维生素以及矿物元素。

玉米油本身不含胆固醇，且对于血液中积累的胆固醇具有溶解作用，故能有效减少对血管硬化的不利影响，对动脉硬化、糖尿病等老年疾病具有积极的防治作用，这使其在保健品行业引起许多研究人员的关注；同时还可以作为功效物质添加于化妆品中，涂在皮肤表面具有很强的抑菌作用。

⑥ 蓖麻油。由蓖麻籽（蓖麻种子）经压榨或浸出等工艺制取的油脂，即为蓖麻籽油，简称蓖麻油。蓖麻在印度、中国、巴西等国家广泛种植，是一种含油量高的油料作物，种子的含油率在50%左右，种仁的含油率高达60%左右。2019年全世界蓖麻油的年产量大约为50万吨，其中我国的年产量位居世界第二。蓖麻油是一种黏性淡黄色无挥发性的非干性油，黏度大、密度大。蓖麻油富含羟基酸类（达90%以上）油脂，不能食用，是重要的工业、农业和医药原料，很早就被用作润滑剂、增塑剂、电器绝缘油、医用泻药、杀虫剂等，通过深加工还可以生产癸二酸系列、十一烯酸系列、庚醛系列、蓖麻酰胺系列、蓖麻酸盐系列等化工产品。

蓖麻油的制备主要采用压榨和萃取相结合的方法。压榨一般采用螺旋挤压机以较高的转速和较低的压力进行挤压，得到粗蓖麻油。由于压榨最多只能提取出约45%的蓖麻油，所以还需进一步采用庚烷、己烷以及石油醚等有机溶剂来进一步提取。

蓖麻油中的主要脂肪酸成分为蓖麻油酸（图2.7），含量超过89%，其余还包括亚油酸（4.2%）、油酸（3.0%）、硬脂酸（1%）、棕榈酸（1%）、二羧基硬脂酸（0.7%）、亚麻酸（0.3%）以及二十烷酸（0.3%）。蓖麻油的羟基平均官能度约为2.7，碘值以 I_2 计为80～90g/100g，羟值以KOH计为156～165mg/g，皂化值以KOH计为170～190mg/g。

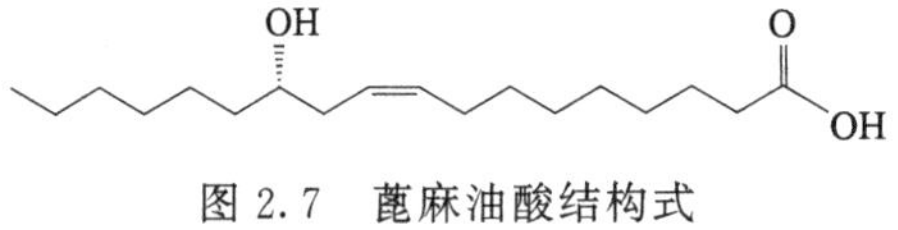

OH　　O　　OH

图2.7　蓖麻油酸结构式

蓖麻油主要组分蓖麻油酸三甘油酯，每条脂肪酸碳链由18个碳原子组成，且在1号、9号和12号碳原子位上分别存在酯基、不饱和碳碳双键和羟基，这些活性基团为其进行化学改性提供了可能。

蓖麻油具有黏度大、燃烧点高（在500～600℃高温下不燃烧）、凝固点低（−18℃的低温下不凝固）、密度大等特点，在室温下即能聚合。目前所发现的天然植物油脂中只有蓖麻油有这种特殊性质。蓖麻油可以作为多种长链1，ω-亚烷基二酸的制备原料。

以蓖麻油为原料，可以制备壬二酸。壬二酸又叫杜鹃花酸，是一种白色单斜棱晶针状晶体或粉末，分子式为 $C_9H_{16}O_4$，分子量为 188.22，易溶于热水、热苯及醇，常温下微溶于水、苯和醚。壬二酸广泛应用于化妆品中，主要用于治疗痤疮和改善皮肤质地。壬二酸可以调节皮肤油脂分泌、抗菌和抗炎，可以用于制作化妆品基础材料，如粉底液、粉饼和遮瑕膏等，还用于护发产品，如洗发水、护发素和发膜等。作为重要的化工中间体，壬二酸也用于生产壬二酸二辛酯增塑剂，还可作为生产香料、润滑油和聚酰胺树脂的原料。

癸二酸主要由蓖麻油裂解产生，目前世界上工业生产用的癸二酸几乎全部都是用蓖麻油作原料生产的。高纯癸二酸是技术含量较高的蓖麻油衍生产品，我国目前生产的高纯癸二酸其衍生产品质量达到国际先进水平。癸二酸和癸二酸二异辛酯及癸二酸双钠盐，可用作航空航天、军工领域和汽车耐高温和耐低温润滑油的原料。

以蓖麻油为原料通过熔融法生产的醇酸树脂为蓖麻油醇酸树脂，又分为短油度蓖麻油醇酸树脂和中油度蓖麻油醇酸树脂，大量用于硝基漆、氨基烘漆生产中。为了获取更好的黏性加入单体树脂或合成树脂，得到不干性蓖麻油改性醇酸树脂。相较而言，不干性蓖麻油改性醇酸树脂生产的油漆制品漆膜更厚更丰满、硬度高、耐磨性好，与底材的黏结力更强大。

脱水蓖麻油脂肪酸（DCO-FA）是通过脱水蓖麻油皂化分解制取的脂肪酸产品，几乎均为十八二烯酸，并且共轭二烯酸约占 35%。蓖麻油脱水后形成优良的干性油，是防水清漆、磁漆中桐油的代用品，也可用在油布、油毡、皮革、油墨中。

以浓硫酸磺化得到的磺化蓖麻油具有良好的乳化力和渗透力，可作为阴离子表面活性剂。磺化制得的磺化蓖麻油用于制作皮革整理剂、人造纤维软化剂、浸润剂、染色穿透剂、洗发油及制冷剂。

环氧化是提高植物油氧化稳定性的有效方法，是指采用过氧化氢为环氧化剂，将醋酸或甲酸氧化成过氧乙酸或过氧甲酸，再对蓖麻油的不饱和双键进行环氧化的处理方法。环氧化蓖麻油是新型的化工原料，用作聚氯乙烯（PVC）的稳定剂，是酚醛树脂闭孔发泡理想的表面活性剂，也是钢材、铝材拉伸等润滑剂的重要组分。环氧蓖麻油和四氧基硅烷可合成新型的有机-无机功能前体。蓖麻油经酯交换、乙酰化、环氧化可制成环氧乙酰蓖麻油酸甲酯，其是一种新型无毒的增塑剂，可应用于透明盒，食品、药物包装材料，医用制品输血袋等。

蓖麻油分子中的羟基能与环氧乙烷、环氧丙烷进行烷氧基化反应，也可以先水解成蓖麻醇酸或酯交换成蓖麻酸甲酯后再进行聚烷氧化反应，还可以将其氢化后再进行烷氧化，产物主要用作非离子表面活性剂，在纺织、油墨、农药、石油钻探等行业有着广泛的应用。

2.1.1.3 回收类油脂

(1) 地沟油

地沟油，泛指在生活中存在的各类劣质油，主要成分是甘油三酯，通常含有较多的黄曲霉素。黄曲霉素的毒性极强，所以地沟油对人体的危害极大，长期食用可能致癌。另外地沟油酸度、金属含量超标，长期排放进入河流以及下水管，对环境也会造成极大的危害。对地沟油进行处理，将其转化为其他有用物质以减少环境污染十分重要。

地沟油的主要化学成分是高级脂肪酸的三甘油酯，由于这个特点，地沟油在油脂工业中得到一定的应用。例如采用地沟油作为原料，经过一系列反应可制得阴离子表面活性剂，其具有良好的表面活性。地沟油中的甘油三脂肪酸酯，经过水解后获得脂肪酸，脂肪酸能够与环氧氯丙烷发生开环酯化反应，获得含有羟基、氯以及地沟油酸酯基的化合物，羟基继续与油酸在对甲基苯磺酸的作用下发生脱水酯化反应，并进一步与三甲胺反应制备阳离子表面活性剂。地沟油经过简单的加工处理后，还可作为基本原料生产多种精细化工产物，具有成本低、来源广泛、节能环保等显著特性。目前，地沟油的利用主要集中在生产生物柴油、选矿捕收剂、有机肥料、工业乙醇、航空汽油等方面。

在催化剂的作用下，地沟油油脂和乙醇或甲醇等醇类物质发生酯交换反应，生成脂肪酸酯，即大分子的油断裂成几个小分子的酯，反应物分子量降低，流动性提高，生成符合国家标准的生物柴油，同时还生成了甘油。地沟油制备生物柴油的工艺已较成熟，其利用价值已非常明确。

(2) 油脚/酸化油

油脚指的是在油脂精炼过程中产生的副产品，主要是由脂肪酸和甘油三酯组成，还含有少量的磷脂、色素和其他杂质。油脚是酸性的，在工业上主要用于生产脂肪酸和甘油等产品，也可以用作工业润滑剂、防水剂、染料溶剂等。

酸化油是对油脂精炼厂所生产的副产品皂脚进行酸化处理所得到的油。酸化油本质上是脂肪酸，还含有色素以及未酸化的甘油三酯、甘油二酯、单甘酯（中性油）等多种成分。这种油主要通过工业硫酸进行处理，因此具有工业酸的特性。酸化油中的脂肪酸碳链一般在 $C_{12}\sim C_{24}$ 之间，以 $C_{16}\sim C_{18}$ 为主，视油脂来源不同，酸化油存在饱和与不饱和碳链之分。在工业中，酸化油主要用于制造脂肪酸甲酯（生物柴油）和油酸。然而，酸化油存在一定的危害性，因为它含有大量的反式脂肪酸和饱和脂肪酸，这些物质对人体健康不利。因此，在使用酸化油时应严格控制其用量和使用场合。

(3) 垃圾提取油脂

随着社会经济的发展，油脂的消耗量日益增长。传统的油脂主要来源于动植物，然而，这种生产方式对环境的影响不容忽视，因此，从垃圾中提取油脂成为了一种具有潜力的油脂生产方式。这种方式的实施不仅可以缓解油脂生产对环境的影响，而且还可以减少垃圾的堆积，实现资源的有效利用。垃圾中的油脂主要来源于食品加工、餐饮业、农业废弃物等。这些油脂成分复杂，含有饱和脂肪酸、不饱和脂肪酸、胆固醇等，其性质与动植物油脂相似，但成分和含量有所不同。

从垃圾中提取油脂的方法主要有物理法和化学法。物理法包括压榨法和萃取法，其优点是所得油脂质量较高；化学法主要是通过酸解或酶解的方式将油脂释放出来，其优点是提取效率高，但所得油脂的品质相对较低。垃圾中提取出来的油脂应进行适当处理，以满足油脂质量标准的要求。处理方法包括脱色、脱臭、脱脂等。处理后的油脂可用于生产生物柴油、润滑油、化妆品等，此外，油脂中的副产品如甘油也可以得到充分利用。

由于垃圾成分复杂，从中提取出的油脂质量不够稳定，而且，提取过程中可能产生臭气、废水等污染物，需要采取有效的处理措施。为了实现垃圾中提取油脂的可持续发展，这些问题还需要得到进一步解决。

2.1.2　动物油脂

动物油脂同样是生产天然脂肪醇的重要原料，如生活中常见的牛油、羊油、猪油、鸡油、鸭油等，都是从动物体内提取得到的油脂，常温下一般为固体。一般市售动物油脂肪酸组成及含量如表 2.4 所示。

表 2.4　一般市售动物油脂肪酸组成及含量

脂肪酸	脂肪酸含量/%					
	牛油	羊油	猪油	驴油	鸡油	鸭油
月桂酸 ($C_{12}:0$)	0.05～0.07	0.21～0.32	0.00～0.09	0.10～0.164	0.02～0.10	0.10～2.38
肉豆蔻酸 ($C_{14}:0$)	2.93	3.32～3.78	0.22～3.98	1.48～3.28	0.44～1.06	0.01～0.69
棕榈酸 ($C_{16}:0$)	19.09～25.53	20.06～25.13	20.13～32.00	17.5～36.95	19.01～33.46	18.15～25.87
棕榈油酸 ($C_{16}:1$)	0.62～4.49	2.05～2.99	1.29～5.00	5.319	3.45～8.74	3.07～20.11
十七烷酸 ($C_{17}:0$)	1.32～4.38	1.79～2.04	0.18～0.64	—	0.06～0.41	0.14～1.98
十七碳一烯酸 ($C_{17}:1$)	0.46	0.80～2.14	0.09～0.17	—	0.05～0.16	0.11
硬脂酸 ($C_{18}:0$)	21.38～40.90	13.17～38.17	12.00～19.80	5.60～5.76	4.72～12.89	3.97～12.33

续表

脂肪酸	脂肪酸含量/%					
	牛油	羊油	猪油	驴油	鸡油	鸭油
油酸 (C_{18} ∶ 1)	22.15～38.36	24.37～45.74	31.58～45.00	36.28	29.18～45.59	24.82～39.43
亚油酸 (C_{18} ∶ 2)	1.55～3.20	1.57～2.34	3.00～17.53	12.00	10.22～21.19	12.11～24.65
亚麻酸 (C_{18} ∶ 3)	0.10～0.30	0.32～2.36	0.00～0.82	4.56	0.18～0.53	0.45～1.54
花生酸 (C_{20} ∶ 0)	0.17～0.46	0.1	0.16～0.32	0.08～0.17	0.33～0.47	0.10～0.62
花生一烯酸 (C_{20} ∶ 1)	0.10～0.48	0.03～0.06	0.50～2.35	0.89	0.20～1.64	0.02～0.52
花生二烯酸 (C_{20} ∶ 2)	0.00～0.00	0.01	0.30～0.58	0.60	0.13～0.63	0.05～0.15
花生三烯酸 (C_{20} ∶ 3)	0.03～0.03	0.02	0.17～0.18	0.14	0.55	0.06～0.15
花生四烯酸 (C_{20} ∶ 4)	0.02～0.03	0.06	0.10～0.21	0.06	3.86	0.27～0.37
山嵛酸 (C_{22} ∶ 0)	0.02～0.07	0.01	0.01	0.25	0.16	0.13～0.35
芥酸 (C_{22} ∶ 1)	0.00～3.12	0～2.12	0.01～1.35	0.02～0.07	0.49	0.04～0.11

动物油脂与一般植物油脂相比具有特有的香味，大量用于食品加工业，如油炸方便面、糕点起酥、速冻食品，日化行业肥皂、香皂皂基原料的加工，甘油提取等。由于种属不同，不同动物油脂的构成表现出一定的差异，每一种属动物油脂都有各自特征指标以及一定范围内的波动（表 2.5）。

表 2.5　常见畜禽动物油脂的理化指标及主要用途

动物油	酸价(以 KOH 计)/(mg/g)	熔点/℃	碘值(以 I_2 计)/(mg/g)	皂化值(以 KOH 计)/(mg/g)	色泽	风味	用途
牛油	0.71～1.20	38.0～50.0	36.0～52.35	182.0～195.5	淡黄	味浓芳香	制备代可可脂、糖果、人造奶油；液体牛油可作为深度煎炸的起酥油
羊油	0.63～2.20	40.0～49.0	32.4～48.75	188.0～202.5	洁白有光泽	特殊膻味，鲜香	制备甘油单酯和甘油二酯、脂肪酸钙、肥皂、生物柴油

续表

动物油	酸价（以 KOH 计）/(mg/g)	熔点/℃	碘值（以 I_2 计）/(mg/g)	皂化值（以 KOH 计）/(mg/g)	色泽	风味	用途
猪油	0.21～1.23	28.0～48.0	46.0～78.0	192.0～200.5	洁白或微黄	浓郁醇香	制备烹饪煎炸油、起酥油、人造奶油、单硬脂酸甘油酯、硬脂酸等
驴油	0.37～0.58	39.0～40.0	85.0～86.0	193.0～201.5	白色或淡黄色半透明	味甘，平和，无特殊气味	制备保健食品、中药材、化妆品
鸡油	0.094～1.55	26.3	67.5～78.2	194.0	浅黄透亮	醇香，鲜美，圆滑	制备起酥油、宠物食品、肥皂、生物柴油
鸭油	0.10～2.467	19～30	68.0～79.0	195.0～210.5	淡黄透亮	醇香	制备饲料添加用油，化工用油

动物油脂提取的常用方法有熬制法、蒸煮法、溶剂法、酶解法、超临界流体萃取法和水溶法等，其中熬制法、蒸煮法、溶剂法是较为传统的方法，而酶解法与超临界流体萃取法、超声波技术的结合有一定的优势，能够在加工过程中抑制一些油脂的氧化，有较好的发展前景。

我国动物油脂行业市场规模巨大，是目前世界上最大的动物油脂生产及消费国。2019 年全国动物油脂总产量达到 1794.5 万吨，同比增长 1.8%，动物油脂行业的市场规模已经远远超过了其他的食品加工原料，具备着相当的市场竞争力。2021 年，我国动物油脂行业市场规模为 173.27 亿元，具体来看，华东地区动物油脂市场相对成熟，市场销售收入占全国市场的 38%以上；其次是华中、华北、东北和华南，分别占 17.49%、13.24%、12.35%和 11.83%，总体差异不大；西南和西北地区的动物油脂市场规模较小，分别占 4.93%和 1.83%。

在全球范围内，据统计，2023 年全世界 17 种主要油脂总产量约为 2.2 亿吨，其中植物油脂占 75%，动物油脂占 25%。动物油脂中除食用黄油外，以牛油和猪油为主，牛油产量稳定在 2000 万吨/年，猪油产量占世界油脂总产量的 7%。

2.1.2.1　牛羊油

(1) 牛油

牛油也称作牛脂，本身无色，常温下呈固态，没有固定的熔点，根据脂肪组织的分布不同熔点也有差异，一般为 38～50℃。成品牛油的水分含量一般在 0.10%～0.20%，相对密度为 0.890～0.910，脂肪含量达到 92%～99%。

牛油中含有的脂肪酸种类众多，棕榈酸、硬脂酸和油酸含量占到了牛油脂肪酸总量的 80%以上，是牛油中主要的脂肪酸。在饱和脂肪酸中，三种牛油

(表 2.6) 的月桂酸、肉豆蔻酸、棕榈酸含量无显著差异。不同部位来源牛油的脂肪酸组成如表 2.6 所示。牛油中还含有十七烷酸，其在肚油、分割油、腰油中的含量无显著差异。硬脂酸含量最高的为腰油，腰油与肚油的硬脂酸含量无显著差异，而与分割油中硬脂酸含量有显著差异。

三种牛油单不饱和脂肪酸间的含量差异主要体现在油酸和反式油酸的含量上。分割油中油酸含量最高，与肚油及腰油都具有极显著差异。牛油中反式脂肪酸含量为 4%～5%，其中腰油中反式脂肪酸相对含量较低。分割油与腰油的饱和脂肪酸 (SFA) 和单不饱和脂肪酸 (MUFA) 组成差异相对较大，特别是硬脂酸和油酸含量有着极显著差异，而肚油中各脂肪酸含量常介于两者之间。

多不饱和脂肪酸是重要的必需脂肪酸，在牛油中总体占比较低。表 2.6 中牛油的 ω-3 多不饱和脂肪酸 (PUFA) 主要为 α-亚麻酸，ω-6 PUFA 主要为亚油酸和 γ-亚麻酸。虽然 α-亚麻酸、γ-亚麻酸含量在三种牛油中无显著性差异，但这两种亚麻酸在分割油中都有着较丰富的相对含量。在三种牛油中，分割油的亚油酸相对含量最高，并与腰油、肚油中亚油酸相对含量有着显著差异。

表 2.6 不同部位来源牛油的脂肪酸组成

脂肪酸种类		脂肪酸含量/%		
		肚油	分割油	腰油
饱和脂肪酸	月桂酸(C_{12}:0)	0.01～0.05	0.02～0.05	—
	肉豆蔻酸(C_{14}:0)	2.72～3.18	3.03～3.11	2.94～3.15
	棕榈酸(C_{16}:0)	24.61～25.75	23.6～26.21	25.29～26.36
	十七烷酸(C_{17}:0)	1.48～1.73	1.54～1.81	1.29～1.46
	硬脂酸(C_{18}:0)	26.31～28.34	24.67～27.82	27.05～28.59
单不饱和脂肪酸	豆蔻油酸(C_{14}:1)	0.14～0.31	0.17～0.30	0.20～0.37
	棕榈油酸(C_{16}:1)	1.40～1.65	1.86～2.44	1.51～1.85
	油酸(C_{18}:1)	30.24～31.82	33.18～34.91	29.67～30.98
	反式油酸(C_{18}:1,t)	4.46～5.61	4.11～5.86	3.71～4.41
多不饱和脂肪酸	亚油酸(C_{18}:2)	1.58～1.62	2.13～2.64	1.21～1.55
	反式亚油酸(C_{18}:2,t)	0.37～0.82	0.25～0.69	0.41～0.83
	γ-亚麻酸(C_{18}:3,n-3)	0.64～1.95	1.44～3.20	0.90～2.23
	α-亚麻酸(C_{18}:3,n-6)	0.03～0.15	0.08～0.23	0.03～0.12

(2) 羊油

羊油也称作羊脂，原料为羊的内脏附近和皮下含脂肪的组织，用熬煮法制取。羊油为白色或微黄色蜡状固体，相对密度为 0.943～0.952，熔点为 40～49℃，主要成分为油酸、硬脂酸和棕榈酸的甘油三酯。羊油常用于制肥皂、脂肪酸、甘油、脂肪醇、脂肪胺、润滑油等，新鲜的羊油脂经精制后可供食用。

我国羊资源丰富，是世界上羊存栏数、羊肉生产总量及羊肉消费总量最大的国家，2019年中国羊肉消费总量已达512.7万吨，约占世界羊肉消费总量的1/3。新疆是我国羊饲养量、出栏量和羊肉产量最大的地区之一，2019年新疆产肉量高达58.30万吨。宁夏回族自治区也是羊的重要来源地，2019年滩羊饲养量稳定在320万只以上，滩羊基础母羊存栏量稳定在100万只，出栏190万只，产值达12亿元。

羊脂多蓄积在内脏脂肪和皮下脂肪等结缔组织中，熬制或精炼后可得到。一般来说，来源于不同部位的脂肪，其理化性质、脂肪酸组成和风味成分也存在较大的差异。

一般来说，油脂的脂肪酸组成决定了油脂的理化性质、质构特性、稳定性以及营养价值。由表2.7可知，三种不同部位羊油的脂肪酸组成基本一致，主要有油酸（C_{18}：1，n-9c）、硬脂酸（C_{18}：0）、棕榈酸（C_{16}：0）、肉豆蔻酸（C_{14}：0）和亚油酸（C_{18}：2，n-6c），五种脂肪酸合计占总脂肪酸含量的92%～95%，其中含量最高的油酸占总脂肪酸的38%～43%，整体来看羊肠油中的油酸高于羊腰油和羊肚油。羊腰油熔点高、硬度大、饱和脂肪酸含量高，不易软化形变，意味着在夏季高温条件下易贮藏和运输，可操作性强。

表2.7　不同部位羊油的脂肪酸组成

脂肪酸	相对含量/%					
	羊肠油1	羊肠油2	羊肚油1	羊肚油2	羊腰油1	羊腰油2
C_{10}：0	0.20～0.21	0.19～0.20	0.10～0.11	—	—	—
C_{12}：0	0.16～0.17	0.18～0.19	0.29～0.38	0.13～0.14	0.18～0.19	—
C_{14}：0	3.19～3.24	3.07～3.12	3.04～3.66	2.47～2.69	2.62～2.68	1.92～1.94
C_{14}：1	0.19	0.15	0.17～0.23	0.18～0.24	—	0.37～0.38
C_{16}：0	22.91～23.12	22.86～22.95	21.50～22.76	21.86～22.15	21.79～22.12	19.60～19.68
C_{16}：1	2.25～2.44	2.09～2.12	1.77～1.91	2.05～2.44	1.61～1.64	1.60～1.64
C_{18}：0	21.18～21.28	22.41～22.48	26.66～27.53	24.20～25.55	27.12～27.36	31.06～31.20
C_{18}：1,n-9c	40.37～40.50	40.76～40.90	37.76～39.14	40.19～40.88	38.54～38.74	38.44～38.57
C_{18}：1,n-9t	—	—	—	0.19～0.22	—	—
C_{18}：2,n-6c	4.86～4.92	4.11～4.14	4.44～4.48	4.44～4.72	4.40～4.41	3.77～4.79
C_{18}：3,n-3	0.19	0.15	0.18	—	0.15	—
C_{20}：0	0.38	0.42～0.48	0.42	0.57～0.61	0.47～0.50	0.17
C_{20}：1,n-9	0.11	0.18～0.20	—	0.28～0.33	—	0.23

羊尾脂肪中含有丰富的饱和脂肪酸，如油酸、硬脂酸、棕榈酸等，是制皂的良好原料。大多数制造香皂、肥皂的厂商会在制造过程中加入盐，这样会使甘

油、碱液和水分与皂基分离，形成100%的纯粹皂基。羊油皂在清洁污垢的同时，可以在皮肤表面形成一层保护膜，达到对肌肤良好的保护效果。同时羊油制手工皂与合成洗涤剂相比更为环保，不会污染环境。

2.1.2.2 猪油

猪油，又称荤油或猪大油，是一种重要的动物油脂，是从猪肉中提炼出的食用油之一。猪油的初始状态是略显黄色半透明液体，一般情况下猪油油脂在常温下呈固态，为白色或浅黄色固体。不同地区、不同猪种的油脂含量是不同的，其本身的结构和一般的动物性油脂也有一定区别。猪油油脂的主要成分为饱和与不饱和脂肪酸三甘油酯，另外还含有少量的游离脂肪酸、磷脂、胆固醇和色素等杂质。其中，饱和脂肪酸包括熔点较高的肉豆蔻酸、棕榈酸、硬脂酸，这类饱和脂肪酸使猪油油脂在室温下呈固态；不饱和脂肪酸为熔点较低的棕榈油酸、油酸、亚油酸等。猪油油脂的折射率为1.4539～1.4610，熔点为28～48℃，相对密度为0.915～0.923，凝固点为22～32℃。

中国是猪肉生产大国，自20世纪90年代以来，猪肉产量已经跃居世界第一，同时也提供了大量的猪油油脂资源。统计数据显示，我国肉猪的出栏数从2007年的5.7亿头猛增至2012年的7亿头，猪五花油产量为850万～1130万吨/年，猪板油产量达到2260万～2830万吨。由此可见，我国拥有巨大的猪油油脂资源可以开发利用。进出口方面，2018年中国猪油出口数量为1171.69万吨，进口数量为1184.01万吨；2018年中国猪油出口金额为188.95万美元，进口金额为192.56万美元。需求量上，2018年中国猪油行业表观消费量约为240.06万吨，2019年约为239.85万吨。

从表2.8可以看出，不管是以哪种方法提取的猪油，猪油中饱和脂肪酸棕榈酸、硬脂酸，单不饱和脂肪酸油酸，多不饱和脂肪酸亚油酸的含量都相对较高。

表2.8 猪油的脂肪酸组成比较

脂肪酸	脂肪酸质量分数/%							
	C1-1	C1-2	C2-1	C2-2	AEE	DE	AE(100℃)	AE(55℃)
C_{10}:0	0.06	0.08	0.08	0.07	0.08	0.06	0.07	0.07
C_{12}:0	0.08	0.09	0.08	0.08	0.12	0.11	0.13	0.11
C_{14}:0	1.43	1.32	1.37	1.35	1.38	1.35	1.38	1.38
C_{16}:0	25.63	25.85	24.38	24.41	25.88	25.95	25.87	25.74
C_{16}:1	1.48	2.07	2.34	2.56	1.49	1.46	1.49	1.49
C_{18}:0	16.51	14.75	12.12	11.56	15.13	15.55	15.24	14.98
C_{18}:1t	0.38	0.33	0.22	0.20	0.15	0.22	0.15	0.16
C_{18}:1	34.41	39.85	42.55	43.87	39.55	40.32	39.47	39.63

续表

脂肪酸	脂肪酸质量分数/%							
	C1-1	C1-2	C2-1	C2-2	AEE	DE	AE(100℃)	AE(55℃)
C_{18}∶2	14.21	11.75	12.48	11.43	12.46	11.29	12.43	12.57
C_{18}∶3	1.64	0.30	0.55	0.46	0.51	0.43	0.51	0.50
C_{20}∶0	0.32	0.17	0.18	0.09	0.26	0.32	0.30	0.29
C_{20}∶1	1.00	0.73	0.79	0.71	0.94	1.02	0.94	0.94
C_{20}∶2	0.55	0.45	0.53	0.47	0.59	0.55	0.57	0.58
C_{20}∶3	0.30	0.21	0.20	0.19	0.19	0.20	0.10	0.19
C_{20}∶4	0.18	0.10	0.26	0.15	0.21	0.18	0.20	0.20
C_{22}∶4	0.11	—	0.12	—	0.09	0.10	0.09	0.11
C_{22}∶5	0.23	—	0.07	—	0.05	0.05	0.05	0.05

注：C1-1 代表工业湿法提取的毛猪油；C1-2 代表工业湿法提取的精炼猪油；C2-1 代表工业干法提取的毛猪油；C2-2 代表工业干法提取的精炼猪油；AEE 代表酶法提取的猪油；DE 代表实验室干法提取的猪油；AE（100℃）代表实验室 100℃下湿法提取的猪油；AE（55℃）代表实验室 55℃下湿法提取的猪油。

除了食用外，猪油在工业上也有多种用途，如肥皂、润滑油的制造，猪油加热后与碱液混合然后进行皂化反应制造肥皂，具有悠久的历史；猪油具有很好的润滑性能，在工业生产中被用作润滑油的成分，所制润滑油广泛应用于金属加工、自动化设备和机械等领域。猪油还可用于生产化肥和生物柴油等，在生产有机肥料过程中，猪油被添加到堆肥中，可以增加堆肥的含水量和可分解性，从而提高有机肥料的品质和产量；猪油的主要成分是甘油三酯，因此可以通过酯化反应转化为生物柴油。

2.1.2.3　其他动物油

（1）海洋动物油脂

海洋动物油脂包括海洋哺乳动物油脂、海洋鱼油和鱼肝油等。20 世纪初，海洋动物油脂已开始应用于多种工业生产，如制革、制皂和生产颜料。在 20 世纪初，鲸油是最有价值的海洋动物油脂，但到了 20 世纪 40～50 年代，鱼油加工技术日趋成熟，鲸油逐渐被鱼油所替代，此后鱼油的消费在西方逐渐商业化，其中最为瞩目的是鱼油氢化后大量用作起酥油、人造奶油的配方成分。时至今日，海洋动物油脂仍是二十碳五烯酸（EPA）、二十二碳六烯酸（DHA）等多种不饱和脂肪酸的重要来源，其功能得到了更广泛的开拓，在饲料、食品以及药品等领域具有良好的应用前景。

鱼油生产地主要分布于世界四大渔场（北海道渔场、纽芬兰渔场、北海渔场、秘鲁渔场）附近。除了受厄尔尼诺影响时产量大幅度下降以外，水产饲料用的渔获量自 1985 年来一直稳定在 2000 万～2500 万吨/年。过去 20 年来，全球鱼油平均年产量在100万～170万吨间变化，与世界大宗油脂产品相比，鱼油的总产量非常小，仅占油脂总产量的1%～2%。目前，世界鱼油产量基本保持在115万吨/年左右，2009年全球鱼油贸易量约为90万吨。

初级鱼油产品的主要产地为南美和拉美地区，南美洲的秘鲁、智利，欧洲的丹麦、冰岛、挪威、芬兰，北美洲的加拿大和美国均为世界鱼油生产大国。在亚洲，日本鱼油产量最高，粗鱼油年产量约在2.5万～3万吨之间，但日本生产的鱼油几乎全部用于国内消费，出口很少。我国也是鱼油生产国，粗鱼油年产量保持在1.5万～3万吨，国产鱼油精炼后主要用于饲料添加剂。

不同生长环境的鱼类所产鱼油成分有所不同，研究表明，深海鱼油中通常含有较为丰富的不饱和油脂，含量可达到70%。深海鱼油中的EPA和DHA是人体所必需的营养物质，而淡水鱼油中通常不含这些物质。

鱼油在工业上有广泛的应用，精炼鱼油富含的DHA可以增加塑料材料的强度和耐久性，因此可以用于生产管道、电缆、汽车零部件以及其他工业塑料制品；在高温和高压条件下表现出优异的润滑能力，可以作为工业润滑剂使用。鱼油还可以用于一些皮肤护理产品和宠物食品中，以提供皮肤健康和宠物健康所需的营养成分。精炼鱼油可以作为护肤成分，减少皮肤老化，并用于各种化妆品，如唇膏、身体乳液、香水以及工业皂等；精炼鱼油富含ω-3脂肪酸以及其他有益成分，是制药工业的重要原料，用于生产血液调节剂、降血脂药等。

(2) 鸵鸟油

鸵鸟是世界上最大的鸟，也是近年来世界范围内广泛推广的畜禽新品种。我国于20世纪90年代开始引入鸵鸟进行产业化饲养，并得到迅速发展，目前，我国已成为亚洲第一、世界第五的鸵鸟养殖国，存栏鸵鸟数量已达到20万只。随着养殖业的发展，鸵鸟产品开发也日益深入。在目前我国的鸵鸟产品开发中，主要以肉、皮开发为主，而占鸵鸟体重7.9%的鸵鸟油脂尚未引起足够的重视。有研究表明，鸵鸟油具有很强的渗透能力、明显的抑菌能力和较显著的紫外线吸收率，因此被应用于医药和化妆品行业。鸵鸟油在国际上被称为“液体黄金”，由于它独特的脂肪酸组成而具有独特的理化特性，在医药保健和化妆品行业中有广泛的应用前景。

鸵鸟油是一种很安全的原料，在2010年版化妆品国际原料标准中文名称目录上排序9190，国际上把它作为高档化妆品的理想原料，早已开发出许多化妆品，如面霜、美白乳液、抗皱乳液、去痘乳液及防晒乳液等，并已在市场销售。过去国内用的鸵鸟油基本上都是从大洋洲进口的，价格较贵（大约为500万元/吨），现在国内已经有企业建立了自己的鸵鸟油生产基地。鸵鸟油具有高保水能力，在皮肤上会保持很长时间而不分解，不会使人感到油腻，也不会阻塞毛孔而引起粉刺。鸵鸟油还是一种天然防晒剂，它对260～340nm波段的紫外光有强吸收，富含硒和维生素 C，具有抗氧化作用，能有效保护真皮组织，防止紫外线引起皮肤红肿、灼伤、晒黑及过敏等。

鸵鸟油中的不饱和脂肪酸含量高达 65%～70%，其中油酸超过 40%，此外还有较多的奇数碳原子脂肪酸，作为化妆品兼具营养和保健的双重功能。

鸵鸟液体油和固体脂经酯化处理后，通过气相色谱分析各成分的相对含量，见表 2.9。由表中可看出，鸵鸟液体油中含有 10 余种脂肪酸，其中主要有四种不饱和脂肪酸，分别是棕榈油酸、油酸、亚油酸和亚麻酸，总含量为 63.96%，油酸含量最高，达 42.23%；另外，还有约 34%的饱和脂肪酸。鸵鸟固体脂中含有 8 种脂肪酸，其中饱和脂肪酸 5 种，总含量为 55.93%；不饱和脂肪酸 3 种，分别是棕榈油酸、油酸和亚油酸。其中棕榈油酸含量最高，为 45.23%，其次是油酸，含量 33.52%，以及一定的亚油酸。亚油酸是人体重要的必需脂肪酸，具有很好的生理活性，对人体的新陈代谢有重要作用，对心脑血管疾病及高血脂病的预防和治疗，特别是在消退动脉粥样硬化病和抗血栓形成方面有极好的疗效。

表 2.9 鸵鸟油脂中脂肪酸组成及含量

脂肪酸名称	相对含量/%	
	鸵鸟液体油	鸵鸟固体脂
月桂酸(C_{12}:0)	0.12	0.27
肉豆蔻酸(C_{14}:0)	0.77	1.41
十五烷酸(C_{15}:0)	0.14	0.69
棕榈酸(C_{16}:0)	26.92	45.23
棕榈油酸(C_{16}:1)	7.99	6.65
硬脂酸(C_{18}:0)	6.64	8.33
油酸(C_{18}:1)	42.23	33.52
亚油酸(C_{18}:2)	12.94	3.89
亚麻酸(C_{18}:3)	0.80	—
花生酸(C_{20}:0)	0.13	—

(3) 驴油

我国是驴的主要养殖国之一，目前存栏量位居世界第六位，约占世界驴总量的 13%。据统计，2020 年我国驴存栏量为 232.4 万头，屠宰量约为 30 万头。每头驴约含 4kg 驴板油，按我国现有屠宰量估计，每年可产驴板油约 1200t。

相较而言，驴油的饱和脂肪酸硬脂酸含量较低，不饱和脂肪酸含量较高（表 2.10）。综合饱和脂肪酸、不饱和脂肪酸等指标看，驴油是一种品质较好的动物油脂。研究表明，驴油能起到滋润肌肤等作用。

表 2.10 驴油中主要脂肪酸的组成

脂肪酸	含量/%	脂肪酸	含量/%
癸酸	0.024	硬脂酸	5.756～5.865
月桂酸	0.164～0.167	油酸	36.281～36.973
肉豆蔻酸	3.277～3.340	亚油酸	12.001～12.231
十四碳一烯酸	0.250～0.254	亚麻酸	4.558～4.645
十五烷酸	0.402～0.408	花生酸	0.170～0.173
棕榈酸	28.257～28.796	花生一烯酸	0.892～0.909
棕榈一烯酸	5.319～5.421	不确定的酸 2	0.389
不确定的酸 1	0.263	山嵛酸	0.256～0.260
十七碳酸	0.700	二十二碳酸	0.061～0.062

(4) 蛇油

蛇油是从蛇体内脂肪中提炼出来的，含有亚麻酸、亚油酸等不饱和脂肪酸。到 2004 年止，国内仅对眼镜蛇蛇油、水赤链蛇蛇油、三线索蛇蛇油、五步蛇蛇油及混合蛇油（五步蛇、蝮蛇、眼镜蛇、乌梢蛇、王锦蛇蛇油等量混合）的脂肪酸进行了定性定量研究，主要脂肪酸含量见表 2.11。

表 2.11 不同来源蛇油的主要脂肪酸组成

脂肪酸组成	含量/%				
	五步蛇蛇油	眼镜蛇蛇油	三线索蛇蛇油	水赤链蛇蛇油	混合蛇油
C_{18}∶1(油酸)	44.68	46.80	2.23	31.8	41.46
C_{18}∶2(亚油酸)	10.55	15.60	53.91	9.8	12.13
C_{18}∶0(硬脂酸)	3.77	2.17	7.08	8.4	4.99
C_{16}∶1(软脂酸)	19.08	18.00	22.88	20.8	17.07

蛇油有良好的渗透性，是一种传统的纯天然护肤品，我国对蛇油的利用早有记载。在我国民间蛇油多用于治疗烫伤、烧伤、皮肤皲裂、冻疮等。现代药理研究表明，蛇油具有抗炎、消肿、促进血液循环、防治冻伤、降血脂等作用。由蛇油制成的霜、乳等系列产品，用于治疗干性及脂溢性皮炎、黄色褐斑等具有明显的效果，因而将蛇油加入化妆品中，具有很好的美容作用。

(5) 獾油

獾油又名獾子油，为鼬科动物狗獾的脂肪油，具有补中益气、润肤生肌、解毒消肿之功效，主治烧烫伤、冻伤等症。獾油作为一种治疗烫伤的药物已经比较成熟，但其可能作为保健品及化妆品用油的优越性质却一直被人们所忽视。

獾油中含两个双键的不饱和脂肪酸含量最多，含一个双键的不饱和脂肪酸含量次之，含三个双键的不饱和脂肪酸含量最少，具有较高的营养价值。獾油具有渗透性较强等优势，且其凝固点低，低分子脂肪酸含量较高，易被皮肤吸收，可广泛应用于化妆品中。

采用气相色谱法（GC）对獾油的上清液及沉淀脂肪酸组成进行测定，结果见表2.12、表2.13。

表2.12 獾油上清液脂肪酸组成与含量

脂肪酸	含量/%	脂肪酸	含量/%
月桂酸	0.1	硬脂酸	8.5
肉豆蔻酸	2.9	油酸	44.8
十四碳一烯酸	0.6	亚油酸	20.8
十五烷酸	—	亚麻酸	1.1
棕榈酸	12.1	花生酸	0.2
棕榈一烯酸	6.9	花生一烯酸	0.4
十七烷酸	0.1	花生二烯酸	0.2
十七碳一烯酸	0.2	花生三烯酸	0.3

表2.13 獾油沉淀中脂肪酸组成与含量

脂肪酸	含量/%	脂肪酸	含量/%
月桂酸	0.1	硬脂酸	12.4
肉豆蔻酸	3.5	油酸	39.5
十四碳一烯酸	0.5	亚油酸	17.7
十五烷酸	—	亚麻酸	0.9
棕榈酸	17.5	花生酸	0.2
棕榈一烯酸	5.9	花生一烯酸	0.6
十七烷酸	0.1	花生二烯酸	0.2
十七碳一烯酸	—	花生三烯酸	0.2

采用低温提取法提取的狗獾油上清液中，脂肪酸主要成分为不饱和脂肪酸，占脂肪酸总量的75.3%。其中，单不饱和脂肪酸占52.9%，含量最高的为油酸（44.8%），还包括棕榈一烯酸（6.9%）、十四碳一烯酸（0.6%）、花生一烯酸（0.4%）、十七碳一烯酸（0.2%）；多不饱和脂肪酸占22.4%，含量最高的为亚油酸（20.8%），其他还有亚麻酸（1.1%）、花生二烯酸（0.2%）、花生三烯酸（0.3%）。另外，狗獾油上清液中，饱和脂肪酸占23.9%，含量最高的为棕榈酸（12.1%），其次分别是硬脂酸（8.5%）、肉豆蔻酸（2.9%）、花生酸（0.2%）、

月桂酸（0.1%）、十七烷酸（0.1%）。

狗獾油沉淀与狗獾油上清液相比，在单不饱和脂肪酸方面，其中未检测出十七碳一烯酸，其他单不饱和脂肪酸的种类与狗獾油上清液相同，含量有所不同，共计46.5%。多不饱和脂肪酸含量为19.0%，其中最高的依旧是亚油酸，但含量下降至17.7%。狗獾油沉淀中饱和脂肪酸含量为33.8%，其中含量最高的依旧为棕榈酸，此外硬脂酸含量上升至12.4%，肉豆蔻酸含量上升至3.5%。饱和脂肪酸含量与不饱和脂肪酸含量的比为1∶1.94，不饱和脂肪酸含量低于狗獾油上清液。

（6）貂油

貂油由貂的皮下脂肪加工精制而成，属于营养性油脂，安全、无刺激性、表面张力小、扩散系数大，具体理化性质见表2.14。

表2.14　貂油理化性质

皂化值/(mg/g)	酸值/(mg/g)	碘值/(mg/g)	相对密度	折射率(20℃)	熔点/℃
106.2	2.218	43.22	0.8813	1.486	12.06

貂油在皮肤上极易扩展，且具有良好的皮肤渗透性，易被皮肤吸收，同时具有优良的紫外线吸收性能及良好的抗氧化性。貂油中脂肪酸及含量见表2.15。

表2.15　貂油中脂肪酸及含量

脂肪酸	含量/%	脂肪酸	含量/%
羊蜡酸	0.03	亚油酸	12.67
月桂酸	0.481	花生四烯酸	0.122
肉豆蔻酸	1.828	花生酸	0.214
棕榈酸	11.96	棕榈油酸	5.75
硬脂酸	7.24	亚麻酸	0.821～0.846
油酸	56.29		

以十八醇、液体石蜡、单甘酯、精制貂油为油相，十二烷基硫酸钠为乳化剂制成的貂油化妆品霜剂，具有保护、滋润皮肤功效，使用安全，无臭味，无副作用。貂油可以被用来制作洗发乳、润肤膏等产品，可以用于特殊化妆品——染发剂。

2.1.3　油脂成分分析方法

2.1.3.1　化学分析法

化学分析法（chemical method of analysis），是依赖于特定的化学反应及其计量关系来对物质进行分析的方法，主要包括重量分析法和滴定分析法，以及试样的处理和一些分离、富集、掩蔽等化学手段。酸值、碘值和皂化值等是天然油脂常见的化学分析指标，用于评估油脂或脂肪酸的性质和质量。一般使用化学分析法来进行定量分析。

酸值（acid value）是衡量油脂或脂肪酸中游离脂肪酸含量的指标，能够反映油脂的新鲜度和质量变化，它表示中和 1g 油脂或脂肪酸所需氢氧化钾（KOH）的质量（mg）。酸值高表示油脂或脂肪酸中含有较多的游离脂肪酸，可能会影响其稳定性和质量。酸值的测定通常采用酸碱滴定法。

碘值（iodine value）是衡量油脂或脂肪酸中不饱和脂肪酸含量的指标。它表示在一定条件下，100g 油脂或脂肪酸所能吸收的碘（I_2）的质量（g）。碘值高的油脂或脂肪酸中不饱和脂肪酸的含量较高，反之则饱和脂肪酸的含量较高。碘值的测定通常采用韦氏碘量法或溴化碘量法。

皂化值（saponification value）是衡量油脂或脂肪酸中酯类化合物含量的指标。它表示在一定条件下，1g 油脂或脂肪酸完全皂化所需氢氧化钾（KOH）的质量（mg）。皂化值可以提供油脂或脂肪酸的分子量信息，以及评估其酯化程度。皂化值的测定通常采用皂化滴定法。

羟值（hydroxyl value）的定义是 1g 样品中的羟基所相当的氢氧化钾（KOH）的质量（mg），羟基含量表示多元醇内羟基的质量分数。根据基本定义能发现，羟基含量与羟值能够相互换算，可用来测算含羟基化合物的相对质量分数。目前常用的测定羟值的方法主要有溴值法、氯化钠法等。

过氧化值（peroxide value）是反映油脂氧化程度的指标，过氧化值高表示油脂可能已经发生氧化，质量下降。过氧化值的表示方法：①100g 油脂样品所含过氧化物与碘化钾反应析出碘单质的质量（g），食品卫生标准多采用此法表示；②1000g 油脂样品中活性氧的物质的量（mmol）❶。

2.1.3.2　气相色谱

气相色谱法（GC）是利用气体作流动相的色谱分离分析方法。汽化后的试样被流动相载气带入色谱柱中，柱中的固定相与试样中各组分分子间的作用力不同，因此各组分在色谱柱中的滞留时间不同，导致流出时间不同，组分彼此分离。各组分按照分离顺序通过检测器，采用不同的检测器进行成分鉴别，并转换为电信号，通过适当的记录系统，制作标出各组分流出色谱柱的时间和浓度的色谱图。根据图中的出峰时间和顺序，可对化合物进行定性分析；根据峰的高低和面积大小，可对化合物进行定量分析。

---

❶ 物质的量的单位摩尔（mol），旧称“克当量”（eq）。故国外常用的过氧化值单位“meq/kg”，即为“mmol/kg”。

气相色谱法具有效能高、灵敏度高、选择性强、分析速度快、应用广泛、操作简便等特点，适用于易挥发有机化合物的定性定量分析。对非挥发性的液体和固体物质，可通过高温裂解气化后进行分析。

气相色谱仪主要由五部分组成，分别是气路系统（载气系统）、进样系统、分离系统、检测系统和记录系统，其中检测器的功能是将流出色谱柱的组分按其浓度或质量的变化转化为电信号，以便进行记录和分析。常用的检测器有热导检测器（TCD）、火焰离子化检测器（FID）等。

热导检测器是浓度型检测器，是气相色谱法最常用、最早出现和应用最广的一种检测器。它是基于不同组分与载气之间有不同的导热系数，热导池工作时，接通载气并保持池体恒温，此时流经的载气成分和流量都是稳定的。流经热敏元件的电流也是稳定的，由热敏元件组成的电桥处于平衡状态。当经色谱柱分离后的组分被载气带入热导池中，由于组分和载气的热导率不同，因而使热敏元件温度发生变化，并导致电阻发生变化，从而导致电桥不平衡，输出电压信号，此信号的大小与被测组分的浓度成函数关系，再由记录仪或色谱数据处理机进行换算，并记录下来。

氢火焰检测器又称氢火焰离子化检测器，主要用于可在 H_2 火焰中燃烧的有机化合物（如烃类物质）的检测。氢火焰检测器是典型的质量型检测器，是以氢气和空气燃烧生成的火焰为能源。当有机化合物进入氢气和氧气燃烧的火焰，在高温下产生化学电离，电离产生比基流高几个数量级的离子。离子在高压电场的定向作用下，形成离子流，微弱的离子流经过高阻放大，成为与进入火焰的有机化合物的量成正比的电信号，因此可以根据信号的大小对有机物进行定量分析。

气相色谱还可与质谱配合使用作为分离检测复杂样品的手段，达到较高的准确度。气相色谱-质谱联用（gas chromatography-mass spectrometry，GC-MS）是一种将气相色谱和质谱（MS）技术结合起来的分析方法，它结合了气相色谱的分离能力和质谱的鉴定能力，用于分析和鉴定复杂混合物中的化合物。气相色谱-质谱联用法是分析仪器中较早实现联用技术的方法，气相色谱-质谱联用技术始于20世纪50年代后期，霍姆斯和莫雷尔首次实现了气相色谱和质谱联用，使这一技术得到长足的发展。

气相色谱-质谱联用技术的基本原理是：利用不同物质在气相和固定相中的分配系数不同，当汽化后的混合样品被载气带入色谱柱中运行时，不同性质的物质在两相间反复多次分配，经过足够柱长移动后便彼此分离，按顺序进入质谱仪。进入质谱仪的物质再经离子化、质量分析器分离后由检测器检测、记录。

气相色谱-质谱联用仪通常由气相色谱仪、接口、质谱仪和数据处理系统组成。混合物通过气相色谱柱进行分离，然后进入质谱仪进行检测。在质谱仪中，化合物被离子化并根据其质量与电荷的比进行分析。通过比对质谱图和数据库，可以鉴定化合物的结构。同时，气相色谱-质谱联用可用于化合物的定性和定量分析，可以通过检测峰面积或峰高来进行定量分析。

气相色谱-质谱联用法有灵敏性强、准确性高、自动化等特点，解决了许多复杂基体的分离、鉴定和含量测定问题，已广泛应用于食品、药品、环境监测等领域。

在天然油脂脂肪酸成分测定中，GC-MS 也发挥着极其重要的作用，如杏仁油经亚临界萃取工艺后的成分分析、在贮藏过程中杏仁主要脂肪酸含量的变化分析、不同方法提取光皮树油的成分分析以及不同品种乌桕油的主要脂肪酸含量分析等常见植物油脂以及人体脂肪分析。但是，气相色谱-质谱联用也存在一定局限性，对于高沸点、不挥发性或热不稳定的化合物不太适用，同时也受到复杂基质干扰的影响。随着技术的不断进步，气相色谱-质谱联用也在不断发展，如高分辨率质谱、串联质谱等技术的应用，提高了分析的准确性和灵敏度。

2.1.3.3　高效液相色谱

高效液相色谱（high performance liquid chromatography，HPLC）也叫高压液相色谱、高速液相色谱、高分离度液相色谱等，是一种分离和分析混合物中化合物的分析方法。HPLC 用液体作为流动相，通过高压将流动相推动通过色谱柱，实现对混合物的分离和检测。HPLC 是在经典液相色谱法的基础上，于 20 世纪 60 年代后期引入了气相色谱理论而迅速发展起来的，它与经典液相色谱法的区别是填料颗粒小而均匀，小颗粒具有高柱效，但会引起高阻力，需用高压输送流动相。

高效液相色谱法的分离原理是溶于流动相中的各组分经过固定相时，由于与固定相发生作用（如吸附、分配、排阻、亲和等）的大小、强弱不同，在固定相中滞留时间不同，从而先后从固定相中流出。

高效液相色谱仪通常包括输液系统、进样器、色谱柱、检测器和数据处理系统。其中，流动相通常是有机溶剂和水的混合物，根据分离的需要可以选择不同的流动相组成和比例；色谱柱是高效液相色谱的核心部分，它决定了分离效果，常见的色谱柱类型包括反相柱、正相柱、离子交换柱等；高效液相色谱常用的检测器有紫外检测器、荧光检测器、电化学检测器等，根据分析物的特性选择合适的检测器。通过保留时间和检测器的响应信号，可以对分离出的化合物进行定性和定量分析。

高效液相色谱法的应用范围十分广泛，对样品的适用性广，不受分析对象挥发性和热稳定性的限制，几乎所有的化合物包括高沸点、极性、离子型化合物和大分子物质均可用高效液相色谱法分析测定，因而有效弥补了气相色谱法的不足。在目前已知的有机化合物中，可用气相色谱分析的约占20%，而80%则需用高效液相色谱来分析。

高效液相色谱法在天然油脂成分分析方面有广泛的应用，尤其是在天然油脂中的不皂化物分析方面，如特种油脂中的生物酚异构体组成分析、芝麻油中乙基麦芽酚成分的分析、玉米油中黄曲霉毒素的定量分析以及茶叶籽油中角鲨烯的分析等常见动植物油脂成分的定性定量分析。液相色谱可进行油脂中脂肪酸含量的简单测定以及废油脂成分分析等，如超高效液相色谱、二维液相色谱等技术的应用，进一步提高了分析的分辨率和灵敏度。

高效液相色谱的局限性主要表现在对于高极性、高分子量或不溶于流动相的化合物的分析不太适用。随着技术的不断进步，其应用范围以及研究深度的不断加大，高效液相色谱也在不断发展，在促进众多相关领域发展上起到了关键作用。

2.1.3.4 化学计量学方法

化学计量学方法是在以化学理论和事实为依据的定性分析基础上，利用数理统计方法建立一组联立方程式，来描述预测目标与相关变量之间化学行为结构的动态变化关系的。联立方程式，也称为化学计量模型，是比较先进、能取得较好预测结果的一种预测方法。目前，常见的化学计量学方法主要有人工神经网络（ANN）、偏最小二乘法（PLS）、主成分分析法（PCA）、卡尔曼滤波法（KF）、遗传算法（GA）等，通过滤除随机噪声、解析重叠峰、在线数据处理等为光谱仪器的智能化提供了新理论和新方法。

化学计量学方法模式识别是化学计量学的一个重要分支，可识别鉴定中药，目前已在中药鉴定中得到广泛使用。在油脂成分分析中，化学计量学方法主要用于光谱分析和色谱分析中的数据处理，从而最大限度地从中获取油脂的成分、结构及其他相关信息，解决一些常规数据处理方法无法解决的问题，使得同时识别不同的油脂成为可能。例如将偏最小二乘法（PLS）与人工神经网络技术相结合建立分析模型，对傅里叶变换衰减全反射红外光谱（ATR-FTIR）及傅里叶变换近红外光谱（FT-NIR）信息进行分析处理，用于生物柴油混合物中甲酯含量的测定。聚类分析则是指计算机对一批样品进行数据处理得到不同的聚类图后，对样品进行分类、鉴定以及质量评价。有研究表明，通过聚类分析可分辨正品和伪品。用毛细管气相色谱法测定了摩洛哥坚果油和其他植物油的脂肪酸含量和植物油中甘油三酯的种类及含量，运用SPSS8.0.1统计学分析软件的欧式距离和平方欧式距离的方法，识别摩洛哥坚果油的掺伪，表明系统聚类分析能清楚地区别不同的植物油；根据食用油中脂肪酸、甾醇以及生育酚含量应用校正转换矩阵法，对花生油掺伪进行定量检测等。

天然植物油脂是复杂的有机化合物，而不同的植物油脂组成的差异是多变量，传统的数据分析方法很难用系统的方法表征多种油脂之间的差异，而化学计量学与计算机结合，通过数学计算达到了识别的目的，使得长期困扰学者的混合物波谱同时识别成为可能。这样不仅体现了绿色分析的优势，而且拓宽了油脂识别分析思路。随着各学科的发展，化学计量学在油脂分析中的应用将继续得到更蓬勃的发展。

2.1.3.5　近红外光谱法

近红外光谱（near infrared spectroscopy，NIR）法是一种基于光谱学的分析技术，通过测量物质对近红外光的吸收或反射来获取其化学和物理性质信息。近红外光是介于可见光（VIS）和中红外光（MIR）之间的电磁波，美国材料与试验协会（ASTM）定义的近红外光谱区的波长范围为 780～2526nm，习惯上又将近红外区划分为近红外短波（780～1100nm）和近红外长波（1100～2526nm）两个区域。

近红外光谱主要是能级跃迁时由于分子振动的非谐振性产生的，记录的主要是含氢基团 X—H（X ═C、N、O）振动的倍频和合频吸收。不同基团（如甲基、亚甲基、苯环等）或同一基团在不同化学环境中的近红外吸收波长与强度都有明显差别，近红外光谱可以提供丰富的结构和组成信息，非常适合用于碳氢有机物质的组成与性质测量。但在近红外区域，光谱吸收强度弱、灵敏度相对较低、吸收带较宽且重叠严重。因此，依靠传统的建立工作曲线方法进行定量分析是十分困难的，化学计量学的发展为这一问题的解决奠定了数学基础。如果样品的组成相同，则其光谱也相同，反之亦然。如果建立了光谱与待测参数之间的对应关系（称为分析模型），那么只要测得样品的光谱，通过光谱和上述对应关系，就能很快得到所需要的质量参数数据。分析方法包括校正和预测两个过程，在校正过程中，收集一定量有代表性的样品（一般需要 80 个以上样品），在测量其光谱图的同时，根据需要使用有关标准分析方法进行测量，得到样品的各种质量参数，称为参考数据。通过化学计量学对光谱进行处理，并将其与参考数据关联，这样在光谱图和其参考数据之间建立起一一对应映射关系，通常称为模型。

虽然建立模型所使用的样本数目很有限，但通过化学计量学处理得到的模型应具有较强的普适性。对于建立模型所使用的校正方法视样品光谱与待分析的性质关系不同而异，常用的有多元线性回归、主成分回归、偏最小二乘、人工神经网络和拓扑方法等。显然，模型所适用的范围越宽越好，但是模型的范围大小不仅与建立模型所使用的校正方法、待测的性质参数有关，还与测量所要求达到的分析精度范围有关。实际应用中，建立模型都是通过化学计量学软件实现的，并且有严格的规范（如 ASTM 6500 标准）。在预测过程中，首先使用近红外光谱仪测定待测样品的光谱图，通过软件自动对模型库进行检索，选择正确模型计算待测质量参数。

近红外光谱法常用于测定物质的成分、含量、纯度等。在油脂分析中，近红外光谱法既可以用于测定脂肪酸的组成、含量和分布，也可以用于分析油脂的质量和稳定性。如采用中红外（MIR）光谱（包括一维 MIR 光谱和二阶导数 MIR 光谱）开展芝麻油的结构研究，同时探究芝麻油的红外吸收模式；使用芝麻油和大豆油调和成不同比例的试验样品，在波数为 4000～10000cm^{-1} 的近红外区来采集样品，建立调和油的定量分析模型来研究食用调和油的组成；用衰减全反射中红外光谱、光纤漫反射近红外光谱结合统计学方法分析掺有豆油的山茶油等不同动植物油成分鉴别研究。该方法具有快速、无损、多组分同时分析等优点。

2.1.4 各类油品中的脂肪酸成分

2.1.4.1 植物油脂

各类植物油脂中脂肪酸成分及其含量见表 2.16～表 2.18。

表 2.16 工业化生产常用植物油脂肪酸成分及其含量

脂肪酸	含量/%		
	椰子油	棕榈仁油	棕榈油
肉豆蔻酸	16.80～21.0	14.30～16.80	0.70～1.0
棕榈酸	7.50～10.20	6.50～8.90	38.0～46.0
硬脂酸	2.0～4.0	1.60～2.60	4.0～6.0
油酸		13.20～16.40	39.0～45.0
亚油酸	1.0～2.50	2.20～3.40	11.0～17.0
亚麻酸	0～2.50		
月桂酸	45.10～53.20	46.30～51.10	
癸酸		3.30～4.40	
己酸	0～0.8	0.10～0.50	
辛酸	4.60～10.0	3.40～5.90	
羊蜡酸	5.0～10.0		

表 2.17 经济型植物油脂

脂肪酸	含量/%					
	山苍子油	乌桕油	花生油	大豆油	菜籽油(普通)	菜籽油(低芥酸)
肉豆蔻酸	2.48	4.05～8.15	0.03	0.07	0.04	
棕榈酸		5.27～6.93	10.01～11.40	11.40～11.50	3.0～4.0	4.1～4.7

续表

脂肪酸	含量/%					
	山苍子油	乌桕油	花生油	大豆油	菜籽油(普通)	菜籽油(低芥酸)
硬脂酸		1.19～2.50	2.99～3.30	2.40～7.0	1.44～1.60	1.8～1.9
花生酸			1.03	0.2	2.33	
山嵛酸			5.10～7.30	0.72～2.2		
棕榈油酸	6.76		0.05	0.1～1.0	0～3.0	
油酸	13.84	9.70～16.71	39.04～54.70	20.50～30.80	12.0～39.0	61.20～63.0
亚油酸	6.90	27.04～40.95	25.70～37.60	49.20～56.50	12.0～16.50	20.70～21.70
亚麻酸		34.26～44.44	0.11～0.28	1.90～10.70	5.65～10.40	7.80～8.90
花生一烯酸					12.10～15.20	1.2～1.4
芥酸			0～0.07		16.10～55.0	0～0.7
月桂酸	49.53					
月桂烯酸	4.38					
癸酸	13.69					

表 2.18　功效型植物油脂

脂肪酸	含量/%					
	山茶籽油	橄榄油	亚麻籽油	葵花籽油	玉米油	蓖麻油
肉豆蔻酸	0.3	0.5	0.02		0.02	
棕榈酸	8.26～8.50	10.0～13.5	6.07～6.90	10.0～15.0	10.0～13.0	1.0
硬脂酸	0.8～2.16	1.0～4.46	3.60～4.20	3.70～6.50	1.44～4.5	1.0
花生酸	0.6	0～1.0	0.12	0～0.80	0.43	0.30
山嵛酸		0.14				
棕榈油酸		1.33	0.03		0.20～0.60	
油酸	78.3～83.3	70.0～85.0	16.0～21.18	26.0～50.0	19.0～49.0	3.0
亚油酸	7.40～8.11	4.60～7.0	15.0～15.87	57.0～66.0	34.0～62.0	4.2
亚麻酸	0.31～0.40	0～0.72	52.08～58.50	0～2.5	0～2.90	0.30

2.1.4.2　动物油脂

各种常见动物油脂中脂肪酸成分及其含量见表 2.19。

表 2.19　各种常见动物油脂

脂肪酸	含量/%									
	牛油	羊油	猪油	鸵鸟油	驴油	蛇油	獾油	貂油	鸡油	鸭油
肉豆蔻酸	2.72～3.11			0.30～1.41	1.47～3.28		2.90～3.50	1.83	0.44～1.06	0.01～0.69
十五烷酸		0.13～0.72	0.05～0.07	0.69	0.12					
棕榈酸	20.99～26.36	19.52～23.11	24.38～25.95	23.50～45.23	17.5～36.95		12.10～17.50	11.96	19.01～33.46	18.15～25.87
十七烷酸	1.12～1.81	1.69～2.74	0.26～0.35		0.30		0.10		0.06～0.41	0.14～1.98
硬脂酸	22.52～28.59	20.45～31.20	11.56～16.51	5.60～10.20	5.59～5.61	2.17～8.40	8.50～12.40	7.24	4.72～12.89	3.97～12.33
花生酸		0.17～0.73	0.09～0.32		0.08～0.17		0.2	0.21	0.33～0.47	0.10～0.62
山嵛酸					0.25				0.16	0.13～0.35
棕榈油酸	1.15～2.44	1.45～2.44	1.46～2.56	4.0～6.65	5.32	17.07～22.88		5.75	3.45～8.74	3.07～20.11
油酸	28.36～34.91	36.38～43.66	34.41～43.87	33.52～53.50	36.28～37.61	2.23～46.80	39.50～44.80	56.29	29.18～45.59	24.82～39.43
二十碳烯酸					0.48					
亚油酸	1.07～2.64	3.75～4.90	11.29～14.21	3.89～9.50	12.0～21.63	9.80～53.91	17.70～20.80	12.67	10.22～21.19	12.11～24.65
亚麻酸			0.30～1.64	0.40～1.10	4.56		0.90～1.10		0.18～0.53	0.45～1.54
花生一烯酸					0.89		0.40～0.60	0.82	0.20～1.64	0.02～0.52
花生四烯酸					0.06			0.12	3.86	0.27～0.37
芥酸					0.02～0.07				0.49	0.04～0.11
月桂酸	0.00～0.05	0.00～0.38	0.08～0.13	0.27～1.30	0.10		0.10	0.48	0.02～0.10	0.10～2.38

续表

脂肪酸	含量/%									
	牛油	羊油	猪油	鸵鸟油	驴油	蛇油	獾油	貂油	鸡油	鸭油
豆蔻油酸	0.14～0.37									
反式油酸	2.36～5.61	0.00～0.60	0.15～0.38		0.16					
反式亚油酸	0.25～0.83				0.09～0.11					
γ-亚麻酸	0.64～3.20				0.02					
α-亚麻酸	0.03～0.23				2.06～2.10					
癸酸		0.00～0.21	0.06～0.08		0.06					
肉豆蔻酸		1.90～3.66	1.32～1.43							
顺-10-十五稀酸		0.00～0.28								
顺-10-十七稀酸		0.46～0.88	0.13～0.26							
α-亚油酸		0.00～0.50								
花生烯酸			0.71～1.02							
花生二烯酸			0.45～0.59		0.60		0.20		0.13～0.63	0.05～0.15
花生三稀酸			0.10～0.30		0.14		0.20～0.30		0.55	0.06～0.15
十四碳一烯酸							0.50～0.60			
棕榈一烯酸							5.90～6.90			
亚麻油酸								0.82		

2.2 天然油脂制备脂肪醇

脂肪醇是生产增塑剂、表面活性剂等精细化工产品的基础原料，在国民经济中具有重要作用。脂肪醇及其衍生物广泛应用于轻工、石油、制药、冶金、纺织、化妆品等行业，近年来在世界范围内发展迅速。

按照原料来源不同，脂肪醇生产可分为天然油脂加氢法和化学合成法，相对应的产物分别为天然醇和合成醇，天然醇是以天然油脂为原料制得的，合成醇是以石油、煤衍生物为原料制得的。

以天然油脂为原料，通过加氢反应制备脂肪醇是脂肪醇工业化生产的重要手段。常见的工艺有天然油脂直接加氢、天然油脂水解为脂肪酸后加氢，以及天然油脂转化成脂肪酸甲酯后再加氢等。

2.2.1 我国天然脂肪醇的发展

我国的脂肪醇工业始于20世纪60年代，当时的大连油脂化学厂率先开发生产脂肪醇。随后，上海硬化油厂也进行了脂肪醇生产工艺的开发。至20世纪70年代，国内脂肪醇产业已形成以北方大连油脂化学厂、南方上海硬化油厂为代表的南北两大区域分布。

在我国开发生产脂肪醇初期，国内用于生产洗涤剂的脂肪醇原料来源有限。当时的大连油脂化学厂利用我国丰富的石油副产物石蜡资源，开发了以石蜡氧化合成脂肪酸，然后与甲醇或丁醇进行酯化反应制得脂肪酸甲酯或脂肪酸丁酯，再加氢还原制成脂肪醇，其中加氢采用固定床工艺。利用该技术，大连油化建设了0.5万吨级的脂肪醇生产装置。随着大连油化制醇技术的成功，在天津、长治相继建成了以合成脂肪酸为原料的脂肪醇生产装置，形成了我国北方的脂肪醇生产基地。

在合成脂肪酸制醇产业发展的同时，南方的许多中小企业开始了以椰子油、棉籽油和蚕蛹油等天然产物为原料生产脂肪醇的尝试。围绕上海周边地区，出现了利用悬浮床工艺将椰子油直接加氢制醇的生产装置。悬浮床工艺设备投资少，椰子油直接加氢技术路线简单，一些厂商纷纷效仿。但该工艺中，天然油脂所产生的甘油经氢解生成丙二醇、异丙醇，甘油无法回收，同时加氢转化率也偏低，因此后来这些装置都相继被脂肪酸甲酯加氢所代替。至20世纪80年代中期，我国脂肪醇生产能力已达到约3.5万吨/年，北方以固定床加氢为主，生产装置相对较大；南方以悬浮床加氢为主，相对规模较小。

为改变脂肪醇生产的落后局面，我国先后引进了两套以天然油脂为原料的天然脂肪醇生产装置，即大连华能化工厂从德国汉高（Henkle）引进的1.5万t/a

固定床加氢工艺的天然脂肪醇生产装置，广东江门江海化工实业公司从美国宝洁（P&G）引进的 1 万 t/a 悬浮床加氢工艺的天然脂肪醇生产装置。然而因技术和市场等多重原因，至 20 世纪 90 年代末，国内有近 50% 的脂肪醇生产装置相继停产转业，保存下来的装置也在低水平微利状态下运行，引进的大装置也不得不停产。

国内脂肪醇市场经过 20 世纪 90 年代后期的萧条之后，在 21 世纪初突然有了井喷式的发展。2003 年开始，国内多家天然脂肪醇厂实施技改扩建项目，有些厂家的生产能力增加了近 50%。2003 年秋季，江苏省新世纪盐化集团有限责任公司下属骨干企业——无锡东泰精细化工采用自主开发的高压醇解、甲酯切割、固定床加氢技术，率先建成国内最大的也是首套 2 万 t/a 级天然脂肪醇生产装置，产品脂肪醇质量大幅提高，生产成本大幅下降，改变了脂肪醇完全依赖进口的局面。2004 年上半年，辽阳华兴化工有限公司建成 2 万 t/a 级天然脂肪醇装置，同年年底，该公司第二套 2 万 t/a 装置建成，生产能力达到 4 万吨。2005 年，华兴第三套 2 万 t/a 装置投产，生产能力急剧扩张到 6 万吨。至此，国内脂肪醇产业进入快速发展期，至 2005 年底，国内天然脂肪醇生产能力达到 15 万 t/a。

与此同时，私营资本开始大幅进入脂肪醇行业。2005 年，南非沙索（SASOL）公司宣布和威尔玛成立合资公司，在江苏的连云港兴建 6 万 t/a 天然脂肪醇装置，利用连云港益海油化的脂肪酸生产高质量的脂肪醇。马来西亚的德源高科在江苏如皋建成了 13 万 t/a 的油脂化工项目，其中有 10 万 t/a 的天然脂肪醇产能。德源高科是马来西亚的油脂种植商，自己供应原料油脂，其使用德国鲁奇（Lurgi）的技术生产脂肪酸和脂肪醇。

2005 年，北京四方行工贸公司通过收购武汉化工二厂脂肪醇分厂后，成立了武汉市四方行化工有限公司，在其脂肪醇厂原址扩建脂肪醇项目，于 2006 年建成了生产 2 万 t/a 脂肪醇的生产线。新扩建的生产装置是根据德国汉高公司的技术和设备，结合国内实践进行改进后确认的，具有规模合理、能耗低、产品质量好的特点。该生产装置不仅在国内，在国际上其工艺技术水平都处于领先地位。

商丘市三和化工有限公司参股的河南商丘龙宇化工，在 2006 年底新建成了 2 套 1.7 万 t/a 级天然脂肪醇装置，并投产试运转。2009 年商丘市三和化工有限公司与郑州煤炭工业（集团）有限公司合资成立了郑州煤炭工业集团商丘中亚化工有限公司，建成了 12 万 t/a 脂肪醇聚氧乙烯醚项目。醇醚系列产品采用第三代“气液接触法”生产技术，环氧乙烷生产采用美国 SD 公司技术，拥有乙烯和乙醇两种原料路线。但该项目目前已停止生产。

上海双乐油脂化工与上海中远化工合资组建了上海中乐油脂化工有限公司，启动了 5 万 t/a 天然脂肪醇工程项目。一期工程建设 2 万 t/a 装置，于 2006 年底试运转。辽阳华兴收购了辽阳市灯塔化肥厂，改组成立了灯塔市北方化工有限公司，实施 8 万 t/a 脂肪醇项目，一期工程新建 5 万 t/a 天然脂肪醇装置，于 2005 年 3 月开工建设，2007 年上半年投入运行。

嘉化能源公司 20 万 t/a 放空氢气回收生产脂肪醇/酸装置，主要采用国际先进的 DBO 公司油脂水解工艺、英国戴维（Davy）先进加氢工艺技术，具备规模生产、综合配套能力强、区域优势突出等优点。在工艺和设备上保证脂肪醇/酸生产的先进性和产品质量的稳定性，产品质量达到国际先进水平。上述多家国内外资本投入的脂肪醇项目，使中国脂肪醇产能迅速增加，供过于求的局面成为定局。目前国内脂肪醇行业主要生产企业包括辽宁华兴、嘉化能源、德源高科、江苏盛泰、沙索丰益、浙江恒翔等，主要生产能力集中于华东地区。2019 年浙江嘉化能源化工、德源（中国）高科、沙索（中国）化学、江苏盛泰化学科技和浙江恒翔化工的脂肪醇产量分别为 14.8 万吨、5.2 万吨、4.9 万吨、2.8 万吨及 1.7 万吨。数据显示，2022 年中国天然脂肪醇产量为 39.8 万吨，约占脂肪醇总产量的 90%。

值得注意的是，我国天然脂肪醇市场的对外依赖度在 50%以上，国内虽有一些天然脂肪醇的生产商，但是目前没有看到国内厂商掌握成熟的工业化天然脂肪醇的生产专利技术。从全球来看，天然脂肪醇专利技术被戴维、鲁奇、汉高和日本花王等国外公司垄断。从这些较大的专利商来看，他们均采用固定床反应器进行连续生产，催化剂多以 Cu 基非贵金属催化剂为基础，通过对催化剂和工艺进行改进，降低反应苛刻度。

我国脂肪醇进口来源地主要为印度尼西亚与马来西亚，2020 年进口印度尼西亚脂肪醇总价近 2.91 亿美元，进口马来西亚脂肪醇总价近 1.12 亿美元，两地进口额合计占比 81%。受到脂肪醇生产原料的限制，国内企业不得不依赖原料进口进行后续产品生产。

总的来说，由于我国天然醇原料的缺乏，加之其生产成本、操作费用高，因此一些已投产的装置开工率不足，部分装置停产待处理，工艺水平的提高也就无从谈起。国内装置与国外装置相比，差距体现在国内装置催化剂寿命短、产品烷烃含量高、碳链分布可调性差、生产规模小以及成本高等方面，工艺水平与国外有较大差异。国内主要的天然醇生产厂家见表 2.20。

表 2.20　中国天然脂肪醇主要生产厂商竞争格局

企业名称	简介
浙江嘉化能源化工股份有限公司	2003 年 6 月上市。是中国化工新材料(嘉兴)园区的核心企业,公司主要制造和销售脂肪醇(酸)、磺化医药系列产品以及氯碱、硫酸等系列产品
德源(中国)高科	成立于 2005 年,目前为江苏如皋市大规模外资项目,由马来西亚德源集团总投资 2.5 亿美元,注册资金 6000 万美元,有油脂下游深加工生产脂肪酸/脂肪醇/甘油及功能性表面活性剂高科技项目

续表

企业名称	简介
沙索(中国)化学	成立于 1996 年,南非沙索集团在中国的全资子公司,拥有以意大利 Ballestra 技术为基础的先进生产设备,生产各类非离子表面活性剂和以脂肪醇和醇醚硫酸盐为代表的阴离子表面活性剂
江苏盛泰化学科技	成立于 2010 年 11 月,由上海盛台控股(香港)有限公司和江苏中丹集团有限公司等共同投资成立。注册资本 2.2 亿元,投资总额 6.6 亿元。位于泰兴经济开发区内,生产和销售 FA(脂肪醇)、AEO(非离子表面活性剂)、AES(阴离子表面活性剂)。主要为下游日用化学品、洗涤剂等行业提供原料,在泰兴开发区逐步形成了以日化洗涤用品原料为中心,上下游日化产品一体化园区产业链聚集地
浙江恒祥化工	2019 年 11 月 6 日成立。从事高分子材料研发,表面活性剂、纺织印染助剂、油剂、润滑油的制造、加工、批发、零售(不含危险化学品及易制毒化学品),新材料技术推广服务,货物及技术进出口等
辽宁圣德华星化工有限公司	2019 年 5 月 28 日成立。主要销售辽宁华兴品牌天然脂肪醇,C_{12}～C_{14} 醇、C_{16}～C_{18} 醇、脂肪醇聚氧乙烯醚硫酸钠(AES)、甘油等表面活性剂产品。该系列产品广泛应用于香波、浴液、餐具洗涤剂、复合皂等洗涤化妆用品及纺织工业润湿剂、清洁剂等

2.2.2　现有代表性工业化工艺路线

天然高级脂肪醇是洗涤剂、表面活性剂、增塑剂等精细化工品的基础原料，在工农业生产和国民经济各个领域发挥着巨大作用。天然脂肪醇主要以棕榈油、棕榈仁油和椰子油原料，少部分用棉籽油、米糠油、牛油、猪油等天然动植物油脂为原料，经钠还原法、油脂直接加氢法、脂肪酸加氢法、脂肪酸甲酯加氢法等工艺合成，其中油脂醇解为脂肪酸甲酯后，催化加氢制备脂肪醇的工艺路径为应用最广的方法。

2.2.2.1　Henkel 工艺（汉高-高压）

德国 Henkel（汉高）公司在脂肪醇的生产方面具有悠久的历史，且工艺技术不断改进和发展，形成了独特的脂肪酸甲酯固定床加氢生产脂肪醇方法。该方法具有较高的反应活性和选择性，催化剂以 Cu-Cr 为主要成分，还含有部分 Mn-Ba-Si 等组分，反应条件为 200～250℃、20～30MPa 氢气压力，体积空速为 0.2～2.5h^{-1}。具体工艺主要包括油脂净化、高压醇解、醇解产物分离、脂肪酸甲酯精馏、脂肪酸甲酯高压加氢、加氢产品分离、脂肪醇精馏等步骤。其中，高压醇解及脂肪酸甲酯加氢步骤是 Henkel 工艺的核心，直接影响最终产品收率及产品质量，通过高压醇解将脂肪酸甘油酯转变为脂肪酸甲酯，脂肪酸甲酯经高压加氢后生成脂肪醇，其余步骤为物理分离、提纯过程等。Henkel 的大部分专利均在 1980～2000 年间申请，主要包含脂肪酸加氢、脂肪酸甲酯加氢等。

Henkel公司的脂肪酸甲酯加氢生产脂肪醇工艺（图2.8）采用管束反应器，该技术路线在许多国家都得到了应用，美国联碳公司也利用Henkel技术新建了5万t/a脂肪醇厂，国内采用这一工艺的有赞成科技大连分公司（大连四方联合有限公司），年产1.5万吨脂肪醇。

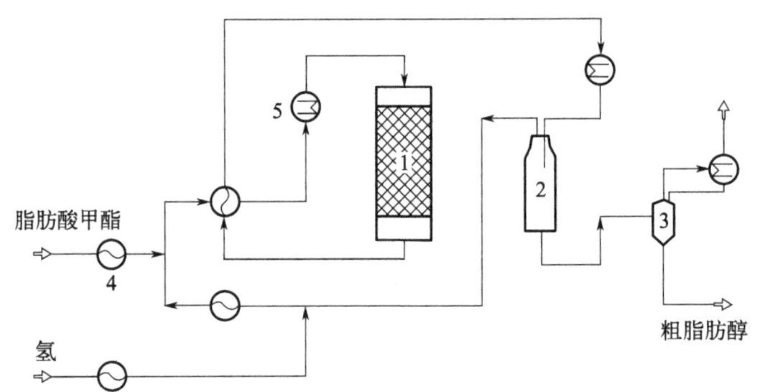

图2.8 脂肪酸甲酯高压加氢制脂肪醇工艺流程

1—反应器；2—分离器；3—闪蒸罐；4—换热器；5—高温加热器

该工艺中氢化反应发生于一个或数个相连的固定床反应器，温度为200～250℃，氢气压力为20～30MPa。首先将脂肪酸甲酯泵入装置中与压缩氢气混合，混合物加热到反应温度，并送入反应器。用含铜催化剂时，原料中酯基和碳-碳双键均被氢化，即使以不饱和酯进行氢化，也只能得到饱和脂肪醇。

反应混合物离开反应器后，在分离器中冷却并分为液相和气相，液相流往甲醇分离装置，而以氢气为主的气相则在净化分离惰性气体后，经压缩机压缩后循环使用。甲醇分离器实际上是一个蒸发器，脂肪醇经汽提除去甲醇，而后得到的脂肪醇无需进一步精制就可以使用。如果要求得到更高纯度的脂肪醇，则在分馏塔中将它切割成窄馏分。上述氢化法条件温和，而且能得到高纯度的醇，如果以饱和醇为目的产品，则其中烃、未氢化酯和双键含量一般低于1%。

Henkel工艺路线的优点是：同样规模的装置比脂肪酸加氢工艺的生产能力大，生产1t脂肪醇消耗的催化剂比脂肪酸加氢工艺少，设备要求低，不用耐酸钢材料，产品中的烃含量低，可回收甘油。缺点是存在不可避免的甲醇毒性问题，因此主要是在催化剂的活性方面进行改进。

2.2.2.2 Lurgi工艺（鲁奇-中压）

德国Lurgi（鲁奇）公司于20世纪50年代后期最先开发出脂肪酸加氢法，即将生物油脂先进行水解生成脂肪酸，再用脂肪酸加氢制备脂肪醇的工艺，并进行了工业化应用。采用连续式悬浮加氢技术，产能达0.3万～3万吨/年。直到今天，该方法仍是唯一的脂肪酸不经过前酯化阶段，直接制醇的工艺。该方法具有产品品质和工艺较为环保、不存在甲醇等有毒和危险化学品的使用和存储等特点，但其对设备的要求较高，尤其是在高压下抗酸腐蚀的能力，因此前期投资较大，应用推广受到了限制。20 世纪 80 年代早期，Lurgi 公司又开发出了固定床脂肪酸甲酯制脂肪醇的生产工艺，可生产饱和及不饱和脂肪醇，不饱和醇产能可达 3 万 t/a，饱和脂肪醇产能达 6 万 t/a。

Lurgi 公司的新一代脂肪酸加氢制醇工艺为蜡酯工艺，该工艺是脂肪酸加热后与循环脂肪醇在蜡酯反应器中混合反应生成蜡酯，该步反应在常压下即可完成，且无需催化剂。反应生成的蜡酯再经固定床催化加氢反应器加氢生成脂肪醇，脂肪酸的“内酯化”和氢化两步反应集中在一个反应器内进行。具体步骤可分为三步进行：

第一步：在反应初期，脂肪酸加氢生成少量脂肪醇；

$$RCOOH+2H_2 \longrightarrow RCH_2OH+H_2O \tag{2.1}$$

第二步：生成的醇与酸反应生成蜡酯；

$$RCOOH+RCH_2OH \longrightarrow RCOOCH_2R+H_2O \tag{2.2}$$

第三步：蜡酯加氢生成脂肪醇；

$$RCOOCH_2R+2H_2 \longrightarrow 2RCH_2OH \tag{2.3}$$

在加氢过程中，同时有副反应发生，即有少量的醇加氢分解生成烷烃。

$$RCH_2OH+H_2 \longrightarrow RCH_3+H_2O \tag{2.4}$$

整个反应在细粒状铬酸铜催化剂浆状物上进行，在便于最大内循环的环状单一反应器中，300℃、30MPa 的液相条件下同时进行。

Lurgi 公司在该领域具有十分丰富的工业应用经验，其工艺流程如图 2.9 所示。

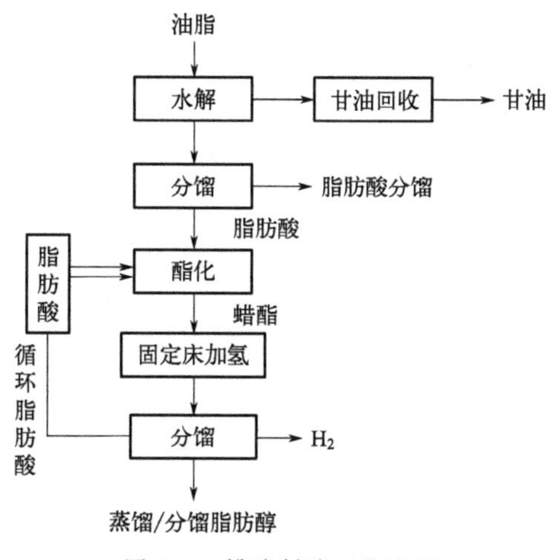

图 2.9　蜡酯制醇工艺流程

在分离塔中，将植物油或动物脂肪与蒸汽在260℃的温度和5.5MPa的压力下逆流直接接触，从而在压力下裂解产生脂肪酸和包含12%～25%（体积分数）甘油的甘油水。为回收甘油，将得到的甘油水通过多级水蒸发浓缩得到包含大约88%（体积分数）甘油的粗甘油，随后粗甘油在大约0.0015MPa真空和大约160℃温度下蒸馏浓缩得到92%～95%（体积分数）的甘油。产生的脂肪酸经两级蒸馏分离成塔顶馏分和中间馏分分离油或脂肪，其中甘油单酯、甘油二酯和盐作为杂质积聚在塔底。其余脂肪酸馏分在搅拌反应器中，加入来自产物循环的脂肪醇，在大约230～270℃的温度和常压下剧烈混合12h，并持续排出水获得蜡酯。接着蜡酯与氢气再进行混合，在20～27MPa压力和240～330℃温度范围内，通过固定床催化剂催化加氢反应生成脂肪醇。固定床由挤压产生的均匀成型的催化剂组成，主要成分是铜和铜-铬氧化物，次要成分为锌、铝、铁、硅以及碱土金属元素等。将氢化后获得的反应产物冷却，从而分离为氢气和粗脂肪醇。在铜-铬氧化物催化剂粒子的固定床催化剂上，回收氢气再次用于氢化蜡酯。部分粗脂肪醇再循环至搅拌反应器用于脂肪酸的酯化，另一部分则进料至精馏塔，得到最终产物脂肪醇。

第一步的酯化反应要尽可能减小反应器中脂肪酸的浓度，这样可以降低加氢反应中细粒度铜-铬催化剂由于酸的作用所造成的消耗。所用的反应器进料喷嘴是特殊设计的，可使反应物料在反应器内部适当地循环，这种设计方法可以加速“内酯化”反应的进行。第二步加氢反应，氢在高压下溶解在液相中，并扩散到催化剂表面上从而发生氢化反应，因此物料需要在反应器内维持较长的时间，以保证醇有较高的收率。这两步反应是在一个反应器中同时进行的。

由棕榈油生产C_{12}/C_{14}脂肪醇蜡酯工艺与甲酯工艺的物能消耗对比见表2.21。

表2.21 由棕榈油生产C_{12}/C_{14}脂肪醇的物能消耗对比

物能	消耗量	
	蜡酯工艺	甲酯工艺
脂肪酸/酯/kg	1100	1300
催化剂/kg	<0.8	<0.8
氢(纯度99.9%)/m^3	230	230
冷却水(10℃)/m^3	55	85
蒸汽/kg	30	180
电力/kW	160	175
燃料/MJ	1500	1000

蜡酯工艺的优点是催化剂用量少，无须进行甲醇处理而解决了防爆防毒等问

题，工艺较为绿色环保；一部分脂肪酸可作为产品直接销售，低碳馏分和 C_{16}～C_{18} 馏分可经济地分离成相应的脂肪酸；只有需要加工成醇的脂肪酸馏分才进行加氢；用脂肪醇循环取代甲醇循环，物能消耗相对更低，设备投资小且易维修保养。

Lurgi 公司几十年来一直致力于研究脂肪酸制备脂肪醇工艺的温和条件，所开发的蜡酯工艺已应用于生产中，于 2004 年实现了工业化，德源高科公司即采用该技术，以棕榈仁油、棕榈油、椰子油及其他植物油为原料，具有年产 13 万吨脂肪酸和 10 万吨天然脂肪醇，同时联产 1.7 万吨医药级高含量甘油的能力。此外，Lurgi 公司的第四代脂肪醇的中压生产技术也正在开发之中。

2.2.2.3　Davy 工艺（戴维-中压）

英国 Davy（戴维）公司开发了脂肪酸甲酯特殊加氢工艺，反应的压力比通常的脂肪酸甲酯加氢工艺要低得多。Davy 路线首先采用特殊树脂作为催化剂将脂肪酸转化为甲酯，独特的反应器使反应达到 100% 的转化率。然后将甲酯汽化，使甲酯以蒸汽的形态进入加氢反应器中，在温度 200～250℃、压力 4～8MPa 的条件下，通过特定的催化剂反应生成脂肪醇。

该技术最早于 1990 年问世，1997 年第一套工业化装置在菲律宾投产。到 2007 年底，全球采用 Davy 工艺技术路线生产脂肪醇的产能达到 40 万吨，在马来西亚、印度尼西亚、中国台湾、南非等地均有项目建设。2007 年新加坡益海国际与沙索共同投资，在我国江苏连云港市引进了年产 6 万吨脂肪醇的 Davy 路线装置，2019 年，该项目由益海集团收购全部股权。目前国内脂肪醇生产规模最大的嘉化能源集团，所采用的也是 Davy 工艺。

Davy 法的特点是以脂肪酸甲酯为原料，加氢反应压力低，副产物少，生产效率高。首先将脂肪酸甲酯进行汽化后同氢气混合，再与催化剂接触进行反应，并且脂肪酸甲酯蒸汽连续循环和氢气反应，这样氢气可以和气相脂肪酸甲酯充分混合。但该技术的能耗较大，主要是脂肪酸甲酯较难汽化，尤其是碳链较长的脂肪酸甲酯。Davy 工艺在发展过程中也出现了多次不同程度的工艺改进。

Davy 工艺通过对反应物汽化建立起两段加氢法工艺，如图 2.10 所示。首先在较温和的条件下，脂肪酸与甲醇进行酯化反应，得到脂肪酸甲酯，再将甲酯汽

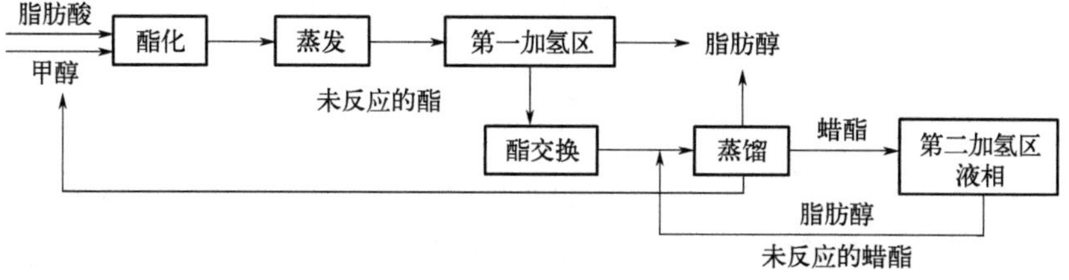

图 2.10　Davy 两段加氢生产脂肪醇工艺流程简图

化后与氢气混合，增加氢气扩散速率，原料与催化剂在高于露点的温度下接触进行加氢反应，未反应的脂肪酸甲酯同产物脂肪醇在后续的蜡酯反应器中反应生成蜡酯，蜡酯在第二反应区进行进一步加氢生成脂肪醇，未反应的蜡酯进行循环，甲醇循环利用。第一加氢区的温度为140～240℃，压力为6MPa左右；第二加氢区的温度为180～220℃，压力为4～10MPa。

后来Davy公司对上述工艺流程进行了改进，见图2.11。脂肪酸甲酯汽化后进入加氢反应区，加氢反应产物进一步进入蜡酯反应器，使在加氢中未完全反应的脂肪酸酯和脂肪醇反应，生产蜡酯。然后通过醇精馏塔分离，塔顶为烷烃、甲醇和水，塔底为蜡酯，塔中抽出高纯度的脂肪醇。在分离切割时，为保证中间抽出的脂肪醇具有高纯度，势必会有一部分低碳脂肪醇从塔顶馏出，高碳脂肪醇从塔底馏出。为了回收这部分脂肪醇，塔顶的少量低碳醇与脂肪酸甲酯原料进行酯交换，生成蜡酯，蜡酯与醇精馏塔底的蜡酯混合后，进入蜡酯反转反应器，生成脂肪酸甲酯，然后作为原料循环使用。

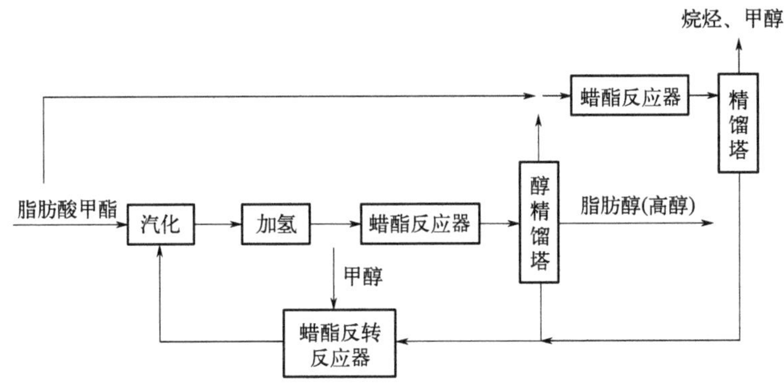

图2.11　Davy汽化原料工艺流程简图

Davy公司的另一种工艺是将原料的轻重组分进行切割，再针对不同碳数的脂肪酸甲酯分别进行加氢，如图2.12所示。先在第一汽化区用大量的高流速高温氢气将C_{12}/C_{14}脂肪酸甲酯汽化并带往第一加氢区，C_{16}/C_{18}脂肪酸甲酯进入第二汽化区进行汽化后进入第二加氢区进行加氢反应，未被汽化的重组分从塔底流出。Davy公司对整个工艺流程、换热网络、产品分离和氢气循环都进行了优化，该方法需要2个蒸馏塔、2个加氢反应器，能耗很大，碳排放量高，流程长，装置系统复杂度高。

2.2.2.4　P&G工艺（宝洁-悬浮床）

P&G公司自1955年开始生产脂肪醇与脂肪酸，是催化剂悬浮床加氢工艺的典型代表，至今这种传统工艺仍是世界脂肪醇生产的代表性技术。目前P&G公司的天然醇生产能力为6万t/a，脂肪醇生产采用的主要工艺是用椰子油或猪大

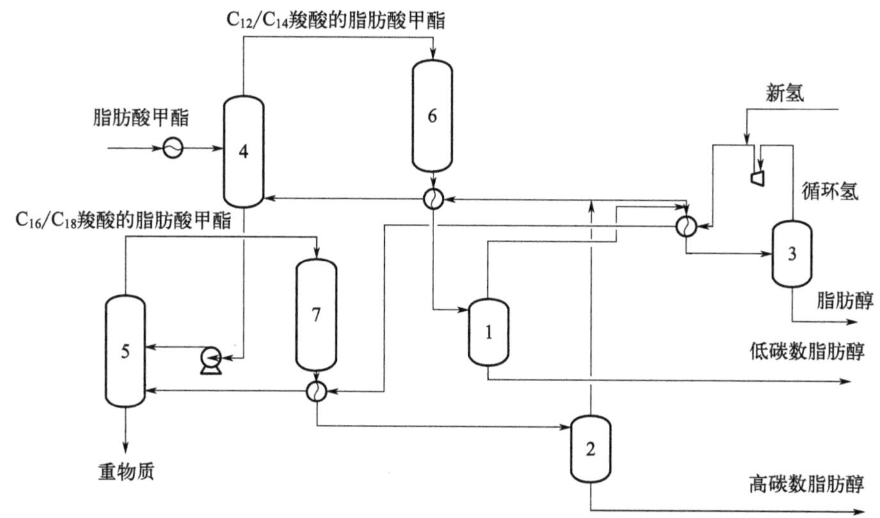

图 2.12　Davy 原料分离加氢工艺流程简图

1—第一分离器；2—第二分离器；3—第三分离器；4—第一汽化区；5—第二汽化区；6—第一加氢区；7—第二加氢区

油为原料，经脱皂机进行油脂精炼，再把油脂用甲醇醇解，脱甲醇后得脂肪酸甲酯，采用悬浮床反应器、亚铬酸铜为催化剂进行加氢制脂肪醇，粗醇经蒸馏得成品醇。

我国广东江门江海化工实业公司曾引进 P&G 的生产工艺，建成了 1 万 t/a 悬浮床加氢工艺的天然脂肪醇生产装置。其中，醇解工序采用的工艺大致与 Henkel 公司的工艺基本相同，但是醇解催化剂是甲醇钠而不是氢氧化钾，这一点有其独到之处。

P&G 公司制醇工艺流程简图见图 2.13。P&G 公司的脂肪酸甲酯加氢工艺采用悬浮床反应器，催化剂是亚铬酸铜，在加氢过程中循环使用，循环量为 90%，另加 10%新鲜催化剂。加氢时氢气过量 7 倍，反应后循环使用，4 个加氢反应器串联使用，反应器内壁是不锈钢材质，外围是多层卷板式，外筒承受内

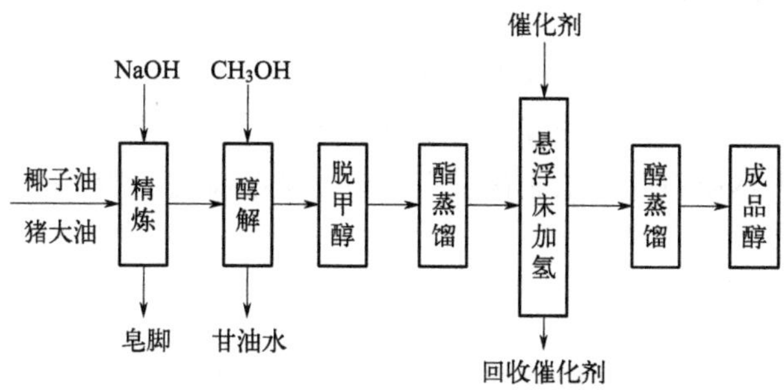

图 2.13　P&G 制醇工艺流程简图

压。醇蒸馏是4塔流程，1塔是常压蒸馏脱甲醇和水，2塔是减压脱烷烃，3塔是减压切割中间馏分C_{12}～C_{14}醇，4塔减压切割重馏分C_{16}～C_{18}醇，塔型都是一般的泡罩塔。

P&G公司也曾采用油脂水解制脂肪酸，然后经酸加氢制醇的工艺。经过多年的研究开发，特别是为了解决酸加氢过程中对设备的腐蚀问题，逐步用脂肪酸甲酯加氢代替了脂肪酸加氢工艺，但保留了悬浮床加氢的工艺特点，形成了脂肪酸甲酯悬浮床加氢的独特工艺。该工艺腐蚀性小，酯化和加氢条件温和，不需要耐酸催化剂，催化剂消耗量少，具有工艺可靠、运行稳定、产品质量好的优点，是世界上比较闻名的脂肪醇生产工艺。

2.2.2.5 Kvaerner Process Technology 工艺（夸纳-低压）

低压加氢是由英国Kvaemer Process Technology（夸纳）公司开发的一项新技术，是把水解蒸馏后的液态脂肪酸甲酯汽化喷雾，送入一个装有铜催化剂的固定床反应器中，将甲酯和氢气不断循环以提高转化率，最终脂肪酸转化为脂肪醇。该工艺的加氢反应转化率可达99%，反应器的工作压力仅为4MPa。此工艺副产物能回收再利用；固体催化剂不危害环境，且使用寿命长达数年；加氢压力较低，能源消耗少。

1997年该技术在位于菲律宾何塞庞阿尼班村（Jose Panganiban）的椰子油工厂附近的Prine Chem（普林）油脂化学公司得到了应用，建成了世界第一套低压加氢制脂肪醇装置，生产能力为3000t/a。

该公司的低压气相加氢工艺，虽然解决了加氢过程中压力高的问题，但由于脂肪酸甲酯随着碳链原子数的增加，沸点也相应升高，如棕榈酸甲酯和硬脂酸甲酯的沸点为250～350℃，很难汽化，脂肪酸甲酯在气相中的浓度较低，与气相中氢气接触的脂肪酸甲酯减少，导致反应器中单位体积的脂肪醇产率过低。为提高转化率，需要将过量的热氢气与汽化的甲酯不断地循环，反应的经济性方面还有需要改进的地方。

2.2.3 其他工艺路线

除了上述几种现有的具有代表性的工业化路线外，还有一些可用于天然油脂生产脂肪醇的技术方法。这些方法因原料、产能、安全性、经济性等问题而不再大规模应用于天然脂肪醇的工业化生产，但在某些特定的脂肪醇产品生产中仍有应用。

2.2.3.1 蜡酯水解

蜡酯是由长链的高级脂肪酸和高级脂肪醇所形成的酯，具有生物可降解性和良好的润滑性，可作为高级润滑剂和高级润肤油的基料，用于航空、机械、化工及日用化妆品等领域。

高级烷醇（policosanol）又称高级脂肪醇，是含有十二个以上碳原子的链状饱和一元醇，在自然界中广泛存在，如存在于动物、昆虫的脂质，植物的根、茎、叶、皮、果皮、籽壳、籽仁，动物器脏、组织、骨髓、腺体，昆虫分泌的蜡酯中，但几乎不以天然游离的脂肪醇形式存在，而通常是以蜡酯的形式存在于生物体中。其中富含高级烷醇的蜡酯有米糠蜡、甘蔗蜡、高粱蜡、虫白蜡、蜂蜡、巴西棕榈蜡、向日葵蜡、虫胶蜡、羊毛蜡等。

鲸脂油水解是最早用于生产脂肪醇的方法，是将抹香鲸头部的脂油先经冷冻工序除去蜡物，再将所得的透明清澈脱蜡脂油经皂化或水解反应，分离出不饱和的脂肪醇混合物，其中含油醇约 30%。皂化法是制备高级脂肪醇的一种简单高效的方法，在一定温度下，蜡酯在碱的作用下发生皂化水解，生成高级脂肪酸盐和高级脂肪醇（反应式见图 2.14）。

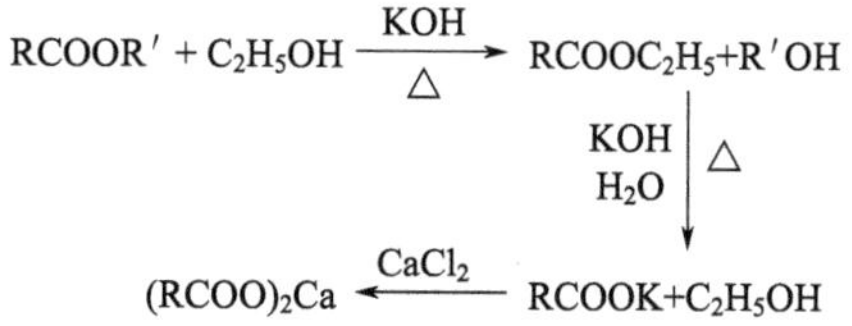

$$RCOOR' + C_2H_5OH \xrightarrow[\triangle]{KOH} RCOOC_2H_5 + R'OH$$

$$RCOOC_2H_5 + R'OH \xrightarrow[\triangle]{KOH,\ H_2O} RCOOK + C_2H_5OH$$

$$RCOOK + C_2H_5OH \xrightarrow{CaCl_2} (RCOO)_2Ca$$

图 2.14　皂化法反应式

这种方法的优点是工艺简单，操作方便，生产成本较低，且可将皂化产生的脂肪酸回收利用，环境污染较小。过去用此法曾获得大量脂肪醇，然而，随着技术的不断进步，以及保护海洋哺乳动物资源法规的实施，这种生产醇的方法已接近淘汰，失去了现实意义。

2.2.3.2　金属钠还原

金属钠还原法是将原料油脂与金属钠混合，反应生产饱和或不饱和脂肪醇的方法，该方法可在常压下进行。1903 年，法国科学家 Bouveault 和 Blanc 首先在实验室发现了用金属钠还原酯类制备脂肪醇的方法。1942 年由美国 P&G 公司开始进行工业化生产，直到 20 世纪 50 年代，世界上许多新建厂家仍采用这一技术。到了 60 年代，大多数原来采用钠还原法的工厂都改用催化加氢技术，目前只有日本的协和油品公司还维持少量生产。其反应式如图 2.15 所示。

$$R-\overset{\overset{\large O}{\|}}{C}-OR' + 4Na + 2R'OH \longrightarrow RCH_2ONa + 3R'ONa$$

$$RCH_2ONa + 3R'ONa + 4H_2O \longrightarrow RCH_2OH + 3R'OH + 4NaOH$$

图 2.15　金属钠还原酯类制备脂肪醇反应式

生产流程如图 2.16 所示。

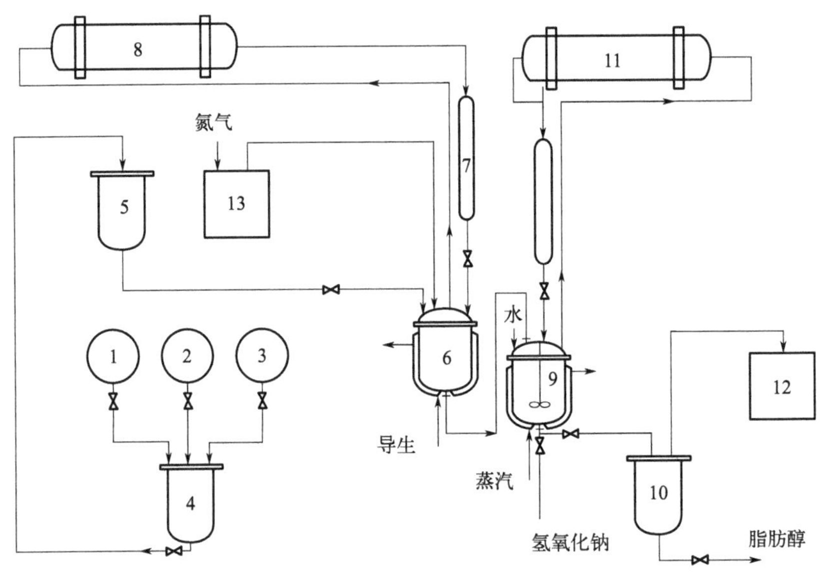

图 2.16　油脂金属钠还原法生产脂肪醇流程

1—甲苯罐；2—甲基异丁酯罐；3—酯罐；4—混合罐；5—供料罐；6—还原反应器；7—甲苯上升罐；8、11—冷凝器；9—水解釜；10—脂肪醇贮槽；12—回收醇及还原醇贮槽；13—金属钠熔融槽

该工艺主要设备为还原反应器，在此反应器内必须靠高效率的搅拌将金属钠进行很好的混合。在金属钠进入反应器之前，先将反应器加热，以免金属钠进入反应器后凝固。由于反应是很剧烈的放热反应，所以用溶剂蒸发所需要的潜热来除去反应热。所用溶剂有甲苯、二甲苯，反应温度在 120～140℃，溶剂蒸发冷凝后，再回流至反应器内。溶剂的使用量随物料而变，要求能使物料有很好的流动性。

在操作过程中，须绝对避免水混入反应器内。反应器有夹套冷凝器，不允许用水作冷却剂，而应先用有机冷却剂，再用水冷却有机冷却剂。为避免冷却剂内混入水，要选择与水不互溶的溶剂，即使有了少量水也能在分离器内将水分出，并可通过视镜观察到。

操作中应防止由于偶然的原因，使物料与金属钠积累到一定程度后突然反应，短时放出大量热，而造成冷凝器负荷过大，导致重大事故的发生。在正常操作时，所有物料通过泵打入贮槽，以备蒸馏用，蒸馏将有机溶剂（即甲基异丁醇、甲醇）蒸出，塔底放出高碳醇。该高碳醇可直接当作成品，也可进一步分馏成若干馏分出售。

这种生产过程中所用的酯，其中应尽量避免有游离酸，因为游离酸可形成皂，因此应控制酯中游离酸含量小于 5%。所用的酯最好不用甘油酯，因为甘油酯在还原过程中所生成的甘油与碱液都在水溶液中，这对甘油回收很不利。在过去，用甘油酯进行金属钠还原后，要加入一定量的尿素，其与醇钠反应生成醇、氰化钠和氨，氰化钠不溶于溶剂中，可过滤除去，这时甘油可按通常方法回收。

金属钠还原法的主要优点是可以得到不饱和脂肪醇，欧美国家等曾用此法大量生产不饱和醇。该方法可在常压下进行，没有腐蚀，用普通的碳钢设备即可，因此设备费比较低，大约是加氢法的三分之一，且操作较简单，设备维护保养简单，获得脂肪醇的质量较好。但此法的缺点是金属钠价格较贵，钠消耗量高，生产 1mol 醇耗钠 4mol，且有副反应发生，因此收率偏低，成本约比加氢法高出 1.5 倍。且操作时容易发生危险，操作不当可能发生飙温现象。此外，工艺过程中产生大量剧毒的氰化钠，因此，除生产特殊脂肪醇品种外，工业上现已不再大规模应用该方法。

2.2.3.3　油脂直接氢化

油脂直接氢化法是以天然油脂为原料，首先进行脱胶、脱酸、精炼等工序，然后在催化剂的作用下直接利用油脂分子的选择性，高压催化加氢生产饱和脂肪醇，工业上较多使用 Cu 基催化剂。由于油脂分子主要为脂肪酸甘油酯，分子结构较大，空间位阻大，因此反应压力一般在 20MPa 以上，反应温度在 300～325℃，氢气与酯的摩尔比为（20～50）∶1，反应条件比较苛刻。虽有部分研究称，该反应可在 15MPa、250℃的条件下进行，但未见工业化的相关报道。较高的反应温度还使得产物甘油易脱水生产异丙醇、1,3-丙二醇、1,2-丙二醇的混合物，造成了甘油浪费，还有出现聚合现象和过滤困难的缺点，所以目前脂肪醇生产企业很少采用此法。此外，虽然以天然油脂为原料直接加氢还原脂肪酸，省去了对植物油脂的水解反应和酯化反应过程，但是加氢反应同样需要在催化体系高温高压的条件下进行，而其中的脂肪酸在高温条件下具有一定的腐蚀性，对催化体系造成一定的腐蚀而导致催化剂失去活性，致使脂肪醇的制备受到较大的阻力。该方法反应式如图 2.17 所示。

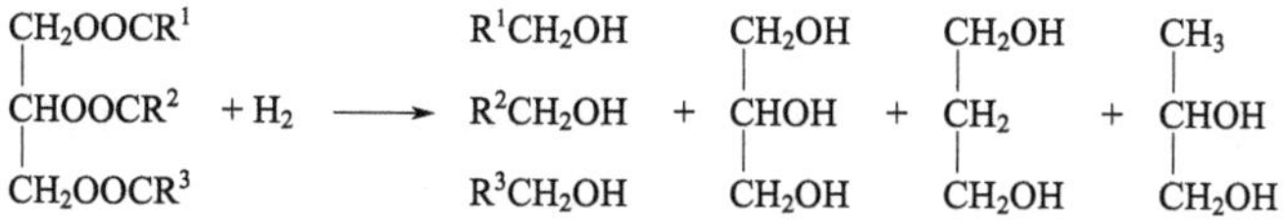

$$\begin{matrix} CH_2OOCR^1 \\ | \\ CHOOCR^2 \\ | \\ CH_2OOCR^3 \end{matrix} + H_2 \longrightarrow \begin{matrix} R^1CH_2OH \\ R^2CH_2OH \\ R^3CH_2OH \end{matrix} + \begin{matrix} CH_2OH \\ | \\ CHOH \\ | \\ CH_2OH \end{matrix} + \begin{matrix} CH_2OH \\ | \\ CH_2 \\ | \\ CH_2OH \end{matrix} + \begin{matrix} CH_3 \\ | \\ CHOH \\ | \\ CH_2OH \end{matrix}$$

图 2.17　油脂直接氢化法反应式

油脂直接加氢工艺的优点是油脂不需要经过酯交换（或酯化）、水解过程，可直接进行加氢反应得到产物。缺点是反应温度和压力较高，无法回收甘油（加氢后生成了 1,3-丙二醇和 1,2-丙二醇等）。但近年来，丙二醇市场价格持续走高，根据目前的市场价格，1,2-丙二醇达到 8000～9000 元/t，1,3-丙二醇则达到 2 万～3 万元/t，而甘油售价只有约 4000～5000 元/t，通过这一价格差，或可弥补油脂直接加氢制醇工艺中的部分利润空间。

综上所述，油脂直接氢化法由于缩短了工艺流程，目前仍有一些关于此方法的研究报道，但并不是目前主流的脂肪醇生产方法。因此，目前脂肪醇的生产工艺大多先将油脂水解或者醇解，然后以脂肪酸或脂肪酸甲酯为原料加氢制脂肪醇。

2.2.3.4 脂肪酸加氢

脂肪酸加氢法是在油脂水解为脂肪酸后，直接催化脂肪酸加氢制醇的方法。天然油脂中的甘油三酯通过水解得到脂肪酸和甘油，通过分离后，游离的脂肪酸可以进一步加氢来制备脂肪醇。在通常条件下脂肪酸的羧基和氢气不起反应，必须在催化剂存在的前提下，并给予适宜的反应压力和温度才能实现加氢反应。从热力学角度分析，催化剂能大大降低氢化反应的活化能壁垒，使氢化反应得以顺利进行。该方法通常使用铜铬系金属催化剂，反应式如图 2.18 所示。

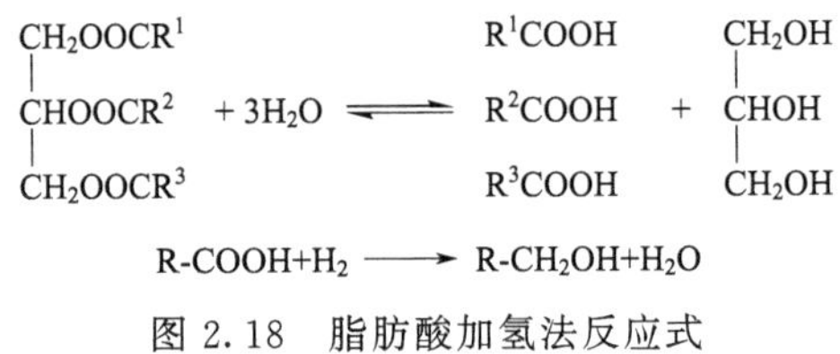

$$R\text{-}COOH + H_2 \longrightarrow R\text{-}CH_2OH + H_2O$$

图 2.18 脂肪酸加氢法反应式

该加氢工艺的反应条件比较苛刻，其还原温度比脂肪酸甲酯加氢的还原温度要高 50～100℃。同时，加氢反应过程中所需的工艺设备主要由不锈钢制造，脂肪酸在高温下具有较强的酸腐蚀性，会对反应容器造成一定的腐蚀，因此耐温和耐压要求较高，使得产品中烃含量升高，导致醇产率降低，催化剂无法实现循环使用。

20 世纪 50 年代末，德国 Lurgi 公司首次开发了以天然油脂水解得到的脂肪酸为原料，在 Cu-Cr-Fe 催化剂的作用下，采用连续式悬浮加氢工艺，在 30.0～32.5MPa、280～300℃的反应条件下，对脂肪酸进行液相加氢制备脂肪醇的方法。建成的脂肪酸加氢制醇的生产工艺，产能可达 3 万 t/a。直到今天，该工艺仍然是唯一采用悬浮床，由脂肪酸直接制醇的方法。该工艺将脂肪酸的水解和加氢两步反应集中在一个反应器中进行，不仅缩短了反应流程和降低了成本，还解决了甲醇回收的问题。

到 80 年代，Lurgi 公司又开发了油脂水解制成脂肪酸，再以酸直接加氢制醇的新工艺，该工艺条件比较苛刻，产品中烃含量较高，醇收率低，催化剂使用寿命短。但由于 Lurgi 公司对旧的工艺进行了升级，改进了反应器结构，因而加氢条件不如以前那样苛刻，催化剂的消耗也比以前要降低许多。反应器及管道的材质一方面由于腐蚀性减轻，另一方面由于冶金工业的技术进步，已经不需要高合金钢材，中合金钢材即可。再加之催化剂有了新的改进，这使酸直接加氢又恢复了活力，重新登上了当前生产脂肪醇工业的舞台。

Lurgi 公司的新一代脂肪酸加氢制醇工艺称为蜡酯工艺，已于 2004 年实现工业化。蜡酯工艺的流程中，先将油脂水解生成的脂肪酸分成两部分，一部分作为市售产品，一部分用于加氢制脂肪醇。蜡酯加氢采用固定床反应器进行液相反应，反应过程中部分脂肪醇从产物中分离出来，返回反应器进行蜡酯化反应，使酸与醇的酯化反应与酯的加氢还原反应在同一反应器内完成，用脂肪醇循环取代甲醇循环，因此不是甲酯加氢，而是蜡酯加氢。蜡酯加氢工艺的特点是反应温度低，催化剂消耗少，操作简便，无须进行甲醇处理，设备投资少且易于维修保养，生产流程如图 2.19 所示。脂肪酸直接加氢与脂肪酸酯加氢的主要原料消耗对比见表 2.22。

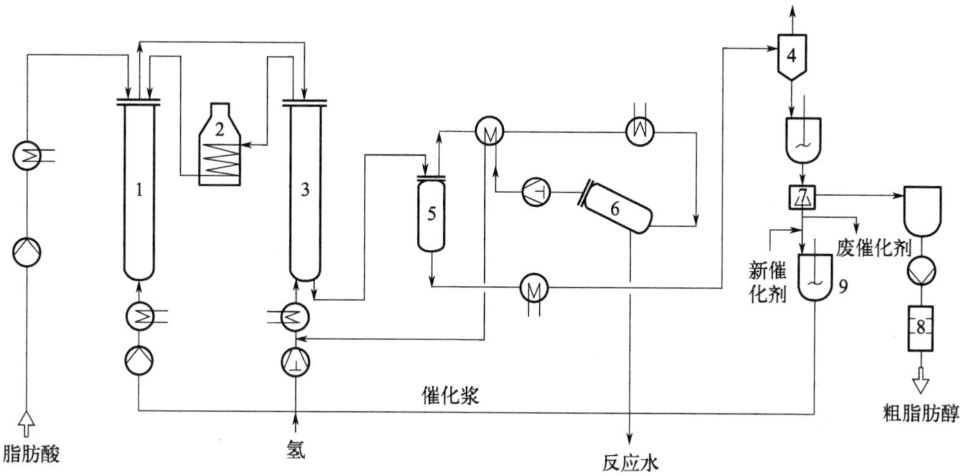

图 2.19　脂肪酸高压加氢生产脂肪醇工艺流程

1—反应器；2—高温加热器；3—热交换器；4—闪蒸器；5—热分离器；6—冷分离器；7—离心机；8—过滤机；9—催化剂混合器

表 2.22　脂肪酸直接加氢与脂肪酸酯加氢的主要原料消耗对比

原料名称	原料消耗	
	酸加氢	酯加氢
椰子油	1887.5kg	1886.2kg
氢	330m^3/h	350m^3/h
铜铬催化剂	5.34kg	4～5kg
C_6～C_{10} 脂肪酸	193.7kg	190.4kg
C_{16}～C_{18} 醇	168.6kg	168.3kg

生产装置由发生加氢反应的高压部分和从催化剂中分离醇的低压部分组成，

脂肪酸与氢气在30MPa和280℃下，在浆状催化剂存在的反应器中进行反应。反应完成后，氢气、脂肪醇和催化剂的混合物离开反应器，并和循环氢进行热交换。反应器顶部有一个非常有效的泡罩分离系统以促进内回流，反应器底部的适宜位置上有氢气喷嘴及脂肪酸与催化剂浆状物料的进料口。脂肪醇与脂肪酸原料的回流比大于250，二者在一小容器内有效稀释，提供了迅速而完全酯化的最佳反应条件。铬酸铜催化剂对上述酯化反应比对加氢反应催化得更迅速，从而降低了酸侵蚀导致的催化剂损耗。第二阶段加氢反应进行得较缓慢，在高压下，氢气溶解在液相中并扩散到催化剂表面，且在反应器中需较长时间的停留以获得高的醇收率。

除了这些反应外，不饱和碳链也被加氢饱和了，饱和碳链反应和加氢反应都是放热的。液态醇、催化剂、氢气、低沸点脂肪酸及反应水都在一个两段的冷却/膨胀系统中进行分离，混合物被分离成两层，一层为脂肪醇/催化剂浆液，一层为澄清液，除去过滤器中残留的微量固体，由泵将纯净的粗脂肪醇输送到蒸馏设备或产品贮罐中。部分废催化剂在反应过程中被连续排出，同时，等量的新鲜催化剂加到脂肪醇和催化剂浆状混合物中，然后被送回到反应器中。

综上所述，德国Lurgi公司最初开发了脂肪酸直接加氢制脂肪醇的工艺，直到现在仍然是唯一采用悬浮床由酸直接制醇的工艺。但该工艺在工业化生产过程中遇到比较多的问题，Lurgi公司后期进行了多次的改进和升级，现已演变成为了蜡酯工艺，实质上已不再是典型的脂肪酸直接加氢制脂肪醇的工艺。

2.3 天然油脂制备脂肪酸甲酯

根据对现有的天然油脂生产脂肪醇工业化路线的了解，目前工业上生产天然醇应用最广的技术路线，均为天然油脂首先制备脂肪酸酯（以甲酯为主），然后催化加氢生成脂肪醇这一工艺。由此可见，脂肪酸甲酯是目前天然脂肪醇生产中的重要中间产物。因此，天然油脂的前处理和制备脂肪酸甲酯的过程以及方法，是天然脂肪醇生产中的重要步骤，对最终脂肪醇产品的生产水平和质量有着重要影响。

对天然油脂的处理方法以及天然油脂制备脂肪酸甲酯的方法主要包括以下几个方面。

2.3.1 油脂预处理

从动植物中提取的天然油脂毛油的成分比较复杂，除了大量的脂肪酸甘油三酯和部分游离脂肪酸外，还存在一些杂质如磷脂、甾醇类、氧化物、胶质、色素以及水等，既影响油脂外观，也会对油脂的储存及后续处理带来不利影响。因此，毛油需要通过净化精炼（包括脱胶、脱酸、脱色等）去除杂质，并尽可能保留有益的成分。通过精炼工艺，可大幅提高毛油的品质，降低油脂的酸值和过氧化值等。然而，若精炼过程不当，也会产生有毒有害物质，因此，对于精炼工艺的选择和优化很有必要。

2.3.1.1　脱胶

非甘油酯是毛油中常见的杂质，如磷脂蛋白和黏液等，它们以胶状形式存在于毛油中。在精炼过程中，这些物质通常沸点较低，受热易产生气泡，使油脂乳化，从而影响油脂的品质。同时，胶质物也会严重影响油脂的过滤效果，造成设备结垢等不良后果。因此，毛油在进行精炼前，应先去除油脂中的胶质物，通过加酸、加碱、吸附和加热等方法处理毛油，是进行油脂精炼的必要前处理步骤。

(1) 水化脱胶法

植物油脂中存在两大类磷脂，一种是水化磷脂，一种是非水化磷脂，总含量约为 0.5%～2.5%。通过水化脱胶法可有效去除油脂中的水化磷脂；非水化磷脂去除较为烦琐，要先使用酸将非水化磷脂转化为水化磷脂，然后，再利用水化脱胶法将其去除。水化脱胶主要利用磷脂等物质的强吸水性，使其在吸水后发生膨胀，膨胀后的水合物不断相互结合絮集，形成较大体积的胶粒，胶粒继续凝结，最终形成胶团，并悬浮在油脂中。通过进一步离心等纯化处理，将胶团从油脂中分离，从而获得较为干净的油脂。水化温度、水量和时间是影响水化脱胶效果的重要因素。按水化脱胶温度高低可将其分为高温水化、中温水化和低温水化三种处理方式。

① 高温水化温度在 70～80℃，用水量较多。需要注意的是，高温水化的温度应不高于 80℃，过高的温度会使油脂和空气中的氧气发生一系列化学反应，从而使植物油的品质降低。同时，水化温度过高还会加速水的汽化，产生的气泡会打乱胶团，使胶团以细小的形态悬浮于油脂中，不利于杂质的去除。

② 中温水化温度一般为 50～60℃，用水量适中，处理时间较长，需要静置沉降至少 8h，其他条件与高温水化法的一致。

③ 低温水化温度一般为 20～30℃，用水量较少，处理时间最长，一般需要静置沉降至少 12h，其他条件与高温水化法的一致。

综上所述，高温脱胶可有效去除油脂中黏度较高的胶质，使油脂与其他杂质容易分离。但是，过高的水化温度会使油脂发生氧化，影响油脂的质量。此外，水化温度过高也会影响磷脂等黏性物质的沉降，因此，水化温度控制在 60～80℃为宜。

(2) 酸法脱胶

水化脱胶可以有效地去除水化磷脂（HP），而非水化磷脂（NHP）却很难脱除。在油脂中加入一定量的有机酸或无机酸，可以螯合非水化磷脂上的金属离子，将 NHP 转化为 HP，再经水化后进行脱除，这就是酸法脱胶。常用的有机酸有醋酸、柠檬酸、草酸、酒石酸等，无机酸有磷酸、硫酸、盐酸等，这些酸性物质能够将磷脂胶体分散相的表面电荷中和，使之聚集沉降；同时还可以使结合在磷脂相上的 Ca、Mg、Fe 等金属离子转化为游离态，迁移到水相中，从而起到去除胶性杂质的效果。酸法脱胶由于其方法简单、切实可行，已经是油脂加工厂广泛采用的一种植物油精炼脱胶方法。

(3) 酶法脱胶

酶法脱胶是近 20 年来出现的一项相对较新的技术，利用磷脂酶的特异性催化水解甘油磷脂将 NHP 转化为 HP，然后通过水化去除磷脂来进行脱胶。根据对磷脂作用位点的不同，磷脂酶主要分为磷脂酶 A1（PLA1）、磷脂酶 A2（PLA2）、磷脂酶 B（PLB）、磷脂酶 C（PLC）以及磷脂酶 D（PLD）五种，具体脱胶效果见图 2.20。

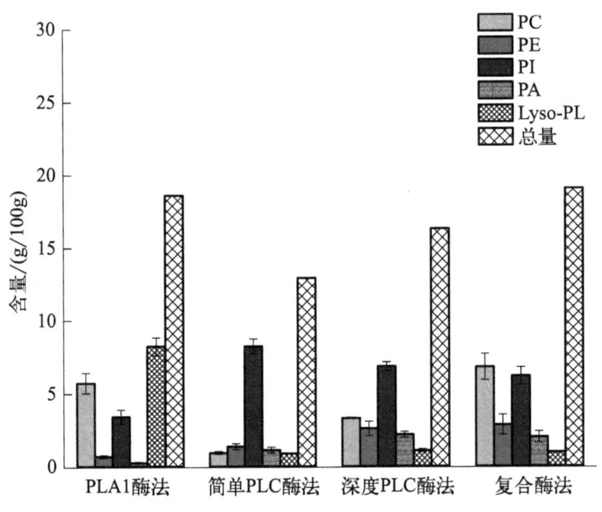

图 2.20　酶法脱胶工艺所得油脚中磷脂含量

PA—磷脂酸；PI—脂醇磷脂（磷脂酰肌醇）

磷脂酶 PLA1 作用于磷脂基团的 Sn-1 酰基，水解生成溶血磷脂和游离脂肪酸，因此 PLA1 酶法脱胶后油脚中的溶血磷脂（Lyso-PL）含量高于其他脱胶工艺，但由于水解作用，磷脂分子失去一分子脂肪酸，磷脂分子的摩尔质量减少，Lyso-PL 的绝对含量低于水解前磷脂总量，这解释了图中 PLA1 酶法脱胶后油脚中 Lyso-PL 含量高于其他所有脱胶方式，但其磷脂总量偏低的原因。磷脂酶 PLC 只能特异性水解磷脂酰胆碱（PC）和磷脂酰乙醇胺（PE），其水解产物为甘油二酯（DAG）和磷酸酯，因此磷脂酶 PLC 酶法脱胶得到的脱脂油脚中 PC 和 PE 的含量很低，且磷脂总量低于其他脱胶方式。酶法脱胶具有脱胶效率高、节约能源和绿色环保的特点，近年来受到了研究人员的广泛关注。

(4) 膜法脱胶

从理论上来说，磷脂的分子量约为 900，与甘油三酯分子量相差不大，用膜分离比较困难。然而，磷脂在油脂中是以胶团形态存在，胶团尺寸通常在 18～200nm 之间，而甘油三酯的分子大小只有 1.5nm 左右。膜法脱胶就是应用孔径大于甘油三酯分子而小于磷脂胶团的膜，在渗透压的驱动下，利用超滤筛分原理，达到将磷脂等杂质与甘油三酯、溶剂及其他小分子分离的目的。根据膜的孔径可以将膜分离技术分为四种，即微滤、超滤、纳滤和反渗透，其中在膜法脱胶中主要应用的是超滤。在膜法脱胶过程中膜常常需要在加热、加压、加溶剂等条件下工作，因此膜法脱胶要求膜具有良好的耐热、耐压、耐溶剂性。膜过滤脱胶有着精炼率高、能耗低、绿色环保、节省脱色环节等优点。

(5) 吸附脱胶

吸附脱胶主要是利用白土、硅胶、稻壳或分子筛等比表面积相对较大的吸附剂，与油脂中的磷脂、蛋白质、金属离子及其他胶体杂质结合能力强的原理，通过吸附去除胶溶性杂质的一种技术。

(6) 超临界二氧化碳脱胶

超临界二氧化碳脱胶是利用超临界状态下 CO_2 所具有的特异溶解性，在高温高压条件下对植物油进行萃取脱胶处理。超临界脱胶能有效脱除油脂中的磷脂，将其含量降至 5mg/kg 以下，且能保持油脂的风味和品质，效果优于常规的精炼方法。但超临界二氧化碳脱胶的缺点在于设备投资大、能耗高。

除上述脱胶方法外，还有冷冻脱胶技术、超级（TOP）脱胶法、S. O. F. T. 脱胶法等，因使用较少，在此不再赘述。不同脱胶方式获得的脱脂油脚在磷脂组成和分布上存在显著的差异，可以根据其差异性，探究不同脱脂油脚的应用领域，并分离得到不同类型的高纯度磷脂。

2.3.1.2　脱酸

脱酸是指通过物理、化学方法脱除植物油中的游离脂肪酸的过程。由于物料或者毛油在储存过程中发生油脂的氧化分解，为了维持细胞的活性，一部分中性油脂氧化分解生成游离脂肪酸而为细胞提供能量。细胞中游离脂肪酸含量越高，使得中性油脂的氧化加快，造成酸值过高。毛油中游离脂肪酸的含量一般高于 0.5%，有些植物油脂中游离脂肪酸的含量更高，如米糠油的游离脂肪酸含量约为 10%。游离脂肪酸是在油脂生产加工和储藏过程中形成的，不仅散发出一种不愉快的气味，还会发生氧化反应，严重影响油脂品质，降低油脂稳定性，因此在油脂的工业生产中必须将其去除，脱酸是精炼过程中不可或缺的一步。

目前，工业生产中使用的脱酸方法除了传统的碱炼脱酸方法外，还包括蒸馏脱酸和混合油脱酸，其中混合油脱酸常被用于棉籽油的精炼。传统的脱酸工艺成熟、效果好、成本低，但存在中性油损失大、处理过程产生废水、污染环境等自身局限性。随着人们节能环保意识的增强，很多新型脱酸方法应运而生，例如化学酯化脱酸、分子蒸馏脱酸、膜法脱酸、超临界萃取脱酸等。这些新方法相较于传统脱酸方法有一定的优势，例如对环境更友好、操作更简便等，但是也存在着一些不足之处。

(1) 碱炼脱酸法

油脂脱酸一般可通过向油脂中加入适当的碱，来中和油脂中游离脂肪酸，游离脂肪酸遇碱后会发生皂化反应，从油脂中析出，该方法也被称作碱炼法。中和后的脂肪酸盐会进入水相，经热水洗涤静置后进行沉降和离心等后续处理，从而达到分离的效果。加碱中和法不仅可以去除游离脂肪酸，还能去除部分胶质和色素等杂质。当前，由于碱炼法去除油脂中的游离脂肪酸具有快速、高效等优点，已被广泛应用于植物油脂脱酸工艺中。

碱炼法中析出的沉淀物被称为皂脚，皂脚对油脂中的色素、蛋白等其他杂质也具有很强的吸附性。同时，皂脚还能吸附油脂中悬浮的不溶性固体颗粒，进一步净化油脂。在一般生产中，碱炼法使用的是氢氧化钠溶液，有时也会使用一些纯的氢氧化钠粉末。采用氢氧化钠处理油脂，不仅可以有效去除油脂中的游离脂肪酸，也可对油脂的脱色起到一定作用。然而，碱炼法也有一定的副作用，会使中性油脂也发生皂化，降低出油率以及设备的利用率。目前，工业生产中通常使用烧碱进行碱炼，仅在少数特殊情况下才会使用纯碱进行碱炼。

(2) 蒸馏脱酸法

蒸馏脱酸法是利用油脂中游离脂肪酸与其他成分挥发性间存在的差异去除脂肪酸的方法。游离脂肪酸在高温超低压条件下以气态形式存在，因此，通过将油脂经高温低压处理，即可达到降低油脂中游离脂肪酸含量的目的。该工艺处理过程中没有化学反应的发生，因此也被称为物理脱酸法。蒸馏脱酸法不是现有最好的脱酸方法，因为该方法在脱酸时油脂会被加热到很高的温度，高温下油脂会部分转化为反式脂肪酸，不利于人体的吸收，过多摄入后会影响人体健康。同时，高温还会使油脂焦化，产生色素和生育酚等物质，加深油脂的色泽，影响油脂的品质。因此，一般工业生产中不使用蒸馏脱酸法加工糖类物质含量较多的植物油脂毛油。

(3) 吸附脱酸

吸附脱酸是利用具有物理或化学吸附作用的固体材料，来脱除油脂中游离脂肪酸的一种新型脱酸技术。物理吸附主要利用吸附剂和被吸附物质之间的范德瓦耳斯力相互作用，化学吸附则是指吸附物质与吸附剂发生化学作用。但目前吸附脱酸存在吸附剂制备时间长、脱酸效率低等缺点，寻找成本低、操作简单、高效的脱酸吸附剂仍是今后研究的重点。

(4) 纳米中和脱酸

纳米中和技术是利用高压泵将毛油或脱胶油和碱液输送到纳米反应器内反应，当流体在高压条件下经过纳米反应器时，油和碱液的混合液在反应器内部形成的高速湍流会产生非常高的剪切力，通过破坏其中的分子团簇来快速高效地完成酸碱反应。纳米中和技术所采用的纳米反应器是静态装置，无运动部件，可以比较容易地直接安装在现有的中和工序设备中，实现传统中和工序和纳米中和工序的联用。纳米中和后的油脂，再经过换热后进入到脱皂离心机进行脱皂。

纳米中和技术能够在少量磷酸存在的条件下，更好地去除油脂中的非水化磷脂，同时由于磷酸的减少导致超量碱的减少，因此减少了中性油的皂化，相应地提高了油脂的精炼率。

(5) 化学酯化脱酸

酯化脱酸是利用化学或酶催化剂，催化游离脂肪酸与甘油、甲醇、乙醇等酰基受体发生反应，从而除去油脂中游离脂肪酸的方法。酯化脱酸可以迅速地降低酸价，催化反应条件温和，操控简单。此外，酯化脱酸可以选择性降低脂肪酸含量，避免对其他成分造成影响，且酯化脱酸后的油脂可直接进行下一步反应。但该方法的催化剂和酶制剂成本一般较高，因此不适宜工业化大规模生产应用。

(6) 超临界萃取脱酸

超临界 CO_2 萃取技术是通过调节温度和压力来控制萃取的选择性，从而分离有利脂肪酸的方法。在一定温度和压力下，游离脂肪酸在超临界 CO_2 中的溶解度要高于甘油三酯，因此可以对游离脂肪酸进行选择性萃取，将其从油脂中带离。与传统的萃取方法相比，该方法操作条件更加温和、萃取率高、无溶剂残留问题，但缺点是成本较高。

(7) 膜法脱酸

膜法脱酸以选择性透过膜为分离介质，当膜两侧存在某种推动力（如压力差、浓度差、电位差等）时，原料侧组分选择性透过膜，以达到分离、提纯目的。膜法脱酸与传统脱酸方法相比，具有能量消耗低、室温下操作、不添加化学品、有利于保留营养物质及其他有益组分等优点。但存在成本较高、膜易被污染等问题，实现工业化生产尚有较大困难。

(8) 液晶态脱酸

液晶态脱酸是根据脂肪酸钠盐在一定条件下可以形成液晶相，利用液晶相可以与油脂分离的原理实现游离脂肪酸分离的方法。

2.3.1.3　脱色

天然油脂含有脂溶性色素，这些色素会溶于油脂中，因而生产的油脂会呈现一定的色泽。植物油中的色素分为天然色素和非天然色素，其中天然色素包含叶黄素、叶绿素、类胡萝卜素等；非天然色素一般是指在生产加工过程中，油脂中的有机分子发生化学反应后形成的有色物质，大多呈棕红色和红褐色。为了改善油脂的色泽、提高油脂的品质，在油脂生产的后期必须通过脱色去除油脂中的色素类物质，以提高油脂的透明度。

油脂的脱色方法主要有吸附脱色法、加热脱色法、光能脱色法、膜脱色法等。采用不同的脱色工艺给油脂脱色，效果有所不同。油脂在脱色过程中不仅会将色素去除，还会去除油脂中的其他杂质，如磷脂、氧化副产物、游离脂肪酸、重金属离子、不可溶悬浮物等。植物油脂经脱色工艺处理后，品质会得到很大改善，同时稳定性也会提高，储存期限延长。一般情况下，在植物油脂加工过程中，油脂的脱色并不是去除色素的唯一途径，碱炼、沉降及脱臭等过程，也会对色素的去除有一定帮助。在对颜色较深的植物油脂进行加工时，不能全部依赖脱色工序去除油脂颜色，而是应该从油脂的整个加工过程全局考虑，以有效脱色，得到高品质的植物油脂。

(1) 吸附脱色

吸附脱色就是利用某些对色素具有较强选择性吸附作用的物质，在一定条件下吸附油脂中的色素和其他杂质，从而达到脱色的目的。吸附脱色不仅能脱除油脂中的色素，还能去除油脂中的微量金属元素、微量皂粒、初级氧化产物、磷脂等胶体杂质，以及一些臭味成分、多环芳烃和残留农药等，从而起到降低油脂色泽，提高油品氧化稳定性的作用，为油脂的进一步精制提供良好条件。

吸附法的应用最为广泛，工业生产中最常用的吸附剂有活性白土、活性炭、凹凸棒石、漂土等。活性炭对色素吸附能力强，但价格较高，且太过细腻难以分离。活性白土对色素及其他杂质吸附性很强，还可有效去除黄曲霉毒素和苯并芘，并且经济实惠，因此在油脂工业中多选用活性白土作为吸附剂。酸化稻壳灰、炭化豆壳灰也有一定的吸附色素的作用。

(2) 加热脱色

加热脱色是利用部分热敏性色素（如胡萝卜素）遇到高温分解成挥发性产物的特性，达到脱色的目的。如将胡萝卜素在 240℃下加热 20min，超过 98%的类胡萝卜素均被破坏。

(3) 光能脱色

油脂中的一些天然色素，如类胡萝卜素和叶绿素等，因结构中烃基（大多为异戊间二烯单体的共轭烃基）的不饱和度较高而具光敏性。光能脱色法是利用这些色素能吸收可见光和近紫外光的能量，从而使双键氧化，发色基团的结构被破坏而使油脂脱色。但是光能脱色法，对于辐射光源的波长控制要求较为严格，油脂受光面积过大，容易发生光氧化，导致酸败。

（4）膜脱色

膜脱色法是利用膜的选择透过性，使混合物在浓度差等作用下分离，达到提取、纯化或者富集的效果。目前，膜技术在油脂精炼方面有较大进展，可使一些胶质、游离脂肪酸及色素物质被分离脱除，达到脱胶、脱酸和脱色的效果。

2.3.1.4　脱臭

油脂脱臭是油脂预处理加工的最后一步，通过脱臭可以有效去除引起油脂臭味的物质，改善油脂气味，提高油脂的烟点和安全食用系数。目前油脂精炼采用的脱臭方法一般都是高温真空水蒸气蒸馏法，除此之外，还有真空脱臭法、分子蒸馏脱臭和溶剂萃取脱臭法等。评价油脂的脱臭效果，一般从酸值、过氧化值、色泽、挥发性物质含量等多方面综合衡量。

（1）蒸馏脱臭

在工业生产中，油脂的脱臭一般是通过蒸馏方式进行的。利用一些低分子的醇、醛、酮等低沸点物质与甘油三酯挥发度之间的差异，在高温高真空的环境下，将水蒸气/惰性气体通入含有呈味组分的油脂。在气、液表面接触时，水蒸气/惰性气体被挥发出的臭味组分所饱和，臭味组分会随水蒸气一起蒸馏出来，并按其分压比率逸出而除去，从而实现油脂与臭味组分的分离。

在油脂脱臭过程中，油脂中含有的油酸及其他不饱和脂肪酸会在高温作用下发生反式异构化反应，生成反式脂肪酸。反式脂肪酸会严重危害人体健康。反式脂肪酸的产生与除臭工艺和设备结构有关，其中，老式除臭设备如盘式脱臭塔的设计存在一定的缺陷，导致脱臭效率低，产生较多的反式脂肪酸。将薄膜式填料塔与热脱色用的塔盘塔进行组合，开发出了新型脱臭设备和软塔脱臭系统。该系统可有效去除油脂中游离脂肪酸和臭气，能够在保证油脂品质的前提下减少反式脂肪酸的生成。

脱臭的时间和温度是影响植物油品质的主要因素，脱臭温度过高，会促进反式脂肪酸产生；脱臭温度过低，会影响脱臭效果。因此，合适的脱臭时间、温度等条件，会直接影响油脂的品质。此外，传统脱臭工艺还会降低甾醇类物质及生育酚等对人体有益物质的含量。因此，开发了新颖的油脂脱臭方法替代传统脱臭工艺，真空脱臭、超临界脱臭、液液萃取脱臭等方法应运而生。

（2）真空脱臭

油脂的真空脱臭处理，其原理和真空蒸馏是相同的，利用的是各组分沸点的不同，一般这些臭味组分的沸点要低于甘油三酯。当然，不同于一般的蒸馏过程，油脂的蒸馏脱臭，是在真空条件（270～400Pa）下，大量过热水蒸气与油脂接触，通过液-气传质过程，气、液表面相接触，水蒸气被挥发的臭味组分所饱和，并按其分压的比率逸出，从而达到脱臭的目的。真空脱臭过程的效率与压力、操作温度、水蒸气量/油量有关。连续真空脱臭工艺流程见图 2.21。

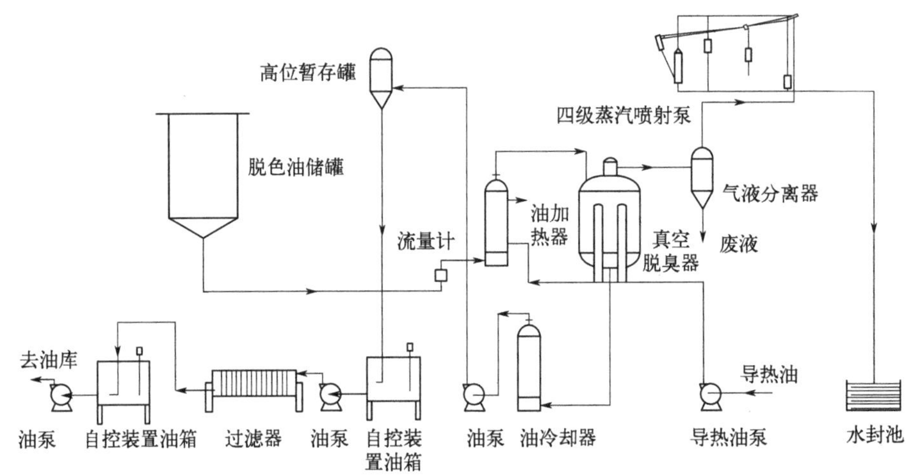

图 2.21 连续真空脱臭工艺流程

(3) 超临界脱臭

超临界萃取技术可以通过选用适当的溶剂，在常温下把需要去除的气味物质萃取出来，而 CO_2 是最常用的超临界萃取介质，因为它的临界温度（31.1℃）接近室温，临界压力（7.38MPa）较低，萃取可以在接近室温下进行。超临界萃取除臭对热敏性食品原料、生理活性物质、酶及蛋白质等无破坏作用，同时又安全、无毒、无臭，因而具有广泛的适应性。

(4) 双温集成汽提脱臭

双温集成汽提脱臭技术是利用不同温度的水蒸气对油脂进行两次脱臭处理，第一阶段在较低温度下，脱除大部分较低馏分臭味组分，时间较长；第二阶段在较高温度下，脱除高馏分臭味组分和热脱色成分，时间很短。这种脱臭方法采用组合塔和独立填料塔相结合的设备形式和优化的工艺条件，可保证良好的脱臭效果，也可减少由于长时间高温高真空条件处理导致的反式脂肪酸的形成，以及维生素 E 和植物甾醇等活性物质的损失。不仅如此，两次蒸汽处理可以实现热量的回收和循环利用，显著降低脱臭能耗，还具有降低负热效应、有效脱除有害因子和挥发性臭味成分等效果。

2.3.2 脂肪酸甲酯中间体的制备工艺

2.3.2.1 预酯化

天然油脂中一般都含有少量的游离脂肪酸，在贮存、运输过程中，由于水分及酶的存在，使游离脂肪酸含量增加，酸值（以 KOH 计）一般在 6～30mg/g 之间，也有更高酸值的低质油。游离脂肪酸与酯交换反应碱催化剂作用，会消耗掉大量催化剂，同时游离脂肪酸与碱反应生成的肥皂，具有乳化和增溶作用，使产品中脂肪酸甲酯和甘油难以分离，产品质量和产率受到严重影响。所以油脂在进行酯交换前，必须先将游离脂肪酸含量降至一定值。

对于酸值相对较高的酸化油，目前应用最多的方法是先用无机酸催化甲醇与酸化油进行预酯化反应以降低其酸值，然后通过后续碱催化酯交换反应制备脂肪酸甲酯。最常用的酸催化剂是浓 H_2SO_4，虽然具有催化效果好、性质稳定、吸水性强及价廉等优点，但它有腐蚀性强、易炭化、易发生副反应、后处理较为复杂等弊端，不仅污染环境，而且严重影响脂肪酸甲酯的品质。对甲苯磺酸（PTS）是一种强有机酸，用它代替浓硫酸作为酯化反应的催化剂，对设备的腐蚀性和“三废”污染要比硫酸小得多，且活性高、选择性好、用量少，不易引起副反应，产品色泽好，是一种适合于工业生产的预酯化催化剂。在对甲苯磺酸催化剂的作用下，甲醇与酸化油中的游离脂肪酸反应生成脂肪酸甲酯。此反应是一个可逆反应，必须保持一定的反应温度，否则反应速度慢，反应时间长。同时，必须用大量甲醇蒸气将反应生成的水及时带出，使平衡向正方向移动，否则酸值就不能达到工艺要求。天然油脂预酯化具体的工艺流程见图 2.22。

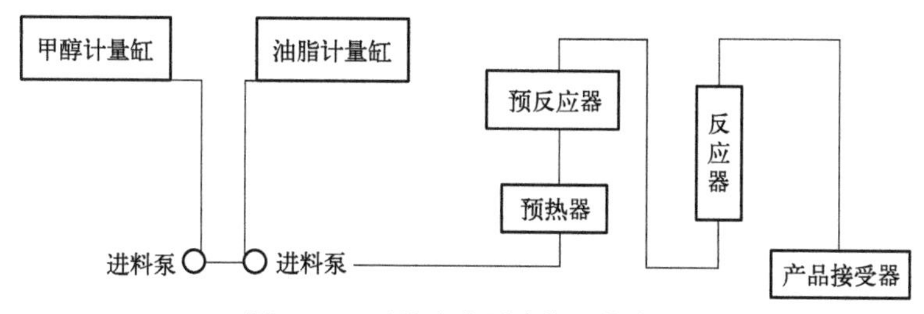

图 2.22　天然油脂预酯化工艺流程

预酯化反应装置示意图如图 2.23 所示，反应温度用插入固定床内的热探针测定，用流经固定床反应器外套管的循环热水进行控温。

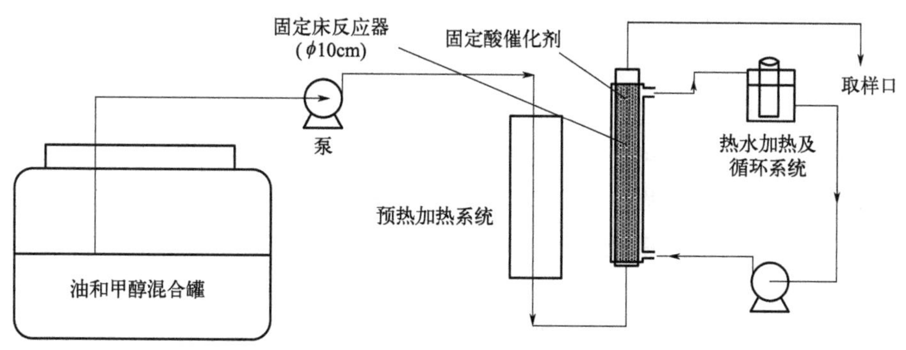

图 2.23　预酯化反应装置示意图

2.3.2.2 酯交换法

酯交换反应是某种酯类和其他的酯、醇在催化剂条件下反应生成新酯类的反应。该类反应条件温和、设备简单、反应副产物少、绿色无污染。反应通式如下（与醇的反应最多，以醇为例）：

$$RCOOR^2 + R^1OH \rightleftharpoons RCOOR^1 + R^2OH \tag{2.5}$$

该反应是基于酯化反应的可逆性而存在的，实际上是酯溶液中存在的少量酸和醇反应生成新的酯。因此，酯交换反应若想正向进行，必须满足以下两个条件：一是生成的新酯更稳定，二是生成的新酯能在反应中不断地被蒸出分离。酯交换工艺流程见图 2.24。

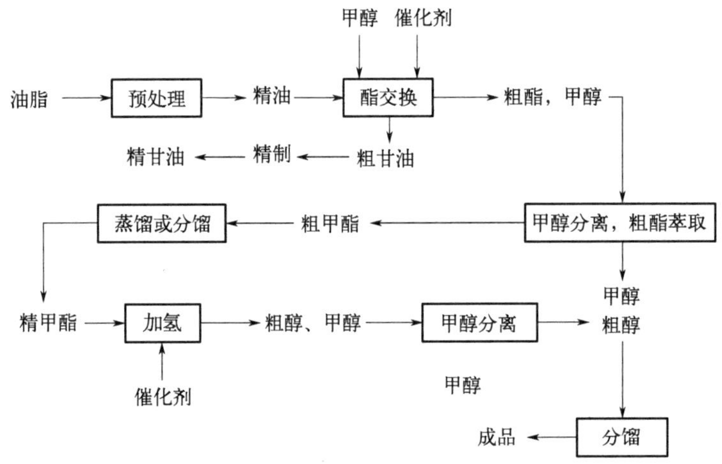

图 2.24 酯交换工艺流程

以椰子油酯交换生成脂肪酸甲酯为例。将原料椰子油在 50～70℃和碱性催化剂存在下与过量纯净的甲醇混合，经过适当时间的反应，分出无水甘油，当甲酯不再含甘油时表明酯交换已经完成。提高反应温度、加入酸性或碱性催化剂均能够加速反应的进行。

酯交换反应相较于传统的酯化反应有如下优势：在大部分有机溶剂中，酯类比羧酸具有更好的溶解性，利于形成均相反应体系，提高反应速率；对于一些对应羧酸难以取代的酯，可利用酯交换反应合成，相比于羧酸，甲酯、乙酯等价格低廉，更易获得；酯交换反应不产生水，不需要除水以促进反应正向进行；可用于单体不能稳定存在的酯化物的醇解合成；可将低沸点醇的酯转化为高沸点醇的酯。

酯交换反应在通常情况下很难进行，一般需添加催化剂。此外，除采用常规的反应技术外，还可采用特殊的酯交换反应技术促进反应进行。

(1) 超临界流体技术

超临界流体强化技术主要指超临界甲醇技术，在没有催化剂的条件下，酯交换反应在甲醇的临界点以上进行。甲醇的临界温度和临界压力分别为 239℃和 8.0MPa，超临界状态下的甲醇介电常数极低，疏水性极强，对油脂的溶解能力极强，因此能使酯交换反应体系形成均相，可以有效提高反应速率。另外，超临界甲醇法对原料要求较低，且不需要采用催化剂，其后处理简单。在原料油中含有一定水分时脂肪酸甘油酯能水解生成脂肪酸，脂肪酸进一步发生甲酯化，因此原料油中游离脂肪酸的存在还可使得整个反应的产品收率增加。超临界流体技术的优点是不使用催化剂，不需要对催化剂进行分离，减少了操作，反应速率较快。缺点是反应在高温高压下进行，对设备、反应条件要求都比较严格，投资大，反应条件比较苛刻，且原料用量大、能耗高，这是目前制约其发展的主要因素，因此尚未应用于工业化生产。

(2) 外加电场技术

电场可以改变物质的分子轨道能级，降低反应活化能，从而加快反应。目前外加电场技术已应用于酯化反应和催化氧化反应，取得了不错的效果。2011 年美国 Diversified Technologies 公司开发了脉冲电场（PEF）技术，可大大降低微藻油酯交换合成脂肪酸甲酯的成本。

(3) 超声波强化技术

该技术是利用超声波使原料油脂和甲醇产生高频振动，在其周围极小空间内产生高温高压环境，促进酯交换反应进行。超声波在液体中传播所引起的空化效应能导致局部高温、高压的产生，同时引起强烈的微射流和冲击波，从而对介质产生强烈的搅拌、分散和乳化作用。越来越多的研究者将超声波的空化作用、加热作用和高频振荡作用应用到酯交换制备脂肪酸甲酯的过程中。超声波使存在于原料油和甲醇中的微气核产生高频振动，使得空化微泡不断地形成、生长和崩溃。在空化微泡破裂崩溃的极短时间内，其周围极小空间内将产生高温和高压，从而具有增强反应物活性、促使分子之间产生强烈的碰撞、促进物质分子裂解成化学活性强的自由基等强化作用，进而起到加速酯交换反应的效果。

(4) 共溶剂法

加入共溶剂可以改变原料溶解度，从而提高反应速率。将共溶剂加入到酯交换反应过程中，可有效增大醇油两相的互溶度，促进反应物与催化剂的接触，从而加快酯交换反应速率，提高反应转化率。

(5) 微波强化技术

由于甲醇及油脂中的酯基均具有较强的极性，二者易吸收微波，而油脂中较长的脂肪酸碳链没有极性，其基本不吸收微波，因此对于油脂与甲醇的酯交换反应来说，吸收微波辐射能使甲醇迅速升温达到沸腾。定向微波辐射具有定向聚能作用，能起到极大的强化作用。微波加热技术的引入可以将均相碱催化酯交换反应的时间缩短至 2～15min，有效地提高了脂肪酸甲酯的生产效率。

(6) 其他改进技术

其他酯交换反应改进技术还有反应精馏法、吸附剂强化法等。反应精馏可以使产物更易分开，但缺点是反应温度不能过高、反应时间长、原料用量多等。吸附剂强化法则是通过添加分子筛等固体吸附剂除去体系中的水，抑制或避免油脂的水解和皂化副反应的发生。在均相碱催化酯交换反应过程中，由于体系水分被吸附脱除，碱催化剂得到了保护，其催化活性提高，进而促进酯交换反应的发生。

2.3.2.3 脂肪酸酯化法

除了将天然油脂直接酯交换制备脂肪酸甲酯，再进行加氢反应制备脂肪醇的方法之外，还有部分生产工艺是天然油脂先水解生成脂肪酸，再根据市场需求和实际生产情况，选择将部分脂肪酸用于制备脂肪醇。由于脂肪酸的腐蚀性较强，因此也采用酯化的方法，将脂肪酸制成脂肪酸甲酯，再进行加氢制备脂肪醇。

脂肪酸与甲醇进行酯化反应生成脂肪酸甲酯，仍可采用常规的酸催化法、碱催化法和酸碱催化酯化法，常见的酸催化剂有浓硫酸、盐酸等，碱催化剂则为氢氧化钠、氢氧化钾等。

此外，还有部分工艺采用特殊的树脂作为酯化反应催化剂，如英国 Davy 公司开发的脂肪酸酯化制备脂肪酸甲酯工艺，所采用的就是磺酸树脂催化酯化工艺。

2.3.2.4 精馏切割（酯分馏）

由不同工艺得到的脂肪酸甲酯均为多种脂肪酸甲酯的混合物，其碳链范围很宽泛，从 C_6～C_{22} 均有分布。而在加氢过程中，不同碳数甲酯的最佳反应条件会存在一定差异，这就导致使用此类原料生产脂肪酸过程中，混合甲酯只能按照含量较多的那个碳链的脂肪酸甲酯的反应条件进行加氢。同一反应条件下，不同碳数的脂肪酸甲酯反应速率不同，经常出现低碳数甲酯已经完全反应，但是高碳数甲酯的反应还不彻底，或是当高碳数甲酯反应彻底时，低碳数甲酯过度反应导致副产物较多的现象。同时，反应后的产物组分过多，不同组分的沸点前后交叉在一起，很难得到纯度较高的脂肪醇产品。

因此，在实际生产中，需将原料的轻重组分进行切割，然后分别进行加氢。通常脂肪酸甲酯要经过甲酯分离、粗酯萃取、甘油预浓缩、酯分馏等一系列过程才能得到精酯，用于作为制造脂肪醇的原料。将混合脂肪酸甲酯进行蒸馏分离，可得到碳数不同的轻馏分和重馏分原料，轻馏分可以用来制脂肪酸，合成润滑剂；重馏分则用来制取脂肪醇，有更为广泛的用途。此外，将混合碳链的脂肪酸甲酯进行切割为小范围碳链的甲酯，也便于加氢反应条件的确定。

脂肪酸甲酯精馏系统是以混合脂肪酸甲酯为原料，经高效精馏塔分离得到几种精脂肪酸甲酯。所以，为了提高脂肪酸甲酯精馏系统的分离效率、提高产品质量和回收率、降低能耗，开发出了技术先进的脂肪酸甲酯精馏系统。

以椰子油的甲酯精馏切割为例。椰子油是多种脂肪酸的甘油酯，它的脂肪酸碳链主要为 $C_8 \sim C_{18}$，以各种饱和脂肪酸为主，另外还有若干不饱和脂肪酸。这么多种类的脂肪酸甲酯如果一起进入加氢工艺的反应塔，要找到一个理想的反应条件很难，只能按含量较多的 C_{12} 饱和甲酯的加氢反应条件来调节生产。而其他的甲酯不是反应不彻底，就是反应过度而发生过多的副反应生成烷烃。混合甲酯加氢后不但烷烃多，而且前后交叉在一起，很难通过精馏方法将它们除去。因此，对其进行甲酯精馏切割十分必要，其工艺流程见图 2.25。

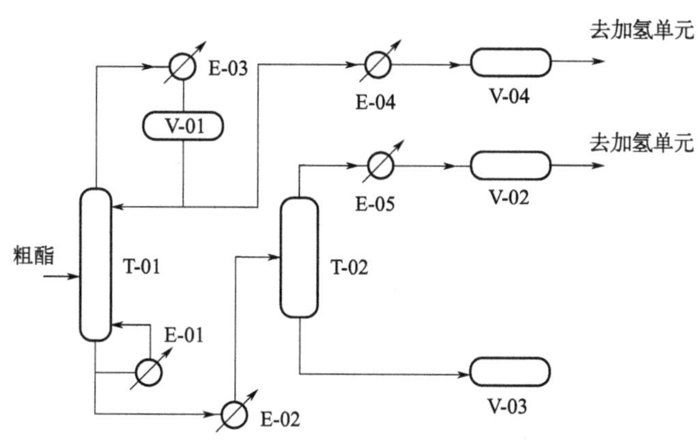

图 2.25　酯分馏单元工艺流程

精馏系统包括 3 个精馏塔，分别为脱轻塔、脱重塔以及甲酯塔。粗甲酯经预热后进入脱轻塔中部，蒸馏在真空下进行，塔顶汽在冷凝器 E-03 中部分冷凝，冷凝液大部分经回流罐回流到塔顶。冷凝器中未冷凝的气体进入深冷器中进一步冷凝，冷凝液中的轻馏分排入真空系统气液分离器，作为 $C_8 \sim C_{10}$ 的精甲酯送至储槽。脱轻塔的主要目的就是把 $C_8 \sim C_{10}$ 和 $C_{12} \sim C_{18}$ 分离，为加氢提供窄馏分甲酯，从而为脂肪醇的精馏打下良好基础。

脱轻塔的塔底产品，进入脱重塔进行真空蒸馏，脱重塔顶汽在冷凝器 E-05 中冷凝后，小部分回流到塔顶，大部分送入甲酯塔中部。塔釜内的高沸物进入高沸物储槽或部分送到酯化工段。甲酯塔顶汽经冷凝，冷凝液部分回流到塔顶，部分进 $C_{12} \sim C_{14}$ 精甲酯储槽，釜液作为 $C_{16} \sim C_{18}$ 精甲酯去储槽，被分别引入加氢单元。甲酯塔底部出来的残渣排到残渣罐中进行处理。

本工艺生产中使用的原料椰油酸的主要成分 C_{12} 和 C_{14} 馏分会生成副产物烷烃（$C_{11} \sim C_{14}$），它们的沸点介于 C_8 和 C_{10} 醇之间，不可能用精馏的方法把它们分开。如果把椰油酸甲酯切成 $C_8 \sim C_{10}$、$C_{12} \sim C_{14}$ 和 $C_{16} \sim C_{18}$ 等馏分，不但加氢反应容易控制，而且减少了烷烃生成。即使有烷烃生成，因其沸点比同碳数的醇低，也容易在醇精馏过程中除去。分馏塔的另一个作用是除去甘油二酯等杂质，真空蒸馏已经基本能达到分离目的。甘油二酯全部从主馏分中排除，但主馏分中仍含有不皂化物等杂质，它的挥发度和椰油酸甲酯内某个馏分相近，所以要使椰油酸甲酯达到更高的浓度，必须使用多级精馏。然而这样会使设备投资和操作费用都要提高许多，所以只有在特殊要求下，才使用精馏塔代替真空蒸馏塔。

2.3.3 甲酯化催化剂

油脂原料与甲醇混合后，在催化剂的作用下甲氧基取代长链脂肪酸上的甘油基，将甘油酯断裂为三个长链脂肪酸甲酯，从而减短碳链长度，降低油料的黏度，改善油料的流动性和汽化性能，达到作为加氢反应原料使用的要求。

该反应根据催化剂不同一般分为酸催化、碱催化、酶催化以及超临界无催化法等。其中，酶催化和超临界无催化法是新近研究的结果，酶催化虽然条件温和、醇用量小、无污染物排放，但是缺点也十分突出，反应物甲醇容易导致酶失活，酶寿命较短、价格较高；超临界无催化法最大的特点是不用催化剂，在较短的反应时间内取得较高的反应转化率，并且反应对于原料的游离脂肪酸和水不敏感，但是该反应是在高温高压的条件下进行，对于反应条件的控制要求苛刻。因此，这两种方法在短期内难以达到工业化生产的要求。

目前应用比较多的工艺是采用酸性催化剂和碱性催化剂工艺，又有均相和非均相之分。酸性催化剂有硫酸、磷酸及盐酸和固体酸催化剂，碱性催化剂则包括氢氧化钾、氢氧化钠、各种碳酸盐以及钠和钾的醇盐，另外还包括有机胺和固体碱催化剂等。由于酯交换反应是一个可逆的过程，为提高原料油的转化率，反应中可通过醇过量促进反应的正向进行。脂肪酸甲酯生产方法分类见图 2.26。

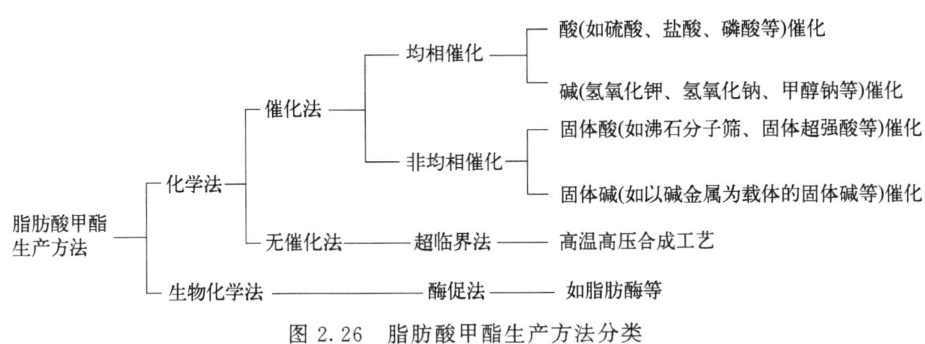

图 2.26　脂肪酸甲酯生产方法分类

2.3.3.1　碱性催化剂

采用碱性催化剂制备脂肪酸甲酯是我国主要的生产方法，在脂肪酸酯的生产中应用广泛。该法具有转化率高、反应速度快、反应时间短等优点。固体碱催化剂又可分为负载型和非负载型两类，负载型固体碱催化剂在酯交换反应制备脂肪酸甲酯工艺中关注度较高，其载体有 Al_2O_3、CaO、MgO、活性炭（AC）、沸石分子筛等。

（1）均相碱催化酯交换反应

碱催化酯交换反应是工业上最常用到的工艺，所用的碱如氢氧化钾、氢氧化钠以及钠和钾的醇盐等。它的特点是反应时间短、收率高、甲醇用量较少。

碱是制备脂肪酸甲酯理想的催化剂，而由于醇盐价格较高，一般选择氢氧化钾或氢氧化钠为催化剂。以氢氧化钾为例，首先预热后的原料油与甲醇和氢氧化钾的混合物进入酯交换反应器反应，为提高原料油的转化率，使初次酯交换后分出的甲酯进入第二反应器继续反应；然后二次酯交换反应后的产物进入甲醇蒸馏器，蒸馏所得到的甲醇回流循环使用，其余反应产物进入水洗器，使所制得的脂肪酸甲酯与甘油、氢氧化钾和甲醇相分离。分离出的甲酯进入蒸馏器，脱除水分和甲醇，得到高纯度（>99.6%）的脂肪酸甲酯产品。而水洗器底部流出的混合物，包括氢氧化钾、甘油、水分和甲醇则进入中和器，除去氢氧化钾后再进入甘油净化器，得到所需纯度的甘油副产品。

（2）非均相固体碱催化酯交换反应

因为均相碱催化存在产物分离困难、产生废水等问题，开发固体非均相碱催化剂成为近年来的热点。但是非均相固体碱催化剂制备复杂、价格昂贵、强度较差、极易被大气中的 CO_2 等杂质污染，因此非均相固体碱催化剂还处在积极研制开发阶段。目前应用于油脂酯交换的非均相固体碱催化剂，主要包含金属化物和氢氧化物、水滑石、类水滑石，负载型固体碱等。

2.3.3.2　酸性催化剂

酸性催化剂主要包括固体超强酸、金属氧化物及盐、杂多酸等。酸催化生产脂肪酸甲酯的一般工艺为：在硫酸、磷酸以及固体酸等酸性催化剂存在下，催化甲醇和油脂反应，生成脂肪酸甲酯。

（1）均相酸催化酯交换反应

此类催化剂主要指传统的 H_2SO_4、H_3PO_4、HF 等液体强酸催化剂。酸催化会导致反应过程中对反应器及管道腐蚀严重，同时由于醇用量比较大，大量醇回收的费用决定了整个过程的性价比。但是用酸进行催化时，反应对于原料中游离脂肪酸的含量要求并不苛刻，在游离脂肪酸含量较高的情况下仍能得到较高的收率，而且不会产生碱催化反应后洗涤过程中的乳化现象。对于一些价格低廉的油脂，如厨余废油以及未经预处理含有较高游离脂肪酸的动植物油脂等，一般可采用均相酸催化剂进行脂肪酸甲酯的生产。

(2) 非均相固体酸催化酯交换反应

传统的液体强酸催化剂在制备脂肪酸甲酯过程中存在产物难分离、易产生废液、易对设备造成腐蚀破坏等问题，现有的酸性催化剂研究方向主要集中在固体酸催化剂及改性方面，以纳米材料或磁性材料为载体制备新型固体酸催化剂，提高催化性能。有关固体酸催化剂的文献报道没有固体碱的多，主要原因是固体酸的酯交换催化活性不如固体碱催化剂好，反应往往需要高温和较长的反应时间、需添加共溶剂等才能达到较高的产率，使得催化剂的优势不突出。

一些研究比较了固体超强酸 SO_4^{2-}/SnO_2、SO_4^{2-}/ZrO_2 和 WO_3/ZrO_2 对大豆油酯交换反应催化活性，认为 WO_3/ZrO_2 的催化活性较好。此外还比较了上述三种催化剂以三氧化二铝为载体时，在制备脂肪酸甲酯的酯交换反应中的活性大小，结果表明 WO_3/ZrO_2-Al_2O_3 表现出了较高的活性，一定条件下大豆油转化率达到 90%，另外两种催化剂的活性相对较低，在实验条件下转化率分别只有 70%和 80%。还有一些研究比较了 K-10 型蒙脱石、Hb-分子筛和 ZnO 三种固体酸对酯交换反应的催化活性，发现在 120℃的条件下反应 24h，ZnO 对油脂的转化率可达 84%，且从不同锌盐所制得的 ZnO，在 170～220℃条件下制备脂肪酸甲酯都具有很好的催化活性。

固体酸催化的优点是对原料的要求比较宽松，并且避免了均相反应产品分离困难和废催化剂的环境污染等问题，缺点是催化效果不好，反应速度较慢。

2.3.3.3 其他催化剂

(1) 离子液体催化剂

离子液体，亦称为低温熔融盐，具有良好的热稳定性及溶解性。在催化酯交换反应制备脂肪酸甲酯的过程中，是较理想的溶剂和催化剂，反应体系表现出较高的选择性与活性，催化反应速率快，且易于分离，对设备无腐蚀，不会造成环境污染。功能化离子液体是为满足专一性功能要求而设计并制备的离子液体，主要包括阳离子烷基侧链的功能化离子液体、阴离子的功能化离子液体、含双官能团的功能化离子液体。常见的功能化离子液体主要有烷基功能化离子液体（咪唑、吡啶、三乙胺类）和磺酸基功能化离子液体。采用三步法合成得到的双核磺酸功能化离子液体，催化酯交换制备大豆油脂肪酸甲酯时反应收率可达 95.4%，且该离子液体重复使用 6 次后，收率仍能达到 91.2%。

(2) 酶催化剂

酶催化的酯交换反应是指用脂肪酶作催化剂进行的反应，能用于催化合成脂肪酸酯反应的酶主要有酵母脂肪酶、根酶脂肪酶、毛酶脂肪酶、猪胰脂肪酶等。由于脂肪酶的来源不同，其催化特性也存在着很大差异。虽然酶催化反应条件温和，醇油比低，但是反应时间较长，通常需要 4～40h，而且酶的价格昂贵、催化对象比较单一、寿命较短等，这些不利因素都制约着酶催化剂的广泛应用。

2.3.4 脂肪酸甲酯的其他用途

脂肪酸酯作为一种重要的精细化工原料，不仅是天然油脂生产脂肪醇工艺中的重要中间产品，还广泛应用于生产生活的各个领域，因而近年来脂肪酸酯的市场需求量不断增加。

脂肪酸甲酯可作为生物柴油加以使用。生物柴油是指以植物、动物油脂等可再生生物资源为原料生产的清洁替代燃油。从化学成分上讲，生物柴油的主要成分是一系列的长链脂肪酸甲酯，其物理、化学性质与柴油燃料相似。生物柴油的十六烷值高，含氧量高，因此抗爆性能、燃烧性能好于石化柴油，且具有良好的低温启动性能。生物柴油燃烧过程中，致癌物质多环芳烃（PHA）的排放量极低，因而可有效减弱空气毒性。生物柴油中的硫含量低，燃烧生成的 SO_2 和硫化物少，发动机无须进行任何改动即可直接使用。生物柴油具有污染物排放少、分解性好的特点，是理想的可再生能源，因而受到世界各国政府的广泛重视。

脂肪酸甲酯可直接与环氧乙烷（EO）进行插入式乙氧基化反应，生产脂肪酸甲酯乙氧基化物（FMEE）。FMEE 是一种典型的非离子表面活性剂，与传统的脂肪醇乙氧基化物（AEO）相比，具有低泡沫、高浊点的特点，而且其在低温条件（低于 60℃）下仍具有优异的净洗性能，冷水溶解速度快，除油除蜡效果好，在冬季仍具有很好的流动性。

脂肪酸甲酯经过磺化中和，可生产脂肪酸甲酯磺酸盐（MES）。MES 具有良好的去污性、钙皂分散性、硬水稳定性，且安全无毒，可完全生物降解，是国际上公认的替代烷基磺酸钠（LAS）的第三代表面活性剂，被誉为真正绿色环保的表面活性剂。

近年来，一些研究发现脂肪酸甲酯可以作为溶剂用于农药和药物萃取。由于脂肪酸甲酯无毒，又可与许多有机试剂良好互溶，因此可在除草剂等农药中取代常用的有毒溶剂二甲苯。脂肪酸甲酯还可在油漆、涂料、油墨等领域作为溶剂使用。

2.4 加氢反应催化机理与工艺

2.4.1 加氢反应催化剂

脂肪醇是在高温高压下通过对相应的脂肪酸或酯进行催化加氢而得到的，总反应式为：

$$RCOOR' + 2H_2 \longrightarrow RCH_2OH + R'OH \quad (2.6)$$

上式中 R′代表甲基或氢原子，分别对应于原料脂肪酸甲酯或脂肪酸。由于脂肪酸在高温下具有腐蚀性，会给反应设备带来损害，且在某些情况下，脂肪酸可能会毒化催化剂，因此，使用脂肪酸作为原料不仅会导致催化剂失活，还可能增加生产成本，所以目前大多数过程都是以脂肪酸酯为原料进行加氢反应的。

2.4.1.1 铜基催化剂

在脂肪酸甲酯选择加氢反应中，Cu 基催化剂具有较高的脂肪醇选择性，一直以来受到人们的广泛关注，反应机理如图 2.27 所示。

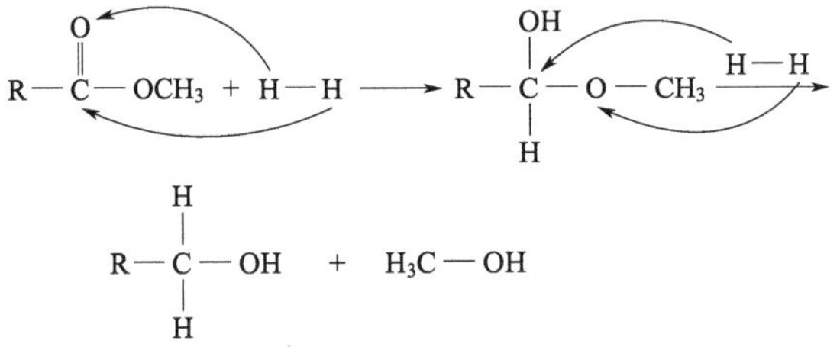

图 2.27 铜基催化剂加氢反应机理

第一步，化学吸附（图 2.28），氢分子与金属表面形成原子态的化学吸附氢，由铜金属被吸附晶格间距的计算可知，反应物甲酯的不饱和官能团羟基与铜金属晶格表面原子发生双位吸附。

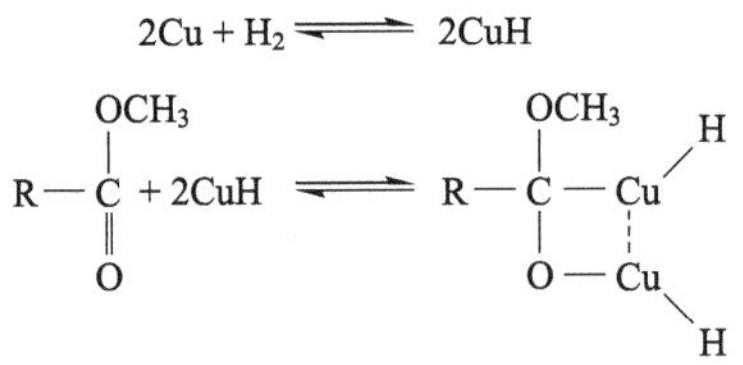

$$2Cu + H_2 \rightleftharpoons 2CuH$$

图 2.28 化学吸附

第二步，表面反应（图 2.29），在金属表面形成化学吸附的反应物甲酯与原

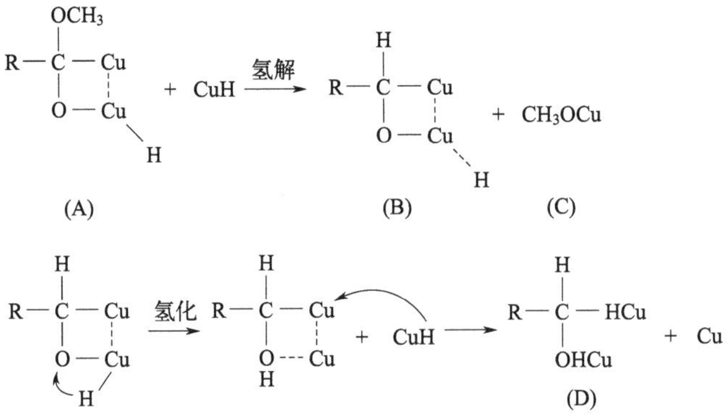

图 2.29 表面反应

子氢的氢解与氢化几乎同时进行。

第三步，化学脱附（图 2.30），加氢反应完成。

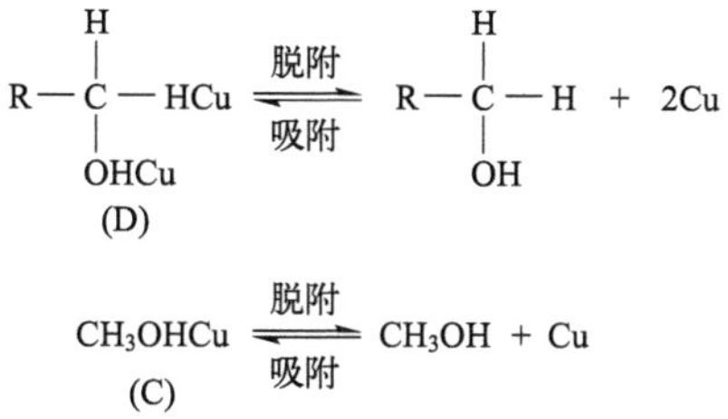

$$\underset{\text{(D)}}{\mathrm{R-\underset{OHCu}{\overset{H}{\overset{|}{\underset{|}{C}}}}-HCu}} \underset{\text{吸附}}{\overset{\text{脱附}}{\rightleftharpoons}} \mathrm{R-\underset{OH}{\overset{H}{\overset{|}{\underset{|}{C}}}}-H} + 2Cu$$

$$\underset{\text{(C)}}{CH_3OHCu} \underset{\text{吸附}}{\overset{\text{脱附}}{\rightleftharpoons}} CH_3OH + Cu$$

图 2.30 化学脱附

铜基催化剂在该工艺中的应用最广泛，如美国 P&G 和荷兰 Unilever 等公司均使用 Cu 基催化剂。

（1）铜-铬（Cu-Cr）系

在早期工业生产中，脂肪酸甲酯加氢制脂肪醇的工艺使用的催化剂为 Cu-Cr 类催化剂。Cu-Cr 催化剂是一种传统的非贵金属催化剂，具有很高的催化活性，选择性良好，且易于活化再生和回收利用，曾广泛应用于醛类、脂肪酸及酯类等的加氢过程。在商业脂肪醇生产领域，一般使用 Cu-Cr 基催化剂，其反应在 250～350℃和 10～20MPa 的条件下进行。在工业生产中，伴随进料的氢气溶解度相对有限，且催化剂是固体，因此反应设计在三相反应器中进行。对于该方法是使用浆料反应器还是固定床反应器，主要取决于催化剂的形态。

比利时烯烃炼制公司采用的是一种以矿物为载体的 Cu-Cr 新型加氢催化剂，使反应温度和压力降为 200℃和 10MPa，工程费用节约 10%～20%，且生产出的脂肪醇色泽稳定性更好。

在 Cu-Cr 催化剂催化的甲酯高温加氢反应过程中，甘油和甘油酯可能经历一系列热分解过程，且中间产物可能加氢生成丙二醇，如图 2.31 所示。甘油、二元醇等多羟基化合物，属于强疏油性物质，会更倾向于分布在催化剂表面而非油性的反应液中，从而物理吸附在催化剂活性位上，导致催化活性下降。研究表明，0.1%的甘油或甘油酯类毒物就能大大降低脂肪酸甲酯加氢的反应速率，但催化剂的催化活性可以通过使用热甲醇清洗除去吸附在活性位上的物质而得到恢复。

青岛科技大学的姚琳等[1] 采用共沉淀法制备了铜-铬催化剂并用于催化脂肪酸甲酯加氢反应制备脂肪醇。其中，铜-铬催化剂用量为脂肪酸甲酯原料质量的 1.5%，反应温度为 230℃，氢气压力为 6MPa，反应时间为 6h。在该条件下，最终产物脂肪醇的羟值以 KOH 计为 186mg/g，碘值以 I_2 计为 22g/100g。

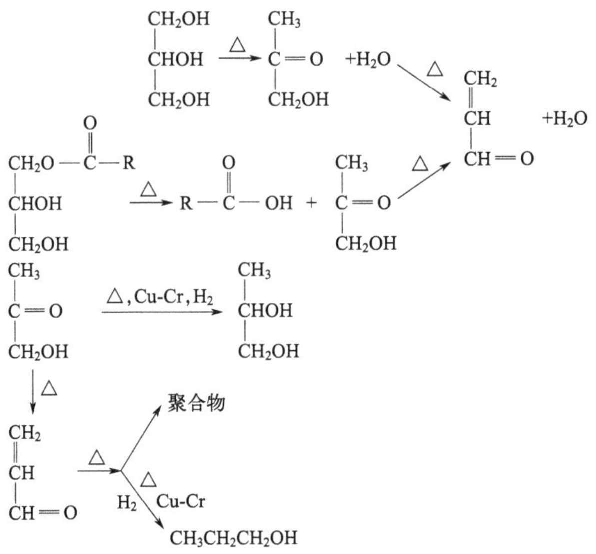

$$CH_2OH-CHOH-CH_2OH \xrightarrow{\triangle} CH_3-C(=O)-CH_2OH + H_2O \xrightarrow{\triangle} CH_2=CH-CH=O + H_2O$$

$$CH_2O-C(=O)-R\ /\ CHOH\ /\ CH_2OH \xrightarrow{\triangle} R-C(=O)-OH + CH_3-C(=O)-CH_2OH \xrightarrow{\triangle} CH_2=CH-CH=O$$

$$CH_3-C(=O)-CH_2OH \xrightarrow{\triangle,Cu\text{-}Cr,H_2} CH_3-CHOH-CH_2OH$$

$$CH_3-C(=O)-CH_2OH \xrightarrow{\triangle} CH_2=CH-CH=O$$

$$CH_2=CH-CH=O \xrightarrow{\triangle} \text{聚合物}$$

$$CH_2=CH-CH=O \xrightarrow{\triangle,\ H_2,\ Cu\text{-}Cr} CH_3CH_2CH_2OH$$

图 2.31 生成丙二醇的副反应

中国科学院兰州化物所研发出一种催化性能好、稳定性高的 Cu-Cr-Zn 型催化剂，该催化剂主要用于固定床反应器，能够在中压条件下高效地催化椰子油或棕榈油酸甲酯加氢制备相应脂肪醇。酯化得到的椰油酸甲酯在 280℃、8.0MPa 条件下进行加氢反应，所得产物醇的总收率可达 90%以上。

虽然 Cu-Cr 催化剂具有良好的选择性和较高的催化活性，但脂肪酸甲酯的下游产品一般大量应用于日化产品，若产品中含有铬元素，势必对人的身体造成危害。而且在催化剂制备过程中，存在的大量六价 Cr 在过滤及水洗时会流入水相，不可避免地产生环境污染问题。因此，国内外主要的研究工作重点是开发能够取代 Cr 基的新型助剂。

(2) 铜-锌 (Cu-Zn) 系

铜-锌（Cu-Zn）系也是研究比较广的一类铜基催化剂。中国林科院的李梅等人[2] 以茶油皂脚制备的脂肪酸甲酯为原料，采用环保型 Cu-Zn 复合催化剂中压加氢制备脂肪醇。研究发现，Cu-Zn 复合催化剂催化茶油皂脚脂肪酸甲酯加氢，氢压 12MPa 的条件下，于 250℃ 反应 3h，制备得到的茶油脂肪醇纯度可达 99.16%。该研究扩大了茶油精炼副产物皂脚的应用领域，不仅有效提高了生物质原料茶油精炼副产物的附加值，解决了传统脂肪酸甲酯加氢工艺中压力过高的问题（20～30MPa），还避免了铜-铬系催化剂的使用，减少了六价 Cr 的排放，降低了环境污染。

酸酯加氢工艺条件比较见表 2.23。

表 2.23　酸酯加氢工艺条件比较

催化剂	空速/[L/(L·h)]	温度/℃	压力/MPa	醇收率/%
Cu-Cr	0.22～0.28	320	30	>98
Cu-Zn	0.3～0.6	220～260	20～25	>98

中国科学院山西煤化所的唐明兴等人[3] 研究发现，采用超临界干燥法制备的 Cu-Zn 催化剂对脂肪甲酯加氢制备脂肪醇具有很好的活性和选择性。在温度 250℃、压力 6MPa 的条件下，脂肪酸甲酯的转化率高达 99%，脂肪醇的选择性达到 99.5%，优于常规干燥法制备的 Cu-Cr 催化剂。且由于 ZnO 与 CuO 之间存在较强的相互作用，使得 Cu-Zn 催化剂具有很好的稳定性，经过近 30 天的实验，催化剂仍然保持很高的活性和选择性。因此，Cu-Zn 催化剂很适合用于脂肪酸甲酯加氢制备脂肪醇。

中国日化院的周庚生等人[4]，研发了 Cu-Zn-Mn 等五组三元新型催化剂，适宜于固定床操作。该催化剂应用于椰子油加氢反应，当反应温度为 260℃、反应压力为 7～10MPa、氢气与甲酯体积比为 10000∶1 时，脂肪醇的得率为 98%。催化加氢连续反应 3 个月后，催化剂的活性、选择性依旧良好，基本没有降低。

Cu-Zn 催化剂使用中还存在一些问题，如 Cu-Zn 催化剂在抗毒性、热稳定性等方面表现较差，工业使用过程中易失活。Cu-Zn 催化剂对毒物的浓度要求比较严格，含有硫、氯等的化合物会严重影响其催化活性，因此工业脂肪酸甲酯原料进入催化剂床层前都要经过脱硫、脱氯等工序，很难达到特别理想的结果。其他含量极少的对催化剂活性有影响的杂质也要足够重视，一般来说可通过增加催化剂保护床层，优化工业催化剂的设计和反应条件、制备过程，针对性地净化原料来控制 Cu-Zn 催化剂的失活，延长其使用寿命。

德国 Henkel 公司主要使用 Cu-Zn 催化剂，日本花王的 Cu-Zn 系列催化剂适宜于悬浮床加氢工艺。

(3) 铜-钴 (Cu-Co) 系

西华大学侯金豆[5] 的研究证明，掺加钴金属会提升铜基催化剂的催化性能。Co 和 Cu 摩尔比为 1∶2 制得 Co-Cu-AlO 复合金属催化体系，具有良好的普适性，能有效地催化脂肪酸、各种油脂转化制备脂肪醇，实现了不可食用或劣质油脂的综合利用。具体机理见图 2.32。

(4) 铜-铁 (Cu-Fe) 系

郑州大学的刘寿长等人[6] 研究对比了 Cu-Fe 系催化剂和 Cu-Cr_2O_3 催化剂，结果显示 Cu-Fe 系催化剂在较低压力下显示出高活性，且无毒、无污染、原料易得。

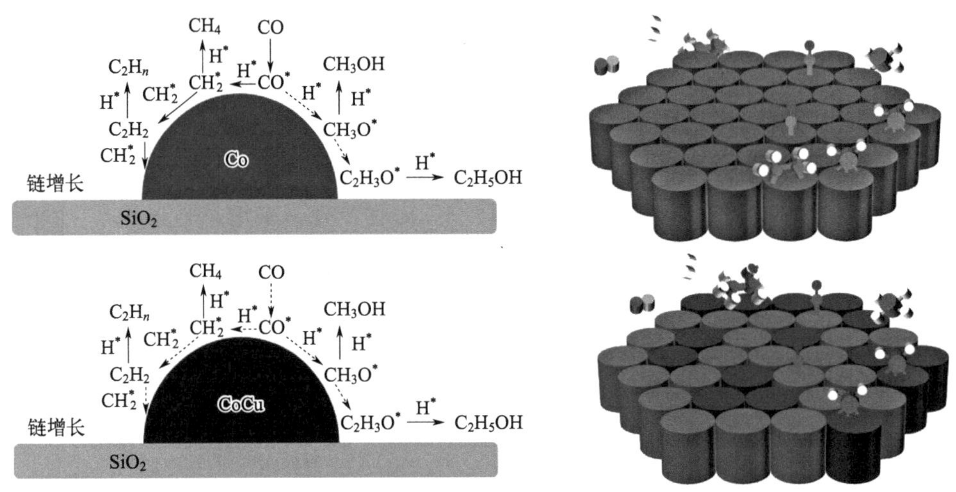

图 2.32 Cu-Co 催化剂催化加氢机理

大连油脂化学厂于 1982 年研制出脂肪酸直接加氢的 XCY 型催化剂（Cu-Fe-Mg 系），该催化剂用于流动床合成脂肪酸直接加氢制醇是成功的，它选择性好，反应转化率达 99%，脂肪醇得率超过 98%。

有报道称日本 Kaosoap 公司在工业生产中使用 Cu-Fe-Al 催化剂制备脂肪醇。

(5) 其他铜基催化剂

郑州大学的袁鹏等人[7] 采用共沉淀法制备了 Cu-Al-Ba 催化剂，用于脂肪酸甲酯加氢制醇反应。当反应温度为 240℃、反应压力为 10MPa、催化剂用量为脂肪酸甲酯质量的 5%时，醇收率可以达到 93.8%。相较于传统工艺，新型 Cu-Al-Ba 催化剂无污染，催化活性高。

有研究者开发了 $Cu\text{-}B_2O_3/Cu\text{-}SiO_2$ 催化剂，在反应温度为 240℃、反应压力为 11MPa 的条件下，用其对乙酸甲酯、丙酸甲酯和丁酸甲酯的催化加氢过程进行了考察。研究结果表明，$Cu\text{-}B_2O_3/Cu\text{-}SiO_2$ 催化剂的催化活性比 Cu-Cr 类催化剂的催化活性高 7 倍左右，而且无污染。由于乙酸甲酯加氢反应通常被作为脂肪酸甲酯加氢反应的合适模型反应，所以认为 $Cu\text{-}B_2O_3/Cu\text{-}SiO_2$ 催化剂对脂肪酸中压加氢制脂肪醇反应具有良好的催化作用。

2.4.1.2 贵金属催化剂

以贵金属如铂（Pt）、铼（Re）、钯（Pd）及钌（Ru）等为活性组分的催化体系，对脂肪酸和脂肪酸酯的加氢还原都有较高的催化作用、良好的选择性和稳定性，可以加速加氢-氢解反应的进行。

(1) 铂（Pt）基催化剂

英国贝尔法斯特女王大学的 Manyar 等[8] 以硬脂酸为原料，使用 TiO_2 负载的 Pt 催化剂，在较低温度（130℃）和 H_2 压力（2MPa）下，高选择性地合成了醇。研究发现，反应主要活性位点在 Pt 金属上，并且利用溢出的 H_2 还原产生的 TiO_2 上的氧空位，Pt 与羧酸中的羰基氧相互作用削弱了 C ═O 键以促进加氢反应。反应在 20h 内完成，相较于使用 TiO_2 负载的 Pt-Re 催化剂，氢化速率较低，但选择性可达 93%。

（2）钯/铼（Pd/Re）基催化剂

德国弗赖堡阿尔贝-路德维希大学有机化学研究所 Ullrich 等[9] 制备了石墨负载的钯和铼组成的多相双金属 Pd/Re/C 催化剂。该催化剂能够将羧酸选择性氢化还原为醇，且 α-手性羧酸被氢化而不损失光学纯度。根据优化后的反应条件，该催化剂在 130℃ 的条件下可将硬脂酸完全转化，脂肪醇的选择性高达 87%。这是由于金属 Pd 可以在低压和低温下活化分子氢，而 Re（氧化物）的主要作用是激活酸，通过研究其反应动力学可以得出，羧酸底物的存在抑制了醇进一步氢化为烷烃的反应。

芬兰科学家 Rozmysłowicz 等[10] 制备了 TiO_2 负载 4% ReO_x 的催化剂，并通过其催化脂肪酸的选择性加氢生产脂肪醇。在温度 200℃ 和氢气压力 4MPa 的条件下，硬脂酸的转化率和脂肪醇的收率分别为 100% 和 93%。进一步研究发现，高选择性生成脂肪醇的原因是：金属 Re 与 Ti^{3+} 之间的相互作用形成了 Re-O-Ti^{3+} 位点，原料在催化剂表面的吸附强于醇，从而抑制了醇生成烷烃的过度反应。

浙江大学徐刚等人[11] 使用 UiO-66 分子筛负载 Pd-Ni-Fe 制得 $Pd_1Ni_2Fe_6$/UiO-66 催化剂，用于棕榈酸甲酯加氢制醇，最终棕榈酸甲酯的转化率为 99%，产物十六醇的选择性达到 96%，反应机理见图 2.33。研究还证实了在反应的初始阶段，氢气在 Pd 和 Ni 的活性位点上发生活化和解离形成 H 原子，然后吸附在金属表面。同时，酯基的 C—O 键中的碳原子吸附在催化剂表面的 Pd 或 Ni 上，导致 C—O 键激活。另外，酯基中的氧原子吸附在相邻的铁上（A 阶段）。Pd-Ni-Fe 的协同作用下，酯基中的 C—O 键发生裂解，导致形成醛中间体（R^1CO^*），随后是氢化的 H 原子吸附在金属表面，导致醛（R^1CHO）和副产物（R^2OH）的生成。然后，醛基中的 C ═O 键继续被激活并迅速氢化，从而形成相应的醇（R^1CH_2OH）（B 阶段）。

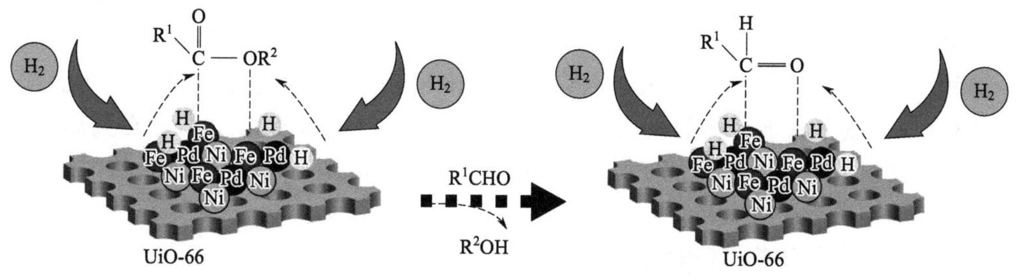

图 2.33　棕榈酸甲酯加氢的反应机理

(3) 钌 (Ru) 基催化剂

Ru 基催化剂较多应用于不饱和脂肪酸酯加氢制不饱和醇的反应，其中 Ru-Sn 催化剂的性能较优。华东师范大学的赵晨等[12,13] 制备的 Ru-Sn/SiO_2 催化剂表现出很高的脂肪醇收率，在不同脂肪酸甲酯选择加氢反应中醇的选择性大于 95%。进一步研究反应机理，提出催化剂中形成的 Ru_3Sn_7 金属间化合物为活性相，Ru 与 Sn 原子间距离较近，两种金属原子间发生了电子转移，较高电子密度的金属 Ru 吸附活化 H_2，较低电子密度的金属 Sn 活化羰基上的 C ═O 双键，Ru 与 Sn 原子产生协同作用促进了脂肪酸甲酯加氢，反应机理见图 2.34。

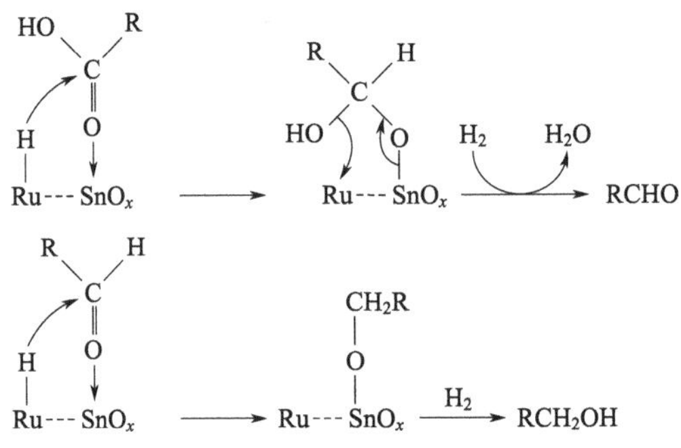

图 2.34　Ru-Sn 催化剂催化酯加氢成醇的机理

陈伦刚等[14] 选用不同的载体合成了几种负载型 Ru 催化剂。实验结果表明，合成的 Ru/γ-Al_2O_3 催化剂，可用于羧酸转化为醇的反应。进一步研究了 Ru 基催化剂上的加氢反应机理，认为裸露的 Ru 位点有利于酰基物种的脱羰基化，Ru 金属位点附近的路易斯酸位点通过羧基与金属酸双官能团的相互作用削弱了 C ═O 键，促进了乙酰基吸附物种的氢化和脂肪醇的生成。

2.4.1.3　钴基催化剂

虽然以贵金属为活性组分的催化体系在脂肪醇的制备研究中有着较大的进展，但是生产成本较高，且贵金属储量有限，不利于大规模的工厂生产。因此众多研究期望通过以非贵金属的钴（Co）、镍（Ni）、铁（Fe）等，来代替贵金属进行脂肪酸甲酯的催化加氢还原反应。

研究表明，Co 作为活性金属也可应用于脂肪醇生产。以金属钴（Co）为活性组分的催化体系，不仅能在相对温和的条件下进行脂肪酸甲酯中的 C ═O 双键和 C—O 单键的选择性加氢，而且钴基催化剂对于脂肪酸甲酯的催化活性也较高。在 Co 基催化剂催化的脂肪酸甲酯加氢反应中，外加氢气（H_2）在金属 Co 作为活性组分的催化剂作用下，生成高活性的氢自由基（H·），对脂肪酸甲酯进行还原制备脂肪醇。

(1) 钴及氧化物（CoO_x）系

西华大学刘琰敏[15] 以 $Co(NO_3)_2 \cdot 6H_2O$ 为前驱体，NaOH 与 Na_2CO_3 的

混合物为沉淀剂，采用直接沉淀后经焙烧再还原处理的方法制得了催化剂 Co-DP-OR。使用该催化剂直接催化小桐籽油选择性加氢制备脂肪醇。催化反应进程中，小桐籽油分解生成脂肪酸酯，氢气在 Co 的催化作用下发生均裂产生 H·自由基，吸附在催化剂表面的脂肪酸酯被 H·自由基还原生成脂肪醇。

进一步对催化剂表面的钴价态组成、含量进行定量分析，可知催化剂中 Co^0 含量较低（29.51%），结合催化性能结果可以推测，催化剂的活性与 $Co^0/Co^{\delta+}$ 值有关，该催化剂的 $Co^0/Co^{\delta+}$ 值为 0.419，这使催化剂具有较好的活性。

该报道还研究了 Co-DP-OR 催化剂在 200℃条件下异丙醇的溶液中催化硬脂酸加氢，反应 5h 后，硬脂酸的转化率为 97.46%，十八醇的产率为 95.49%，十八醇的选择性为 97.97%。利用此类催化剂，还可以进行以橄榄油、小榨菜籽油、高芥酸菜籽油为反应物的加氢反应，并对橄榄油及小榨菜籽油进行高温处理以模拟废弃油脂的品质，从而达到以餐废油为原料制备脂肪醇的目的。

此外，还有研究者将天然油脂进行水解得到脂肪酸后，将脂肪酸与小分子异丙醇进行酯化反应生成脂肪酸酯，而异丙醇可以在 Co 基催化剂的作用下发生自身的催化脱氢反应生成丙酮和氢气，生成的氢气又在催化剂的作用下发生均裂，生成具有高活性的氢自由基，去还原脂肪酸酯而得到脂肪醇。该方法不需要额外加入氢气，由异丙醇自身催化脱氢，实现了无氢气条件下，Co 催化油脂一步法合成脂肪醇，避免了额外加氢给工业生产带来的安全隐患和技术难题。

目前，这一类催化剂还处在探索研究阶段，由于异丙醇在 Co 催化作用下自身脱氢的过程会产生副产物丙酮，而丙酮及其他副产物如醛、烷烃等都会对异丙醇的催化脱氢反应产生抑制，从而影响脂肪醇的生产效率，其在工业生产中的实际应用效果还有待提高。因此，Co 催化油脂加氢制备脂肪醇的研究在实际的应用中还需进一步深入探索。

（2）钴-锡（Co-Sn）系

法国科学家 Pouilloux 等[16] 采用 $NaBH_4$ 还原法制备了 $Co\text{-}Sn/Al_2O_3$ 和 Co-Sn/ZnO 催化剂，催化剂的表面形成了 Co^0 和两种氧化锡。在 8.0MPa、270℃时，$Co\text{-}Sn/Al_2O_3$ 和 Co-Sn/ZnO 催化的油酸甲酯加氢转化率分别为 80.0%和 90.0%，油醇选择性为 60.0%和 45.0%。

2.4.1.4　镍基催化剂

金属 Ni 具有廉价易得和加氢催化活性良好的优点，常用于烯烃、炔烃、芳香烃、含羰基物质以及具有不饱和键的化合物的氢化反应。然而，Ni 较高的脱羰/脱羧能力、C—C 氢解和甲烷化活性，使其多用于脂肪酸甲酯加氢脱氧制烷烃，而在脂肪酸甲酯选择加氢制备脂肪醇的反应中应用研究较少。

鉴于此，通常采用加入第二种金属（例如 In、Sn、Fe 等）的方法，来抑制脱羰等副反应的发生，从而获得较高的脂肪醇选择性。

（1）镍-铟（Ni-In）系

天津大学的王立稳[17]，在 Ni 催化剂中加入第二种亲氧性金属改变了脂肪酸甲酯中 C═O 的吸附模式，促进脂肪酸甲酯的加氢途径、抑制脱羰/脱羧途径，选择性制备脂肪醇。

采用溶胶-凝胶法制备了原子分散度高的 SiO_2 负载 Ni-In 双金属催化剂，脂肪酸甲酯中的 C═O 双键或 C—O 单键都会在 Ni 和 In 原子上活化，然后被相邻 Ni 原子上吸附的 H 物种加氢，从而在 Ni 和 In 之间产生协同效应，如图 2.35 所示。图 2.35(a) 路径中，C—OR′键通过氢解形成醛，然后醛快速加氢形成醇。在图 2.35(b) 路径中，C═O 键加氢形成不稳定的半缩醛，半缩醛极易分解为醛，然后醛快速加氢生成醇。相较而言，图 2.35(b) 路径比图 2.35(a) 路径更易发生。Ni 和 In 之间的协同作用不仅可以促进脂肪酸甲酯的转化，还有利于其选择加氢形成脂肪醇。实验结果表明，所制备催化剂具有良好的脂肪酸甲酯选择加氢制脂肪醇性能，在适宜条件下脂肪醇收率可达 94%。

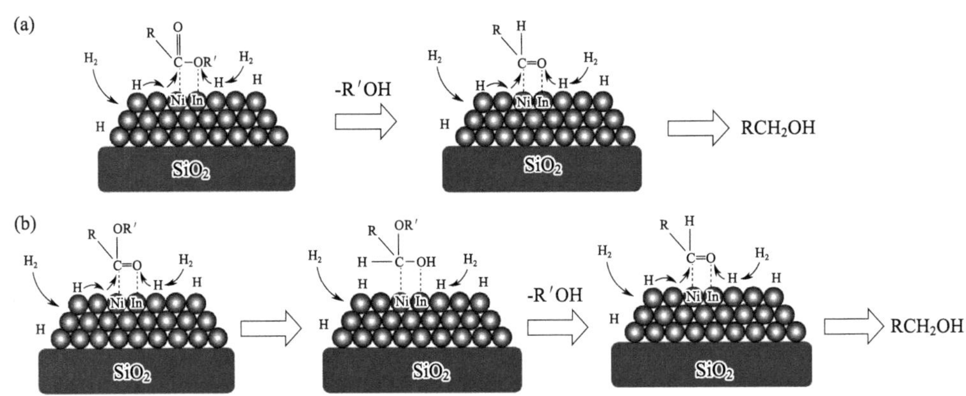

图 2.35　SiO_2 负载 Ni-In 双金属催化剂上脂肪酸甲酯的反应机理

（2）镍-锆（Ni-Zr）系

浙江工业大学的冷文华[18] 研究了在 3%（质量分数）的 Ni/m-ZrO_2 催化剂上硬脂酸加氢制备十八醇的反应。以正庚烷为溶剂，在 240℃、H_2 压力为 5.5MPa 下，搅拌反应 9h 后硬脂酸转化率接近 100%，十八醇选择性最高可达 92%左右。这种新的脂肪醇催化反应体系具有催化效率高、成本低、条件相对温和、操作简便的特点，且环保无污染。通过进一步研究温度对此类催化剂的影响发现，在 210℃时，Ni/m-ZrO_2 催化剂对十八烷醇的选择性最高达 94.14%，说明此催化剂更有利于 C═O 键的还原。

(3) 镍-铁 (Ni-Fe) 催化剂

西南林业大学郭效博等人[19] 采用浸渍法制备了一系列 Ni-Fe 双金属催化剂，并将其应用于催化硬脂酸加氢脱氧反应。在反应过程中，脂肪酸主要生成中间产物脂肪醛，由于脂肪醛在氢气环境下不稳定，容易通过加氢反应生产稳定的脂肪醇，还会生成部分的烷烃。在最佳反应条件的基础上，继续升高反应温度或提高催化剂用量，硬脂酸生成烷烃的比例逐步减少，以>90%的选择性将硬脂酸转化为十八醇。研究表明，在 500℃、10%的 Ni 金属负载量、Ni/Fe(质量比)=3∶1 条件下制备的催化剂表现出较佳的加氢性能，加入的 Fe 与 Ni 形成了 $FeNi_3$ 合金，Ni 和 Fe 金属的内部相互作用还促进了高分散性和较小粒径尺寸 Ni-Fe 团簇的形成。

2.4.1.5 其他催化剂

还有一些关于脂肪酸甲酯加氢催化剂的研究报道，总结见表 2.24。

表 2.24 油脂类加氢过程的研究总结

原料	催化剂/载体	反应器和反应条件
棕榈酸酯、油酸	Pt、Pd、Ni(5%)/γ-Al_2O_3	高压釜，325℃，2MPa
菜籽油	$NiMoS/Al_2O_3$	固定床，260～280℃，3.5MPa，LHSV(液时空速)0.25～4h^{-1}
硬脂酸、微藻油	3%～10% Ni/ZrO_2、10% Ni/SiO_2、10%Ni/Al_2O_3	固定床，260℃，4MPa，氢气流速 50mL/min
棕榈酸酯	7%Ni/γ-Al_2O_3、2%～9%Ni/SAPO-11	流动固定床，220℃，2MPa，氢气流速 50mL/min
废弃鸡油	10%Ni/γ-Al_2O_3	固定床，330℃，5MPa
月桂酸甲酯	3%Ni_2P/SAPO-11、3%Ni/SAPO-11	固定床，360℃，3MPa，LHSV 2h^{-1}
大豆油	NiMoC/ZSM-5、NiMoC/Al-SBA-15、NiMoC/γ-Al_2O_3	固定床，450℃，4.5MPa，LHSV 1h^{-1}，氢气流速 50mL/min
生物柴油	Ni-Cu/CeO_2-ZrO_2、Ni-Cu/CeO_2	固定床，280～340℃，1.0MPa，LHSV 1h^{-1}

2.4.1.6 催化剂的分离回收

加氢反应大多采用固定床反应器，催化剂床层固定于设备中，反应过程中催化剂不随反应物料移动。此外，固定床反应器中的催化剂更换难度较大，因此，固定床反应器中的催化剂应当具有良好的热稳定性和机械强度，在高温和高压的反应环境中能够较长时间地保持稳定性和活性。

采用悬浮床反应器进行加氢反应，反应结束后，物料会携带催化剂成分一同流出，因此需将反应催化剂与反应物料进行分离。催化剂如易与产物分离，则不仅有利于产物的提纯，也有利于催化剂的重复使用。分离后将低活性甚至没有活性的催化剂去除，活性高的可以返回反应器再用，另外再补充部分新鲜的催化剂。催化剂的分离技术有很多种，因加氢反应多采用非均相催化剂，因此催化剂的分离主要是固液分离技术，传统的分离技术有重力沉降、离心分离、加压过滤分离等，近年来还出现了部分新型分离技术，如膜分离、磁分离、超临界萃取、旋流分离技术等。

重力沉降是依靠地心引力使浆液中的固体颗粒因重力作用而自然沉降，达到固液分离的目的，并且沉降过程及所用的机械设备相对比较简单。特别是在处理大量含悬浮液颗粒的体系中，重力沉降的效果比较明显。而对含有超细颗粒的悬浮液进行沉降分离时，重力沉降分离效果往往不理想，若想达到高效的分离，首先须提供足够的沉降面积，其次为了加快固体颗粒的终端沉降速度，通常要加入絮凝剂。

考虑到重力沉降耗时比较长，出现了高速离心分离技术，因其高效省时的优点而得到广泛研究。该方法是根据固液两相间的密度差，利用物体高速旋转时产生的强大离心力，使置于旋转物料中的悬浮颗粒发生沉降或漂浮，从而达到某些颗粒浓缩或与其他颗粒分离的目的。离心分离是重力沉降向较小粒度颗粒的延伸，可根据不同分离要求分别完成浓缩、澄清和分级等作业。

过滤操作是化学工业中最常用且高效的固液分离方法，通常是指采用某种介质以阻挡或拦截悬浮液中的固体，达到固液分离的目的。过滤过程的推动力有重力、真空压、压力、离心力等。目前大规模应用的悬浮床反应器，对于物料分别进行内部过滤和外部过滤。内部过滤是在反应器内加装过滤元件，如孔径比催化剂粒径小的烧结金属丝网，利用反应器内外压差使物料通过烧结金属丝网排出反应器，将固体催化剂拦截在反应器内，实现固液分离。外部过滤是在反应器外部集成的过滤装置进行固液分离，回收的催化剂视活性是否满足要求，可直接回用或补充新鲜催化剂。

膜分离技术是21世纪初出现的新型分离技术，该技术利用具有选择性分离功能的薄膜材料为分离介质，实现液体或气体高度分离纯化。分离薄膜长周期连续运行后，超细催化剂颗粒会在膜表面或膜孔内吸附、沉积造成膜孔堵塞，使膜产生渗透通量与分离特性发生变化，缩短了薄膜的使用寿命。所以在膜材料的选择上有很高的要求，此外还需要控制膜分离过程中的操作压力、膜面流速和操作时间等因素。

超临界流体萃取，是应用于固液和液液萃取分离的新型分离技术。通过调节体系的压力和温度，来控制不同物料在超临界流体中的溶解度和蒸气压两个参数，实现分离的目的。超临界流体萃取综合了传统的萃取和蒸馏方法，可以在反萃取阶段获得浓度较高的目标产物。该技术也被应用于合成脂肪醇中催化剂的分离。

20 世纪 90 年代，在工业反应器设计中，采用水力旋流器外加过滤系统的耦合技术，应用于分离合成脂肪醇中的固体催化剂。此方法即连续地抽取浆液至旋流器中，底流部分返回反应器，顶流部分回收催化剂并经过滤获得干净的脂肪醇。但是单独采用旋液分离技术依然无法实现超细催化剂从脂肪醇中的分离。

一些新的研究提出了利用磁分离技术实现物料中催化剂的分离。磁分离技术主要有两种方法，一种是通过聚磁介质产生的高梯度磁场对磁性固体催化剂颗粒产生强大的磁场力，进而实现固液分离的方法；另一种是利用外加强磁场来促进磁性固体催化剂颗粒发生絮凝，固体颗粒的平均尺寸增大，大颗粒的沉降速度明显得到了提升，从而达到分离的目的。

2.4.2　加氢工艺流程比较

2.4.2.1　连续法

脂肪酸甲酯加氢法是工业制备脂肪醇的主要方法，主要采用连续加氢工艺。连续法生产脂肪醇有以下几个优点：

① 比较容易实现高度自动控制操作，产品质量稳定，间歇操作的程序自动控制则相当困难而且费用高。

② 设备简单，反应器容量小，操作简便，易控制，反应物料在反应器中停留时间短有利于减少副反应。

③ 连续化生产可缩短反应时间。而间歇操作则需要有加料、调整操作的温度和压力、放料，以及准备下一批投料等辅助操作时间。

④ 连续操作容易实现节能，依靠物料本身的循环移热，反应热可以及时导出，并且使反应物的浓度相对降低，可以有效防止副反应。

连续法加氢工艺中，按照催化剂存在形式的不同，又分为固定床和悬浮床加氢两种工艺。固定床是指固体催化剂以一定形式装填在反应器内固定不动，其他反应物料从固定床层中的间隙流过，实现非均相反应过程；悬浮床则是催化剂的固体颗粒通过气流在反应器内悬浮，其他反应物在悬浮的固体表面进行反应，反应后的物料与悬浮颗粒一起引出反应器。

德国 Henkel 公司是采用固定床加氢工艺的代表；美国 P&G 公司是采用悬浮床加氢工艺的代表；德国 Lurgi 公司早期工艺是悬浮床法，后经过升级后也采用固定床反应工艺。

(1) 固定床加氢工艺

根据反应物料的相态形式，固定床工艺又分为气相加氢法和固滴流加氢法两种工艺，前者反应物料均为气态，后者的原料则为气液两相。

气相加氢法中，脂肪酸甲酯在反应器中汽化后，与氢气一起通过固定的催化剂床层，在 20～30MPa，200～250℃下进行反应。反应结束后，混合物冷却分离成液相和气相，气相主要是氢气，液相部分为粗脂肪醇，进入闪蒸罐除去甲酯，然后进行进一步精制。气相法中大量的循环气能很快地带走反应热，而使副产物烃类生成量减少，烃和未加氢的酯含量较低。

如果原料甲酯的沸点较高，不能被汽化，则采用滴流床反应器。滴流床反应器是一种气液固三相固定床反应器，液体以液膜的形式通过固体催化剂，气体多数以并流的形式向下流动。滴流加氢法中，氢的过量程度和循环气量均低于气相法，时空速率高于气相法。因为原料为液态，催化剂必须具有较高的机械强度，一般采用载体催化剂，如以硅胶作载体的铜铬型催化剂，含量为 20%～40%。此法制脂肪醇产率高，催化剂消耗低于气相加氢法。

固定床加氢的工艺流程如图 2.36 所示。相对于悬浮床，固定床具有以下优点：催化剂浓度（单位体积的物料中所包含催化剂的量）比悬浮床大好几倍，反应速度快，停留时间短；催化剂的消耗量比悬浮床要小，物料中催化剂含量小，对设备磨损很小，粗产物无须过滤。

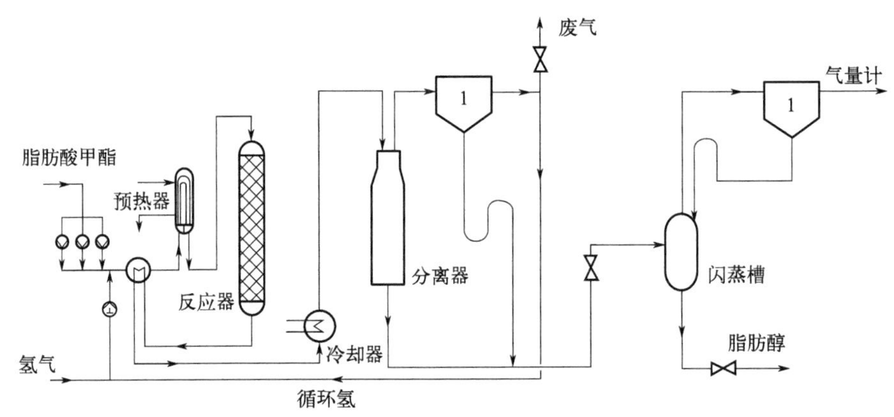

图 2.36　脂肪酸甲酯固定床加氢工艺流程

固定床的缺点有以下几个方面：由于反应速度快，易产生局部过热，对反应选择性不利，易产生烷烃；固定床更适用于气相反应，所以选用的氢气循环压缩机功率较大，能耗大；催化剂要有足够的强度和长的使用寿命，装卸催化剂要求较高，费时费力；为了使物料分布均匀，在每层催化剂的上侧须增加分布器，增加了设备结构的复杂性。

(2) 悬浮床加氢工艺

催化剂悬浮于脂肪酸甲酯中，和氢气分别预热后，从反应器底部进入，反应器为无填料塔式，每小时通过的酯约等于反应器体积，加氢条件为压力 25MPa、温度 260～300℃。当反应接近完全时，反应混合物分离成液相和气相，气体循环使用，脂肪醇-甲醇向下并进入分离单元。从反应器底部的脂肪醇中蒸出甲醇，催化剂经过滤回收。该法得到皂化价为 6～10 的粗脂肪醇。为了除去未反应的脂，可将粗醇在 200℃下用碱皂化，再通过蒸馏得到精制醇。此法采用 1%～2% 的亚铬酸铜催化剂，不饱和双键也被加氢，所以只能获得饱和脂肪醇产品。生成物中烃含量约 2%～3%，单程催化剂消耗量为 0.5%～0.7%，在加氢循环过程中，需另外补充新鲜的催化剂。悬浮床加氢工艺流程见图 2.37。

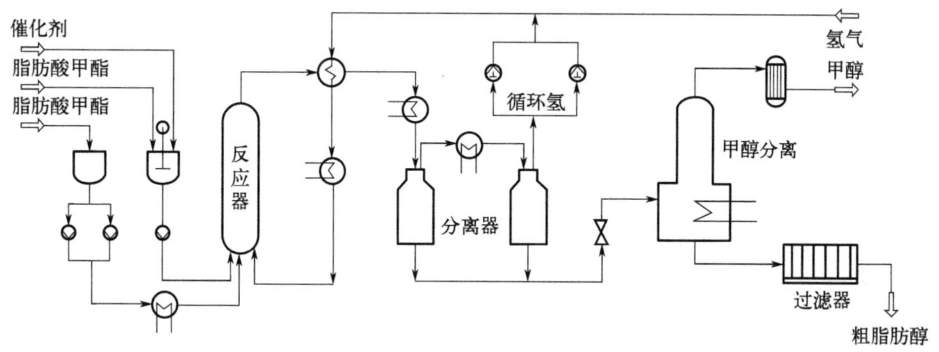

图 2.37　脂肪酸甲酯悬浮床加氢工艺流程

大连油脂化学厂曾使用三台反应器串联的流动床，进行脂肪酸加氢制脂肪醇的工艺研究，工艺流程示意图见图 2.38。

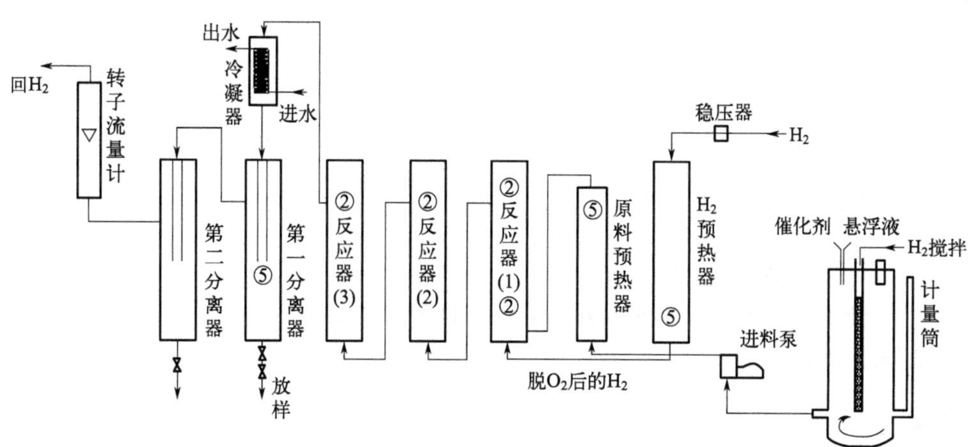

图 2.38　三台反应器串联的流动床工艺流程示意图

将来氢预热至 250℃，经过脱氧后，进入第一反应器。原料酸与催化剂配成 2%～3%的悬浮液后，先预热至 150℃，然后用隔膜进料泵定量地打入第一反应器。反应器共三台串联在一起，反应后的物料，经过蛇管式冷凝器冷却（60～

100℃)，然后通过第一分离器下方连续放料。回氢则经过第一分离器的上方进入第二分离器后放空。

为了使催化剂的悬浮液混合均匀，采用氢气鼓泡的办法进行搅拌，边搅拌边进料。氢气流量通过第二分离器后的回氢来控制。第一反应器的下半部，作为混合预热器用，温度为 220～250℃；上半部和第二、第三反应器的温度为 280～290℃。实验压力为 12～25MPa，空速为 0.6～1.2h^{-1}，催化剂的质量分数为 2%～3%，氢油体积比为（6000～7000）∶1。实验结果表明，用流动床进行脂肪酸直接加氢制醇的方法是可行的，流动床空速大、压力低、氢/酸值小，反应器的温度分布更均匀。

综合比较固定床和悬浮床两种工艺，悬浮床工艺所需投资较低，但由于催化剂会随物料一起引出，因此需另加分离回收催化剂的设备。同时悬浮床中的催化剂在移动过程中会产生磨损，需进行补充。固定床工艺生产比较稳定，物料停留时间可以控制，床层内流体很少出现返混现象。反应结束后无须分离催化剂，且催化剂消耗小，单位产品消耗催化剂量低于悬浮床。但是固定床反应器体积大，还需配备气体循环压缩机等辅助设备。

2.4.2.2 间歇法

高压釜式间歇加氢工艺的代表性生产厂家有 I.G.J，采用以碳酸铜为主且加入钡、铬、锌作活化剂的 PH-86 型催化剂，脂肪酸在高压釜内直接加氢制醇。采用 3m^3 高压釜，外有高压蒸汽加热夹套，内通 25MPa 高压水，反应压力为 20MPa，反应温度为 280～300℃，每次装料量为 800～1000kg，反应时间为 6～8h，最后的粗醇皂化值以 KOH 计为 10～20mg/g。

反应结束后，因脂肪酸加氢后生成水，水-醇容易形成乳化液，因此物料需先加 $KHSO_4$ 进行破乳。破乳后将催化剂过滤除去得到粗醇，再加入少量 KOH 使脂皂化，形成钾皂，通过蒸馏可得到合格的脂肪醇。

间歇法工艺有如下优点：

① 适用于小规模、小品种的脂肪醇生产，更换产品灵活性高。

② 开工和停工一般比连续操作容易，间歇操作的设备在产量的大小上有较大的伸缩余地。

2.4.3 加氢工艺的改进

天然脂肪醇生产工艺一般采用固定床或悬浮床反应器，反应压力为 16～30MPa，温度为 150～300℃，氢油体积比为（10000～15000）∶1，空速为 0.25～0.6L/(L·h)，相态为气-液-固多相体系。在此工艺条件下，脂肪酸甲酯转化率可达 80%以上，高碳醇的选择性超过 80%，另外产物中含有 2%～3%的烷烃副产物。

该反应过程中，体系中共存在3个相态：富含氢气的气相、富含脂肪酸甲酯的液相以及催化剂固相。由于氢在液相中的溶解度低和传质阻力大，导致氢扩散到固体催化剂的表面很难，氢气在催化剂表面的传质速率是反应的速控步骤。为了提高氢气在液相中的溶解度，一般都要增加氢气分压。为了提高产率，在实际生产中都采用较高的氢油比，氢气需要不断地循环，成本较高，催化剂也需过量使用，且反应过程时间较长。

基于上述条件，通过改变工艺以降低反应苛刻度来提升反应效果，主要有以下几方面的改进措施。

2.4.3.1　气相加氢

气相低压加氢是将脂肪酸甲酯首先进行汽化后同氢气混合，再与催化剂接触进行反应，并且脂肪酸甲酯蒸气连续循环和氢气反应。这一方法解决了加氢过程中的很多难点，如设备、安全等问题，因此低压加氢是脂肪酸甲酯加氢工艺改进的一个比较吸引人的研究方向。英国Kvaemer Process Technology（夸纳）公司于1997年在菲律宾建成了世界上第一套低压加氢制醇装置，生产能力为3000t/a。其工艺过程是把精制后的液态脂肪酸甲酯变为气体后，以喷雾的形式和氢气一起送入装有铜催化剂的固定床反应器中，将甲酯蒸气和氢气不断循环以提高转化率，反应器的工作压力仅为4MPa，最终脂肪酸转化为脂肪醇的转化率可达99%。美国Davy Mckee公司运用此技术，先用离子交换树脂将油脂甲酯化，然后在低压下将甲酯气相还原，其反应温度在250℃左右，压力在4～8MPa。

改进的低压气相加氢解决了加氢过程中压力高的问题，但由于脂肪酸甲酯随着碳数的增加，其沸点也相应增高，如十六碳甲酯和十八碳甲酯的沸点为250～350℃，很难汽化，使脂肪酸甲酯在气相中的浓度较低，与氢气接触减少，导致反应器中单位体积的脂肪醇产率过低。为提高转化率，需要将过量的热氢气与汽化的甲酯不断地循环，从反应的经济性考虑不合适。

2.4.3.2　增加溶剂

脂肪酸甲酯加氢通常是一个气、固、液三相反应的过程，氢气要与甲酯反应，首先要溶解于甲酯中。但是氢气在甲酯中的溶解度低，反应很难进行。通过选用合适的溶剂，可以使脂肪酸甲酯和氢气在溶剂中互溶，降低氢气的传质阻力。同时，利用溶剂还可以吸收反应释放出的大量反应热，克服绝热反应器不能进行热交换的缺点，避免反应过程中大量放热造成反应器床层中间出现热点，进而出现飞温现象影响整个反应效果。

通常使用直链烷烃等惰性溶剂作为氢气的载体，例如正辛烷或高沸点的矿物白油，可以增加液相中氢气的溶解度，提高氢油比。还可以在脂肪酸甲酯原料中加入一定质量分数的低碳数（C_1～C_4）混合醇，既可以提高氢气溶解度，又能够作为热载体控制反应过程中的放热。还有一些研究者对包括水、丙酮、正己烷、甲醇、乙醇、异丙醇、正辛烷、乙酸乙酯、乙酸甲酯、十二烷和十四烷在内的一种或多种溶剂进行了考察，在釜式反应器中进行反应，压力较低，依靠延长反应时间来提高脂肪酸或者脂肪酸甲酯的转化率。

但是，此方法在脂肪酸甲酯加氢过程中需要对添加的大量溶剂和反应后的脂肪醇产物进行分离，再循环利用。由于这些溶剂和脂肪醇产物很难分离，所以后期的分离也需要很高的成本。

2.4.3.3 超临界工艺

超临界流体具有较高的溶解能力、较好的流动性能和传递性能。使用超临界流体可以提高反应物的溶解度，进而提高反应速度。还可以通过调节超临界流体的压力和温度改变反应物的物性，从而调节反应物的转化率和产物的选择性，抑制副反应，提高产率。此外，超临界流体良好的溶解特性可使一些易引起催化剂失活和结焦的残留物溶于其中，避免其长期滞留在催化剂表面，延长了催化剂的使用寿命。

制备脂肪醇的超临界工艺是在脂肪酸甲酯加氢反应中加入适当惰性、无毒的超临界流体，如 CO_2、丙烷、丁烷、二甲醚等，使反应体系中所有的反应物形成均相物系，以解决氢气溶解度低、气液相传质阻力大的问题。而且反应物的表面张力降低，能够更好地润湿催化剂表面，极易扩散渗透进入催化剂孔道，在催化剂的活性位点进行化学反应，使反应的液相空速得到提高，从而能将反应速率提高几个数量级。

由于 CO_2 无毒、廉价且不易燃，超临界 CO_2 工艺相对于传统高压过程是一种环境友好工艺。但是超临界 CO_2 溶剂也有缺点，其与脂肪酸甲酯的共溶性较差，一般仅限于作为低分子量物质的共溶剂使用，为了达到较好的共溶效果，所需的压力也很高。

超临界工艺作为一种新型工艺，虽然提高了反应转化率，节省了时间，但过细的催化剂颗粒会导致催化剂床层压降增大，反应混合物会分成氢气较浓和反应物较浓的两相，实验的能耗相对较大，成本较高，所以只限于实验室研究，离工业化生产还有一定距离。

2.5 不饱和脂肪醇的制备

不饱和脂肪醇是指结构中至少含有一个碳-碳双键的脂肪醇，通常存在于动植物脂肪中，包括单不饱和脂肪醇和多不饱和脂肪醇，主要区别在于它们分子中的碳-碳双键数量。不饱和脂肪醇是制造高效表面活性剂及各种精细化工产品的重要基础原料，由于醇的分子中长碳链烷基部分含有弱亲水性的不饱和碳-碳双键，使伯羟基的活性增强，使其衍生产品在表面活性、毒理学和生态学等方面的物化性能皆优于同碳数的饱和脂肪醇。

我国具有比较丰富的猪油、牛油、羊油等高碳不饱和油脂资源，利用这些资源合成不饱和脂肪醇，对丰富表面活性剂品种、促进和推动我国洗涤剂和表面活性剂工业的发展、开辟新的原料途径和来源都具有重大意义。

2.5.1　不饱和脂肪醇研究

不饱和脂肪醇的研究和生产已有相当长的历史，最早研究不饱和脂肪醇合成的是法国科学家布瓦尔特和布兰克（Bouveault & Blanc），他们将油酸乙酯在乙醇中用金属钠进行还原得到油醇，用一个反应器和几个贮罐进行作业。但因为这种工艺的成本太高，而且处理金属钠时要十分小心，所以直至 1921 年仍未被人们注意。同年，日本的化学家 Taujimoto 在研究鲸蜡时发现，这种动物脂肪的液体部分是纯度很高的油酸油基酯，皂化后很容易从中分离出油醇。该方法于 1935 年首先在日本实行了工业化，1973 年日本油脂公司建立了 3600t/a 以鲸蜡油为原料的生产装置。1986 年捕鲸限制法案通过，从鲸蜡油中获得不饱和脂肪醇的原料线路已成历史，以其他天然动植物油脂为原料，采用选择加氢的方法进行不饱和脂肪醇生产的方法开始兴起。

德国的 Henkel 公司于 20 世纪 60 年代率先采用催化加氢法，以动植物油脂为原料工业化生产不饱和脂肪醇，1983 年已形成 2.4 万 t/a 的规模，是世界最大的不饱和脂肪醇生产公司。美国的 Du Pont 和 P&G 公司也于 20 世纪 40 年代创立了金属钠还原制不饱和脂肪醇的中试装置，到 1956 年，由 A.D.M 公司建立了 6000t/a 的生产厂。后来，由于受到合成醇的冲击，不饱和脂肪醇产量下降，发展一度被忽视。70 年代，美国采用高压催化加氢方法工业化生产不饱和脂肪醇，其原料主要是牛脂、棕榈油、菜籽油等。新日本化学株式会社于 1974 年在德岛建立了一套 6000t/a 的工业装置，原料采用供应稳定的木浆浮油、米糠油、牛脂油等，所得不饱和醇的组成与原料脂中所含的脂肪酸和醇相当，双键保持不变，也不生成烃。苏联则采用棉油脚酸为原料，用锌、铬、铝催化剂于 1978 年完成了 80t/a 的不饱和醇中试生产。

1966 年我国首先由大连油脂化学厂同中国科学院大连化物所，以工业油酸和木浆油的丁酯为原料，采用含镉三元催化剂，在连续固定床上完成了加氢小试的研究，得到了不饱和油醇。后续合成的聚氧乙烯油醇醚在毛纺、针织、印染方面做了应用试验，其优良性能得到充分肯定，但因镉的污染和回收等问题，未能实现工业化。大连油脂化学厂于 1983 年开展了无镉催化剂的研究，着重选择适于低压加氢的高活性、高选择性、易于工业化的催化剂，相关成果通过了大连市科学教育委员会的技术鉴定，并列为“七五”国家攻关项目。

2.5.2 不饱和脂肪醇制备工艺

用石油化工原料生产合成醇的方法得不到不饱和醇（ocenol），因此，天然油脂原料的高压氢化有着独特的优点，不饱和脂肪醇也有着更广泛的潜在用途。合成不饱和醇的重点是高选择性催化剂的使用。当用特殊的含锌催化剂在高温下进行氢化时，不饱和脂肪酸甲酯的碳-碳双键保持不变，可得到不饱和脂肪醇。因为含锌催化剂选择性高，所以不饱和脂肪醇的碘价与原料脂保持一致，例如碘价约 50 的不饱和脂肪醇是用牛油脂制得的。从牛油脂肪酸中分离出的不饱和脂肪酸（主要是油酸）酯化后再氢化，可以制得碘价 80～90 的不饱和脂肪醇。其他来源如豆油（碘价 110～130）或亚麻籽油（碘价 150～170）制得的甲酯，可用于生产平均碘价较高的醇，大量碘价 30～170 的不饱和醇可以用这些油脂原料进行生产。

2.5.2.1 合成方法

工业上制备不饱和醇的主要方法有鲸脂油法、金属钠还原法和催化加氢法，在反应过程中经选择性催化加氢，得到不饱和醇。

(1) 鲸脂油法

将抹香鲸头部的脂油，先经冷冻工序除去蜡物，再将所得透明清澈的脱蜡脂油经皂化或水解反应分离出不饱和的脂肪醇混合物，其中含油醇约 30%。不过，因保护海洋哺乳动物资源法规的实施，显然，此工艺路线已失去现实意义。

(2) 金属钠还原法

将油酸乙酯和无水乙酸混合，快速加入金属钠片并强烈搅拌，进行 Bouveault-Blanc（布沃-布朗）还原反应，反应剧烈。待反应缓和后再加无水乙醇，加热至金属钠完全反应。然后加水回流约 1h，使未反应的油酸乙酯发生皂化。冷却后，用乙醚萃取，然后进行中和、洗涤、干燥后蒸去乙醚，再减压分馏，收集 150～152℃（0.133kPa）馏分，即为油醇，收率约 50%。

(3) 催化加氢法

① 以油酸甘油酯为原料，铬酸锌作催化剂，先经加压氢化反应，然后将氢化物置于－40℃下，经丙酮分步结晶纯化，最后经蒸馏而得到油醇。

② 以天然油脂为原料，金属镉组分作催化剂，经加压氢化反应而得到不饱和脂肪醇。

③ 利用天然脂肪酸甲酯，例如猪油酸甲酯、棉油酸甲酯和油酸甲酯等，在加压加热条件下，用不含金属镉的 CA-34 型特殊催化剂，经氢化反应而获得不饱和脂肪醇产品。

2.5.2.2 催化剂的研究

不饱和脂肪醇中各种烯醇的含量和碳分布取决于制醇的原料、加氢技术条件以及所使用催化剂的选择性。因此，选择合适的加氢催化剂，选择性保护碳-碳双键而只还原酯键，就成为了不饱和脂肪醇合成中的关键技术。工业生产中，油酸甲酯加氢过程较早使用的是 Cu/Cr 催化剂，这类催化剂虽然具有较高的催化活性和良好的选择性，但在其制备过程中有大量的六价 Cr 在过滤及水洗时流入母液，造成环境污染问题，因此迫切需要寻找新型绿色无污染的催化剂。

以油脂为原料，使用选择性催化剂就可以控制加氢反应发生的位置，使化合物中的双键不受影响。1959 年，苏联以油酸乙酯及鲸蜡油为原料，采用 Zn-Cr 催化剂选择加氢制油醇，但该反应需在高温（150～300℃）、高压（25～30MPa）下进行。Hiroshi 等[20] 用 Zn-Cr 催化剂催化不饱和脂肪醛、不饱和脂肪酸及其甲酯制备油醇，催化剂是在锌和铬氧化物的混合物中掺杂微量的 Cu 和 Ni 制备而成的，铜和镍的掺杂可有效降低同分异构体反式-9-十八烯-1-醇副产物的生成，增加选择性，提高产率。Pouilloux 等[21] 用 Co-Sn 催化剂在 270℃、8.0MPa 条件下催化氢化油酸甲酯制备油醇，研究表明，Co-Sn 催化剂的选择性与 Ru-Sn 催化剂的选择性相当，但 Co-Sn 催化剂的活性低一些，同时反应伴随有酯交换的副反应发生。Oliveira 等人[22] 进一步探讨了 Co-Sn 催化剂，研究发现，以氧化锌为载体的 Co-Sn 催化剂与以矾土为载体的 Co-Sn 催化剂在选择性催化氢化反应上，具有相似的催化活性，得到的不饱和醇产率无明显差异。

通过使用一些不活泼的金属如铑、钌、钯，并添加锡、锌等，其他金属制成催化剂可以达到选择性还原脂肪酸或酯生成脂肪醇（特别是不饱和脂肪醇）的目的。Cheah 等[23] 通过复合溶胶-凝胶助剂法制备出钌-锡-矾土催化剂，用于油酸甲酯催化加氢制备油醇的反应，加氢催化过程中锡具有降低催化剂在双键加氢还原反应的催化活性的作用，从而提高油酸甲酯氢化反应的选择性。Tang 等[24] 进一步开发出铼-锡-矾土催化剂，将高铼酸氨和四氯化锡担载在矾土上，添加金属锡制备的催化剂可有效保护油酸中的 C═C 键，得到高收率的油醇。该研究发现，氢化还原反应发生在 C═C 键上还是 C═O 键上，主要取决于催化剂表面吸附这两种基团的能力，这种能力受催化剂的物质组成影响。

催化载体普遍具有较高的比表面积和稳定的结构，可以有效提高活性成分的分散度，还可以通过与金属的相互作用而提升催化剂的催化性能，其优良的加氢性能使得负载金属催化剂成为新的研究热点。Mendes等[25]分别用浸渗法制备了以二氧化钛为载体的钌-锡催化剂，用溶胶-凝胶法制备了以矾土为载体的钌-锡催化剂，并对催化剂活性进行了比较，发现浸渗法制备的以二氧化钛为载体的钌-锡催化剂催化选择性更高，但这两种催化剂都会有异构化副产物产生。Hara等[26]采用活性炭作载体制备的钌-铂-锡催化剂，用于氢化不饱和羧酸选择性加氢反应，催化速度比用钌-锡双金属催化剂快3倍。青岛科技大学的刘国秀等人[27]研究发现，以 Al_2O_3 为加氢载体的Ru/Sn双金属催化剂，具有最好的加氢性能，并合成了油醇产品，且催化剂重复使用后仍具有良好的催化效果。

还有一些研究通过使用金属卤化物，如 $ZnCl_2$、$NiCl_2$、CsF、KF等，来催化酯的氢化反应。如采用金属化合物ML作催化剂，用硅烷提供氢还原不饱和羧酸甲酯生成醇，M一般为镧系或锕系等金属元素，L可以是烷基、芳基、甲硅烷基、卤素、—OR、—SR、—NRR′等。Berk等[28]报道了使用 n-BuLi/Cp_2TiCl_2 为催化剂，硅烷作为氢源，将脂肪酸甲酯催化氢化为相应的醇，反应条件温和、操作简便、选择性强、转化率高。Rann等[29]通过对硼氢化物还原羧酸的研究发现，将硼氢化锌溶于三氟乙酸酐（TFA）和1,2-二甲氧基乙烷（DME）溶液中制备出的还原剂 $ZnBH_4$-TFA，用于油酸还原制备油醇，产率可达91%。

除此之外，有学者曾提出将不饱和醛的C═O键选择性氢化，是纳米金属簇催化中的两个重要研究课题之一。中国科学院化学研究所的刘汉范等[30]应用铂纳米金属簇催化氢化不饱和醛，取得了很好的进展。

参考文献

[1] 姚琳，刘仕伟，李露，等．铜铬催化剂催化脂肪酸甲酯加氢制备脂肪醇的研究［J］．化工科技，2014，22（04）：18-20.

[2] 李梅，夏建陵，黄坤，等．茶油皂脚脂肪酸甲酯中压加氢制备脂肪醇［J］．材料导报，2011，25（S2）：405-407，424.

[3] 唐明兴，李学宽，贾时雨，等．无铬Cu-Zn催化剂用于脂肪酸甲酯加氢制备脂肪醇．第七届全国催化剂制备科学与技术研讨会论文集［C］．太原，2009：353-355.

[4] 周庚生，郭建国，钱霞，等．椰油酸甲酯中压加氢制脂肪醇催化剂的研制［J］．日用化学工业，1996（03）：7-9.

[5] 侯金豆．Co-Cu纳米双金属催化天然油脂氢转移制备脂肪醇的构效关系研究［D］．成都：西华大学，2020.

[6] 刘寿长，王文祥．脂肪酸甲酯加氢制高级脂肪醇Cu-Fe系催化剂的还原行为［J］．分子催化，1990（04）：335-339.

[7] 袁鹏，朱微娜，刘寿长．酯加氢制醇新型无铬Cu-Al-Ba催化剂的制备及加氢条件的研究［J］．香料

香精化妆品，2007 (04)：19-23.

[8] Manyar H G, Paun C, Pilus R, et al. Highly selective and efficient hydrogenation of carboxylic acids to alcohols using titania supported Pt catalysts [J]. Chemical Communications, 2010, 46 (34): 6279-6281.

[9] Ullrich J, Breit B. Selective hydrogenation of carboxylic acids to alcohols or alkanes employing a heterogeneous catalyst [J]. ACS Catalysis, 2017, 8 (2): 785-789.

[10] Rozmysłowicz B, Kirilin A, Aho A, et al. Selective hydrogenation of fatty acids to alcohols over highly dispersed ReO_x/TiO_2 catalyst [J]. Journal of Catalysis, 2015, 328: 197-207.

[11] Li P C, Zhang M T, Wang S L, et al. Pd-Ni-Fe nanoparticles supported on UiO-66 for selective hydrogenation of fatty acid methyl esters to alcohols [J]. ACS Applied. Nano Materials., 2023, 6: 18892-18904.

[12] Luo Z, Bing Q, Kong J, et al. Mechanism of supported Ru_3Sn_7 nanocluster catalyzed selective hydrogenation of coconut oil to fatty alcohols [J]. Catalysis Science & Technology, 2018, 8 (5): 1322-1332.

[13] Zhao C, Luo Z C, Bing Q M, et al. Mechanism of supported Ru_3Sn_7 nanocluster-catalyzed selective hydrogenation of coconut oil to fatty alcohols [J]. Sci. Technol. 2018, 8: 1322-1332.

[14] Chen L G, Li Y P, Zhang X H, et al. Mechanistic insights into the effects of support on the reaction pathway for aqueous-phase hydrogenation of carboxylic acid over the supported Ru catalysts [J]. Applied Catalysis A: General, 2014, 478: 117-128.

[15] 刘琰敏．钴催化油脂加氢合成脂肪醇的效果研究 [D]. 成都：西华大学，2021.

[16] Pouilloux Y, Piccirilli A, Barrault J. Selective hydrogenation into oleyl alcohol of methyl oleate in the presence of Ru-Sn/Al_2O_3 catalysts [J]. Journal of Molecular Catalysis A: Chemical, 1996, 108 (3): 161-166.

[17] 王立稳．Ni-In 双金属催化剂脂肪酸甲酯选择加氢制脂肪醇性能研究 [D]. 天津：天津大学，2022.

[18] 冷文华．镍基催化剂在脂肪酸加氢脱氧制备脂肪醇中的研究 [D]. 杭州：浙江工业大学，2019.

[19] 郭效博，王玮，赵佳平，等．Ni-Fe 合金催化剂制备及催化硬脂酸加氢脱氧性能 [J]. 煤炭学报，2023，48 (06)：2315-2325.

[20] Hiroshi M, Koho K T. Preparation of unsaturated alcohols from unsaturated carbonyl compounds using zinc-chromium mixed oxides [P]. 2001-4-3.

[21] Pouilloux Y, Autin F, Piccirilli A, et al. Preparation of oleyl alcohol from the hydrogenation of methyl oleate in the presence of cobalt-tin catalysts [J]. Applied Catalysis, 1998, 4: 65-75.

[22] Oliveira K D, Pouilloux Y, Barrault J. Selective hydrogenation of methyl oleate into unsaturated alcohols in the presence of cobalt-tin supported over zinc oxide catalyst [J]. Journal of Catalysis, 2001, 204: 230-237.

[23] Cheah K Y, Tang T S, Mizukami F. Selective hydrogenation of oleic acid to9-octadecen-1-o: catalyst preparation and optimum reaction conditions [J]. JAOCS, 1992, 69 (5): 410-415.

[24] Tang T S, Cheah K Y, Mizukami F. Hydrogenation of oleic acid to 9-octadecen-1-ol with rhenium-tin catalyst [J]. JAOCS, 1993, 70 (6): 601-605.

[25] Mendes M J, O A A Santos E. Jordao. Hydrogenation of oleic acid over ruthenium catalysts [J].

Applied Catalysis，2001，9：253-286.

[26] Hara Y，Endou K. The drastic effect of platinum on carbon-supported ruthenium-tin catalysts used for hydrogenation reactions of carboxylic acids [J]. Applied Catalysis A General，2003，239 (1)：181-195.

[27] 刘国秀，于世涛，刘仕伟. 负载金属催化剂催化油酸甲酯加氢制备油醇的工艺研究 [J]. 青岛科技大学学报（自然科学版），2018，39 (01)：35-39.

[28] Berk S C，Kreatzer K A，Buchwald S L. A catalytic method for the reduction of esters to alcohols [J]. J. Am. Chem. Soc.，1991，113：5093-5095.

[29] Brindaban C. Rann，Asish R. Das. Selective reduction of carboxylic acids with zinc borohydride in the presence of trifluoroacetic anhydride [J]. J. Chem. Soc. Perkins. Trans 1，1992：1561-1562.

[30] 刘汉范，包平，于泳伟. 铂纳米金属簇催化氢化不饱和醛以制备不饱和醇 [J]. 化学研究与应用，1999，11：533-534.

第3章

合成脂肪醇的原料及制备工艺

3.1 合成脂肪醇发展概述

脂肪醇的生产始于18世纪，最初以动植物油脂为原料制取，属于天然醇，产量较少。19世纪初发明了正构烷烃氧化法制取脂肪醇，标志着合成脂肪醇的开始，但该工艺的产量有限。到了20世纪，开发出石油资源制备脂肪醇的工艺，主要有两条：羰基合成（OXO）醇工艺和齐格勒醇工艺。相比于分子内部全是正构醇的天然醇来说，由OXO工艺制备的合成醇下游产品在渗透性、凝点及冻点等方面展现出独特的优势。

目前，国际上合成脂肪醇的生产企业主要有南非Sasol（沙索）、美国Mobil（埃克森美孚）、德国Evonik（赢创）、德国Basf（巴斯夫）、英国Davy（戴维）以及日本Mitsubishi（三菱化学）公司等。我国自20世纪60年代中期至90年代，吉林石化公司、大庆石化总厂、齐鲁石化以及北京化工四厂分别从德国巴斯夫公司、英国戴维公司以及日本三菱化学公司引进合成醇装置。当前国内合成醇生产厂家状况如表3.1所示[1-19]。

表3.1 国内合成醇的生产厂家状况

企业名称	技术路线	投产时间	产能
齐鲁石化	戴维 液相低压铑法	2014	2020年25.5万吨/年 2-乙基己醇
中石化扬子-巴斯夫	Basf液相低压铑法	2005	2011年15万吨/年 2-乙基己醇 2012年8万吨/年 2-丙基庚醇
北京化工四厂	三菱化学 低压气相循环铑法	1996	5万吨/年 丁辛醇
吉林化学工业	Basf高压钴法 1998又引进UCC/DAVY第四代低压液相循环法	1982	2000年12万吨/年 丁辛醇

续表

企业名称	技术路线	投产时间	产能
大庆石化总厂	美国UCC公司铑法低压羰基合成	1982	2014年13万吨/年2-乙基己醇
山东利华益集团	戴维　液相低压铑法	2010	2010年14万吨/年2-乙基己醇
天津碱厂	戴维　液相低压铑法	2010	2010年14万吨/年2-乙基己醇
山东建兰化工	液相铑法	2010	2020年21万吨/年2-乙基己醇
吉林化肥厂	Basf高压钴法	1982	5万吨/年　丁辛醇
吉林石化公司	戴维　液相低压铑	2004	10万吨/年　齐格勒醇(停产) 11万吨/年　丁辛醇 2010年5万吨/年　2-乙基己醇
惠生(南京)清洁能源有限公司	Davy/Dow低压羰基合成醇技术	2014	12.5万吨/年　2-乙基己醇
天津渤海化工集团	Davy工艺技术有限公司(DPT)与Dow技术公司转让的低压羰基合成技术	2011	2015年28万吨/年2-乙基己醇
中国石油四川石化		2012	8万吨/年2-乙基己醇
中石化巴陵分公司	Davy低压法	2012	15万吨/年2-乙基己醇
中石化东方化工	三菱化学　低压液相循环铑法	2010	5万吨/年2-乙基己醇
鲁西化工集团股份有限公司	低压羰基合成	2013	2020年40万吨/年2-乙基己醇
天津渤化永利化工股份有限公司	低压羰基合成	2010	2020年28万吨/年2-乙基己醇
山东蓝帆化工有限公司	低压羰基合成	2012	14万吨/年2-乙基己醇
南京诚志清洁能源有限公司	—	2013	12.5万吨/年2-乙基己醇
中海壳牌石油化工有限公司	低压羰基合成	2018	12万吨/年2-乙基己醇
山东华鲁恒升化工股份有限公司	英国戴维工艺	2013	10万吨/年2-乙基己醇

续表

企业名称	技术路线	投产时间	产能
安徽曙光化工集团	戴维/陶氏联合开发的第二代丙烯铑法低压羰基合成技术-液相循环工艺	2016	12万吨/年 2-乙基己醇
东明东方化工有限公司	—	2014	9.5万吨/年 2-乙基己醇
中国石油四川石化	陶氏转让部 Davy 工艺技术低压羰基合成	2015	8万吨/年 2-乙基己醇
江苏华昌集团有限公司	低压羰基合成	2015	8万吨/年 2-乙基己醇
齐鲁增塑剂	Basf 低压羰基合成	2012	14万吨/年 2-乙基己醇
中石油安庆分公司	戴维/陶氏联合开发的第二代丙烯铑法低压羰基合成技术	2014	11万吨/年 2-乙基己醇
茂名石化巴斯夫有限公司	Basf 低压羰基合成	2015	18万吨/年　异壬醇
抚顺石化公司	Shell 公司　中压羰基合成	1994	5万吨/年 C_{12}～C_{13} 醇 2.4万吨/年 C_{14}～C_{15} 醇 2.6万吨/年
国能包头煤化工有限公司	低压羰基合成	2014	6万吨/年 2-丙基庚醇
陕西延长石油延安能源化工公司	英国 Davy 的以铑作为催化剂的 S30 低压羰基合成技术	2020	8万吨/年 2-丙基庚醇
中煤陕西榆林能源化工有限公司			6万吨/年 2-丙基庚醇
内蒙古大新能源化工有限公司			7.27万吨/年 2-丙基庚醇
内蒙古伊诺新材料有限公司	油/水两相铑膦羰基合成技术	2021	2万吨/年 C_6～C_{10} 醇
江苏赛科化学有限公司	烷烃氧化制仲醇	2019	1万吨/年 C_{11}～C_{13} 仲醇
广东仁康达材料科技公司	羰基合成		1万吨/年　异构十三醇(2万吨/年在建)

3.2 羰基合成脂肪醇

3.2.1 羰基合成法概述

1938 年，德国科学家 O. Roelen 发明了羰基合成法，又称为烯烃的醛化反应(也称 OXO 反应、氢甲酰化反应)。西德鲁尔化学公司于 1944 年在德国建立了世界上第一套羰基合成装置，产能 1 万吨/年，实现了 OXO 醇的工业化生产[20]。

OXO 醇是在催化剂作用下，烯烃与一氧化碳、氢气进行氢甲酰化反应合成醛，然后再加氢还原合成的脂肪醇。根据醇的碳原子数不同可分为三类：低碳醇（C_3、C_4），可用于生产溶剂；中碳醇（$C_5\sim C_{12}$），可用于生产增塑剂；高碳醇（$C_{13}\sim C_{17}$），可用于生产表面活性剂。

OXO 法工艺可用不同的原料、催化剂生产出不同碳链长度的醇，能根据产品需求对工艺进行调整，得到正构体和异构体比例不同的脂肪醇。其主要反应式如下[21]：

$$
\begin{aligned}
&\mathrm{RCH{=}CH_2 + H_2 + CO \longrightarrow R{-}CH_2{-}CH_2{-}CHO} \quad \text{（正构体）}\\
&\qquad\searrow \mathrm{R{-}\underset{\underset{\displaystyle CH_3}{|}}{CH}{-}CHO} \quad \text{（异构体）}
\end{aligned} \tag{3.1}
$$

$$
\begin{aligned}
&\mathrm{R{-}CH_2{-}CH_2{-}CHO + H_2 \longrightarrow R{-}CH_2{-}CH_2{-}CH_2OH} \quad \text{（正构体）}\\
&\mathrm{R{-}\underset{\underset{\displaystyle CH_3}{|}}{CH}{-}CHO + H_2 \longrightarrow R{-}\underset{\underset{\displaystyle CH_3}{|}}{CH}{-}CH_2OH} \quad \text{（异构体）}
\end{aligned} \tag{3.2}
$$

OXO 法包括不同的工艺，操作条件及所采用的设备也可不同，但均使用相似的工序，即羰基化反应、产物与催化剂分离、催化剂回收与再生或循环使用、醛加氢和醇精制。在这些工序中，烯烃的羰基化反应是核心工序。本书侧重介绍羰基化反应的原料、催化剂、反应机理以及羰基化反应的影响因素。OXO 法的工艺流程示意如图 3.1 所示。

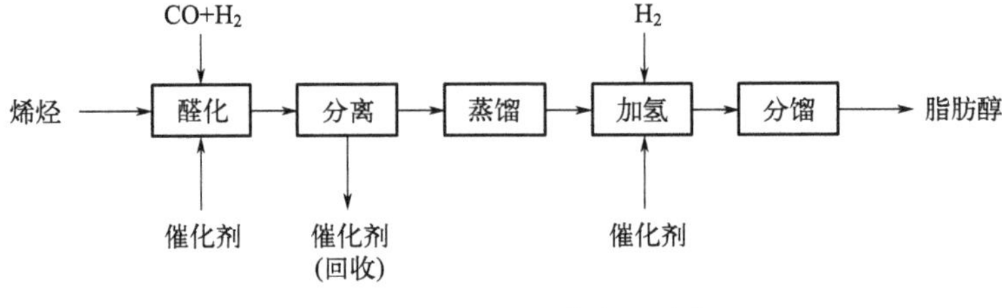

图 3.1 OXO 法工艺流程示意

3.2.2 烯烃原料来源

OXO 醇的生产原料烯烃可以是 α-烯烃，也可以是内烯烃，烯烃的主要制备方法有石油原料制烯烃（包括石蜡裂解制 α-烯烃、正构烷烃脱氢制内烯烃、烷烃氯化脱氯化氢制内烯烃）、煤制烯烃、乙烯齐聚制 α-烯烃等。

3.2.2.1 石油原料制长链烯烃

(1) 石蜡裂解制 α-烯烃

1965 年，Chevron（雪佛龙）公司首先实现了该工艺的工业化生产。将原料石蜡加热到 550～580℃，发生裂解反应，产生低分子量烃，产物除 α-烯烃外，还有内烯烃、二烯烃、多烯烃等副产物。典型的石蜡裂解制 α-烯烃所得的产物中，C_6～C_{20} 组分占 5%～30%，其中，直链烯烃含量在 86%～90%[22]。2 万吨/年的石蜡裂解制烯烃工艺流程示意如图 3.2 所示[23]。

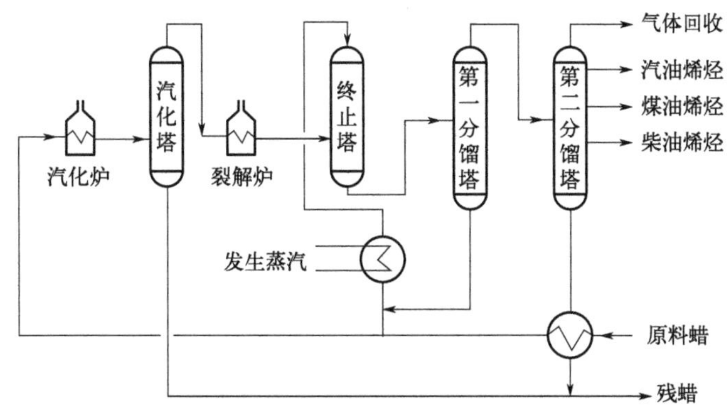

图 3.2　石蜡裂解制烯烃工艺流程示意

原料石蜡与四倍循环油一起进入汽化炉汽化，汽化炉出口温度为 490～510℃；然后进入汽化塔闪蒸，除去少量的残蜡后，再进入裂解炉进行气相裂解反应，停留时间约为 4min，裂解炉出口温度为 500～520℃。反应产物进入终止塔，采用急冷油降温以终止反应，急冷油温度 360～380℃，终止温度 430～450℃。终止塔出来的物料进入第一分馏塔，塔顶分出产品馏分，塔底循环油分为两路：一路与原料混合，循环蜡与原料蜡的比例为 4∶1；另一路用来发生蒸汽后再进入终止塔用作急冷油。第一分馏塔塔顶产品馏分进入第二分馏塔，各侧线分出汽油、煤油和柴油馏分的 α-烯烃，顶部回收小于 C_5 气体，塔底为残蜡。

由于石蜡裂解时石蜡分子是任意断裂的，故所得的是分布很宽的奇偶碳α-烯烃，大量的宽馏分烯烃必须综合利用，同时，该法需要用精蜡作原料，其来源有限。不过，石蜡裂解制 α-烯烃投资少，工艺简单，不需用任何催化剂，并能得到低成本的多种烯烃产品，成为生产羰基合成醇重要的原料来源。

(2) 正构烷烃脱氢制内烯烃

20 世纪 70 年代，UOP（环球油品）公司实现了该工艺的工业化生产。用 C_{11}～C_{14} 的正构烷烃脱氢制得特定馏分的内烯烃，所得直链烯烃含量大于 95%。

脱氢原料采用 C_{11}～C_{14} 正构烷烃，要求正构烷烃含量＞98%，芳烃含量＜0.1%，硫含量＜0.01%，故正构烷烃脱氢前必须进行加氢脱硫、烷烯吸附分离。脱氢采用固定床反应器，铂为催化剂，单程转化率为 11%～14%，选择性＞90%，同时生成少量二烯、芳烃及异构化产物。吸附分离所使用的吸附剂一般采用 X 型或 Y 型分子筛，并用氢氧化钠溶液进行离子交换处理。

南京烷基苯厂于 20 世纪 70 年代引进了 UOP 公司正构烷烃脱氢制内烯烃技术，该技术制备的内烯烃质量较好。抚顺石化公司于 20 世纪 90 年代引进了 1 套 5 万吨/年的脂肪醇生产装置，采用 UOP 技术制备烯烃原料。UOP 技术的典型缺点是烷烃脱氢单程转化率低、循环气量大、相应的设备庞大、燃料消耗量大。但该工艺可定向地将正构烷烃转化为相应碳数的烯烃，也成为生产羰基合成醇重要的原料来源。

(3) 烷烃氯化脱氯化氢制内烯烃

正构烷烃氯化生成氯代烷，氯代烷脱氯化氢就能得到与正构烷烃相应碳数的烯烃。但是，由于反应没有选择性，烯烃双键可位于碳链的任何部位，故其主要产品是内烯烃，同时还含有二烯烃等杂质。

该工艺要求所用原料正构烷烃含量不低于 98.5%，不含硫、氮和水。采用三塔串连，120℃中温热氯化，氯化深度为 31%～35%。氯化反应产生的氯化氢不需要净化即可直接送至氯乙烯工艺利用。氯化后将氯代烷和未反应的烷烃一起送入脱氯化氢反应塔。脱氯化氢反应塔一般采用碳钢制成，内装铁环，作为脱氯化氢的催化剂。脱氯化氢反应温度为：塔底 290～310℃，塔顶 270℃。然后将反应混合物送至分离器分离。未反应烷烃送回至氯化塔氯化，未脱除氯化氢的氯代烷送至脱氯化氢段再脱氯化氢得到内烯烃，该工艺烯烃单程收率约为 30%。该方法对原料要求较高，虽然是获得烯烃的一个重要途径，但未大规模应用。

(4) 石脑油裂解法

在石油炼制过程中，石脑油裂解作为一个重要而广泛的工艺，可生产乙烯、丙烯，并副产大量的混合 C_4（主要来自蒸汽裂解装置和催化裂化装置）。石脑油原料经裂解得到的乙烯、丙烯及 C_4 的混合物，经过精馏依次将其分离，其中 C_4 主要由丁烷类、丁烯类及炔烃类等化合物组成。采用蒸汽裂解馏分作为原料主要生产高纯 1-丁烯，工业上一般采用萃取法脱除丁二烯，再用甲醇醚化脱除异丁烯，最后用精密精馏法或催化萃取精馏法制得高纯 1-丁烯。也可用物理方法直接从含异丁烯的混合馏分中吸附分离 1-丁烯。采用催化裂化 C_4 馏分作原料，先经甲基叔丁基醚（MTBE）装置脱除异丁烯，再脱硫、脱水、脱除二烯烃和炔烃，然后通过二聚脱除残余的异丁烯，最后精馏得到高纯 1-丁烯产品[24]。目前混合 C_4 分离是我国高纯 1-丁烯的主要来源。

石脑油裂解生产的丙烯和丁烯作为羰基合成醇的原料，主要有两种用途：一种是直接氢甲酰化生产丁醛/丁醇或戊醛/戊醇；另一种是丁烯经二聚或三聚得到异辛烯或异十二烯，再经氢甲酰化及加氢得到异壬醇或异构十三醇。由于用量较大的 2-乙基己醇和 2-丙基庚醇两种增塑剂醇和异构十三醇原料均来自丙烯和丁烯，因此石脑油裂解制得的 C_3 和 C_4 烯烃成为羰基合成醇的主要原料来源。

3.2.2.2　煤制烯烃

（1）MTO 法和 MTP 法

随着煤化工技术的发展，甲醇制烯烃（MTO）和甲醇制丙烯（MTP）技术也得到迅速发展。MTO 工艺以美国 UOP（环球油品）公司和我国中国科学院大连化学物理研究所技术为代表，成熟可靠，国内已建成多套装置，MTO 工艺流程如图 3.3 所示。MTP 工艺以德国 Lurgi（鲁奇）公司为代表，国内仅建成宁煤公司 50 万吨/年产能的两套装置和大唐多伦 50 万吨/年一套装置，MTP 工艺流程如图 3.4 所示。MTO 装置主产乙烯和丙烯，同时副产混合 C_4 组分；MTP 装置主产丙烯，C_4/C_5 循环裂解。二者均是丙烯和丁烯的主要来源，其用途和石脑油裂解 C_3 和 C_4 烯烃相同[25-27]。

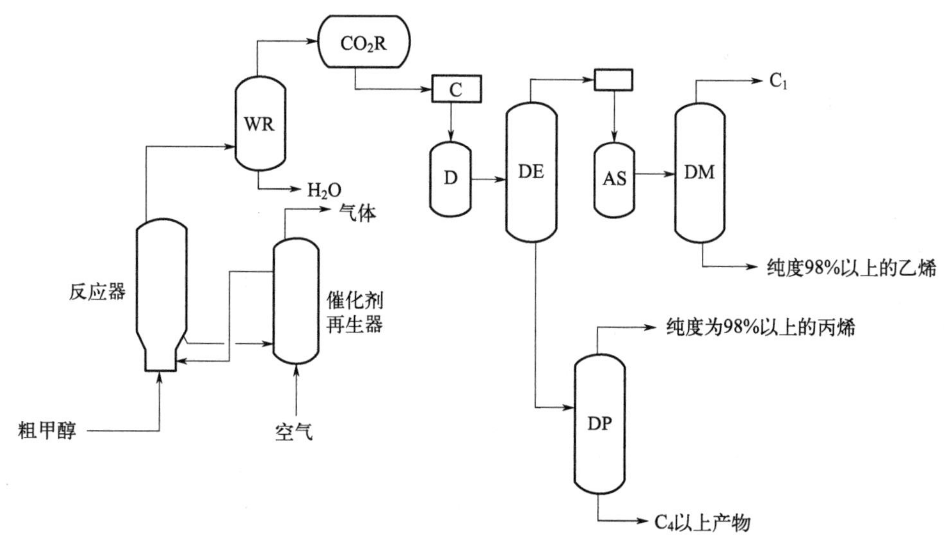

图 3.3　UOP/MTO 工艺流程

WR—水分离器；DE—脱乙烷塔；CO_2R—CO_2 分离器；AS—乙炔饱和器；DM—脱甲烷塔；C—压缩机；DP—丙烯蒸馏塔；D—干燥器

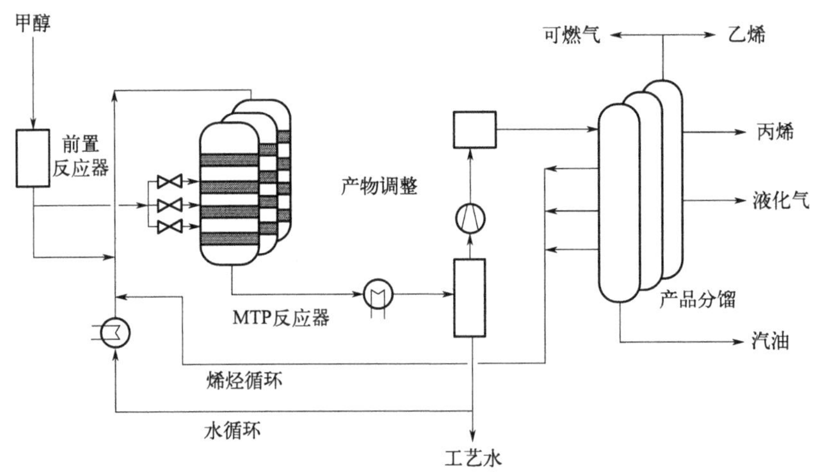

图 3.4 Lurgi 公司 MTP 工艺流程

(2) 费托合成法

费托合成法是以合成气（$CO+H_2$）为原料，在适宜的催化剂和反应条件下生成烃类及含氧有机化合物的过程。通过该反应可以大规模地将煤炭、天然气、生物质等含碳资源转化为洁净燃料和其他高附加值的化学品，从而开辟了一条非石油燃料的技术路线。费托合成工艺按反应温度可分为低温费托合成工艺和高温费托合成工艺。通常将反应温度低于 280℃的称为低温费托合成工艺，产物主要是柴油以及高品质蜡等，常采用固定床或浆态床反应器；高于 280℃的称为高温费托合成工艺，产物主要是汽油、柴油、含氧有机化学品和烯烃，常采用流化床（循环流化床、固定流化床）反应器[28]。

可以从费托合成产物中经过预分离、含氧有机物脱除、反应精馏或萃取精馏、超精馏、干燥和精制等步骤分离出 α-烯烃，且不含硫、氮、芳烃等杂质。因此，费托合成法是生产 α-烯烃的一种重要途径。随着我国煤制油产业的发展，费托 α-烯烃的产能也在不断扩大，逐渐成为我国高碳 α-烯烃的重要来源，也是合成醇产业重要的烯烃原料来源。

费托合成油富含 α-烯烃，直接将其分离即可得到不同碳链长度的 α-烯烃，但其中含有醇、醛、酮、酯等少量氧化物和内烯烃、异构烯烃等物质，分离其中的 α-烯烃存在一定难度，目前仅南非 Sasol 公司分离出 1-戊烯、1-己烯、1-辛烯等并实现商业化运行。Sasol 公司从石脑油中分离提纯 1-己烯流程为：通过精馏切割得到 C_6 单碳组分，再通过甲醇醚化脱除 C_6 组分中的叔碳烯烃，然后以极性溶剂 *N*-甲基吡咯烷酮（NMP）作为萃取剂通过萃取精馏分离得到烷烃、1-己烯、环烯烃和氧化物等，最终 NMP 可通过精馏分离后再次循环使用[29]。其流程如图 3.5 所示。

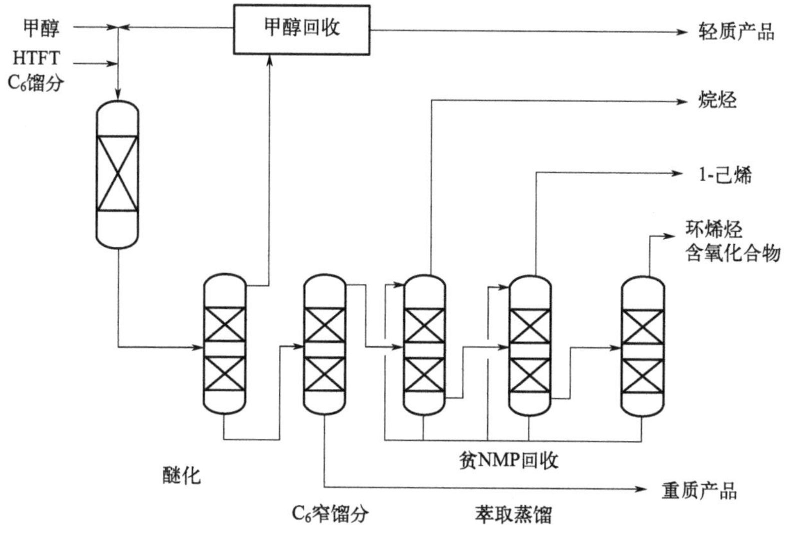

图 3.5　Sasol 公司 1-己烯生产流程图

(3) Sasol 公司 1-辛烯生产技术

费托合成油的复杂性随着碳数的增加而增加。C_8 组分中含有羧酸对 NMP 再生造成不利影响，所以首先要脱除羧酸。脱除羧酸的方法是用合适的可溶于水的碱来中和羧酸，再去除水相中的羧酸盐，从而达到脱除羧酸的目的。Sasol 合成燃料厂第一套 1-辛烯萃取装置的设计中就应用了这一方法，如图 3.6 所示。

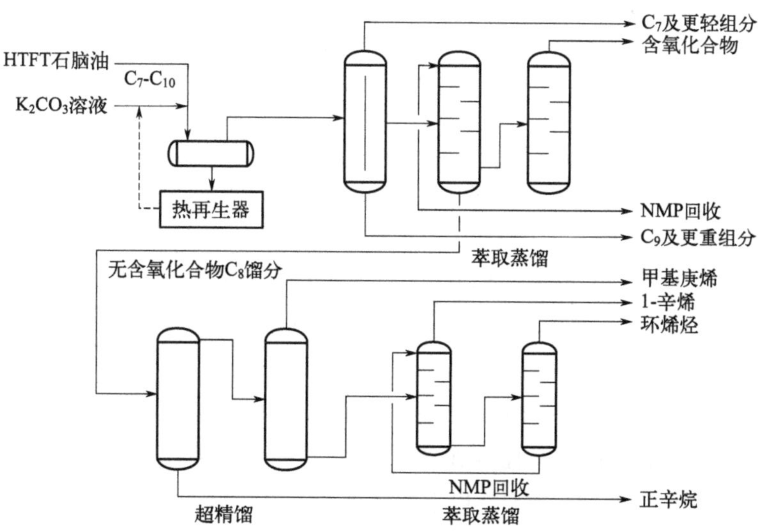

图 3.6　Sasol 公司 1-辛烯生产流程图（第一条生产线）

羧酸脱除后的石脑油，在一个分壁式精馏塔中完成 C_8 馏分段“掐头去尾”。

而含氧化合物以NMP作为萃取剂通过萃取精馏的方法除去。通过另一个塔将NMP与含氧化合物分离后，NMP可循环使用。脱除含氧化合物的C_8馏分经过两个超精馏塔，脱除与1-辛烯沸点相近的组分，得到富含1-辛烯组分，再使用NMP进行萃取精馏，脱除烷烃、环烯烃后，最终得到纯度高达97%的1-辛烯产品。

Sasol公司还开发了另外一套1-辛烯分离提纯工艺，与第一套不同之处在于，该工艺采用共沸精馏的方式脱除石脑油中的含氧化合物，同时脱除羧酸。工艺流程如图3.7所示。

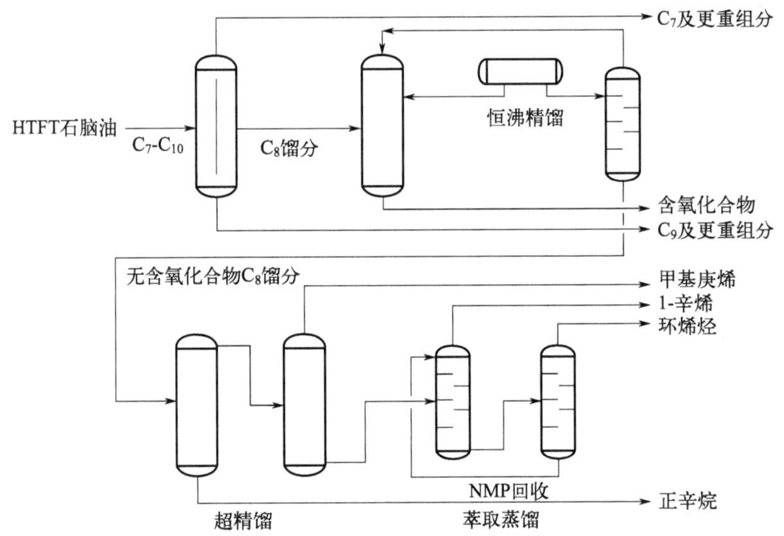

图3.7 Sasol公司1-辛烯生产流程图（第二条生产线）

3.2.2.3 乙烯齐聚制α-烯烃

(1) Gulf法（Ziegler一步法）

该法是在1964年由美国Gulf（海湾）公司［1984年被Chevron（雪佛龙）公司兼并］首先进行了报道，称Gulf法（或Chevron法）（图3.8）。该法包括链增长和链置换，反应在高温、高压下进行，在三乙基铝作用下得到不同碳数的α-烯烃产品。三乙基铝与乙烯的摩尔比为$(10^{-4}\sim10^{-2}):1$，反应温度控制在180～220℃、反应压力为21MPa，在狭长的反应管内一步完成。烯烃聚合控制在最优条件下，单程转化率控制在60%～75%。分离系统中的初馏塔经过一次精馏，产物分成$C_4\sim C_{10}$和C_{10}以上两组馏分，其中轻组分$C_4\sim C_{10}$馏分，在后续的二次蒸馏塔中继续分离提纯，可以得到C_4、C_6和C_8各组分。C_{10}以上馏分则通过各减压蒸馏塔进行分离，得到C_{10}、C_{12}、C_{14}、C_{16}以及C_{18}线性α-烯烃单体或混合馏分[30]。

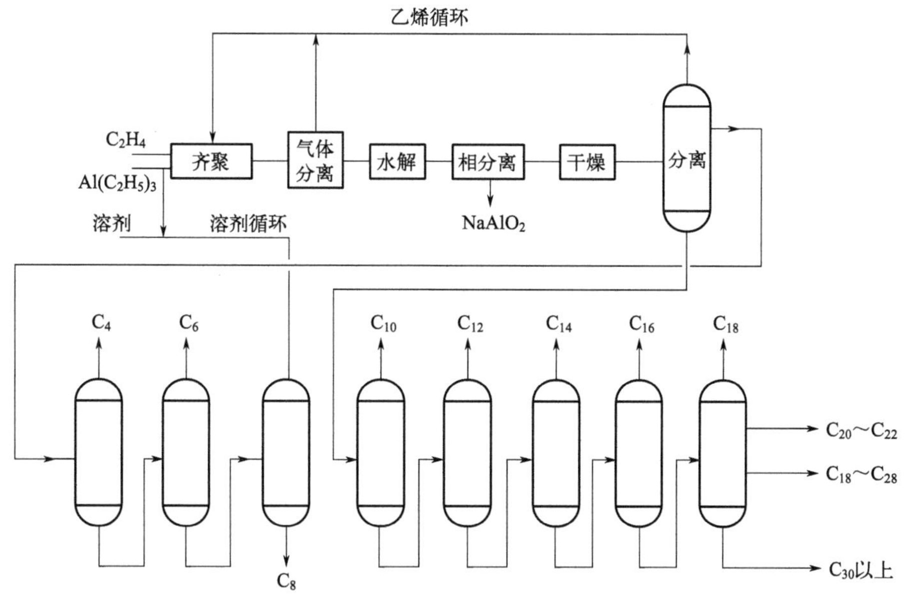

图 3.8　Ziegler 一步法工艺流程

乙烯齐聚一步法的优点较为明显，所生产的线性 α-烯烃纯度高，质量分数在 96%以上，质量好，碳数呈泊松分布。其缺点是反应过程中使用了烷基铝化合物，对反应设备和反应条件要求都比较高，因为烷基铝化合物在高温、高压下进行传送和反应，燃爆的危险性很大。

(2) Ethyl 法（Ziegler 二步法）

齐格勒二步法是在一步法的基础上进行改进而来的，反应将齐聚过程中的链增长和链转移分开进行。三乙基铝溶液在两个不同的反应器中发生一系列复杂的化学变化过程。在第一个反应器中，合成了该工艺所需的 C_4～C_{10} α-烯烃。在第二个反应器中，温度为 60～100℃、压力为 10～20MPa，乙烯在该环境下进行链增长反应生成烷基铝。烷基铝经过分馏塔，经过若干次分离提纯以后，再将其抽回到链增长反应器中，继续进行链增长反应。

Ziegler 二步法的优点是可以独立控制链增长过程，产品中各碳数 α-烯烃单体分布也较为广泛，反应温度有所降低，大大降低了对设备的要求。主要缺点是实验条件比较恶劣，对操作者要求较高，生产安全问题比较突出。

(3) SHOP 法

SHOP 法是美国 Shell（壳牌）公司开发的 α-烯烃生产工艺方法，采用镍系催化剂，是先进的 α-烯烃生产工艺方法之一。其流程主要步骤是乙烯制 α-烯烃，将一部分 α-烯烃异构化、歧化得内烯烃，工艺流程如图 3.9 所示[31]。

乙烯齐聚反应得到的 α-烯烃，其碳数分布很宽，往往生成价值低的 C_{10} 以下

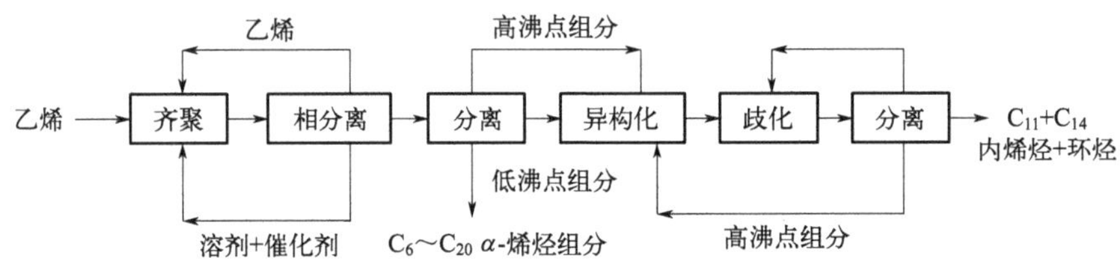

图 3.9　Shell 公司 α-烯烃生产工艺流程

及 C_{20} 以上的 α-烯烃。SHOP 法把齐聚反应、烯烃异构化及歧化结合在一起，提高了烯烃利用价值。在 80～120℃、6～10MPa 条件下生成 C_{10}～C_{20} α-烯烃，通过异构化、歧化反应将 C_{10} 以下及 C_{20} 以上的烯烃制成内烯烃。

同样地，为了解决 α-烯烃分布宽的问题，对通过改变催化剂和工艺，高选择性地生产 α-烯烃开展了大量研究。20 世纪 90 年代初期，美国 UCC（联合碳化物公司）首先报道了乙烯能够选择性三聚制备 1-己烯，这一发现引起了科学家们的极大兴趣，并开始对其进行深入研究。Phillips（菲利浦）公司也研究了一套独创的用齐聚法来生产 α-烯烃的工艺。1995 年该公司完成了以铬为基础的催化剂研发，用以进行乙烯三聚反应。该工艺的优点主要是产物 1-己烯的纯度高、选择性好，产物中 C_6～C_{10} 收率＞98%，C_6 纯度＞99%。Phillips 生产工艺流程如图 3.10 所示[32]。

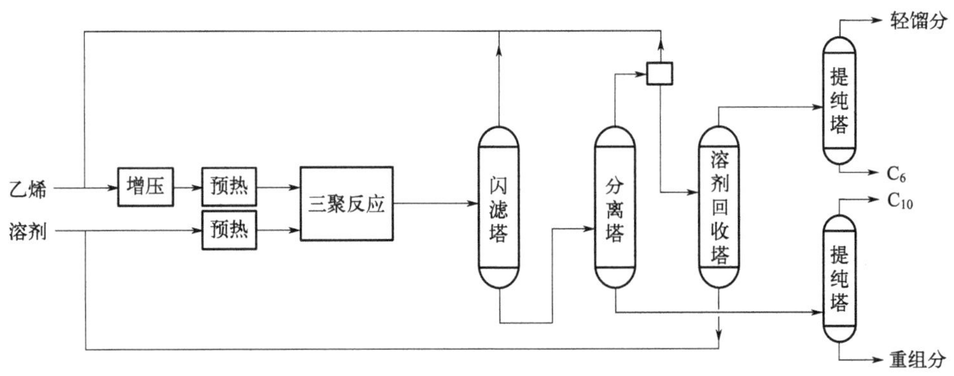

图 3.10　Phillips 生产工艺流程

另外，DoPont（杜邦）公司开发的 Versipol 工艺（图 3.11）、UOP（环球油品）公司和 UCC（联合碳化物公司）联合开发的 Liner-1 工艺、Linde（林德）公司与 SABIC（沙特基础工业）公司共同开发的 α-SABLIN 工艺、法国 IFP（石油研究院）开发的 Alphaselect 工艺以及中国石化公司开发的乙烯非选择性齐聚工艺等均可实现高选择性地合成窄分布的 α-烯烃产品，且具有纯度高、收率高等优点[33-36]。

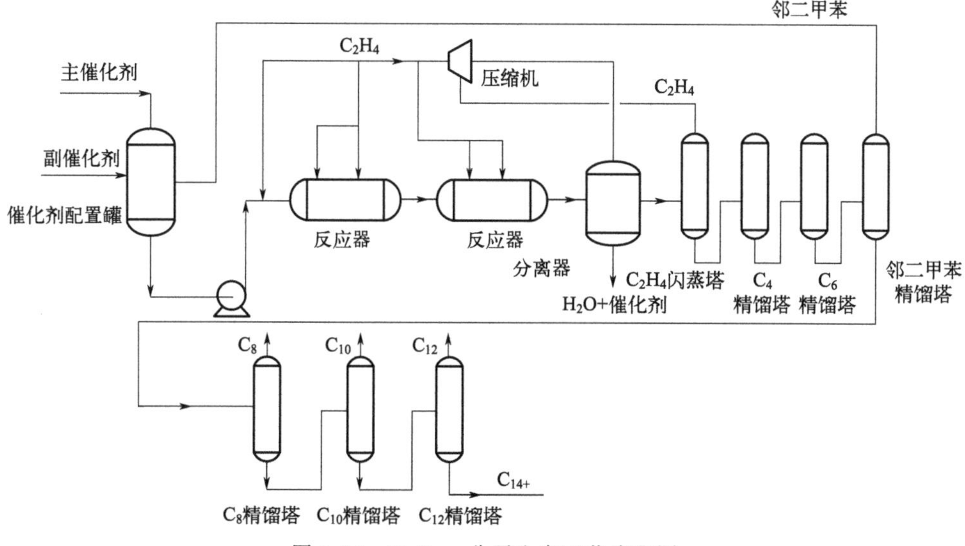

图 3.11　DoPont 公司生产工艺流程图

3.2.3　羰基化反应催化剂及催化机理

3.2.3.1　羰基化反应催化剂

典型羰基化反应催化剂是如式［$HM(CO)_xL_y$］的均相配合物，其中 L 为 CO 或有机配体，M 一般为可以形成羰基配合物的过渡金属。不同的中心金属活性和成本差别很大，迄今为止，只有钴和铑两种中心金属催化剂应用于工业羰基化反应生产，其他的过渡金属目前只在实验室研究中有应用[37]。

（1）羰基钴催化剂

1953 年，Wender 等证明了钴催化烯烃氢甲酰化反应的活性催化剂是［$HCo(CO)_4$］。工业上制备［$HCo(CO)_4$］的钴源包括钴单质、草酸钴、碳酸钴、氢氧化钴、羧酸钴等。早在 1934 年，科研人员就通过使用与制备羰基铁和羰基镍相似的方法处理硝酸钴（Ⅱ）的水溶液制备出 $K[Co(CO)_4]$。后来发现在一个大气压 CO 下用氰化钾和氢氧化钾处理 $CoCl_2$，也得到了这种化合物，反应式如下：

$$2Co^{2+}+12OH^-+11CO \xrightarrow{CN^-} 3CO_3^{2-}+6H_2O+2[Co(CO)_4]^- \tag{3.3}$$

用萘基钠与 CO 气体处理二价钴盐，如 $CoCl_2$ 或 $CoBr_2$，也是一种获得 $[Co(CO)_4]^-$ 的简便方法。用路易斯碱（如 OH^-、ROH、NR_3、PR_3 等）与［$Co_2(CO)_8$］进行歧化反应也是制备 $[Co(CO)_4]^-$ 的一种方法，并且用硬碱处理［$Co_2(CO)_8$］比用软碱能得到更高的摩尔产量。此外，一些还原性试剂（如

KH、NaH 等）能将 [$Co_2(CO)_8$] 完全转化为 [$Co(CO)_4$]$^-$。

第一代氢甲酰化反应工艺（高压钴法）使用羰基钴 $Co_2(CO)_8$ 为催化剂，活性物种为羰基氢钴 $HCo(CO)_4$。进行氢甲酰化反应时，将 $Co_2(CO)_8$ 溶解于反应液中，可使其转变为 $HCo(CO)_4$，二者达到热力学平衡。但是，$Co_2(CO)_8$ 和 $HCo(CO)_4$ 热稳定性不高，容易分解为 Co 和 CO。因此，必须在高压下进行反应才能维持催化剂的活性，压力需达到 20～30MPa，温度在 140～200℃。该工艺能耗高、危险性大。

羰基氢钴为催化剂的催化工艺中，主要物种 $HCo(CO)_4$ 和 $Co_2(CO)_8$ 均是油溶性物质，在减压条件下易升华和分解，难以与反应混合物直接分开。对于羰基钴催化剂的分离，工业上主要有两种方法：一种是 BASF 法，另一种是 Kuhlmann 法。

① BASF 法。在氢甲酰化反应后的混合物中通入有机酸（甲酸或乙酸）与氧气，将 0 价或－1 价的羰基钴氧化为可溶于水的二价羧酸钴盐，由此钴转入水相，再将含有羧酸钴盐的水相与含有目标产物的有机相分离，最后将羧酸钴盐水溶液除去溶剂，作为羰基钴氢催化剂的原料。

② Kuhlmann 法。在氢甲酰化反应后的混合物中加入一定浓度的 Na_2CO_3 水溶液，使 $HCo(CO)_4$ 与 Na_2CO_3 反应生成 $NaCo(CO)_4$。$NaCo(CO)_4$ 易溶于水。将含有 $NaCo(CO)_4$ 的水相与含有目标产物的有机相分离，再向水相中加入 H_2SO_4，使其中的 $NaCo(CO)_4$ 重新生成 $HCo(CO)_4$，然后用烯烃原料提取 $HCo(CO)_4$，一并重新加入反应器，从而达到催化剂与产物的分离、催化剂的回收及循环使用的目的。与 BASF 法相比，Kuhlmann 法催化剂的分离回收与循环利用都是在钴为－1 价的情况下进行的，使钴的再生过程大大简化。

在氢甲酰化反应中，Co 是最早使用的活泼金属，催化机理是由 Heck 和 Breslow 在 1960 年提出来的。该反应机理最关键的中间体是 $HCo(CO)_4$，如图 3.12 所示[38]。

在一定温度下，通入合成气使 Co 形成 $Co_2(CO)_8$ 复合前驱体，该复合物在 H_2 气氛中加氢形成 $HCo(CO)_4$，随后 $HCo(CO)_4$ 通过解离出一分子的 CO，从而形成具有催化活性的 $HCo(CO)_3$ 中间体，然后 $HCo(CO)_3$ 中间体与原料烯烃中的 C═C 双键结合，生成 $HCo(CO)_3$-烯烃中间体，催化剂在发生氢解之后，$HCo(CO)_3$ 上的 H 会结合到烯烃双键的一个碳上。接着再吸附一分子的 CO，这时烯烃中不饱和的碳原子与 CO 相连，实现碳链的增长。最后加氢的同时与催化剂脱离形成产物醛，此时反应一次后的催化剂再次吸附 CO 与 H_2，恢复成 $HCo(CO)_4$ 中间体，继续下一个循环。在 Co-烷基复合物的形成步骤中，由于催化剂脱氢和底物双键加氢位置不同，会形成不同的产物，因此，在长链烯烃氢甲酰化反应后，产物有直链醛和支链醛。在该过程中，形成的支链烷基中间产物最

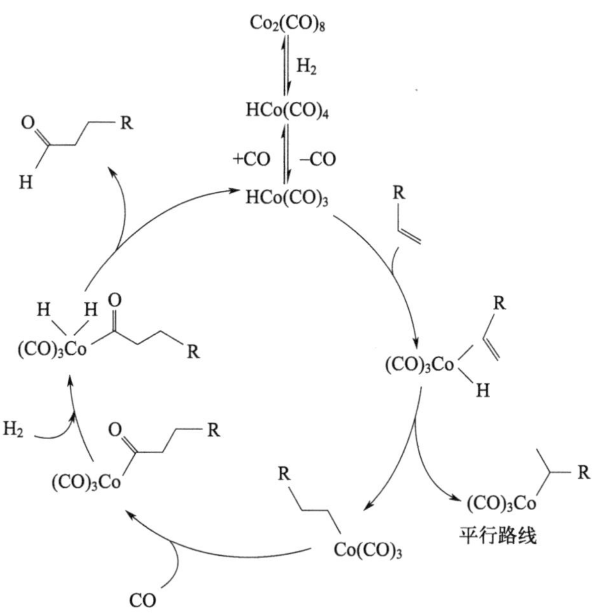

图 3.12　羰基钴催化氢甲酰化反应机理示意图

终得到的是支链醛，同理直链的烷基中间产物会得到直链的产品，这会影响产物的选择性。

(2) 羰基铑催化剂

由于羰基钴催化氢甲酰化反应存在反应条件苛刻、原料利用率低、副产物多等问题，因此，研究者一直在寻找另外的活性金属来代替钴。直到 20 世纪 60 年代，人们发现了与钴元素处于同一主族的铑元素。由于两者最外层的电子结构相同，因此钴与铑元素有一些相似的化学性质，并且铑原子的体积较大从而更容易形成具有高配位数的化合物，所以将金属铑（Rh）应用在氢甲酰化反应中时，发现羰基铑催化剂能够表现出优异的催化性能。然而，由于羰基铑催化剂的空间效应不明显，直链醛的选择性较低，并且金属 Rh 的价格昂贵且回收困难，在工业应用中并不经济。

基于 Co 基催化体系的反应机理，研究者提出了大量关于 Rh 基催化剂催化氢甲酰化反应的机理。MarkoGarland 等系统研究了均相催化剂催化氢甲酰化反应的机理，特别是对未改性的均相羰基 Rh 催化剂的反应机理做了更加深入的研究［式(3.4)～式(3.9)］。首先从 $HRh(CO)_4$ 解离一分子的 CO 得到活性组分 $HRh(CO)_3$，随后包括烯烃的吸附和 CO 的插入，与羰基钴催化机理相同，其中第六步为反应速率决定步骤[39]。

$$HRh(CO)_4 \underset{k_{-1}}{\overset{k_1}{\rightleftharpoons}} HRh(CO)_3 + CO \tag{3.4}$$

$$HRh(CO)_3 + 烯烃 \underset{k_{-2}}{\overset{k_2}{\rightleftharpoons}} HRh(CO)_3\text{-}烯烃 \tag{3.5}$$

$$HRh(CO)_3\text{-}烯烃 \underset{k_{-3}}{\overset{k_3}{\rightleftharpoons}} RRh(CO)_3 \tag{3.6}$$

$$RRh(CO)_3 + CO \underset{k_{-4}}{\overset{k_4}{\rightleftharpoons}} RRh(CO)_4 \tag{3.7}$$

$$RRh(CO)_4 \underset{k_{-5}}{\overset{k_5}{\rightleftharpoons}} R\overset{\overset{\displaystyle O}{\|}}{C}Rh(CO)_3 \tag{3.8}$$

$$R\overset{\overset{\displaystyle O}{\|}}{C}Rh(CO)_3 + H_2 \underset{k_{-6}}{\overset{k_6}{\rightleftharpoons}} HRh(CO)_3 + RCHO \tag{3.9}$$

(3) 钴膦催化剂

第一代烯烃羰基化反应工艺主要采用羰基氢钴为催化剂，在高温高压下进行反应。未被配体修饰的羰基钴催化剂反应条件苛刻，且产物醛的正异构比低。1968 年，Shell（壳牌）公司使用三丁基膦（PBu_3）在 150℃合成气气氛中处理 $Co_2(CO)_8$，形成了含膦配体的 $Co_2(CO)_6(PBu_3)_2$，进行氢甲酰化反应时，活性物种为 $HCo(CO)_3(PBu_3)$。因 $HCo(CO)_4$ 中的一个 CO 被 PBu_3 代替，中心 Co 的电子云密度增大，Co-CO 键变得更为稳定，氢甲酰化反应中 CO 的插入也较为容易，使得反应可在较低的压力下进行。Shell（壳牌）公司钴膦催化剂催化氢甲酰化工艺流程如图 3.13 所示。

钴膦配合物催化剂的稳定性比羰基钴催化剂高，使氢甲酰化反应所需的压力

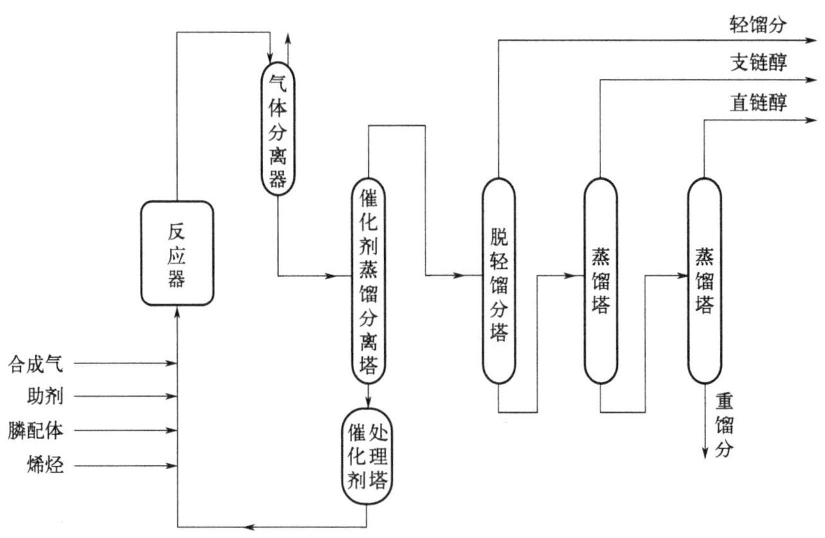

图 3.13　Shell 公司钴膦催化剂催化氢甲酰化工艺流程

由 20～30MPa 降低到 10MPa 以下，因此，可以通过蒸馏的方法将催化剂与粗产物分离，简化了催化剂的分离回收流程。但是，由于 PBu_3 沸点低，通过蒸馏进行催化剂与产物分离时，容易挥发，并且钴膦配合物催化剂的反应活性在 180℃时只有羰基钴催化剂在 145℃时的 1/6～1/5。Shell（壳牌）公司于 1969 年又开发出了一系列桥环叔膦配体，用于羰基钴催化剂的改性，这些桥环叔膦配体结构通式如图 3.14 所示。结构式中的 y 和 z 代表 1～3 的数字，R 代表包含 1～4 个碳原子的烷基或 H 原子，Q 代表烷基。

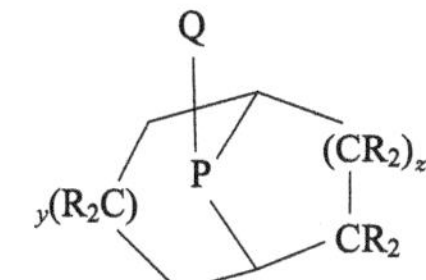

图 3.14　桥环叔膦配体结构通式

由 1,5-环辛二烯与 QPH_2 通过自由基反应得到的配体（Phoban）较为典型。用 Phoban-C_{20} 修饰的钴膦配合物催化剂在 183～185℃、8.5MPa、H_2∶CO＝2∶1 条件下催化正十二烯氢甲酰化反应 6h，原料烯烃转化率可达 98.5%，醇收率和直链率分别为 86.9%和 89%。

南非 Sasol（沙索）公司开发了另一种比较经典的桥环叔膦配体。以柠檬烯为起始原料合成了 Lim-R[R＝$(CH_2)_{17}CH_3$、$(CH_2)_9CH_3$、$(CH_2)_4CH_3$、$(CH_2)_3CH_3$、$(CH_2)_3C_6H_5$、$(CH_2)_3CN$、$(CH_2)_3OCH_2C_6H_5$、$(CH_2)_2OCH_2CH_3$]，合成路线如图 3.15 所示。

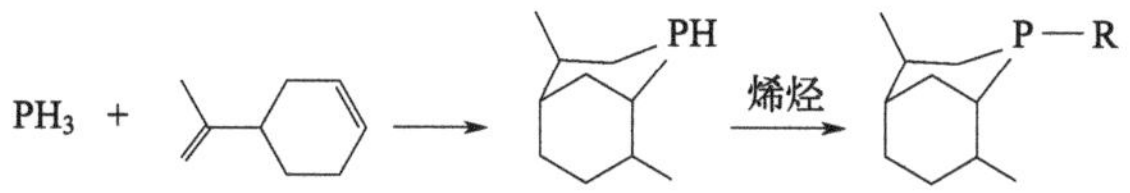

PH_3 + ⟶ PH —烯烃⟶ P—R

图 3.15　Lim-R 桥环叔膦配体的合成

用 Lim-$(CH_2)_4CH_3$ 合成的催化剂催化氢甲酰化反应，正构产物收率可达 71%，羰基化产物正异比可达 4.9，烷烃副产物较少（5%～6%）。

（4）铑膦催化剂

Shell（壳牌）公司在 1963 年将三烷基配体（PR_3）引入到羰基钴催化剂中，改性后的催化剂可以在较低的压力下得到较高的反应速率，并且产物醛的正异比增大。加入膦配体后，活性中心羰基化合物的酸性显著下降，后来经过研究发现，氢甲酰化的反应速率与膦配体的碱性呈线性关系，因此可以通过增加膦配体的碱性来提高催化剂的反应速率。然而，膦配体的加入使得金属钴原子的电子云密度增加，从而导致活性物种中氢的电负性随之增强，提高了加氢的反应速率，使得反应中的部分烯烃加氢转化为烷烃，产物中部分醛转化为醇。膦配体的引入增加了催化剂［$HCo(CO)_3(PBu_3)$］氢配体的负氢性能，因而产物以醇为主。三烷基膦改性的羰基钴催化剂催化烯烃氢甲酰化的机理和加氢机理如图 3.16 所示。

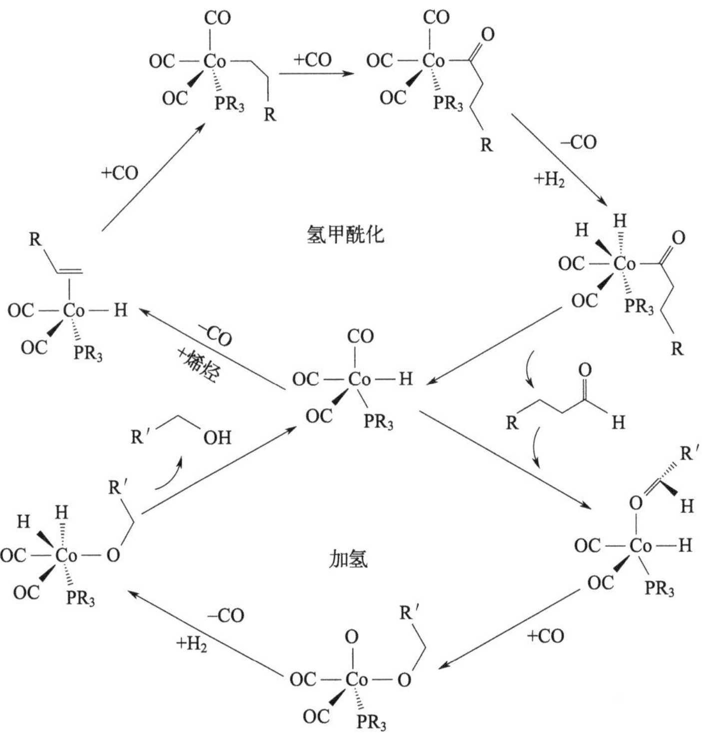

图 3.16　三烷基膦改性钴催化剂催化的氢甲酰化反应机理

叔膦配体的空间结构和电子特征对其改性的钴催化剂的催化性能影响较大，叔膦配体增强了中心原子钴对 CO 的配位能力，进而增强了钴膦配合物催化剂的稳定性，降低了反应所需要的合成气压力。一般而言，叔膦配体的碱性与催化剂的稳定性呈正相关趋势，碱性增加时，催化剂的稳定性也相应增加，但是催化剂活性也因此有较大的降低。同时，随着膦配体的碱性逐渐增强，中心钴原子上的电荷密度越来越高，也就使钴膦催化剂的加氢反应催化活性显著增加，羰基化产物中醇的比例升高。然而，这也导致了烯烃加氢生成烷烃的副反应比例升高。从空间结构的角度来看，大位阻的三烷基膦配体有助于直链化产物的生成。

Wilkinson 等在 1966 年发现了 Rh 基催化剂的最佳配体——三苯基膦（PPh_3）。20 世纪 70 年代，Union Cabide（联碳）、Davy Mckee（戴维）和 Johnson Mathey（庄信万丰）公司联合开发了以铑-三苯基膦（TPP）催化剂催化氢甲酰化反应工艺。20 世纪 80 年代，法国的 Rhone-Poulence（罗纳-普朗克）公司和德国的 Ruhrchemie（鲁尔化学）公司成功开发了基于铑膦配合物的水溶性氢甲酰化催化剂，催化反应在水相中进行，生成的醛不溶于水存在于有机相中，反应后通过静置使水与有机两相分层，催化剂与氢甲酰化产物分离较为便捷，从而使铑膦配合物催化剂与反应产物难分离的缺点得以克服。但是，三苯基膦修饰的Rh基催化剂也存在一些弊端，如为了提高正构醛的选择性，需要在反应中加入大量的三苯基膦配体，而过量的三苯基膦会导致催化剂的活性降低，反应需要较高的温度和压力。此外，三苯基膦在高温下容易分解，在氧气中容易被氧化，并且由于此类催化剂属于油溶性的均相催化剂，只能采用减压蒸馏的方法将产物与催化剂进行分离，当反应底物为高碳烯烃时，反应后生成的高碳醛和高碳醇沸点较高，高温蒸馏可能会导致三苯基膦的分解，从而导致催化剂失活，造成资源的浪费。

20世纪90年代，美国Union Cabide（联碳）公司和美国Davy Mkee（戴维）公司又开发了以铑-双亚磷酸酯为催化剂的氢甲酰化反应工艺。该催化剂的活性高于铑-三苯基膦催化剂，适用于丙烯和丁烯的羰基合成，反应温度只需85℃，烯烃的转化率较高，正异构比高达30∶1，反应条件更加温和，投资费用也低于传统的以铑-TPP为催化剂的工艺，具有良好的发展前景。

目前，研究者认为膦配体修饰的羰基铑催化剂存在解离和缔合两种机理，如图3.17所示。图3.17路径（1）为解离机理。首先羰基铑前驱体$HRh(CO)_2(Ph_3P)_2$解离出一分子的CO，形成具有催化活性的中间体$HRh(CO)(Ph_3P)_2$，该中间体可以通过配位的形式与烯烃相结合，然后通过氢转移的方式形成具有稳定结构的$HRh(CO)(Ph_3P)_2R$烷基配合物，该烷基配合物再结合一分子的CO，形成不

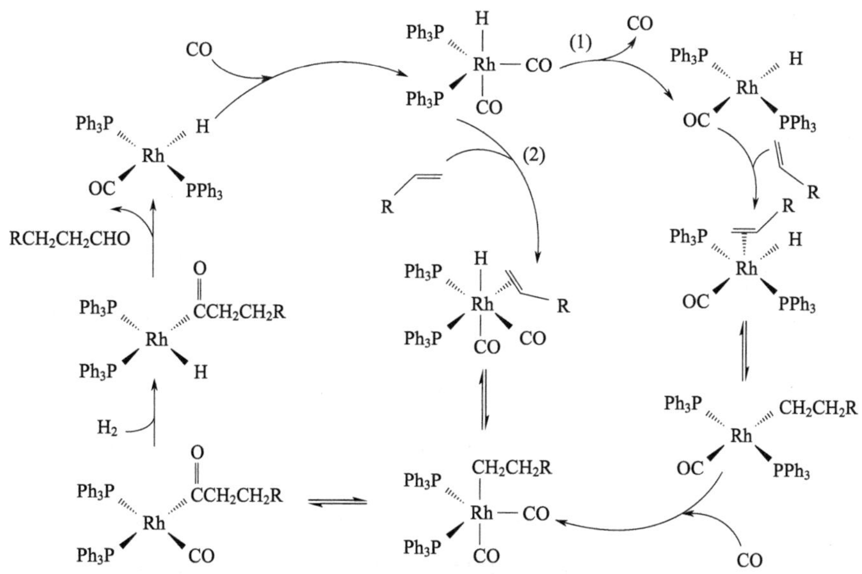

图3.17　铑基膦配体催化剂的烯烃氢甲酰化反应机理

稳定的中间产物 $HRh(CO)_2(Ph_3P)_2CH_2CH_2R$，随后在该中间体上羰基进行转移，从而形成酰基配合物。氢气在反应过程中可以被活性组分活化，然后与活性组分金属 Rh 形成新的配位键，解离释放出产物醛。最后，金属氢化物复原为稳定的前驱体，开始进行下一个循环催化反应。缔合机理的反应步骤如图 3.17 的路径（2）所示。羰基铑催化剂的前驱体 $HRh(CO)_2(Ph_3P)_2$ 直接与烯烃发生缔合配位，形成不稳定的 $HRh(CO)_2(Ph_3P)_2CH_2CH_2R$ 烷基配合物，后面的反应步骤与解离机理的步骤相同。

3.2.3.2 催化剂配体

研究者从膦配体改性的羰基钴催化剂得到启发，使用有机膦配体对羰基 Rh 催化剂进行改性。由于膦配体存在电子效应和空间位阻效应，与 Rh 形成配合物之后，在长链烯烃氢甲酰化反应中直链醛的选择性显著提高，并且稳定性提高。经过不断探索，膦配体的种类不断增加，一般分为单齿膦配体和多齿膦配体（双齿以上）。利用膦配体立体的空间结构与活性金属进行配位，这不仅可以提高催化剂的活性和直链醛的选择性，还可以解决催化剂与产物分离难的问题，从而使催化剂可以循环利用。

随着 $HRh(CO)(PPh_3)_3$ 在工业上成功应用于丙烯的氢甲酰化反应，研究者开始进一步研究新的铑-膦催化体系，以期能够改善烯烃，尤其是水/有机两相较差的高碳烯烃氢甲酰化反应的催化性能。在整个催化体系的研究中，最为重要的一个方面是对配体的改性，配体的引入会影响整个催化反应的反应活性、选择性及正异比。近年来，研究者采用具有特殊电子效应和空间位阻的配体，使得烯烃的氢甲酰化反应朝着预期的方向进行，如大多数情况下，直链醛比支链醛更受学者们的青睐；但对于某些精细化学品而言，支链醛却是更好的选择，这些结果都是采用不同的膦配体对催化剂进行改性后得以实现的。

(1) 单齿膦配体

由于配体的电子效应和空间位阻对于催化体系的催化活性和区域选择性有着重要的影响。Tolman[40] 提出"圆锥角"（cone angel θ，图 3.18）的概念用于衡量单齿膦配体的空间位阻，其中 θ 值越大，代表膦配体的空间位阻就越大，能够提高催化剂的区域选择性，进而使得产品中正构醛的含量增多；但 θ 值太大又会导致催化剂中膦配体的解离，反而不利于正构醛的生成。

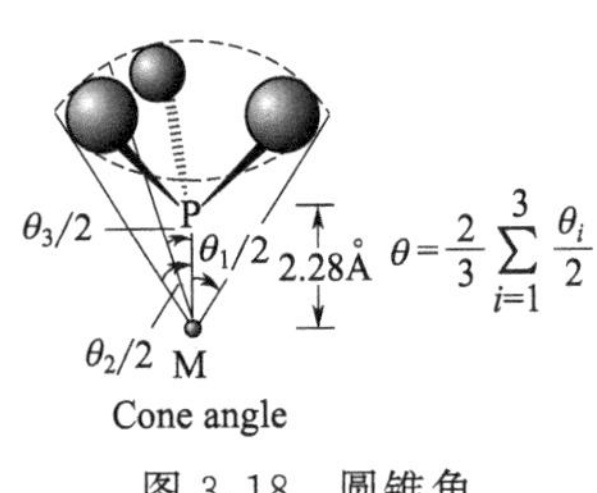

图 3.18　圆锥角

Riihimäki 等[41] 合成了一系列邻位烷基取代的三苯基膦配体（图 3.19），并考察了其铑络合物在丙烯和己烯氢甲酰化反应中的催化反应活性和区域选择性。烷基取代的位置、大小和数量对配体的电子效应影响不大。但随着邻位取代基体积的增大或个数的增加，配体的体积过大将导致其在催化循环中易发生解离，形成空间位阻小的催化活性物种 $HRh(CO)_3(L)$，有利于支链醛的形成，催化剂对烯烃氢甲酰化反应的催化活性下降，产物中正构醛的含量减少。研究结果（表 3.2）还表明，除了电负性影响外，空间因素（锥角）也影响配体的 31P-NMR 化学位移。随着空间拥挤程度的增加，化学位移降低。表 3.3 中数据显示，随着配体 31P-NMR 化学位移的降低，区域选择性下降，反应活性降低。因此，反应活性、区域选择性与 31P-NMR 化学位移之间有着紧密的联系。实验还验证了催化活性不是由配体的电子效应所引起，反而空间应力对催化活性物种的形成和催化反应有着强烈的影响。

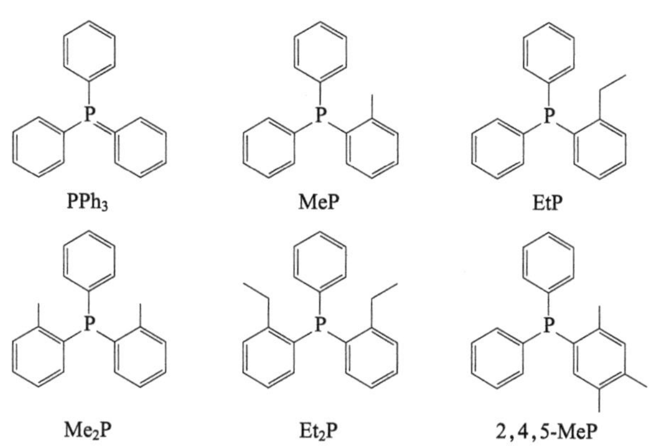

图 3.19　不同取代基的三苯基膦

表 3.2　丙烯与邻烷基取代三苯基膦氢甲酰化反应的结果

配体	圆锥角 $\theta/(°)$	31P-NMR 化学位移	初始速率[a]/[mol/(molRh，s)]	异丁醛/%	正丁醛/%
PPh_3	149	−3.30	53	36	64
MeP	151	−10.7	30	43	57
2,4,5-MeP	159	−11.8	20	45	55
EtP	169	−14.2	20	46	54
Me_2P	158	−19.0	3	53	47
Et_2P	194	−23.5	2	51	49
No ligand	—	—	1	50	50

注：反应条件：373K，1MPa，丙烯/Rh=2250，配体/Rh=10。

a：醛形成的最初速率。

Carrilho 等[42] 合成了一系列亚膦酸酯单齿膦配体，并通过原位合成铑络合物对反-1-苯基-1-丙烯的氢甲酰化反应进行了研究，其结果显示配体上取代基的不同对于催化活性有着一定的影响，其趋势为 d＞a＞b＞c；同时从产物的角度出发，圆锥角越大的配体越有利于醛的合成。图 3.20 为三联萘一亚膦酸酯配体的合成。

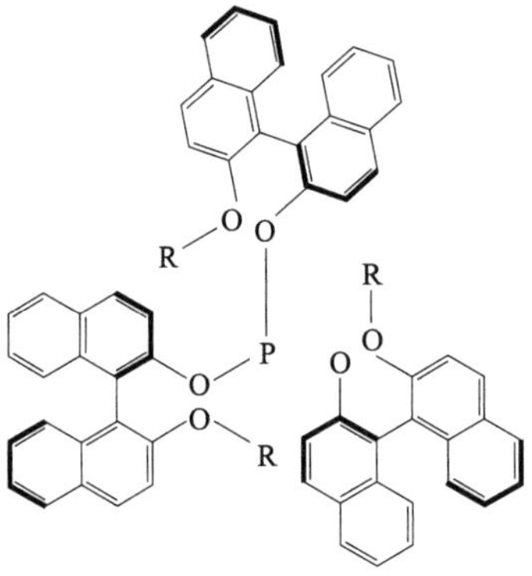

a(R=Me)
b(R=Bn)
c(R=CHPh$_2$)
d(R=adamantyl)

图 3.20　三联萘一亚膦酸酯配体的合成

表 3.3　Rh/单膦酸盐催化反-1-苯基-1-丙烯氢甲酰化

序号	配体	圆锥角 θ/(°)	时间/h	转化率/%	Regio./%
1	—	—	3	25	62
2	(R)-a	239	3	81	84
3	(R)-b	253	3	72	88
4	(R)-c	271	3	33	90
5	(R)-d	249	3	97	84

注：反应条件：[Rh(CO)$_2$(acac)]=0.193mmol，15mL 甲苯；基体/Rh/配体=800∶1∶5；P_{CO/H_2}=30bar；T=80℃。

(2) 双齿膦配体

一般来说，与单齿配体相比，双齿膦配体存在下的氢甲酰化反应具有相当高的 n/iso 比。这是因为双齿膦配体具有较大的空间位阻，与金属催化剂的螯合效应主要用于诱导正构醛的形成。因此，关于配体的进一步研究集中在开发合适的双齿膦配体用于氢甲酰化反应。Bisbi 型配体（图 3.21）是 EastmanKodak 公司[43] 最早研发出来的，也是最早与铑金属催化剂配位催化丙烯制备正丁醛的双膦配体，并且催化效果显著，对正构醛的选择性高，n/iso 可达到 30。在此之

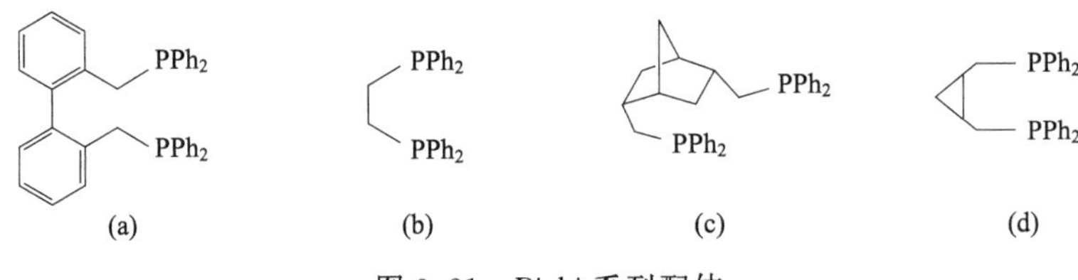

图 3.21　Bisbi 系列配体

后，越来越多的 Bisbi 型配体被成功应用在烯烃氢甲酰化反应中。

在文献报道的所有双齿膦配体中，Xantphos 型配体是氢甲酰化反应中最有效的配体之一（图 3.22），因为它们具有非常高的活性和 n/iso 选择性。例如，基于改性 Xantphos 配体催化的氢甲酰化反应，显示出对 1-辛烯最高的活性和选择性，TOF 高达 $10100h^{-1}$，具有高 n/iso 比（40～50），低铑浸出率（<5μg/kg）以及较少的配体流失（<100μg/kg）。胍改性 Xantphos 配体固定在离子液体［Bmim］［PF_6］中已被用于 1-辛烯的氢甲酰化反应，具有较高的 n/iso 比（20/1）和较低的铑浸出率（<0.07%）。令人惊讶的是，每次重复使用催化混合物后，转化率都有所增加。这种效应归因于活性催化物种的形成需要一定时间。此外，还制备了基于胍改性的 PPh_3 配体。这两种配体都可以通过简单有效的方法得到，且对于催化剂的固定化效果显著。

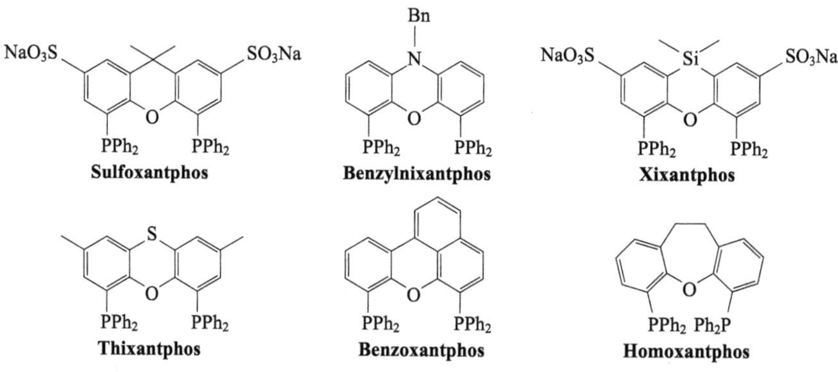

图 3.22　Xantphos 系列配体

Naphos 型配体是一种带有强吸电子基团的双膦配体（图 3.23）。这类配体非常适合于内烯烃的氢甲酰化反应。Klein 等[44] 报道了 Naphos 型配体用于内烯烃催化转化，获得了较高的戊醛选择性（n/iso 比＝9.5）。

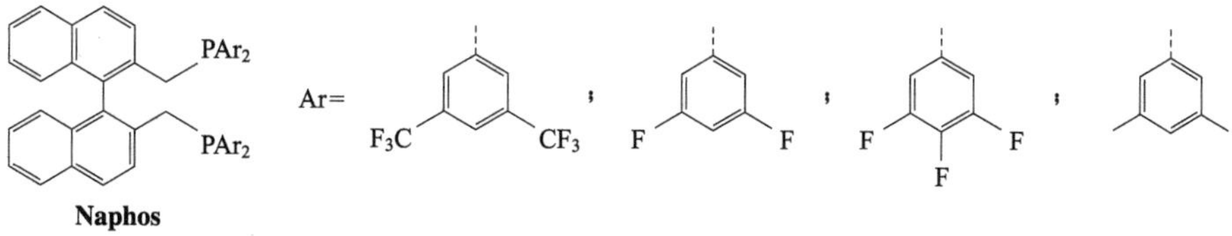

图 3.23　Naphos 系列配体

Biphephos 型配体是所有后来开发的含大位阻亚膦酸酯键配体的原型，这类双齿膦配体包括对称型和不对称型两种（图 3.24）。对称型 Biphephos 配体［图 3.24(a)］最早由 UnionCarbide 公司[45] 研制出来，并用于氢甲酰化反应。

该配体可大大提高对正构醛的选择性，并且反应条件温和，适用于多种不同烯烃的催化反应，因此被广泛应用。通过研究制备了不对称型 Biphephos 配体［图 3.24(b)］，这种膦配体是由对称型 Biphephos 配体衍生出来的，非常适合于端烯烃的转化，可获得较高的正构醛选择性。

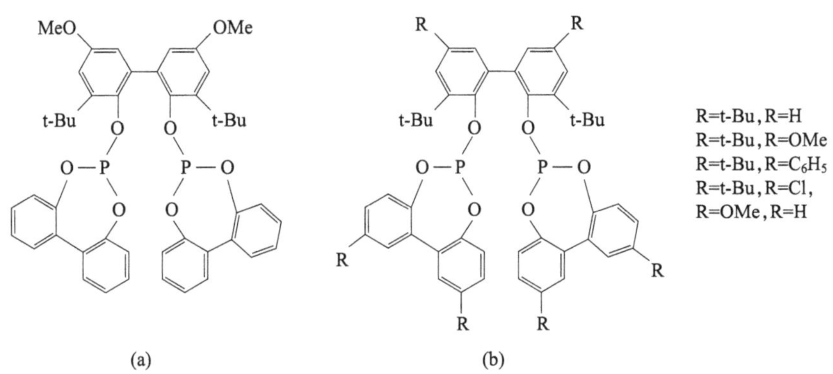

图 3.24　Biphephos 系列配体

(3) 多齿膦配体

在氢甲酰化反应中，只有极少数连接三个或四个膦基的配体被报道，这类配体与金属催化剂具有更强的螯合能力，可以显著降低金属催化剂的流失量，相对于双齿膦配体可以进一步提高对线性醛的选择性。Takeo 等[46] 合成了一系列 2,2′-双［（二烷基膦基）甲基］联苯（烷基 BISBIs），如图 3.25(a) 所示，并将其应用于 1-癸烯的串联加氢甲酰化-氢化反应。膦原子上具有正构烷基 BISBI 配体选择性地提供正构醇，而具有异构烷基 BISBI 配体正构醇的转化率要低得多。Zhou 等[47] 合成了四膦和双膦配体［图 3.25(b) 和 (c)］，并将其用于铑催化的 1-辛烯和 1-己烯的氢甲酰化反应。在 60℃、20bar 条件下，转化率超过 97.7%，醛产率达到 94.1%。将催化剂从产物中分离出来，可以继续使用，表明该催化剂可能具有良好的稳定性。

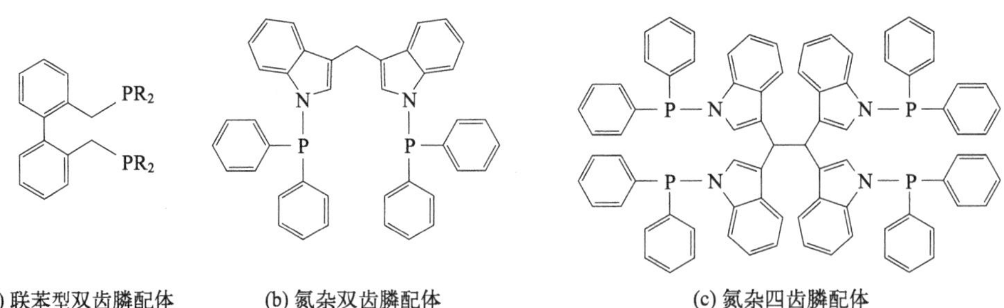

(a) 联苯型双齿膦配体　(b) 氮杂双齿膦配体　(c) 氮杂四齿膦配体

图 3.25　双齿配体和四齿配体

3.2.3.3　氢甲酰化反应体系

根据催化剂的物态和性质，氢甲酰化催化剂主要分为均相催化剂和多相催化剂两大类。

(1) 均相催化体系

氢甲酰化反应是工业上最重要的均相催化转化反应之一。因此均相催化在氢甲酰化反应中一直占据主导地位。均相催化体系反应条件温和，具有非常高的区域选择性和化学选择性，同时具有良好的催化活性和催化剂稳定性。但是均相催化体系面临的最大挑战是如何将反应产物从均相溶解的催化剂中快速而有效地分离出来，尤其在高碳烯烃的氢甲酰化反应中，由于产物高碳醇的沸点高，在高温下通过闪蒸与催化剂分离时，会导致催化剂分解，这一主要缺陷限制了均相催化体系在工业生产中的应用。因此，目前许多研究者都致力于开发新型高效的催化体系，实现催化剂的快速分离与回收循环利用。

(2) 氟/有机两相催化体系

氟/有机两相催化体系由一个含有溶解试剂或催化剂的氟相和另一个有机相组成，有机相可以是任何在含氟相中溶解度有限或不溶的普通有机溶剂。氟相被定义为两相体系的富氟碳相（主要是全氟烷烃、醚和叔胺）。与该体系相容的试剂或催化剂含有足够的氟化物，使其只溶于或优先溶于氟相。最有效的含氟部分是具有高碳数的直链或支链全氟烷基链，它们也可能含有杂原子。烯烃催化转化可能发生在氟相或两相界面。氟/有机两相催化体系的研究重点在于制备可以与金属催化剂稳定配位并且在氟相中具有较高分配系数的氟配体。研究开发的用于催化反应的氟两相概念是否成功也取决于催化剂对氟相的分配系数的大小，而增加配体上的全氟烷基数可以显著提高有机金属配合物的氟分配系数。首例用于氟两相的配体是三氟烃基膦 $P[CH_2CH_2(CF_2)_nCR_2]_3$（$n=3\sim5$）。研究表明，P 和“氟尾”$(CF_2)_nCF_3$ 之间存在 2～3 个亚甲基非常必要，因为它能有效减少“氟尾”对 P 的推电子作用，使配体的配位能力不受影响。

Horvath 等[48] 利用有机溶剂与含氟溶剂高温均相、低温两相的特性，首次提出氟/有机两相催化体系（图 3.26），该体系在含甲苯溶剂的铑催化高碳烯烃氢甲酰化反应中的应用已得到证实。在含氟环己烷和甲苯的混合物中使用铑络合

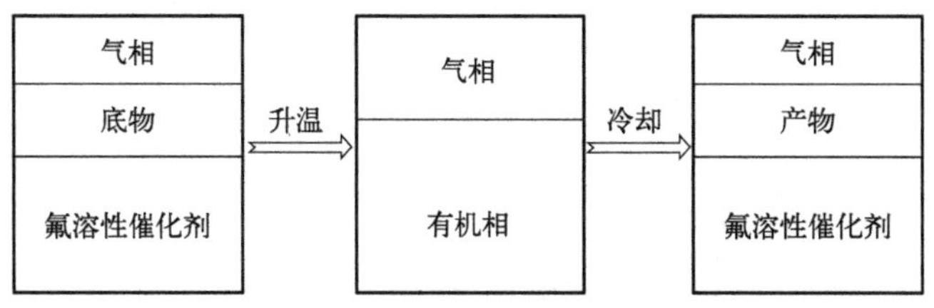

图 3.26　氟两相催化的基本原理

物，在 $P_{H_2/CO}$＝1.1MPa、T＝100℃条件下，催化1-癸烯的烃氢甲酰化反应中，转化率高达90％，重复使用9次转化率未见明显下降，TTON高达35000，但是贵金属铑随产物分离而流失是无法避免的。该体系在1-辛烯的氢甲酰化反应中也具有较高的催化活性，n/iso比可达到8∶1，并且铑进入有机相的浸出率非常有限（9次运行后浸出率为4.2％）。

氟/有机两相催化体系在温和的反应条件下具有较高的催化活性，并且实现了催化剂和产物快速而有效的分离，这已是人们所公认的。然而，氟溶剂或氟配体在制备过程中成本较高，且对大气环境具有潜在的威胁，可能会造成臭氧层破坏，因此有必要开发新型高效的催化体系。

(3) 离子液体两相催化体系

离子液体是指在＜100℃时呈液态的熔融盐，通常由烷基吡啶或双烷基咪唑季铵阳离子与氯铝酸根、氟硼酸根及氟磷酸根等阴离子组成。离子液体具有优异的化学和热稳定性，蒸汽压低，能溶解许多有机、无机化合物及金属配合物等。

20世纪90年代开始，离子液体被广泛用作催化反应的溶剂和构建新的催化体系，如何选择一种合适的催化氢甲酰化反应的离子液体，是摆在科研人员面前的一道难题。所选的离子液体不仅要具有较强的溶解催化剂的能力，而且不与底物和产物混溶，在反应结束后，含有催化剂的离子液体相直接和产物相分层，通过简单的倾析操作即可实现离子液体和催化剂的循环使用。这样做大大降低了反应成本，并且避免对环境造成污染，达到“绿色化学”的目的。

1995年，Chauvin等[49]将Rh(acac)(CO)$_2$与TPP络合形成的膦/铑络合物作为催化剂，首次用于［BMIM］［PF$_6$］离子液体两相催化体系下的1-戊烯的氢甲酰化反应中。研究结果表明，在该催化体系下，催化效果并不理想，TOF值仅为333h^{-1}，且铑催化剂大量流失到有机相中。作者试图用TPPMS配体替代TPP，虽然在离子液体中铑催化剂稳定性较好，但得到较低的反应活性（TOF＝59h^{-1}）和较低的直链醛的选择性（正己醛的选择性为50％～80％）。

2001年，Olivier-Bourbigou等[50]首次利用咪唑和吡啶类离子液体，系统性地研究了离子溶液结构对烯烃氢甲酰化反应的影响。在离子液体中，阳离子为1,3-二甲基咪唑、1,2,3-三甲基咪唑和 N,N-二甲基吡啶等，阴离子为［BF$_4$］$^-$、［PF$_6$］$^-$、［CF$_3$CO$_2$］$^-$、［CF$_3$SO$_3$］$^-$、［Tfo］$^-$和［NTf$_2$］$^-$等。在1-己烯的氢甲酰化反应中，1-己烯在不同的离子液体中的溶解度与在该离子液体催化体系Rh-TPPTS催化剂中的催化活性呈直线关系，且在相同的阴离子情况下，1-己烯的溶解度随着离子液体中阳离子烷基链的增长而明显增加，但改变阳离子的结构对1-己烯溶解度的影响极小。

Peng等[51]将水/有机两相膦配体/铑络合物（TPPTS-Rh）用于不同种类离子液体催化体系下1-己烯的氢甲酰化反应中。研究结果表明，在

[C_2H_5OHMI][BF_4] 离子液体和 [BMIM][PF_6] 离子液体两相体系中表现出较低的催化活性，这是因为该两种离子液体具有极强的疏水性能，TPPTS-Rh 和底物不能很好地溶解其中，导致底物无法与 TPPTS-Rh 进行充分的接触，从而影响了催化活性。但在 [BMIM][n-$C_{12}H_{25}OSO_3$] 离子液体催化体系中，由于该离子液体具有良好的两亲性质，TPPTS-Rh 和底物能够很好地溶解在其中，因此 [BMIM][n-$C_{12}H_{25}OSO_3$] 离子液体两相催化体系表现出良好的催化活性。

Keim 等[52] 以 [BMIM][PF_6] 离子液体作为溶剂，对比了亚膦酸酯膦配体和 TPP 配体对氢甲酰化反应的影响。研究结果表明，该反应伴随着异构化和氢化，且产物的选择性只与配体的类型有关，与溶剂的种类无关。在异构化方面，使用亚膦酸酯膦配体时，异构化趋势严重，这是因为该配体的空间位阻较大；在稳定性方面，以 TPP 为配体时，离子液体催化体系表现出更好的稳定性，循环 4 次后催化剂活性才略有降低，而在作为参比的有机溶剂体系中，第二次使用时催化活性明显降低，以热稳定性较好的亚膦酸酯膦作为配体时，在 [BMIM][PF_6] 离子液体体系中，循环使用 10 次后催化剂活性无明显下降，TON 值达到 6640。

Wasserschdid 等[53] 合成出 [BMIM][n-$C_8H_{17}OSO_3$] 离子液体，该离子液体较其他离子液体的优点是不含卤素。与 TPPTS 配体络合，用于铑催化的 1-辛烯的氢甲酰化反应中，表现出良好的转化率，但其产物与离子液体混成一相，需在反应结束后加萃取剂环己烷萃取出产物，分离简单易行。同时作者将该离子液体与 [BMIM][PF_6] 离子液体和 [BMIM][BF_4] 离子液体进行对比发现，1-辛烯在 [BMIM][n-$C_8H_{17}OSO_3$] 离子液体中的溶解度更高，因此在该离子液体两相体系中催化效果最好。

金子林等[54] 合成出新型的含聚醚链的季铵盐离子液体，将其用于 Rh 催化的 1-十四烯的离子液体两相氢甲酰化反应中。对比不同膦配体发现，当使用 TPP 作为配体时，正庚醛的收率为 80%，TOF 值为 $240h^{-1}$；而使用 TPPTS 和 OPGPP 作为配体时，虽然该离子液体能够有效地稳定 Rh 催化剂，但得到的正庚醛的选择性仅为 29%。

林祺等[55] 将一系列咪唑型离子液体 [RMIM][p-$CH_3C_6H_4SO_3$] 用于水/有机两相 Rh-TPPTS 络合物催化的高碳烯烃的氢甲酰化反应中，表现出较高的催化活性和选择性，TOF 值达到 $2736h^{-1}$。该类离子液体能够有效地稳定 Rh 催化剂，且分离简单，可循环使用多次，均未见活性和选择性的明显下降。同时 [RMIM][p-$CH_3C_6H_4SO_3$] 离子液体两相催化体系优于 [BMIM][BF_4] 和 [BMIM][PF_6] 离子液体两相催化体系。作者通过研究还发现，离子液体中的阳离子和阴离子能够很大程度上影响反应速率；当离子液体的烷基碳链长度与底物烯烃的烷基碳链相同时，反应速率明显提高。

金欣等[56] 合成出一种含有胍盐和聚醚链的新型聚醚胍盐离子液体，该离子液体在稳定 Rh 催化剂方面表现出良好的效果。用于 Rh-TPPTS 催化的高碳烯烃氢甲酰化反应中，表现出高活性、高选择性及良好的稳定性，特别是在 1-辛烯的氢甲酰化反应中，可连续循环长达 35 次，且反应过程中没有明显的 Rh 和 P 的流失，TON 值高达 31888。

(4) 超临界流体两相催化体系

超临界流体（高于临界温度的压缩气体）可以溶解许多低极性到中极性的有机分子，并与永久性气体完全混溶。如果催化剂可以溶解在超临界流体中，就可以实现真正意义上的均相催化，因为所有参与反应的物质都完全溶解在一相中，不会出现相转移问题。因此，人们利用超临界流体气态扩散和良好溶解力的特殊性质，开发出了超临界流体两相催化体系。

该催化体系被应用于在类气体连续流动系统中 1-辛烯的氢甲酰化反应。利用 $scCO_2$ 的特殊性质，即气体扩散和良好的溶解能力，为反应底物在催化剂上流动提供介质。1-辛烯、CO 和 H_2 均完全溶于 $scCO_2$ 中，能与所有活性催化位点接触，1-辛烯的转化率高达 92%，对醛的选择性也达到了 82%。反应产物壬醛也可溶于 $scCO_2$，因此在形成 $scCO_2$ 时可从催化剂中除去。当从反应器排出的物质在减压时，二氧化碳形成气体，而产品则作为液体被收集。唯一需要分离的是产品与未反应原料以及反应副产物。二氧化碳可以重新压缩和回收。尽管这种反应的产率很低，但其原理令人感兴趣，因为即使金属短暂地与配体分离，它也不会溶解在 $scCO_2$ 中，金属催化剂浸出率降至最低。

超临界流体结合了气体和液体两者的优点，表现出很强的溶解能力和良好的流动性以及传递性，是一种良好的化学反应介质。超临界二氧化碳是所有超临界流体中性能最好的，它具有安全无毒性、价格便宜、来源丰富、临界温度低等优点。近年来，研究者将离子液体与超临界二氧化碳相结合，构建出离子液体/超临界二氧化碳两相催化体系。

2001 年，Cole-Hamilton 等[57] 首次将离子液体/超临界 CO_2 两相催化体系应用于烯烃的氢甲酰化反应中。他们将 [BMIM][PF_6] 离子液体与超临界 CO_2 结合用于 [$Rh_2(OAc)_4$] 作为铑前驱体的 1-己烯的氢甲酰化反应，与传统的有机溶剂相比，离子液体/超临界 CO_2 体系表现出更高的选择性和正异比。随后，作者又考察了不同配体对 1-己烯的氢甲酰化反应催化活性的影响。选择对水不敏感的配体 TPPTS，由于 TPPTS 在离子液体中的溶解度小，因此在 TPPTS 基础上开发出 TPPMS 配体。TPPMS 配体在 1-辛烯的氢甲酰化反应中表现出良好的转化率和选择性，且催化剂比较稳定，可循环使用 9 次，铑流失量小于 0.003%。由于该反应是间歇性操作的反应，反应结束需要打开反应器，因此氧气的进入导致部分配体被氧化，生成的活性物种 $HRh(CO)_4$ 在超临界 CO_2 中的溶解度很高，反应结束后 $HRh(CO)_4$ 随着超临界 CO_2 的取出而流失，因此出现了明显的 Rh 流失。作者用连续反应操作替代间歇性操作，催化剂的稳定性得到了提高，在该操作条件下催化剂能稳定使用长达 30h。

虽然超临界溶剂可以非常简单地通过减压使其变为气体而除去，但这并不能解决催化剂与产品的分离问题，并且大多数金属配合物，特别是那些含有芳基配体的配合物，在最常用的超临界流体（$scCO_2$）中溶解性很差，这极大地限制了其在工业领域中的应用及其进一步的发展。

（5）固载离子液体相催化体系

固载离子液体相催化体系（图 3.27）的发展已有几十年的历史，在催化领域有着重要的应用。通过将均相催化剂溶解在低蒸汽压离子液体中，并将其分散在具有高比表面积的多孔载体上，避免了离子液体两相催化存在的一些固有问题，如离子液体用量大，传质阻力大等。将催化剂固定在离子液体中与多孔固体材料相结合进行氢甲酰化反应是一种成熟的方法，具有多种优势：减少离子液体用量，降低大量离子液体使用带来的负面效应；气液传质界面大，底物的液相扩散路径短，使催化剂得到充分利用，催化效率高；对催化剂具有很好地固定作用，可以显著减少催化剂的损失；反应完成后，催化剂与底物和产物的自然分离，有利于催化剂的循环利用；将溶剂完全固定在固体材料中，可能具有腐蚀性的溶剂与反应器壁之间的接触面积可以忽略不计，降低对反应器材的要求。固载离子液体相催化体系成功的另一个重要原因是离子液体的化学和物理化学可变性。在材料和表面设计方面，离子液体的特点是具有通常预先设计的、均匀的液体结构，具有独特的物理化学性质，这些结构可以通过改变离子液体材料的离子组合进行控制。因此，可以根据需要选择适当离子液体材料中包含的离子(并最终选择添加剂)，可以根据固载离子液体材料的特定需求定义所有相关的液体属性。固载离子液体相催化体系至少由四个组分组成：载体、离子液体、特定配体以及过渡金属配合物。在更广泛的意义上，溶解在液膜中的烯烃底物

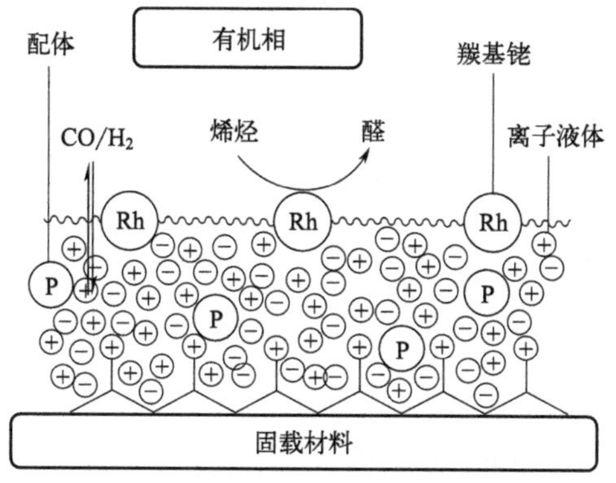

图 3.27　固载离子液体相催化示意图

和在液膜中形成的醛类产品以及副产品也可以被认为是固载离子液体相催化体系的组分。

诸多研究表明，不同的载体材料和离子液体固载方法对氢甲酰化反应的催化效果不同，因此下面对文献报道中的载体材料和固载离子液体的方法进行论述。图 3.27 为固载离子液体相催化示意图。

用于固载离子液体相催化的载体大多是廉价易得、具有高比表面积、稳定性好的多孔无机材料，如硅胶、活性炭、硅藻土、沸石、SBA-15、MCM-41 等。而其他无机材料，如 Al_2O_3、TiO_2、ZrO_2 等，由于其较低的表面积和孔隙体积，应用较少。Al_2O_3 这种载体在高 pH 值下相比于二氧化硅表现出更高的稳定性，因此在一些特殊条件下被作为载体使用。还有一些研究集中在表面分布有大量活性基团的有机聚合物材料上，这类材料包括纤维素、壳聚糖、聚苯乙烯聚合物等。接下来，将对用作载体的无机材料和有机材料分别展开讨论。

① 无机载体材料。

固载离子液体相催化剂的制备大多选用机械强度高、吸附性强且具有高比表面积多孔硅胶作为载体。硅胶表面含有大量的 Si—OH 活性基团，可与离子液体中的接枝基团进行键合，以此将离子液体固定在硅胶载体上。需要注意的是，硅胶在使用之前需要进行预处理，以减少 Si—OH 基团的数量，这有助于提高催化剂的稳定性及催化活性，因为 Si—OH 基团可能与配体或催化剂反应，从而降低配体或催化剂在离子液体相中的实际浓度。

Xu 等[58] 以乙醇为溶剂，通过共价键将一系列不同酸度的功能性离子液体负载于硅胶载体上（图 3.28）。与传统的以甲苯或乙腈为溶剂的制备方法相比，该工艺是一条绿色、环保的负载功能离子液体相催化剂的合成路线。利用离子液体的优点和固定化的优点，首次系统地将其应用于生物质脱水反应，结果表明它们是从各种碳水化合物制备呋喃衍生物的高效多相催化剂。负载双酸功能离子液

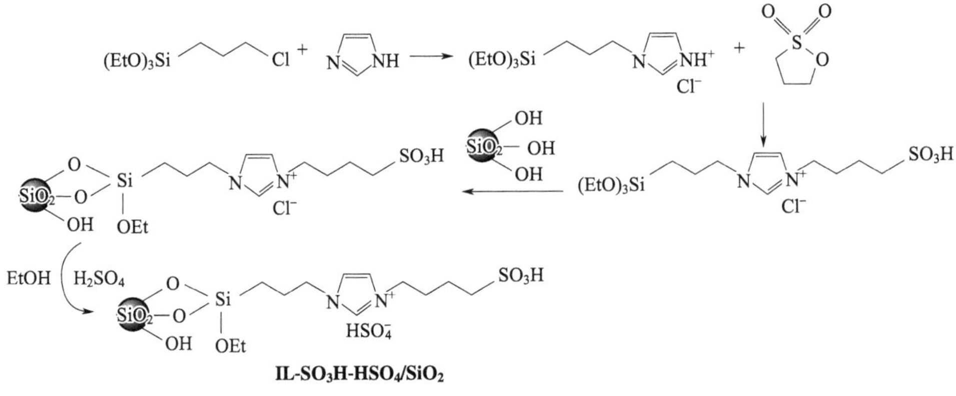

图 3.28 IL-SO_3H-HSO_4/SiO_2 催化剂的合成

体催化剂相比于其他离子液体催化剂具有更高的催化活性和选择性，且重复使用15次未见明显失活。

Mehnert 等[59] 将小分子量咪唑类离子液体（[bmim][BF_4]或[bmim][PF_6]）键合在硅胶表面，然后将 Rh(acac)$(CO)_2$ 及膦配体溶于1-丁基-3-甲基咪唑离子液体，并负载于改性硅胶表面，干燥后得到一种粉末状催化剂（图 3.29）。

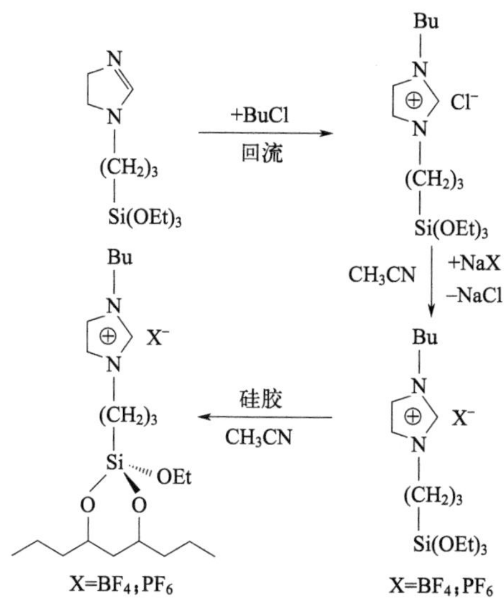

图 3.29　硅胶负载咪唑盐离子液体催化剂的制备

将合成的固载离子液体相催化剂用于1-己烯的氢甲酰化反应中，结果见表 3.4。该催化剂的活性值 TOF 可达 $3900h^{-1}$，几乎是两相体系（$TOF=1380h^{-1}$）的 3 倍。这主要归因于较高的金属浓度和较大的反应界面。该体系催化活性相比于均相催化剂（$TOF=24000h^{-1}$）要低很多，这是由于用作反应的 CO 和 H_2 在均相催化体系中溶解度更大导致的。尽管如此，该固载离子液体相体系在减少催化剂流失以及与产物分离方面具有更大的优势。

表 3.4　负载离子液体相催化、两相催化和均相催化对 1-己烯氢甲酰化合成正庚醛反应评价

序号	条件	溶剂	时间/min	产率/%	n/iso	TOF/h^{-1}
1	silc/tppti	[BMIM][BF_4]	300	33	2.4	3900
2	silc/tppts	[BMIM][BF_4]	240	40	2.4	3360
3	silc/tppti	[BMIM][PF_6]	270	46	2.4	3600
4	silc/no ligand	[BMIM][PF_6]	180	85	0.4	11400
5	biphasic/tppti	[BMIM][BF_4]	230	58	2.2	1380
6	biphasic/tppti	[BMIM][PF_6]	180	70	2.5	1320

续表

序号	条件	溶剂	时间/min	产率/%	n/iso	TOF/h^{-1}
7	biphasic/tppts	H_2O	360	11	23	144
8	homog/PPh_3	toluene	120	95	2.6	24000

SBA-15、MCM-41等具有有序介孔结构的多孔材料，具有更大的比表面积，且孔道分布均匀，是用于离子液体固定的优良载体。但是这种材料也有一定的缺陷，如机械强度和稳定性低。

Lenny等[60]用膦钨酸阴离子 $H_2PW_{12}O_{40}$-(HPW）将酸性离子液体固定在有序介孔材料SBA-15上，制备了用于催化生物质水解的负载离子液体相催化剂的SBA-IL-HPW（图3.30），并通过XRD、N_2吸附/脱附、FT-IR、TGA和SEM/TEM等表征手段证实了催化剂的成功制备。同时，从不同生物材料在水中水解制糖为例对其催化性能进行了评价。在最佳水解条件下，SBA-IL-HPW表现出较高的催化活性，并且很容易从反应后的水解液中分离出来，重复使用5次，活性没有明显降低。

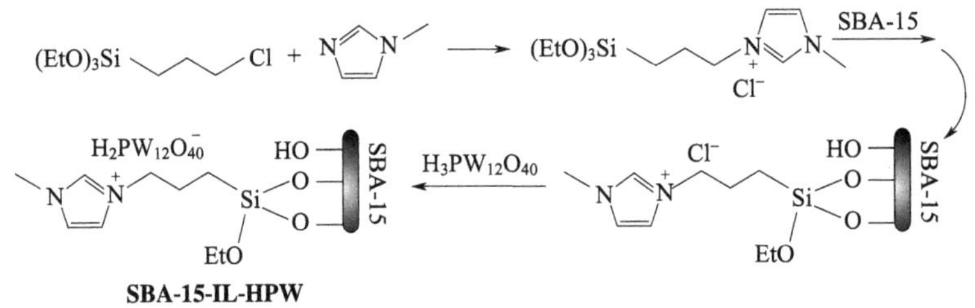

图3.30 SBA-15-IL-HPW催化剂的制备

Yang等[61]以MCM-41为载体，将离子液体TMGL（1,1,3,3-四甲基胍乳酸盐）通过浸渍法负载到MCM-41表面，制备得到了固载离子液体相催化剂TGML-TPPTS-Rh/MCM-41用于催化1-己烯合成正庚醛的反应中。研究结果显示，该催化剂表现出较好的1-己烯氢甲酰化性能，这归功于MCM-41大的比表面积和均匀的介孔结构以及离子液体的性质。该体系的制备相对简单，得到的催化剂坚固耐用，可重复使用，使其在高价值精细化学品的生产中具有广阔的应用前景。值得注意的是，该体系不同离子液体负载量的催化效果有显著差异，当离子液体负载量较低（ILs负载量=10%，质量分数）时不能承载足够多的催化剂，而负载量较高（ILs负载量>15%，质量分数）又会增大传质阻力，因此在负载量15%时催化活性最高，TOF值可高达389h^{-1}，且循环使用11次未见明显失活。

活性炭材料价格低廉，具有较大的孔隙结构，且具有较强的吸附能力，可以作为离子液体的附着载体，但是由于其表面没有用于与离子液体键合的活性基团，所以离子液体只能物理吸附于活性炭材料表面，这种吸附力较弱，容易造成离子液体及其溶解的催化剂大量流失，降低催化剂活性及循环使用寿命。

Liu 等[62] 将非均相氧化铑（Rh_2O_3）催化剂包封在多孔硅分子筛沸石内制备了含铑分子筛催化剂。利用 SEM、TEM 和 XPS 观察到，氧化铑很好地嵌入到沸石微通道中。更厚的分子筛壳层可以通过二次外延生长来调节。这些催化剂首次应用于末端烯烃的加氢甲酰化反应，包括 1-己烯、1-辛烯、1-癸烯和 1-十二烯，其区域选择性明显增强。具有更丰富微通道的含铑分子筛催化剂表现出较好的区域选择性。氧化铑周围的微通道的固有空间位阻所产生的独特产物扩散速率提高了区域选择性。

硅藻土是一种表面分布有少量硅醇基团的廉价固体材料，离子液体可通过共价键合的方式负载于硅藻土表面，但由于其表面分布的硅醇基团较少，无法形成一层有效的离子液体膜，因此催化活性较低。并且这种材料中含有大量的杂质，可能会对催化剂产生毒害作用，降低其使用寿命。一些具有有序孔道结构、机械强度高、比表面积大的纳米碳材料也被用于固载离子液体相催化剂的载体材料，但是其合成工艺复杂，稳定性较低，因此限制了该载体的广泛使用。

磁性材料可对外界磁场产生响应，利用这一特性，人们将磁性材料作为负载离子液体的载体，在催化剂分离回收方面取得重大突破。Omar 等[24] 报道了一种将钯纳米颗粒负载在具有离子液体基团的磁性材料上的方法，得到 SILPC 催化剂 Pb/MNP-@IL-SiO_2（图 3.31）。将该体系应用于三种不同的催化转化反应：碘代芳烃的氢甲酰化反应、Heck 偶联反应和 Suzuki 偶联反应。该催化剂具有较高的催化活性，在外加磁场的作用下，很容易从反应混合物中分离出来。催化剂重复使用 5 次以上，活性没有明显损失。

李虎等[63] 将 1.8nm Pd 纳米簇固定在 CS-S 的径向介孔结构内，以获得 Pd/CS-S 催化剂，研究表明，锚定在 CS-S 上的缺电子 Pd 纳米团簇对反应物分子表现出更高的吸附能，从而促进底物分子的预吸附和活化，Pd/CS-S 催化剂在多个反应循环中也表现出优异的稳定性。该催化剂将糠醛和苯乙酮分别加氢成四氢糠醇（THFA）和 1-苯乙醇，转化率达到 99%，选择性达到 90%。

② 有机载体材料。

有机载体材料种类很多，结构复杂且可以根据需要进行设计组装，因此可满足不同条件下反应的需要。这类材料与反应体系良好的相容性也引起了人们的研究兴趣。目前用于固载离子液体的有机材料主要有纤维素、壳聚糖、聚苯乙烯聚合物等。

Shinde 等[64] 将离子液体 [him-^{t}OH][OMS] 固定在聚苯乙烯上，得到固载离子液体催化剂 PS[him-^{t}OH][OMS]（图 3.32）。将 PS[him-^{t}OH][OMS] 作为相转移催化剂（PTC）在 CH_3CN 或叔丁醇介质中与相应的碱金属盐进行各

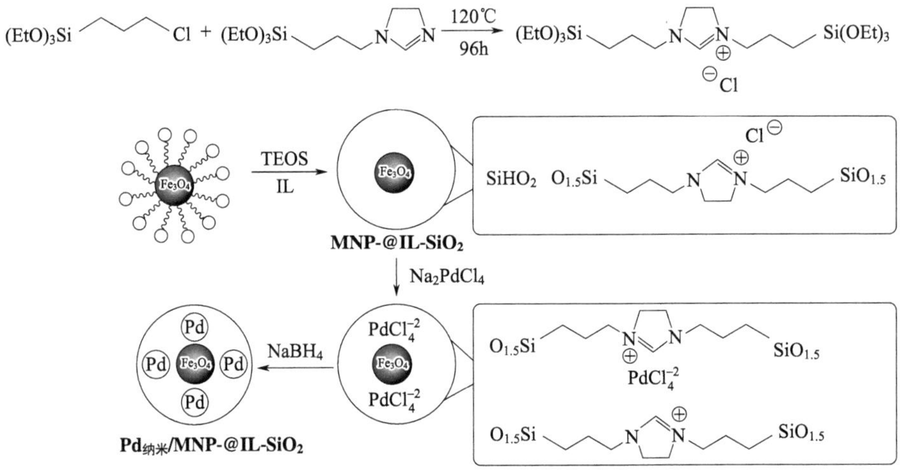

图 3.31 Pb/MNP-@IL-SiO_2 催化剂的合成

种亲核取代反应，研究其催化效率。结果表明，这种 PS[him-^{t}OH][OMS] 催化剂（PTC）不仅提高了碱金属盐的反应活性，减少了副产物的生成，而且产率高，易于分离。

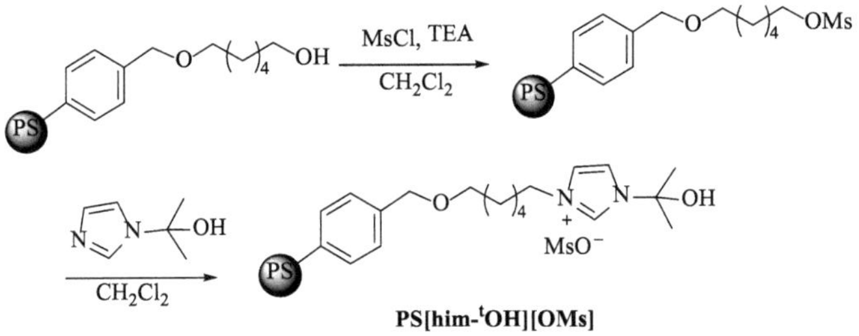

图 3.32 聚苯乙烯固载离子液体 PS[him-^{t}OH][OMs]的合成

Sun 等[65] 将 1-乙基-3-甲基咪唑离子液体（CS-EMImX，X＝Cl 或 Br）负载到改性壳聚糖（CS）上，用于催化 CO_2 与各种环氧化物的环加成反应，在不添加溶剂和金属助催化剂的情况下，高产率、高选择性地合成了五元环状碳酸酯。该催化剂易于回收且重复使用 5 次后仍有较高的催化活性和选择性。

Xu 等[66] 以高交联度氯甲基化聚苯乙烯（PS-CH_2Cl）为载体，酸性 1-(丙基-3-磺酸）咪唑硫酸盐离子液体以共价键方式成功地负载到 PS-CH_2Cl 表面，制备得到固载离子液体相催化剂 $PSCH_2$-[SO_3H-PIM][HSO_4]。PS-CH_2Cl 的原始粗糙表面被酸性离子液体覆盖，形成了致密而薄的表面层，增大了其热稳定性，并且对载体结构没有显著影响。该催化剂在一系列的酯化反应中也表现出优异的催化性能。催化剂在乙酸正丁酯合成反应中重复使用 13 次后，收率仅下降 7.3%。

李虎等[67]以平均直径为1.04nm的均匀分散的铑（Rh）纳米团簇为载体，制备了基于三苯基团的超交联聚合物（HCP-PPh_3）。获得的Rh(1.2%)-HCP-PPh_3催化剂有较高的反应活性。在苯乙烯的加氢甲酰化反应中，以H_2O作为溶剂时，苯乙烯的转化率大于99%，2-苯丙醛的选择性最终达到92.7%。本文获得的Rh(1.2%)-HCP-PPh_3催化剂用途广泛，生产的异构产物选择性较高，从而提供了更有价值的支链产品。

（6）水/有机两相催化体系

1984年，法国罗纳普朗克公司开发出Wilkinson催化剂和TPPTS的络合物[HRh(CO)$(TPPTS)_3$]，将其应用于丙烯的水/有机两相氢甲酰化制正丁醇的工艺（即RCH/RP工艺）中，反应温度为120℃，合成气压力为5.0MPa（H_2：CO=1：1）。研究结果表明，产物的收率为95%，正异比高达19。该工艺是均相催化多相化获得成功工业应用的首例，已实现了工业化生产，年产达到10万吨。法国Rhone-Poulenen公司的维生素A、E中间体制备工艺以及日本Kuraray公司的1,3-丁二烯加氢二聚制任二醇工艺均成功地采用了水/有机两相体系。

这些工艺在反应过程中通过加热和剧烈地搅拌使得两相接触，从而促进了催化反应的进行；反应结束后，又通过静置分层使得饱含产品的有机相和富有催化剂的水相分离开来。从经济和环境的角度来看，因为水本身作为容易获得的绿色溶剂，无毒、不易燃、无味，还有着较高的比热容和蒸发热，整个反应过程中采用水作为溶剂是有益的。但不幸的是，铑催化水/有机两相氢甲酰化反应的工业化应用仅局限于短链烯烃（丙烯和丁烯），对于长链烯烃的水/有机两相氢甲酰化反应的尝试则由于底物的疏水性而失败，底物在水中太低的溶解度导致了底物与催化活性中心有效碰撞减少，进而使得反应速度过慢，不能有效应用于工业化生产。因此寻找适合于高碳烯烃的水/有机两相氢甲酰化催化工艺一直备受关注。概括起来，迄今见诸文献报道的研究结果主要集中在两个方面：一是在TPPTS/Rh催化体系的基础上进行改进；二是研究新的水/有机两相催化体系。

国家能源集团宁夏煤业公司开发的基于两相催化体系的烯烃羰基化工艺（图3.33），通过开展催化剂配体的结构效应对烯烃转化活性和选择性的影响规律进行研究，发现Rh基催化剂在氢甲酰化反应中形成的关键活性中间体是Rh-H键插入烯烃形成的中间体，这一步骤决定了最终产物的线性或支链选择性；通过引入给电子能力强的膦配体可以增强Rh与CO的结合，抑制催化剂的分解，降低反应温度和压力；引入空间位阻大的膦配体可以增加金属Rh活性中心的位阻，有利于线性醛的生成。

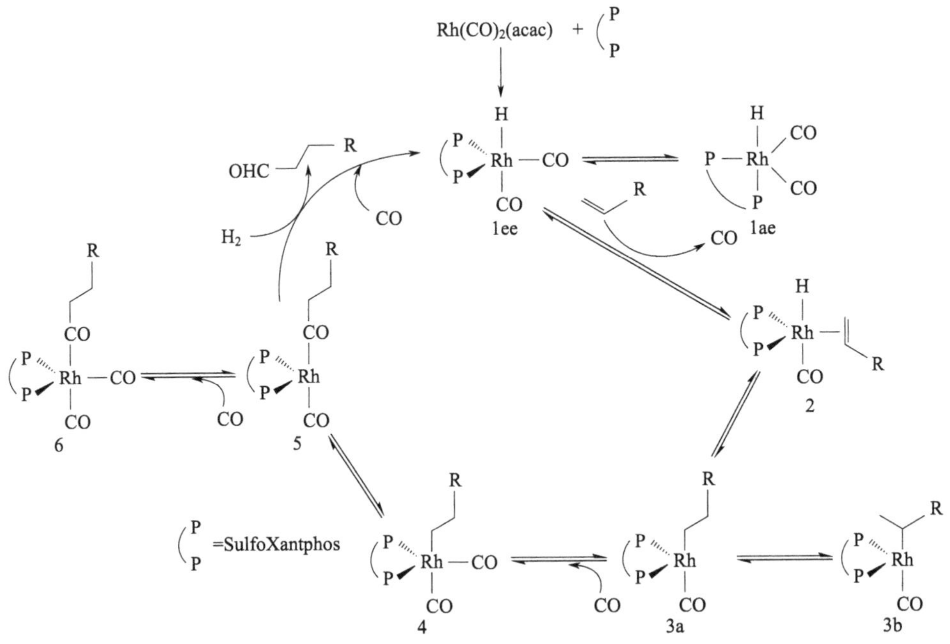

图 3.33 催化反应机理

其同时开发出了单膦和双膦水溶性催化剂配体，配体分子结构中引入亲水基团，使得配体具有亲水性，容易和油相分离。制得的水溶性配体再与金属铑在还原性气氛中进行配位，得到水溶性催化剂。采用油/水两相催化剂进行羰基合成小试实验，30 次循环后，α-烯烃转化率稳定在 87%以上，醛的选择性稳定在 94%以上，催化剂铑的损耗在 2×10^{-7} 以内。羰基合成连续放大实验中，α-烯烃单程转化率可以达到 80%，醛的选择性达到 93%，连续运行 60 天，催化剂活性保持稳定，催化剂损耗小于 2×10^{-7}。

3.2.4 羰基合成脂肪醇工艺路线

根据催化剂的开发历程，羰基合成脂肪醇工艺的发展经历了高压法（钴法）、中压法（改良钴法、改良铑法）和低压法（低压铑法）三个过程。

3.2.4.1 高压羰基合成工艺

该工艺的氢甲酰化催化剂使用羰基钴催化剂，反应压力为 20～30MPa，温度条件为 100～180℃，属于放热反应。1944～1965 年为高压羰基合成法发展阶段，首套工业化装置于 1944 年在德国 Ruhrchemie（鲁尔化学）公司建成，具有代表性的高压羰基合成工艺有 Ruhrchemie（鲁尔化学）公司技术、BASF（巴斯夫）公司技术、Kuhlman（库尔曼）公司技术以及 Mitsubishi（三菱化学）公司技术等。

Ruhrchemie（鲁尔化学）公司最早生产羰基合成产品，其羰基合成技术历史悠久，是高压钴催化剂催化羰基合成的典型代表：羰基化反应温度为 130～170℃，压力为 19.6～29.4MPa，烯烃转化率达 97%～98%，正异构比为 3.5∶1。BASF（巴斯夫）公司采用醋酸钴水溶液为催化剂，采用氧化法脱钴。该工艺流程较短，设备较简单，由于催化剂分离循环过程中，钴不以固体形式析出，给操作带来了方便。1982 年吉化化肥厂从德国 BASF（巴斯夫）公司引进了 5 万吨/年高压钴法装置。

Kuhlman（库尔曼）公司以 $NaHCO_3$ 处理反应液，将羰基钴萃取至水相与产物分离，然后加稀酸生成 $HCo(CO)_4$，用原料烯烃萃取 $HCo(CO)_4$ 直接送回反应器。因过程中不破坏催化剂活性结构，能使催化剂活性提高，副反应减少，脱钴过程也很好操作，该法适用于高碳烯烃的制备。

Mitsubishi（三菱化学）公司采用油溶性钴催化剂，但在进反应器之前预先制备成羰基钴活性结构，因此，反应条件温和，副反应少。

3.2.4.2　中压羰基合成工艺

高压羰基化工艺的突出缺点是催化剂活性结构在低压下会分解，使得反应需要维持很高的压力。20 世纪 50 年代末期，人们开始探索选择合适的配体，改进钴催化剂的稳定性以缓和反应条件。1965 年，美国 Shell（壳牌）公司开发了以三正丁基膦羰基钴为催化剂的中压钴法工艺，将反应压力由高压法的 19.6～34.3MPa 降到 7.8～9.8MPa，反应温度由高压法的 110～180℃提高到 160～200℃。由于三级膦的强碱性和较大的空间位阻，大大提高了产物的正异构比。此外，此催化剂加氢活性高，氢甲酰化和加氢可同时完成，产物主要是醇。

日本 Mitsubishi（三菱化学）公司在 20 世纪 70 年代也开发了以铑为催化剂新的羰基合成中压工艺。Ruhrchemic（鲁尔）公司在 20 世纪 80 年代也开发了一种可靠稳定的羰基合成方法，所用的铑催化剂可溶于水，1984 年投产了单个系列丁醛合成装置，装置容量为 10 万吨/年。在此基础上，该公司又重新建设了新的丁醛合成装置，上述两条生产线运行较为平稳，但此种合法方法没有真正对外技术许可且未大量应用。

中压一步法羰基合成工艺流程如图 3.34 所示[68]，过程包括羰基合成反应、催化剂分离循环、粗醇精制和加氢成醇等工序。原料烯烃、合成气［H_2/CO(摩尔比)＝2/1］、循环催化剂和补充催化剂按比例进入反应器，在温度 5.6～10.5MPa、压力 180～200℃条件下进行羰基合成反应，生成以醛为主要成分的粗物料。羰基合成反应是放热反应（反应热为 146.5kJ/mol），为了维持反应温度，用烃类冷却剂将反应热移走，冷却剂经泵、冷却器循环使用。反应生成的物料进入气液分离器，排除未反应的合成气后进入脱气塔，在真空操作条件下除去不凝气和雾沫，塔底物料由泵打入蒸发器中，采用蒸馏法将醛与催化剂加以分离，催化剂经循环泵后循环使用，催化剂回收率可达 99%。粗醛中含有少量的醚、酯及烷烃等杂质。先经泵送入轻馏分塔，蒸馏分离出轻馏分，粗醛由塔底经泵送入重馏分塔。在真空条件下，重馏分塔塔顶分馏出的醛则送入加氢反应器，将醛加氢转化为醇，重馏分由重馏分塔底经泵排出。

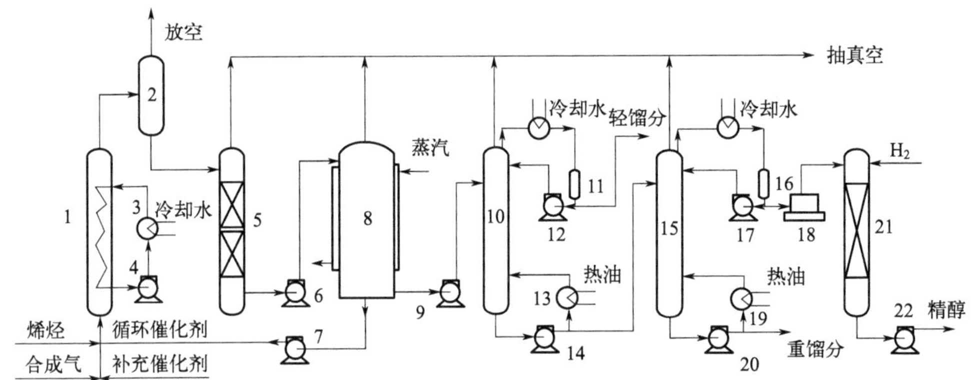

图 3.34　中压一步法羰基合成工艺流程

1—反应器；2—气液分离器；3—冷却器；4—冷却剂循环泵；5—脱气塔；6,9,14,20,22—物料输送泵；7—催化剂循环泵；8—蒸发器；10—轻馏分塔；11,16—回流罐；12,17—回流泵；13,19—加热器；15—重馏分塔；18—加压泵；21—加氢反应器

3.2.4.3　低压羰基合成工艺

低压羰基化工艺又分为气相循环工艺和液相循环工艺。气相循环法工艺简单，产品与催化剂可在反应器内实现分离，产品由反应气体循环带出反应器，经冷却后得到醛，但副产物多、能耗高。液相循环工艺于 1984 年投入工业化应用，该工艺反应速率快，可使反应器的能力提高 50%～80%。低压羰基化法工艺的典型代表主要有 U. D. J 技术、巴斯夫技术、三菱化成技术和伊士曼技术等。

(1) U. D. J 低压羰基合成工艺

美国 UCC（联合碳化物公司）和英国 Davy（戴维）公司及 Johnson Mattey（庄信万丰）三家公司共同开发的铑催化剂低压羰基合成技术，简称 U. D. J 法，该法于 1976 年投入工业化生产。1982 年，我国大庆石化总厂、齐鲁石化分别引进英国 Davy（戴维）公司低压铑气相循环法装置，生产能力均为 5 万吨/年。U. D. J. 法气相循环生产正丁醛工艺流程如图 3.35 所示。该工艺以含大过量的三苯基膦（TPP）的油溶性三苯基膦乙酰丙酮羰基铑（ROPAC）为催化剂体系，催化剂在氢甲酰化反应条件下，与一氧化碳和氢气作用，生成催化剂活性组分 $HRh(CO)\text{-}(TPP)_3$。

1984 年，U. D. J. 联合开发的液相循环法工艺（图 3.36）投入工业化应用。

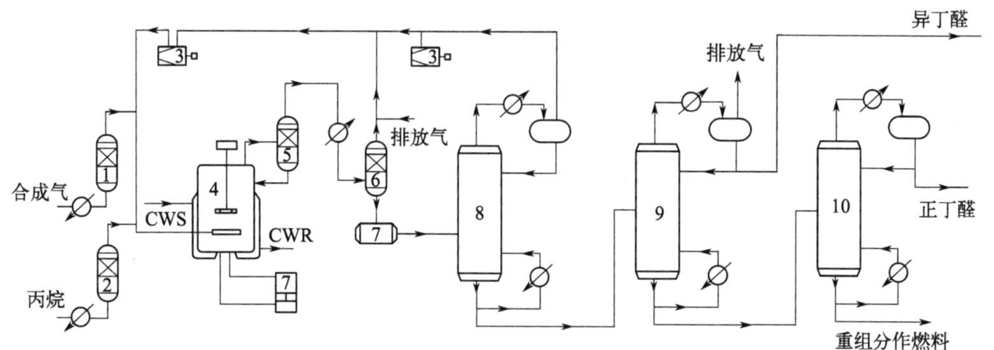

图 3.35　U.D.J. 法正丁醛工艺流程（气相循环）

1，2—净化塔；3—压缩机；4—反应器；5—分离器；6—气液分离器；

7—缓冲槽；8—汽提塔；9—异构物塔；10—正丁醛塔

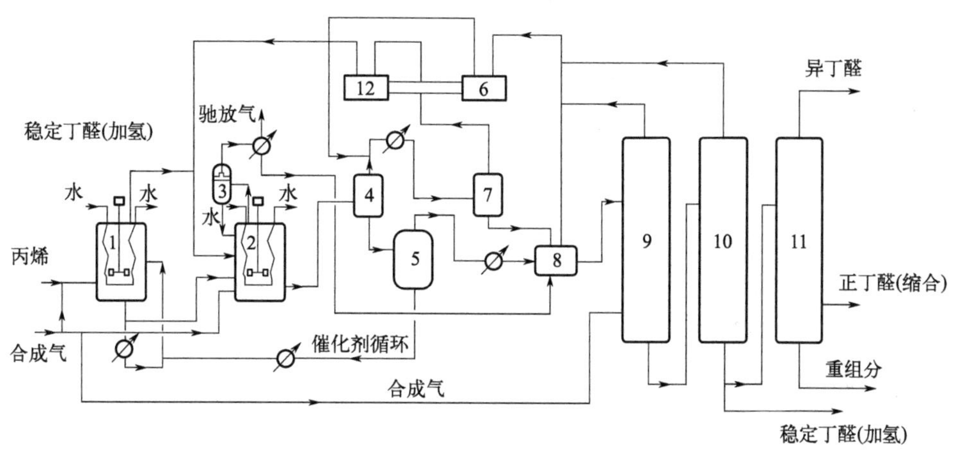

图 3.36　U.D.J. 法正丁醛工艺流程（液相循环）

1，2—反应器；3—除沫器；4—闪蒸器；5—蒸发器；6—压缩机；7—分离器；

8—缓冲槽；9—汽提塔；10—稳定塔；11—异构物塔；12—中间槽

所谓的液相循环工艺就是将氢甲酰化反应器的反应产物的出料方式由气相循环改为液相循环，反应器由两台并联操作改为两台串联操作，不仅增大了反应器的容积利用率，而且加快了反应速率，可使同样大小的反应器的生成能力提高50%～80%。

UCC/Davy低压羰基合成工艺原料消耗低、产物正异构比较高，反应压力低、操作容易，物料对设备腐蚀小，流程短，设备较少，投资低。该工艺的缺点是铑催化剂对毒物很敏感，对合成气和烯烃原料的净化要求较高。

20世纪90年代，UCC（联合碳化物公司）与Davy Mckee（戴维）公司又开发了第四代低压液相羰基合成工艺“UCC/DAVY MK-Ⅳ”，工艺流程见图3.37[69]。该工艺采用新型的铑催化剂，活性高，铑浓度低，原料转化率高，可使烯烃氢甲酰化反应实现一次性转化，不需循环。但催化剂的制备比较复杂，且易堵塞管道和设备，因此，目前国外丙烯氢甲酰化反应仍广泛采用油溶铑膦工艺。

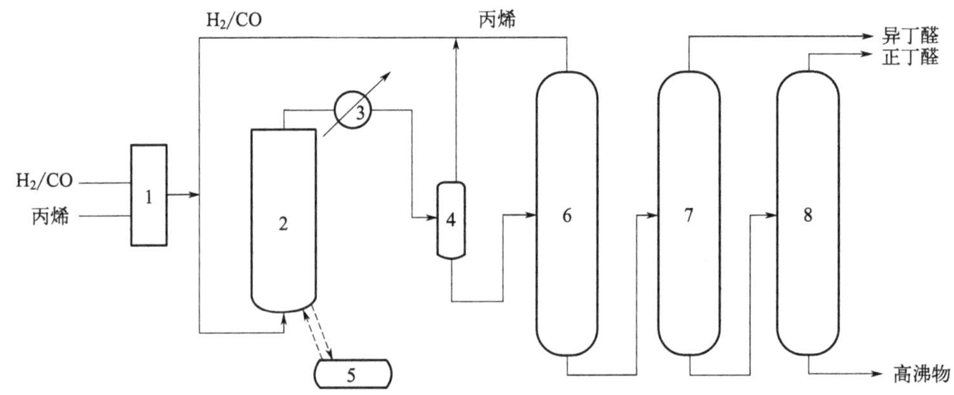

图3.37　联碳改性铑法工艺流程

1—原料混合器；2—羰基合成反应器；3—冷凝器；4—气体分离器；
5—催化剂处理装置；6—丙烯回收塔；7，8—醛蒸馏塔

联碳改性铑法的羰基化反应温度为100℃，压力为0.69～1.47MPa，催化剂质量分数为0.01%～0.1%，产物正异构比为10∶1，丙烯的原料定额消耗为750kg/t，合成气的原料定额消耗为740m^3/t。

(2) 三菱化学低压羰基合成工艺

该工艺催化剂前体为羰基氢铑、溶剂为甲苯，采用的催化剂具有较高活性，反应压力和反应温度较低，产物正异构比较高，物料对装置的腐蚀性低。铑催化剂和三苯基膦不固定在反应器中，而是以适当浓度的溶液在蒸馏塔中与产物进行分离并循环使用，使催化剂部分的初装费用降到最低，并可以在(2～10)∶1的范围内调节和选择产物的正异构比。通过结晶及离心过滤从废催化剂中回收三苯基膦和铑配合物。三菱化学铑法低压羰基合成工艺流程见图3.38[70]。

该工艺虽然省去了闪蒸和蒸发过程，但催化剂回收困难，流程长、设备多，溶剂甲苯需采用专门的回收装置回收，总投资较大。20世纪90年代北京化工四厂从日本三菱化学公司引进一套5万吨/年低压液相循环铑法装置。

(3) BASF (巴斯夫) 低压羰基合成工艺

该工艺催化剂前体为醋酸铑、配体为三苯基膦，用丁醛和高沸物配制成催化剂溶液，采用液相循环工艺，每年需置换10%～15%催化剂。该工艺于1982年

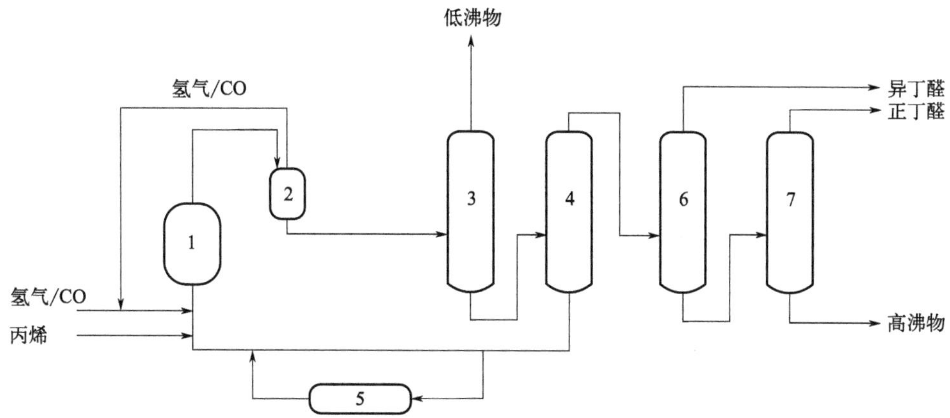

图 3.38　三菱化学铑法低压羰基合成工艺流程

1—羰基合成反应器；2—气体分离器；3—低废物分离蒸馏塔；4—催化剂蒸馏分离塔；5—催化剂处理器；6,7—醛蒸馏塔

实现工业化，工艺流程见图 3.39[71]。

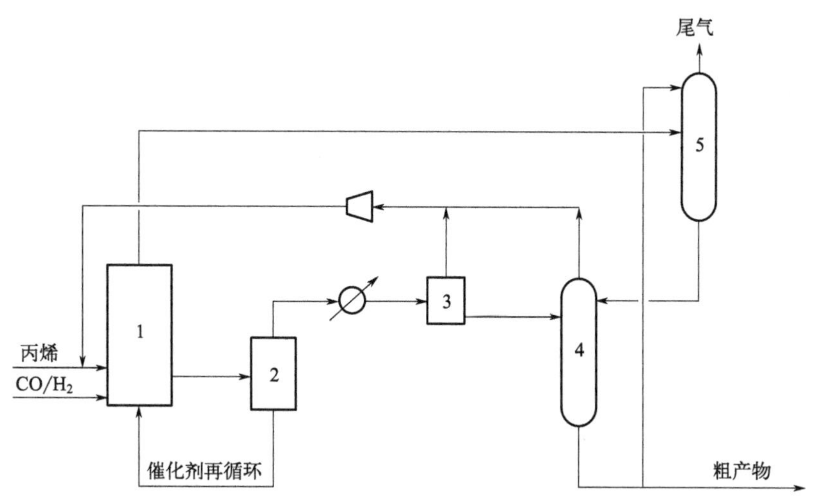

图 3.39　BASF 低压羰基化工艺流程

1—反应器；2—闪蒸器；3—分离器；4—精馏塔；5—汽提塔

铑催化剂溶液、丙烯、合成气（H_2/CO＝1.14～1.24）进入鼓泡塔式反应器，反应温度为 100℃，反应压力为 2.0MPa，产物的正异构比为（8～9）∶1。该工艺具有反应压力低、流程简单、原料和公用工程消耗低、正异构比例较高且在一定范围内可以调节、操作方便、物料对设备无腐蚀、投资低等优点[72]。

(4) 宁夏煤业公司低压羰基合成工艺

① 非均相催化体系低压羰基合成工艺。

宁煤公司以煤炭间接液化装置中间产品费托合成石脑油及重质油为原料，以非均相铑膦催化体系羰基合成生产 $C_6 \sim C_{10}$ 线性醇、$C_{12} \sim C_{13}$ 洗涤剂醇。该技术是以贵金属铑为核心催化剂，烯烃、合成气和催化剂一起连续进入反应器反应，产物醛和催化剂自反应器连续进入催化剂分离器，分离的催化剂连续返回到反应器，分离出的产物粗醛进入精馏单元分离醛。该工艺反应温度为 90～120℃，压力为 1.5～2.5MPa，属于中低温中低压反应。

该技术原料适应性强，工艺操作弹性大，可实现产物与催化剂的高效分离，催化剂单程损耗≤0.5μg/g，成本较低，催化剂具有稳定性高、活性高、寿命长、选择性可调等优点，生产的产品具有纯度高、品质优、渗透性强等特点，产品种类丰富、结构可调，可定制化生产醇类系列产品。工艺流程如图 3.40 所示。

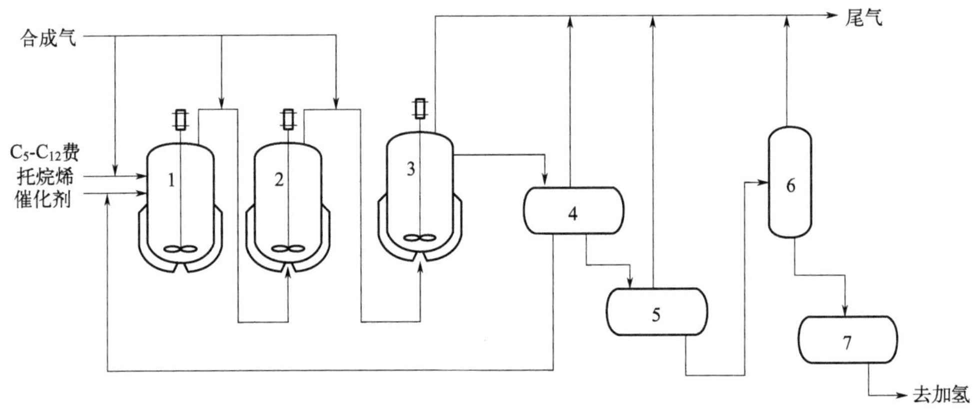

图 3.40 宁煤非均相催化体系低压羰基合成工艺流程

1—反应器；2—反应器；3—反应器；4—粗醛层析器；5—醛水分离器；6—稳定塔；7—粗醛分离

② 均相催化体系低压羰基合成工艺。

宁煤公司以费托 $C_4 \sim C_{12}$ 馏分油为原料，以均相铑膦催化体系羰基合成生产高碳醇。该工艺催化剂回收系统采用两级负压降膜蒸发器，一级蒸发器为自由沉降成膜，二级蒸发器采用刮膜蒸发器强制成膜。一级蒸发器的操作压力稍高。降膜蒸发器可以实现均相催化剂的有效回收，在保证催化剂不析出的前提下，有效回收醛类产品，产品醛回收率在 90%以上。工艺流程如图 3.41 所示。

羰基化产物中的剩余烃组分在一级蒸发器中蒸发，蒸发的气相经冷凝、分液后回收，不凝气放空。一级蒸发器中液相进入二级蒸发系统，回收醛类产物，经两级蒸发未汽化的液相催化剂母液，经催化剂循环泵升压循环使用。

(5) 国家能源集团宁夏煤业有限公司钴法羰基合成工艺

宁煤公司以异十二烯为原料，采用自主开发的非均相钴膦催化体系羰基合成生产异构十三醇。

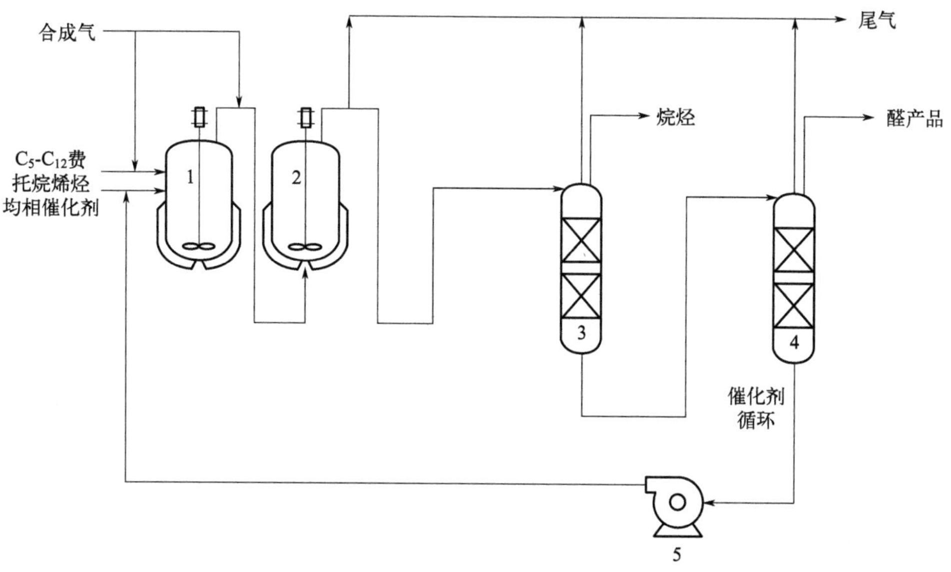

图 3.41　宁煤均相催化体系低压羰基合成工艺流程

1—羰基合成反应器 1；2—羰基合成反应器 2；3—降膜蒸发器；4—刮膜蒸发器；5—催化剂循环泵

工艺流程如图 3.42 所示。该工艺异十二烯、催化剂、合成气一起进入反应器，反应温度为 140～180℃，反应压力为 5～7MPa，该工艺具有工艺流程简单，反应条件温和，催化剂活性高、寿命长，易于产物分等特点。

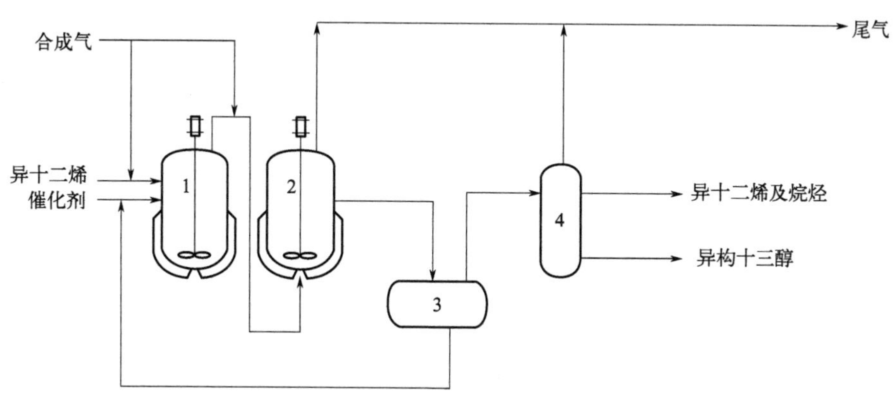

图 3.42　宁煤钴法羰基合成工艺

1—反应器；2—反应器；3—分离器；4—精馏塔

3.2.4.4　各催化工艺的特点

不同催化剂开发体系的羰基合成路线特点对比如表 3.5 所示[73]。

表 3.5 钴和铑为催化剂的羰基合成工艺特点

方法	公司	工艺特点			适用的烯烃	主要生成物	正异构比	收率
		压力/MPa	温度/℃	催化剂(使用形式)				
钴法	鲁尔化学、巴斯夫	20～30	140～180	Co(单程回收)	范围广	醛	3～4	中
改性钴法	壳牌	5～10	170～210	Co-有机膦(活性型循环)	≤C_{14}	醇	6～7	中
铑法	三菱化学	30	140～170	Rh(单程回收)	范围广	醛	1	很高
	联碳	0.7～2.0	100～120	Rh-三苯基膦(活性型，保留在反应器内)	≤C_4	醛	8～10	高
改性铑法	三菱化学	2～5	120～130	Rh-三苯基膦(活性型循环)	≤C_{10}	醛	2～10	高
	巴斯夫	1～1.5	100～110	Rh-三苯基膦(单程回收)	范围较小	醛	4～6	高
	鲁尔化学	5～7	110～130	Rh-三(间磺基苯基)膦三钠盐(水溶性)	C_2～C_8	醛	6.7	高

3.2.5 羰基合成反应的影响因素

3.2.5.1 温度

羰基合成反应是一个放热反应，总反应速率随着温度的升高呈指数关系迅速提高（图 3.43）。但是，随着反应温度升高，烯烃的聚合反应也会加快，重组分和三聚物的生成量增大，使得反应原料的消耗增大，催化剂的失活速率加快，催

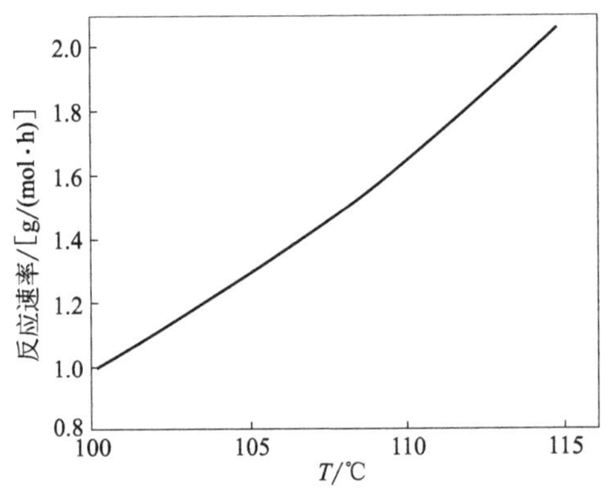

图 3.43 总反应速率与反应温度的关系图

化剂的使用寿命缩短。另外，温度过低又会降低反应速率甚至造成不反应，此时放空量将增大，原料消耗亦增大。工业生产中一般在催化剂使用末期，通过提高温度的方法在短期内延长其使用时间。此时羰基合成反应会维持在一个较高的温度，生产中应根据情况适时更换催化剂或对催化剂进行化学再生以维持反应活性并降低反应温度。对于丙烯羰基化反应，工业生产一般控制羰基合成反应温度为 80～120℃[74]。

温度对于羰基合成的影响，还表现在产品的物理性质上。如以 C_{16} 烯作为原料，在 170～190℃之间进行羰基合成，生成的醇熔点较低，而当温度在 100～130℃之间时，生成的醇熔点就较高，这主要是反应过程中烯烃双键的位置发生转移，生成支链产品所致。

3.2.5.2　压力

烯烃羰基化反应为气体分子数减少的化学反应，所以，提高反应压力应当有利于反应物向产物转化，从而提高烯烃的转化率。另外，提高反应总压力，有利于增大原料气在液相中的溶解度，也对稳定催化活性物种有利，因此压力的增加对提高烯烃羰基化反应有利。但是，压力太高，烯烃聚合副产物生成量会增加，同时压力增加羟醛缩合反应消耗的醛也可能增加，进而使得醛的收率降低。

张慧汝[75] 以乙酰丙酮三苯基膦羰基铑作催化剂、三苯基膦为配体，研究了异丁烯氢甲酰化时压力对异丁烯转化率以及异丁醛选择性的影响，实验结果如图 3.44 所示。随着反应压力的增加，异丁烯的转化率和异戊醛的选择性均在逐渐升高，但是增幅都在减小。在该反应体系中，压力越大，一氧化碳和氢气的分压就越大。在烯烃氢甲酰化反应中，氢气分压对反应速率的影响是单调的，但是一氧化碳分压对反应的影响比较复杂。一氧化碳和三苯基膦催化剂之间存在着竞争关系，压力增大有助于一氧化碳与金属铑配位，能够形成更多的催化剂活性物

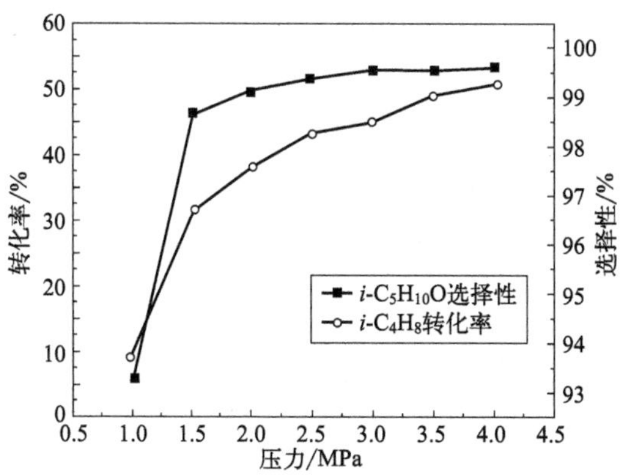

图 3.44　压力对异丁烯氢甲酰化反应的影响

质。但是，一氧化碳分压过大，会导致三苯基膦催化剂向［$HRh(CO)_4$］转变，催化剂的活性降低。

3.2.5.3 氢气/一氧化碳的摩尔比

合成气一般由氢气和一氧化碳构成，两者摩尔比（H_2/CO）称为氢碳比。H_2/CO 是一个非常重要的影响因素。一定的一氧化碳分压，可以保证液相中作为催化剂的 $Co_2(CO)_8$ 有一定的浓度，否则会发生 $Co_2(CO)_8$ 分解，Co 沉淀，催化剂就失去了活性。实验证明，要保证 $Co_2(CO)_8$ 在液相中有 0.8%～1.2%，就需要保持一氧化碳分压在 10MPa 左右，同时，可以供给羰基合成时发生的醛加氢生成醇的反应所需要的氢。

另外，如果 H_2/CO（摩尔比）过高，会导致副反应生成的烷烃增多，影响烯烃的利用率。而 H_2/CO（摩尔比）过低，粗产物中的正构醇含量降低，促进醛的增加和重质尾部馏分的形成。重质尾部馏分生成的增加，需要随着催化剂组分的损失而提高循环催化剂的有效浓度。工业生产一般用进料气体的组分调节氢气与一氧化碳的摩尔比（H_2/CO），H_2/CO 为 2.0 时进料效果较好。

3.2.5.4 催化剂的浓度

催化剂的浓度对烯烃转化率有明显的影响，并且直接影响生产费用。提高催化剂的浓度，烯烃的转化率会增加，催化剂费用亦会增加。此外，随着催化剂浓度的提高，重质馏分中催化剂含量增加，从而导致催化剂的损失。

作为催化剂的活性中心，在一定范围内，催化剂中的铑浓度与反应速率成正比。铑浓度的升高可以提高反应速率和反应的选择性，提高产物中的正异醛的比例。但过高的铑浓度也可能导致催化剂钝化，从而导致反应活性下降。铑浓度过高还会加大后期催化剂回收利用的难度，造成铑损耗增大[76]。

魏岚等[77]在反应温度 160℃、反应压力 8MPa 条件下，考察了羰基钴催化剂用量对混合辛烯羰基化反应生成异壬醛的影响，结果如表 3.6 所示。$n_{钴}/n_{烯烃}$ 在 0.005 以下时，随 $n_{钴}/n_{烯烃}$ 的增加，原料烯烃的转化率明显提高；而当 $n_{钴}/n_{烯烃}$ 在以 0.005 以上时，$n_{钴}/n_{烯烃}$ 的增加对转化率和产物收率的影响已不明显，转化率和产物收率呈现缓慢增加的趋势，原料转化率均在 80%以上。实验结果说明，当催化剂用量达到一定值时，继续增加催化剂用量，不能大幅度地提高产物的收率。

表 3.6　碳基钴催化剂用量对转化率（X）和选择性的影响

$n_{钴}/n_{烯烃}$	$X/\%$	产率/%		
		异丁醛	二聚体	其他
0.001	66.6	34.0	24.3	8.3

续表

$n_{钴}/n_{烯烃}$	X/%	产率/%		
		异丁醛	二聚体	其他
0.005	82.4	38.2	39.4	4.8
0.010	81.9	40.7	38.6	2.6
0.025	83.1	41.2	36.3	5.6
0.050	87.5	48.8	33.5	5.2

注：混合烯烃 15mL；$n(Co)/n(H_2)=1:1$；甲醇 5mL；160℃；8MPa；2.5h。

3.2.6 典型羰基合成醇品种——异构十三醇

异构十三醇是具有一定支链结构的饱和十三碳脂肪醇，支链为甲基或乙基结构。支化的碳链结构使得异构十三醇和异构十三醇聚氧乙烯醚具有良好的润湿性、渗透性和乳化性能。同时，由于不含苯环和酚氧基，降解速度快，毒性低。辛基酚醚、壬基酚醚具有生殖毒性，欧盟已经全面禁用，异构十三醇醚是辛基酚醚、壬基酚醚的最佳替代品。

目前，我国的异构十三醇市场高度依赖进口，市场主要被埃克森美孚、赢创、巴斯夫、协和、沙索等国外品牌占据。广东仁康达材料科技有限公司现有 1 万吨/年异十三醇产能，后续还有 2 万吨/年的在建产能。

3.2.6.1 异构十三醇生产原料的制备

异构十三醇的主要原料是异构十二烯，由丁烯三聚或丙烯四聚而来。

(1) 三聚丁烯

1-丁烯或混合 C_4 聚合生成二聚体和三聚体，分离三聚体经氢甲酰化和加氢后制备异构十三醇。

1968 年，埃克森 Mobil（美孚）公司最先发明了一种本体液相法合成等规聚丁烯的连续聚合工艺[78]（图 3.45)。该工艺采用 $TiCl_4/AlEt_2Cl$ 催化体系，以 1-丁烯单体为溶剂，H_2 作为分子量调节剂，61～108℃连续聚合合成了等规度 84.8%～94.3%的高等规聚丁烯，由于催化剂活性较低（1g 催化剂催化下只能生成 50～140g 聚丁烯)，工艺中保留了催化剂萃取工序及聚合物脱水工序。

1971 年，Rosen 等[79] 开发了气相聚合的技术，严格控制聚合初始阶段的温度（20～25℃）及反应器中 1-丁烯单体的加入量（保证 1-丁烯为气相)，采用 $TiCl_4/AlEt_2Cl$ 催化体系可合成等规度为 97.3%的颗粒状高等规聚丁烯，其中粒径为 44～300μm 的颗粒占整个产物的 67.5%。1976 年荷兰 Stamicarbon（斯塔米卡邦）公司[80] 报道了以 δ-$TiCl_3/AlEt_2Cl$ 为催化体系采用异丁烷为反应介质在 50～70℃淤浆中聚合合成高等规聚丁烯（等规度 99.1%)，聚 1-丁烯

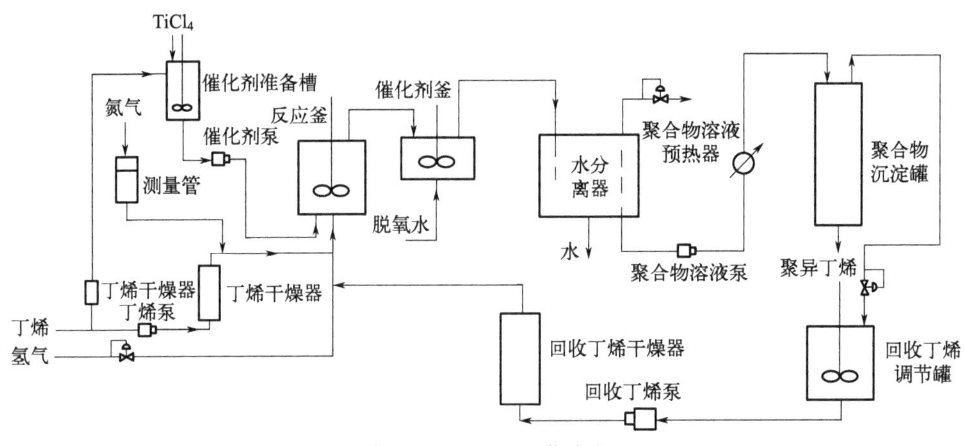

图 3.45 Mobil 工艺流程

粒径为 120μm。1985 年美国 Union Carbide（联碳）公司[81] 使用 SiO_2 负载的钛系催化剂，合成了等规度为 95%的高等规聚丁烯，产物的平均粒径为 56μm，堆积密度为 0.29g/cm^3，产物中催化剂残留量较高（Ti 的残留量达到 4.7×10^{-4}，且 Cl 的残留量达到 2.9×10^{-3}）。1988 年，日本 Idemitsu Petrochemical（出光）公司[82] 将聚丙烯活性粒子催化剂以恒定速率吹入一套直径为 300mm、体积为 100L 的流化床型聚合反应器，聚合温度为 55℃，合成了等规度为 98%、堆密度为 0.36g/cm^3 的管材级高等规聚丁烯，产物的 Ti 残留量 $<10^{-5}$。

Huels（赫斯）公司[83] 使用淤浆法生产聚 1-丁烯，工艺流程框图如图 3.46 所示：C_4 组分与循环的 1-丁烯单体先经过精制塔脱除丁二烯后，含有 50%1-丁烯单体的物料再经过两个精馏塔分别除去高沸点和低沸点组分，然后将物料通入连续的聚合反应器，在第一个反应釜内加入催化剂。残留的催化剂通过一步洗涤脱除，剩余的浆液进行离心得到高等规聚 1-丁烯（等规度 99%）。

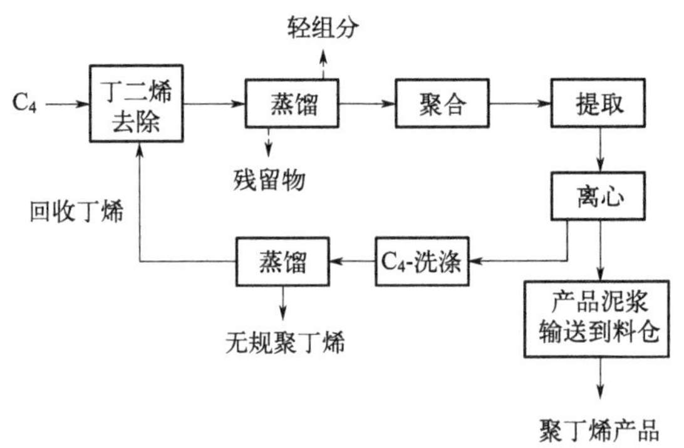

图 3.46 Huels 工艺流程框图

(2) 四聚丙烯

丙烯齐聚产物分离四聚体，经氢甲酰化和加氢也可以用于异构十三醇的制备。中国石油上海石油化工研究院和万华化学集团股份有限公司等采用不同类型的催化剂催化丙烯齐聚，四聚体选择性在 20%～40%之间[84]。

环管聚丙烯工艺由原美国 Philips（菲利浦）公司开发，由原意大利 Himont 公司将其完善并发展成为现代最主要的生产工艺——Spheripol 工艺（流程见图 3.47）。Spheripol 工艺采用的是高性能球形催化剂，相对其他工艺有以下特殊设计：①连续的催化剂预接触和连续本体预聚合工艺。催化剂预接触是将主催化剂、助催化剂（烷基铝）和给电子体（硅烷）在进入反应器之前先接触进行反应，以达到使催化剂上的活性点充分活化的目的。连续本体预聚合是在环管反应器中进行，停留时间为 6min 以上，聚合温度在 12℃以上，在此条件下可以得到 120 倍以上的预聚倍率。采用连续的预接触和预聚合可以保证预聚合产物质量的稳定性，能防止因不同批次所造成的装置波动。②复杂的聚合物处理环节。经闪蒸分离出的聚丙烯需要进行汽蒸脱活和干燥处理，汽蒸阶段使用大量的低压蒸汽。这种处理工艺有利于脱除其中的挥发性有机物，有利于提高产品质量。③球形催化剂的应用对该工艺至关重要，可以有效减少聚合产物中的细粉含量，使生产工艺更为简单，能获得高质量的聚丙烯产品，此外还大大提高了产率。

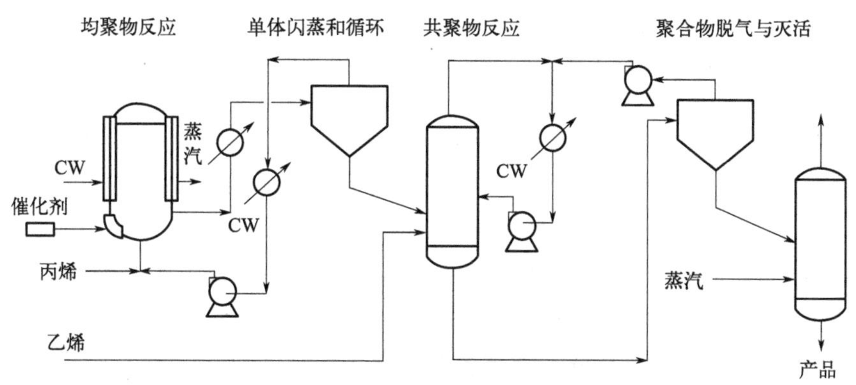

图 3.47　Spheripol 工艺流程

日本 Mitsui Chemicals Industries（三井化学）公司在 20 世纪 80 年代初期成功开发了 Hypol 工艺[85]，该工艺是现代釜式聚丙烯工艺的典型代表。采用高效 TKⅡ催化剂，把本体法丙烯聚合工艺的优点同气相法聚合工艺的优点融为一体，可以生产包括均聚物、无规共聚物、抗冲共聚物等在内的全范围聚丙烯产品。其工艺流程如图 3.48 所示。Hypol 工艺[86] 是一种多级丙烯聚合技术，是能生产多种牌号聚丙烯产品的组合式工艺技术。均聚聚丙烯的聚合分两段进行：第一段进行丙烯液相本体聚合，在这种聚合中能获得很高的聚合速率；生产的浆液送入第二阶段的气相反应器。气相反应中，液态丙烯进料汽化，带走了反应热。Hypol 工艺不用溶剂，没有溶剂回收问题，也不需脱灰，排出的废气均送火炬烧掉，因此生产过程是清洁的、安全的，没有污水，也没有毒害。

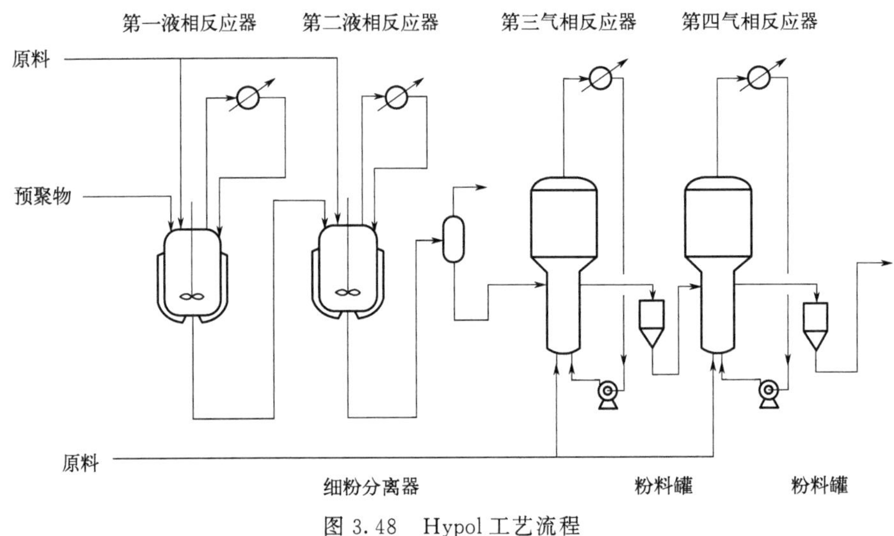

图 3.48　Hypol 工艺流程

由原 Union Carbide（联碳）公司开发的 Unipol 聚丙烯工艺技术[87] 是气相流化床聚丙烯工艺的代表，现在该工艺技术为 DOW（陶氏）公司所有。因省去了液相单体的回收，简化了聚丙烯产物处理流程，Unipol 工艺是连续法聚丙烯技术中固定资产投资最小的工艺类型，也是仅次于 Spheripol 工艺的第二大聚丙烯工艺。Unipol 工艺生产聚丙烯流程如图 3.49 所示。

在流化床反应器中，如果固体运动速度低于最小流化速度，在搅拌的作用下，反应器内固体处于缓慢微动的状态，此时反应器称为气相搅拌床反应器。这类工艺根据反应器类型又分为全混流型和平推流型。Novolen 工艺是由 BASF（巴斯夫）公司开发成功的，后被 NTH 公司收购。Novolen 工艺[88] 是气相搅拌床工艺的典型代表，其反应器是立式的搅拌釜，内装双螺旋带式搅拌器，催化剂加入聚合物床层，聚合物通过一插入管从上部排出，在搅拌和重力的双重作用下，反应器内物料被强制混匀，属于全混流反应器。Novolen 工艺聚丙烯流程如图 3.50 所示。液态丙烯用泵连续打入反应器，聚合物分子量由加入的氢气量来控制，聚合反应的温度靠液态丙烯的蒸发控制，液态丙烯的蒸发一方面可以使反应器冷却，另一方面可使搅拌的粉末床充分松散。

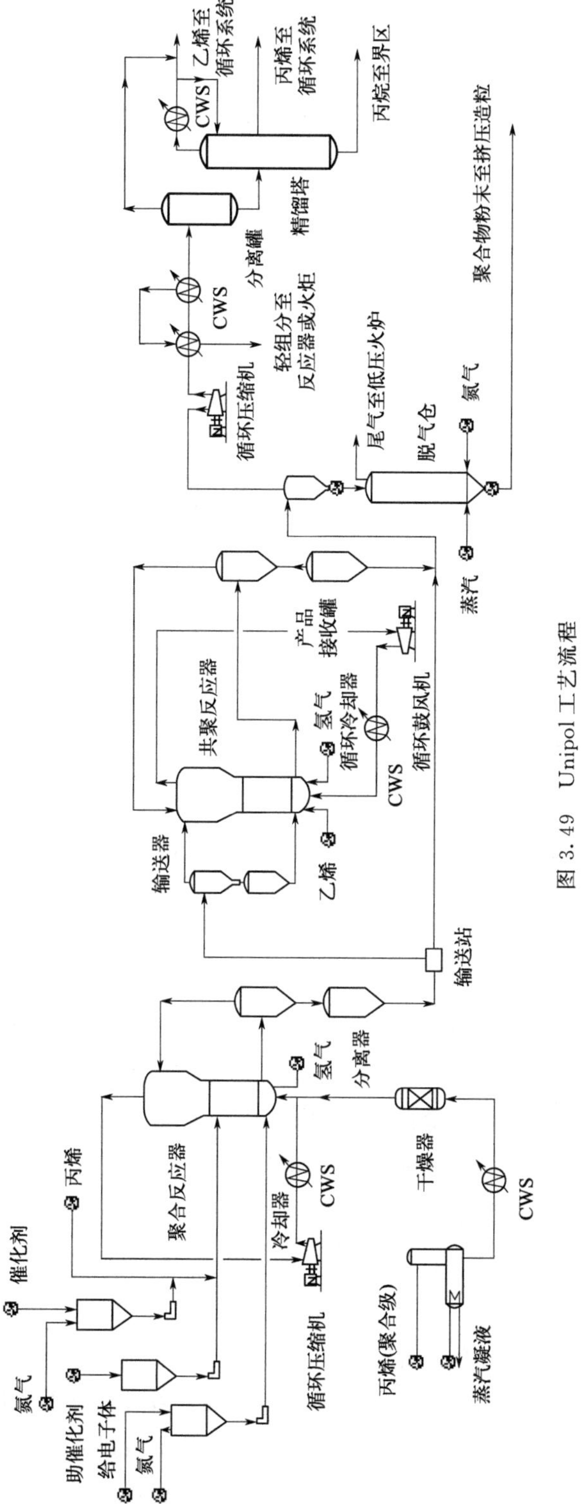

图 3.49　Unipol 工艺流程

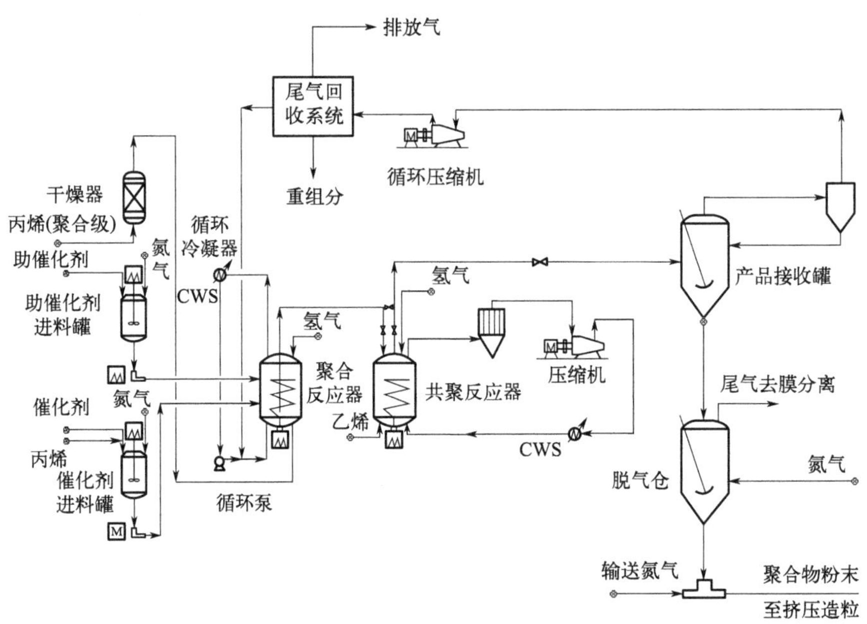

图 3.50　Novolen 工艺流程

Novolen 工艺大多数采用 BASF 公司的 PTK 高活性催化剂。该催化剂具有如下特点：不需预聚合，可以直接加入反应器；产率高并且挥发组分含量低；分子量和等规指数容易控制；催化剂形态可以极好地复制到聚合物粉末中，不结垢、不结块。Novolen 工艺的一个优点是能用抗冲共聚反应器生产均聚产品（与第一聚合反应器串联)，使均聚物的生产能力可以提高 30%。独特地将 Novolen 工艺用于抗冲产品的反应器，能在一个抗冲共聚反应器中生产出合格产品。Novolen 工艺的另一个优点是反应器操作模式的灵活性。两个反应器装置可以设计成“可切换”模式，即两个反应器可串联生产抗冲聚丙烯，也可并联操作生产均聚物或无规物。Novolen 工艺采用向挤压机中加入脱盐水脱除残余催化剂。汽化的水、低沸点的丙烯低聚物要从挤压机脱气区通过高真空系统去除，因而使用的挤压机需要特殊设计，增加了生产费用。

3.2.6.2　异构十三醇的生产工艺

三聚丁烯或者四聚丙烯经氢甲酰化和加氢制异构十三醇的工艺流程如图 3.51 所示[89]。

原料经原料预处理单元处理后得到主要含有 α-三异丁烯、β-三异丁烯的三异丁烯异构体混合液，然后将三异丁烯异构体混合液进行氢甲酰化反应，加入络合剂，分相，油相经进一步分离，塔釜氢甲酰化反应液进入加氢反应单元，塔顶组分经双效异构化单元处理后循环进入氢甲酰化反应单元，双效异构化单元产生的

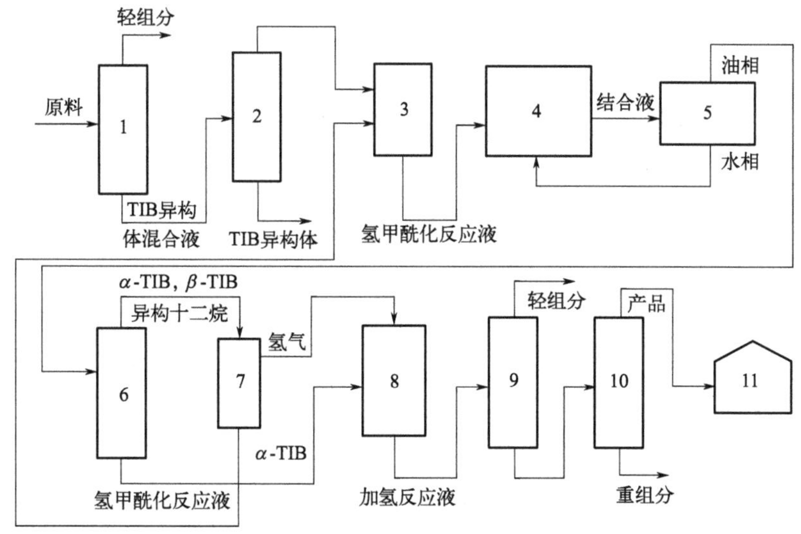

图 3.51　烯烃为原料合成异构十三醇工艺流程

1—脱轻组分塔；2—异构体分离塔；3—氢甲酰化反应器；4—络合釜；5—分相器；6—TIB 回用塔；7—异构化单元；8—加氢反应器；9—轻组分分离塔；10—精制塔；11—产品槽

氢气进入加氢反应单元。加氢反应后产物经分离提纯后得到异构十三醇产品。

3.2.7　典型羰基合成醇品种——直链线性醇（$C_6/C_8/C_{10}$ 醇）

$C_6/C_8/C_{10}$ 直链线性醇主要包括正己醇、正辛醇和正癸醇三种增塑剂醇。正己醇分子式为 $C_6H_{14}O$，又名 1-己醇、正戊基甲醇，属于脂肪伯醇，常温常压下为无色透明液体，具有特殊香味，主要用途是作为有机溶剂及有机合成原料。正辛醇分子式 $C_8H_{18}O$，是无色液体，有强烈的芳香气味，常用于香精、化妆品，并用作溶剂、防沫剂、增塑剂、防冻剂、润滑油添加剂等。正癸醇分子式为 $C_{10}H_{22}O$，别名 1-癸醇，是无色透明黏稠状液体，因为有甜花香气，常用于制造精油，也可用于制造表面活性剂、增塑剂、合成纤维、消泡剂、除草剂、润滑油添加剂和香料等的原料，也用作油墨等的溶剂。

2022 年，全球 $C_6/C_8/C_{10}$ 直链醇的生产能力 14.5 万～15.5 万吨/年，产量 10 万吨，主要生产企业是沙索公司。国内目前工业化项目只有内蒙古伊诺新材料有限公司建成 2 万吨/年高碳醇项目，该项目采用青岛三力本诺新材料股份有限公司自主知识产权的煤基路线经费托反应、烯烃氢甲酰化两相催化技术生产 C_6 以上直链线性高碳醇。生产工艺有齐格勒法和羰基合成法。

（1）齐格勒（Ziegler）法

该法是从 Kril-Ziegler 的有机铝化学合成方法基础上发展起来的，以过量的乙烯为原料，在三乙基铝上进行链增长（气相反应）制得长链的三烷基铝，其中产物用氧或空气氧化制得三烷基铝氧化物，并对其用水或硫酸进行水解获得高碳醇。该法可生产偶数碳原子直链伯醇，产品醇分布宽、流程长、技术复杂，生产成本高，且开发难度较大。

(2) 羰基合成法

羰基合成法是以烯烃、一氧化碳和氢气为原料，羰基钴或铑为催化剂金属，110～180℃、20～30MPa 下，催化反应生成醛，醛加氢还原得到脂肪醇，是合成高碳醇的主要方法。该法可用不同的原料、催化剂生产出不同碳链长度的醇，能根据产品需求对工艺进行调整，得到正构或异构醇。该法制得的高碳醇质量仅次于齐格勒法，而生产成本仅为齐格勒法的 55%。

两种工艺合成 $C_6/C_8/C_{10}$ 的比较见表 3.7。

表 3.7 $C_6/C_8/C_{10}$ 合成工艺比较

项目	齐格勒法	羰基合成法(OXO 法)
国内技术现状	无	内蒙古伊泰、宁煤公司
生产过程	以过量的乙烯为原料,在三乙基铝上进行链增长(气相反应)制得长链的三烷基铝,其中间产物用氧或空气氧化制得三烷基铝氧化物,并对其用水或硫酸进行水解获得高碳醇	以 α-烯烃、一氧化碳和氢气为原料,羰基钴或铑为催化剂金属,90～180℃、20～30MPa 下,催化反应生成醛,醛加氢还原得到脂肪醇
主要原料	乙烯	α-烯烃、一氧化碳和氢气
优势	—	生产成本仅为齐格勒法的 55%
劣势	生产成本高	—

3.2.8 典型羰基合成醇品种——洗涤剂醇（C_{12}～C_{13} 醇）

洗涤剂醇和其下游衍生物是生产表面活性剂的原料，用于洗衣、清洗餐具、家用清洗以及工业应用。从下游衍生物来看，脂肪醇聚氧乙烯醚（AEO）、脂肪醇聚氧乙烯醚硫酸钠（AES）、脂肪醇硫酸盐（AS）及脂肪叔胺是洗涤剂醇最大的四个下游。AEO 主要用作洗衣粉和洗衣液的非离子型表面活性剂，AES 和 AS 主要用作个人护理和工业洗涤剂的阴离子表面活性剂，脂肪叔胺主要用于杀菌剂和消毒剂。

目前全球生产洗涤剂醇的厂家主要在美国、欧洲、日本、东南亚各国和南非。全球最大的洗涤剂醇生产商是沙索，其次是壳牌和巴斯夫。据统计，截至 2022 年底，全球洗涤剂醇产能约为 410 万吨/年，呈现稳定增长的态势。东南亚地区（产能 164.6 万吨/年）、西欧地区（产能 76.7 万吨/年）、北美地区（产能

61万吨/年）和我国（产能63.5万吨/年）位居全球前列。C_{12}～C_{13}醇的生产工艺有羰基合成法和正构烷烃氧化法。

目前，国内C_{12}～C_{13}洗涤剂醇主要以棕榈仁油等天然油脂为原料，采用天然法制得，主要有油脂直接加氢法、脂肪酸加氢法、脂肪酸甲酯加氢法。合成法主要有羰基合成法和正构烷烃氧化法。

(1) 羰基合成法

直接利用费托产品中分离出来的α-烯烃，在催化剂和合成气的作用下，合成醛再生产高碳醇［式(3.10)］：

$$CH_3(CH_2)_nCH{=}CH_2+CO+H_2 \xrightarrow{\text{催化剂}}$$

$$CH_3(CH_2)_nCH_2CH_2CHO \xrightarrow{H_2} CH_3(CH_2)_nCH_2CH_2CHOH \quad (3.10)$$

高碳α-烯烃氢甲酰化的关键是催化剂，钴（Co）和铑（Rh）是最重要的催化剂，就氢甲酰化反应而言，铑催化剂活性最高，但是价格也最昂贵的。在铑/膦催化剂体系中，有关新的有机膦配体不断有新文献报道。国内四川大学黎耀忠等[90]研究了由双膦配体与铑催化剂体系对1-己烯、1-辛烯、1-十二烯羰基合成作用的效果，并考查了不同条件对不同碳数α-烯烃的催化活性。

宁夏煤业以费托C_5～C_9和C_{11}～C_{12}烷烯组分为原料生产$C_6/C_8/C_{10}$醇和C_{12}～C_{13}醇，采用自主研发的有机膦配体与铑金属构筑的非均相铑膦催化剂，原料转化率在90%以上，目标产物选择性在95%以上。通过产品性能测试，达到行业先进水平，金属催化剂损失量远低于行业平均水平。

(2) 正构烷烃氧化法

正构烷烃在硼酸催化剂作用下，常压下用空气氧化导致大量断链而生成多种氧化产物。通过改进催化剂，改变反应条件并以非常纯的正构烷烃为原料制得高碳醇是直链度接近100%的仲醇。正构烷烃液相氧化制仲醇是1913年德国BASF公司的专利，此后先后有前苏联、美国、日本利用该技术建厂生产。金陵石化有限公司研究院韩非等[91]研究了正构烷烃制仲醇，采用硼酸作为催化剂，催化剂的用量占烷烃的5%，空气在液面下鼓泡，170～180℃反应3h得到正构烷烃，单程转化率为15%，仲醇选择性大于80%。通过检测精制仲醇的各项性能指标达到工业洗涤剂醇规格要求。

沈阳化工大学张爽等[101]通过固体石蜡和硼酸反应生成酯，而后进行水解反应合成高碳醇的新工艺，副产物硼酸通过水洗比较容易除去。通过单因素试验，得到合成高碳醇的最佳工艺条件：n(石蜡)/n(硼酸)=1/4，氧化温度170℃，时间6h；水解温度80℃，时间1h。得到高碳醇的收率为12.7%。随后张爽等[102]又以硼酸酐为催化剂，催化剂用量4%，氧化温度175℃，时间4.5h，使用氢氧化钠皂化，皂化温度90℃，时间3.5h，产品收率达到 14.28%。

国内江苏赛科拥有国内首套 1 万吨/年仲醇工业装置，其以液体石蜡为原料，偏硼酸/氨基碱为催化剂，生产仲醇。图 3.52 为正构烷烃氧化法制仲醇工艺流程图。

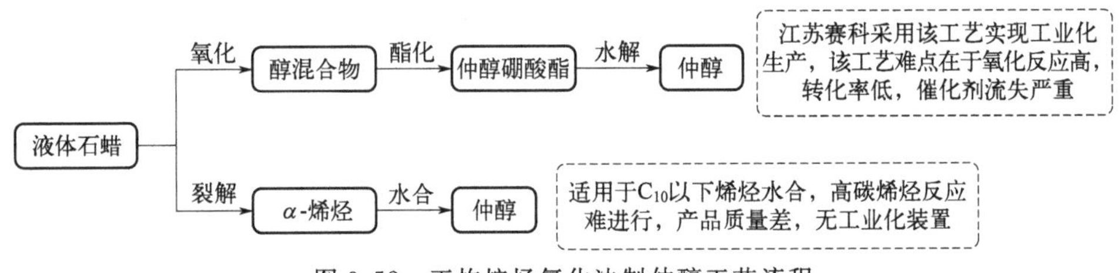

图 3.52　正构烷烃氧化法制仲醇工艺流程

3.3 齐格勒法制脂肪醇

1954 年，齐格勒发现直链伯醇可以经三烷基铝氧化、水解制得[92]。以乙烯为原料，在三乙基铝存在下经齐聚、氧化、水解而制得高级脂肪醇的方法称为齐格勒法。1962 年，Konoko（科诺科）公司首先实现了工业化生产，商品名为 Alfol 醇。由于 Alfol 醇产品分布过宽，为此 Ethyl（乙基）公司作了改进，并于 1965 年实现了工业化，被称为改进齐格勒法，产品为 Epal 醇[93]。20 世纪 90 年代初，吉林石化公司引进国外技术，建成 10 万吨/年齐格勒醇生产装置，于 1997 年试车成功，但是由于产品分布的问题，使得低碳部分和高碳部分销售不畅，被迫停产。齐格勒法制备脂肪醇工艺流程如图 3.53 所示。

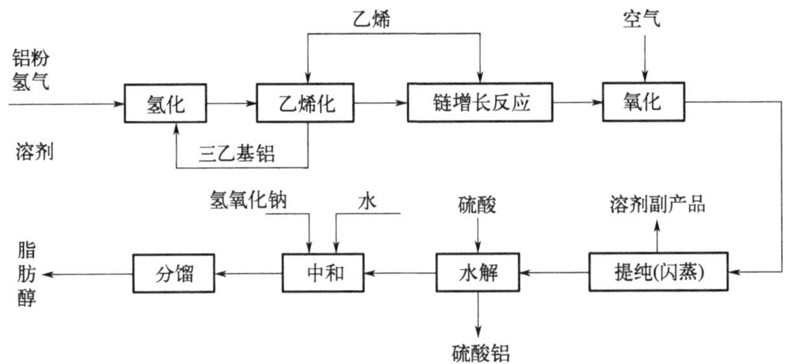

图 3.53　齐格勒法制备脂肪醇工艺流程

齐格勒法生产 $C_2 \sim C_{20}$ 或更高的偶数碳原子直链伯醇，产品醇分布宽、流程长、技术复杂，生产成本为合成醇中最高的，且开发难度较大。

3.3.1 三乙基铝

三乙基铝为无色液体，化学性质活泼，氧化反应剧烈，在空气中能自燃，遇水爆炸分解成氢氧化铝和乙烷；与酸、卤素、醇胺类接触发生剧烈反应，对人体有灼伤作用；有毒，通风、防爆、消防、运输皆需专门设备。

三乙基铝的工业化生产方法主要有两种[94]：两步法和一步法。两步法反应原理见式(3.11)、式(3.12)。铝粉、氢气和三乙基铝在 135℃、7MPa 条件下生成氢化二乙基铝，氢化二乙基铝再在 120℃、2MPa 下与乙烯反应生成三乙基铝。反应需用高纯度雾化铝粉。由于铝粉易燃易爆，必须用密闭的气动系统，载气含氧量必须在 2%以下，氢气纯度要求在 99%以上。

$$Al+3/2H_2+2Al(C_2H_5)_3 \longrightarrow 3Al(C_2H_5)_2H \tag{3.11}$$

$$Al(C_2H_5)_2H+C_2H_4 \longrightarrow Al(C_2H_5)_3 \tag{3.12}$$

国内主要采用一步法，其主要反应为加氢反应和乙基化反应，生产工艺流程见图 3.54[95]。

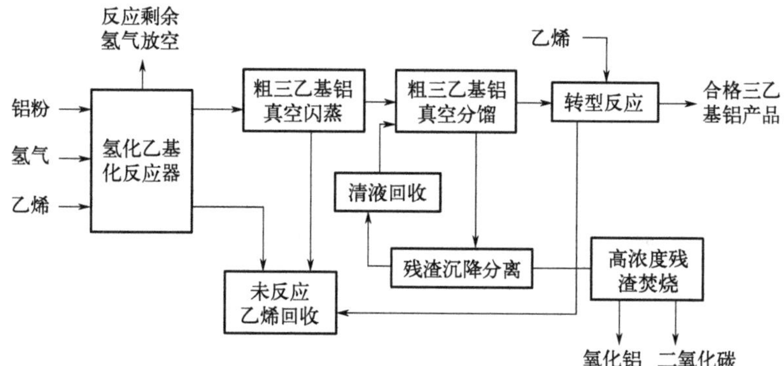

图 3.54　三乙基铝生产工艺流程

首先向反应釜中加入三乙基铝，再将少量铝粉加入反应釜中，在 90℃下常压搅拌，然后进行加氢反应，加完剩余铝粉后，充分释放余氮，升温到 119℃，同时向反应器充氢加压并维持反应器压力在 9.9MPa，直到反应不再耗氢为止，切断氢气完成氢化反应，得到中间产物二乙基氢化铝。最后在反应器完成降温、释压、氢气闪蒸和隔离之后，再向反应器输入乙烯，在温度 89℃、压力 0.9MPa 条件下进行乙基化反应，生成三乙基铝，其中含有铝粉及其氧化物等固体杂质，通过蒸馏、提纯以及深度乙基化等方法得到合格的三乙基铝成品。

3.3.2 反应机理

齐格勒两步法（即低温法）是在反应温度 90～130℃、反应压力 10MPa 下，由乙烯和三乙基铝进行链增长反应。三乙基铝的二聚体与三乙基铝单体形成平衡，当温度升高、有溶剂稀释时，平衡向单体方向转移：

$$\begin{array}{ccccc} \mathrm{Et} & & \mathrm{Et} & & \mathrm{Et} \\ & \mathrm{Al} & & \mathrm{Al} & \\ \mathrm{Et} & & \mathrm{Et} & & \mathrm{Et} \end{array} \rightleftharpoons 2\mathrm{AlEt_3} \tag{3.13}$$

三乙基铝二聚体解离后，乙烯嵌入乙基铝分子的乙基基团与铝原子之间形成丁基铝键，再嵌入乙烯分子直到形成增链烷基铝。链增长反应如式(3.14) 所示，加压有利于链增长反应的进行。

$$\begin{array}{l} \mathrm{R^1} \\ \quad \mathrm{AlR^3} \\ \mathrm{R^2} \end{array} + \mathrm{C_2H_4} \longrightarrow \begin{array}{l} \mathrm{R^1} \\ \quad \mathrm{AlCH_2CH_2R^3} \\ \mathrm{R^2} \end{array} \tag{3.14}$$

在较高的温度下，长链烷基铝分解出乙烯或 α-烯烃，生成氢化二烷基铝。由于乙烯过量，氢化二烷基铝与乙烯迅速反应达到平衡。

$$\begin{array}{l} \mathrm{R^1} \\ \quad \mathrm{AlCH_2CH_2R^3} \\ \mathrm{R^2} \end{array} \longrightarrow \begin{array}{l} \mathrm{R^1} \\ \quad \mathrm{AlH} \\ \mathrm{R^2} \end{array} + \begin{array}{c} \mathrm{CHR^3} \\ \| \\ \mathrm{CH_2} \end{array} \tag{3.15}$$

$$\begin{array}{l} \mathrm{R^1} \\ \quad \mathrm{AlH} \\ \mathrm{R^2} \end{array} + \mathrm{C_2H_4} \longrightarrow \begin{array}{l} \mathrm{R^1} \\ \quad \mathrm{AlCH_2CH_3} \\ \mathrm{R^2} \end{array} \tag{3.16}$$

两步法的优点是链增长反应可以单独加以调节，产物中 α-烯烃的碳链分布灵活性大，所需要碳数范围的 α-烯烃产率高。

式(3.15)、式(3.16) 称为置换反应，一般在静态混合器制成的反应器内进行。置换工艺流程如图 3.55 所示[96]。

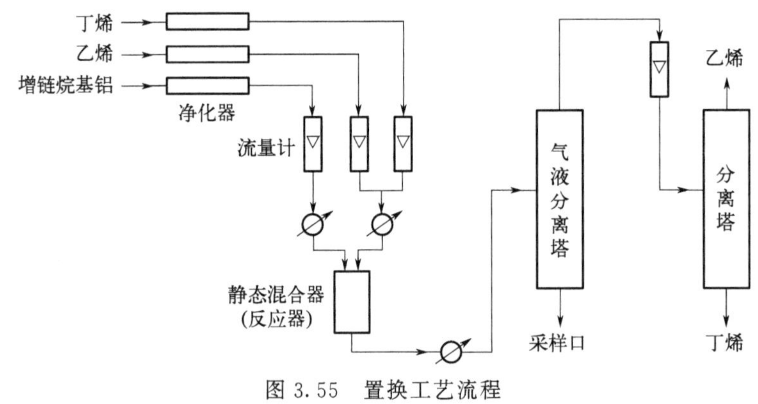

图 3.55 置换工艺流程

置换剂乙烯（和/或丁烯）净化后与增链烷基铝经流量计计量后，分别预热，同时进入反应器上部，反应产物经冷却后进入气液分离塔，塔底为置换后的烷基铝及线性 α-烯烃。置换剂若为乙烯，可直接循环到压缩机；若为乙烯与丁烯的混合物，则进入乙烯、丁烯分离塔进行分离。

齐格勒一步法（即高温法）是将链增长反应、取代反应合为一步进行。此法提高了反应温度，加快了链增长反应速度。在 160～275℃、13.5～27.0MPa 下进行链增长反应制备大量 C_6～C_{10} α-烯烃。若生产 C_6～C_{10} 醇，可用链增长得到的三烷基铝直接氧化再用硫酸水解，即得 C_6～C_{10} 为主的增塑剂醇。氧化反应即链增长产物在空气氧化下生成三烷基铝氧化物［式(3.17)］，三烷基铝氧化物经汽提分离脱除溶剂后，在弱碱性水中进行水解即制得脂肪醇［式(3.18)］[97]。

$$AlR_3 + O_2 \xrightarrow[276kPa]{32\sim41℃,催化剂} Al(OR)_3 \tag{3.17}$$

$$2Al(OR)_3 + 3H_2O \xrightarrow[552kPa]{93℃,NaOH} Al_2O_3 + 6ROH \tag{3.18}$$

3.3.3　齐格勒醇生产工艺流程

3.3.3.1　Alfol 工艺

Konoko（科诺科）公司的 Alfol 醇工艺流程如图 3.56 所示[98]。该工艺包括三乙基铝的制备、链增长反应、烷基铝氧化以及烷氧基铝水解等工序。在 135℃、7MPa 下先制备二乙基铝，然后二乙基铝在 120℃、2MPa 下与乙烯反应生成三乙基铝。链增长反应在 120℃、12MPa 条件下进行。烷基铝氧化的温度为 50℃，压力为 0.5MPa。烷氧基铝可以用酸、碱、或水进行水解生成醇，过去 Konoko（科诺科）公司用硫酸水解，后来改用水水解，会副产三氧化铝。

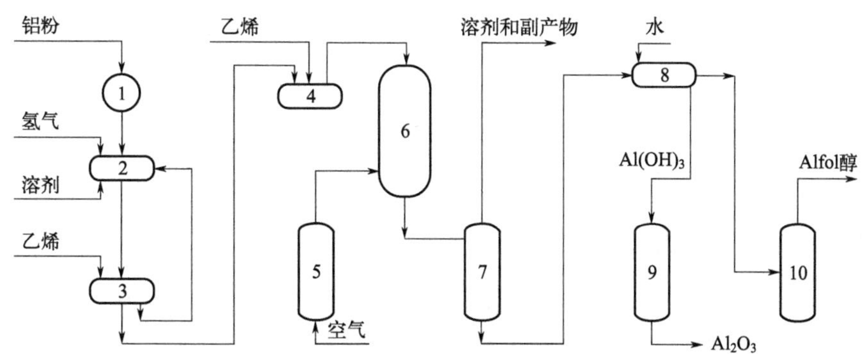

图 3.56　Alfol 醇工艺流程

1—球磨；2—氢化反应；3—乙烯化反应；4—链增长；5—干燥；6—氧化反应；7—精制；8—水解反应；9—干燥；10—蒸馏

3.3.3.2　Epal 醇工艺

Ethyl 公司的 Epal 醇工艺步骤与 Alfol 醇类似，所不同的是增加了一步链增长和烷基置换过程。其链增长部分工艺流程如图 3.57 所示[98]。

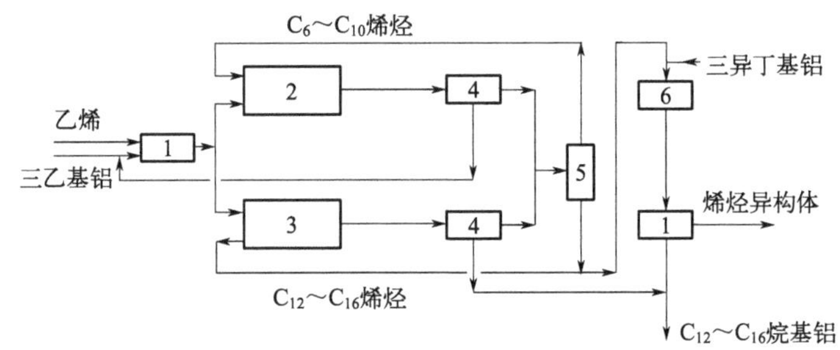

图 3.57 Epal 醇工艺链增长部分工艺流程

1—链增长反应；2—第一烷基转移反应；3—第二烷基转移反应；4—分离；5—分馏；6—精制

Epal 醇工艺将链增长反应得到的烷基铝与 C_6～C_{10} 烯烃在 290℃、3.5MPa 下进行烷基转移反应，这样烷基铝的链长以 C_6～C_{10} 占优势，分离出过剩烯烃，将 C_6～C_{10} 烷基占优势的烷基铝同乙烯再进行链增长反应，然后同 C_{12}～C_{16} 烯烃在 200℃、35kPa 下进行第二烷基转移反应，分离出过剩烯烃，得到含大量 C_{12}～C_{16} 碳链的烷基铝化合物，然后进行氧化，用硫酸水解，得到 Epal 醇。

3.4 石蜡氧化制醇

石蜡在催化剂存在下经空气氧化可制得相同链长的仲醇，此法称石蜡氧化法。美国 UCC（联合碳化物公司）1964 年用硼酸催化剂氧化石蜡，得到仲醇，日本 Nippon Shokubai（触媒）公司在 UCC 公司工艺基础上采用了助催化剂技术，产品无须加氢即得高级无臭的醇乙氧基化物，从而发展了用硼酸为催化剂的仲醇路线。Esso（埃索）公司、Texaco（德士古）公司和 Conoco（康菲）公司曾对仲醇路线进行过较长时间的研究，并完成了制备仲醇的中试，但未见工业化报道。江苏赛科化学有限公司建有 1 万吨/年石蜡氧化制仲醇装置。

3.4.1 石蜡原料的来源

石蜡在自然界广泛存在，分为矿物蜡（从煤炭或者石油中提取）、植物蜡和动物蜡 3 种。以费托油品加氢精制常一线或者加氢裂化常一线柴油组分为原料，通过分子筛吸附分离或者异丙醇-尿素脱蜡进行正异构烷烃分离，分离出的正构烷烃是通过正构烷烃氧化法制备高碳醇的理想原料[99]。

3.4.2 烷烃氧化催化剂及催化机理

3.4.2.1 硼酸

作为催化剂用的硼化合物，有正硼酸、偏硼酸、无水硼酸、烷基硼酸酯等。

为防止发生凝集现象，应在烃中作脱水处理。硼酸及其酯类有抑制反应的作用，作催化剂用时通常只用少量或必要量，一般的用量在生成醇的偏硼酸当量和正硼酸当量之间。另外原料正构石蜡中存在着微量的芳香族化合物，这种芳香族化合物对反应也有抑制作用，若和硼酸共存会发挥协同作用，两者一起成为强烈的抑制剂[100]。

正构石蜡的空气液相氧化反应机理是基团连锁反应的自动氧化反应，反应开始时，以氧基团脱氢开始而生成烷基基团。

$$RH+O_2 \longrightarrow R\cdot+HO\cdot \tag{3.19}$$

$$RH+X\cdot \longrightarrow R\cdot+HX \tag{3.20}$$

然后，在生成烷基基团上引起氧加成，生成过氧化基团，此过氧化基团与氢结合生成过氧化物，并生成新的烷基基团。

$$R\cdot+O_2 \longrightarrow RO_2\cdot \tag{3.21}$$

$$RO_2\cdot+RH \longrightarrow ROOH+R\cdot \tag{3.22}$$

硼酸的存在不仅使生成的醇酯化从而达到稳定化，并能防止逐级氧化，而且在过氧化物分解过程中起催化作用，从而定向地生成醇。

3.4.2.2　硼酸酐

硼酸酐是一种无色固体，具有玻璃状外观。它具有熔点高、硬度高和热导率低的特点。硼酸酐在空气中不易吸水，但可与水反应生成硼酸。在高温下，硼酸酐能与金属发生反应生成相应的金属盐。硼酸酐催化剂在初始阶段起到了催化作用，然后与产物高碳醇生成热稳定的硼酸酯，保护高碳醇不被进一步氧化[101]。

硼酸酐的制备方法多种多样，其中一种常用的方法是将硼酸或硼酸盐加热至较高温度，使其脱水生成硼酐；也可使用硼酸和碳在高温下反应得到硼酐。

3.4.2.3　乙酰丙酮钴

乙酰丙酮钴可以催化氧化石蜡生成高碳醇[102]。制备乙酰丙酮钴催化剂的铜（Ⅱ）盐可以为无水乙酸铜及其水合物、无水硫酸铜及其水合物、无水氯化铜及其水合物、无水硝酸铜及其水合物、无水碳酸铜及其水合物、无水乙酰丙酮铜及其水合物。

3.4.3　合成工艺路线

3.4.3.1　日本触媒公司工艺

日本 Nippon Shokubai（触媒）公司于 1964 年着手研究正构烷烃氧化制仲醇的工艺，1972 年投入工业生产。工艺过程包括正构烷烃氧化、未反应蜡回收、硼酸回收、醇的分离精制等工序，其流程如图 3.58 所示[103]。

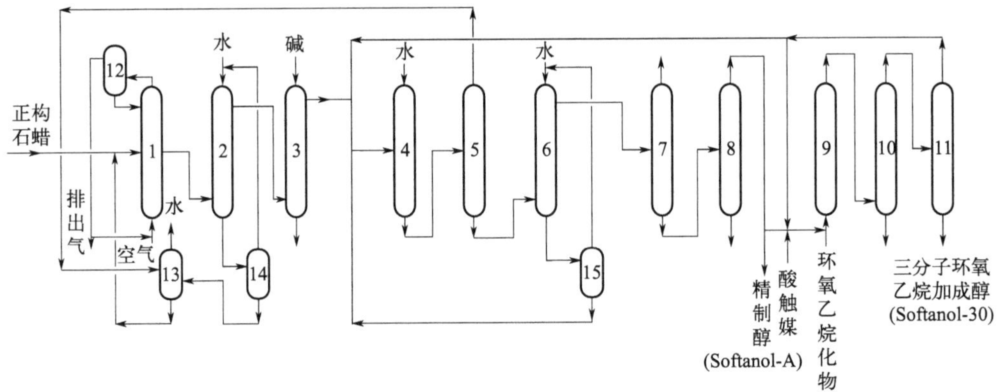

图 3.58　日本触媒公司仲醇工艺流程（去掉了乙氧基化部分）

1—氧化反应器；2,6—加水分解塔；3—碱洗涤塔；4—硼酸酯化塔；5—石蜡回收塔；7—轻馏分分离塔；8—精馏塔；9—环氧乙烷化器；10—触媒回收器；11—醇回收塔；12—冷凝器；13—脱水器；14,15—晶析器

该工艺采用 C_{12}～C_{14} 正构烷烃作原料，正构烷烃含量在 98%以上，芳香族化合物含量在 0.1%以下。由于硼酸酯在高温下脱水易变成烯烃，尤其是在酸性物质的催化作用下易分解，而这种分解产品和副产物极易生成新的有不愉快气味的物质，因此成品醇气味变坏。为此，触媒公司采用先将氧化副产物，如脂肪酸、有机酸酯、酮等，加水分解、皂化后除去，再硼酸酯化，闪蒸回收未反应石蜡，从而制得没有不愉快气味的高级醇。硼酸回收采用母液循环，省略干燥工序，使工艺过程非常简单；皂化是在高温下使用高浓度碱；醇的分离精制采用轻馏分分离塔和重馏分分离塔。

3.4.3.2　美国 Esso（埃索）公司工艺

美国 Esso（埃索）公司用 C_{12}～C_{15} 正构烷烃在硼酸催化剂存在下，用空气连续氧化制取仲醇。其流程分为氧化、烷烃回收、碱处理和加氢精制等工序，如图 3.59 所示[104]。

正构烷烃于 160℃进行液相氧化，催化剂采用正硼酸脱水而得的偏硼酸，也可直接用正硼酸。为保持氧化产品中醇的选择性，氧化转化率限制在 20%以下，定量加入硼酸使氧化生成的仲醇及时酯化。未反应的石蜡和酮用真空闪蒸法从产品中除去，用稀碱液洗涤后，与新鲜原料一起加氢，再循环至氧化段。闪蒸残余物主要是仲醇的硼酸酯，烷烃含量在 1%以下，水解后得硼酸和游离醇，将硼酸回收循环，粗醇用浓氢氧化钠在高温下处理，以除去副产羰基化合物，再在 160～182℃下于载体镍催化剂上加氢，以除去色泽和气味。粗醇再经两塔蒸馏提纯，以分离高沸点二元醇和轻馏分。所得仲醇的质量分数可达 98.8%。

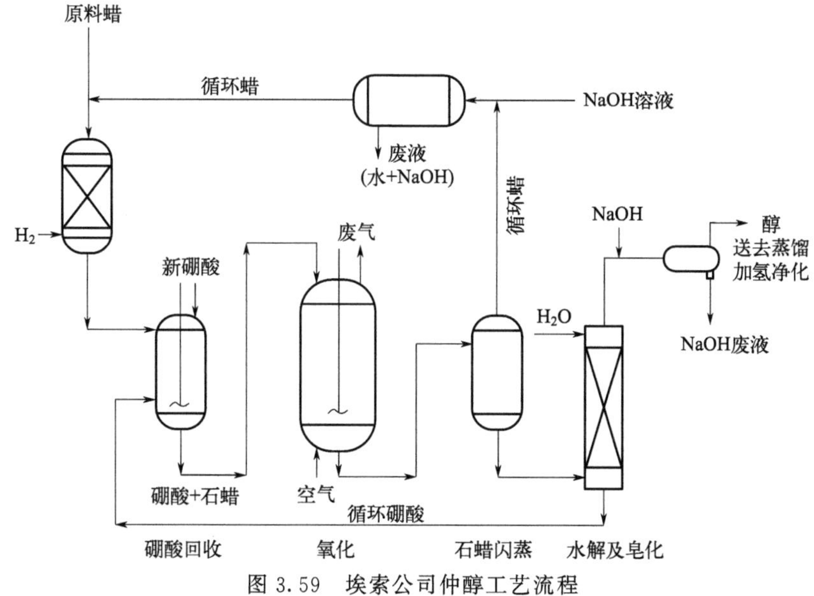

图 3.59　埃索公司仲醇工艺流程

Esso（埃索）公司采用一段连续氧化塔，石蜡转化率为 15%时，100kg 石蜡能得 75kg 纯仲醇；如用两段连续氧化塔，石蜡转化率为 15%时，能得 79kg 纯仲醇。

3.4.3.3　乙酰丙酮钴催化氧化石蜡工艺

沈阳化工大学[102] 用石蜡为原料，经乙酰丙酮钴催化氧化，氧化时间为 5h，氧化温度为 155℃，催化剂用量为 1.5%（以石蜡质量为参考）；然后用氢氧化钠溶液皂化得到粗产品，皂化温度为 75℃，皂化时间为 1.5h，氢氧化钠质量分数为 5%；粗产品经减压蒸馏步骤进一步提纯，最终得到目标产物——高碳醇，收率为 11.46%。

3.5　格尔伯特反应制脂肪醇

格尔伯特醇（Guerbet alcohol）是一种在 β 位上有较长支链的饱和脂肪伯醇，又称为 2-烷基-1-烷醇。1899 年，Marcel Guerbet 首次以氢氧化钾作为催化剂，使低分子脂肪醇经醇醛缩合后，两个醇分子在羟基 β 位上生成带支链的异构高碳醇，被命名为格尔伯特醇[105]。

格尔伯特醇耐氧化性好。与直链饱和醇相比，由于支链的存在，格尔伯特醇的凝固点与黏度又大为降低。例如，C_{16} 正构饱和醇的凝固点为 49.6℃；C_{20} 饱和醇的凝固点为 65℃；而 C_{16} 的格尔伯特醇，即 2-己基-1-癸醇，其凝固点低于

−40℃；2-辛基-1-十二醇凝固点低于−15℃。格尔伯特醇及其衍生物的溶解性能也较好，在工业生产中已成为一种重要的醇。

3.5.1 格尔伯特醇的生产原料

格尔伯特醇通常有两种合成方法：一种是以α-烯烃为原料，经CO羰基化反应得到醛，然后两分子的醛缩合生成碳数增加一倍的不饱和醛，最后加氢得到高碳数的醇；另一种方法是直接用醇在催化剂的作用下脱氢生成醛，然后经醛的缩合及加氢反应得到相应碳数的格尔伯特醇。

3.5.1.1 α-烯烃

高纯度C_6及以上的α-烯烃通常使用乙烯齐聚法合成，其生产成本高，因此，以α-烯烃为起始原料合成格尔伯特醇的工业化应用很少。但以煤炭、天然气或生物质为原料，汽化后经费托合成反应得到连续碳数的烃类产物中富含α-烯烃，在温度275～300℃、压力3.0MPa、铁基催化剂、浆态床反应器条件下得到的费托合成轻油中α-烯烃含量可达65%左右。因此，将费托合成产物中的α-烯烃组分分离出来，即可得到廉价的α-烯烃原料，用于生产格尔伯特醇。α-烯烃的详细来源见本书3.2节。

3.5.1.2 正构伯醇

以正构伯醇为原料在脱氢催化剂作用下生成醛，然后在碱性催化剂存在下发生羟醛缩合反应生成醇醛中间体，醇醛中间体自发脱水生成烯醛后在加氢催化剂作用下生成格尔伯特醇。工业生产常采用天然油脂加氢制备的天然醇，或者通过齐格勒工艺制备的齐格勒醇进行馏分切割得到的醇作为生产格尔伯特醇的原料醇。

3.5.2 格尔伯特反应催化剂及催化机理

3.5.2.1 格尔伯特反应催化剂

(1) 金属氧化物

许多不同种类的金属氧化物都可作为格尔伯特（Guerbet）反应的催化剂。高平等[106]以C_6～C_{18}的脂肪醇为反应物，以纳米级金属氧化物（ZrO、BaO、CuO等）和NaOH（或KOH）为催化剂体系，在N_2气氛下进行Guerbet反应。当以正己醇为原料，KOH和纳米ZrO为催化剂，反应温度为140℃、反应时间为45min时得到2-丁基辛醇的收率为92%，纯度大于96%。

MgO、Mg/Al复合氧化物和Mg/Zr复合氧化物也可以作为Guerbet反应的催化剂。

(2) 镍基催化剂

李向阳等[107] 以 KOH 和 Ni 粉为催化剂，在 0.2～2MPa 的 N_2 气氛保护下，于 100～270℃下进行 Guerbet 缩合反应，有效避免了氧化副反应的发生和酸、醛等副产物的生成，当以月桂醇为反应原料时，反应收率可达 91％。

(3) 羟基磷灰石

羟基磷灰石（HAP）的羟基能被氟化物或氯化物取代，生成氟基磷灰石或氯基磷灰石；Ca^{2+} 可被多种金属离子通过离子交换反应替代，形成对应金属的羟基磷灰石[108]。羟基磷灰石原料易得，催化效能好，是一种具有较大应用前景的 Guerbet 反应催化剂，其催化效能一般受 Ca 和 P 摩尔比的影响。日本的 Tsuchida 课题组用 HAP 作催化剂，进行乙醇的气-固相 Guerbet 缩合反应，当羟基磷灰石表面（Ca+Ce）与 P 摩尔比为 1∶50、反应温度为 400℃时，乙醇的转化率和催化剂选择性能分别达到 42.3％和 63.7％。

3.5.2.2 格尔伯特反应机理

尽管格尔伯特反应的原料不同，但其反应机理都是先得到高碳数的脂肪醛，后经过羟醛缩合生成烯醛，烯醛在催化剂作用下氢化生成烯醇，烯醇饱和得到相应碳数的格尔伯特醇。烯烃经羰基合成得到醛的反应机理详细内容可参考本书 2.3 节。以烯烃或脂肪醇为原料制备格尔伯特醇的反应机理如图 3.60 所示。

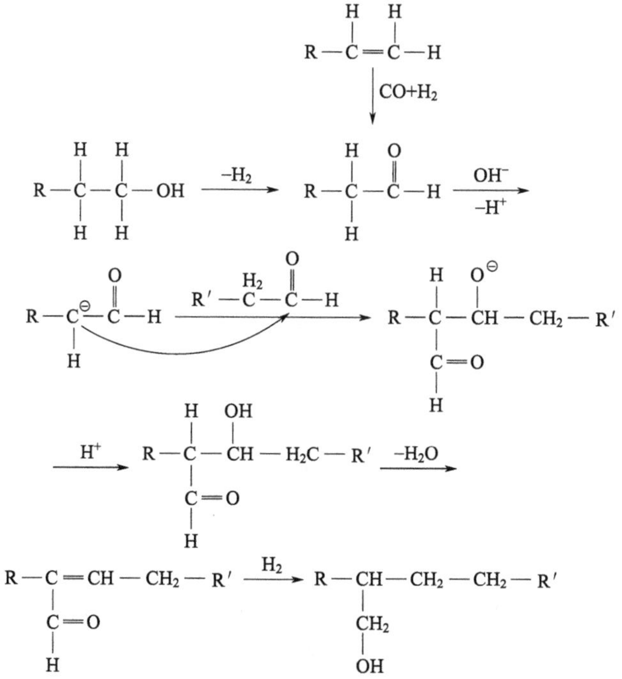

$$R-CH=CH_2 \xrightarrow{CO+H_2} R-CH_2-CHO$$

$$R-CH_2-CH_2-OH \xrightarrow{-H_2} R-CH_2-CHO \xrightarrow[-H^+]{OH^-} R-\overset{\ominus}{C}H-CHO$$

$$R-\overset{\ominus}{C}H-CHO + R'-CH_2-CHO \longrightarrow R-CH(CHO)-CH(O^{\ominus})-CH_2-R'$$

$$\xrightarrow{H^+} R-CH(CHO)-CH(OH)-H_2C-R' \xrightarrow{-H_2O} R-C(CHO)=CH-CH_2-R' \xrightarrow{H_2} R-CH(CH_2OH)-CH_2-CH_2-R'$$

图 3.60　格尔伯特醇合成反应机理

3.5.3 典型格尔伯特醇生产工艺

3.5.3.1 2-乙基己醇

2-乙基己醇，又称异辛醇，是一种含有8个碳原子的浅黄色清澈油状液体，其分子通式为 $CH_3(CH_2)_3CH(C_2H_5)—CH_2OH$，主要用于生产对苯二甲酸二辛酯、乙二酸二辛酯等增塑剂，亦可作为制备压敏黏合剂、表面活性剂等的原料。

2-乙基己醇的生产工艺主要有以丙烯为原料的 Guerbet 工艺：以丙烯与合成气（一氧化碳和氢气）为原料，在羰基化催化剂作用下发生羰基合成反应合成正丁醛，正丁醛在催化剂下缩合脱水成辛烯醛，然后加氢即可生成2-乙基己醇。2-乙基己醇羰基化反应催化技术初期发展阶段，$HRh(CO)_2$ 就是最常用的催化剂，Ruhrchemie（鲁尔化学）公司的羰基合成技术历史悠久，是高压钴催化剂两步法的典型代表，鲁尔高压法羰基合成2-乙基己醇工艺流程如图3.61所示[109]。

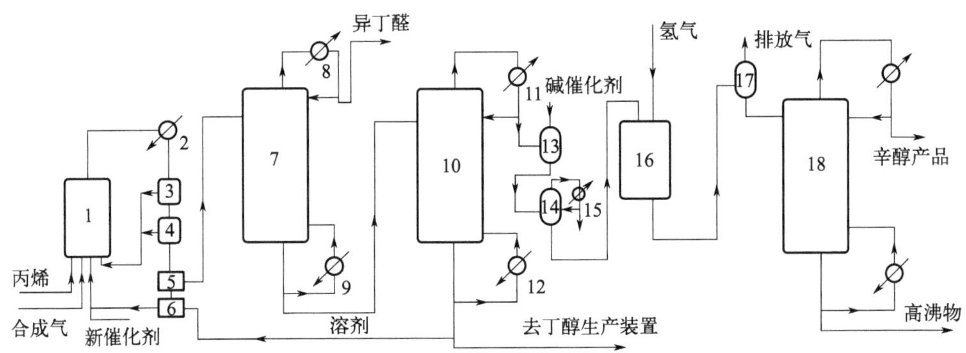

图3.61 鲁尔高压法羰基合成2-乙基己醇工艺流程

1—氢甲酰化反应器；2—冷却器；3—高压分离器；4—低压分离器；5—脱钴系统；6—催化剂再生装置；7—异丁醛塔；8,11—冷凝器；9,12—再沸器；10—正丁醛塔；13—醛醇缩合反应器；14—脱水塔；15—冷凝器；16—加氢反应器；17—加氢产物受槽；18—辛醇精馏塔

采用聚合级丙烯为原料、金属钴浆为催化剂，合成气系统用重油制气（H_2∶CO=1∶1）、环丁砜-二异丙醇胺溶液脱硫。原料丙烯、合成气以及钴催化剂先进入羰基化反应器，反应温度为130～170℃，压力为19.6～29.4MPa，羰基化反应放出的热量由反应器内循环冷却水带走，烯烃转化率达97%～98%，正异构比为3.5∶1。反应产物从反应器顶部送入脱钴反应器进行钴催化剂的脱除，催化剂回收采用热法水解和离心分离，钴回收率>90%。正异丁醛通过异丁醛塔进行分离，分出的正丁醛经醛醇缩合、脱水、加氢、精制得辛醇产品。该工

艺虽然流程较长，钴耗较大，但反应条件温和，对原料要求也低。

在高压羰基化工艺的基础上，鲁尔公司又开发了多相反应新技术，采用水溶性膦化合物作配体，通过芳基膦磺化而得。羰基化装置主要由 1 台带气体分离器的搅拌反应器、相分离器及 1 个汽提塔组成。预热的烯烃和合成气通入反应器，在催化剂水溶液中反应。催化剂水溶液经换热产生蒸汽后返回反应器，工艺流程见图 3.62。

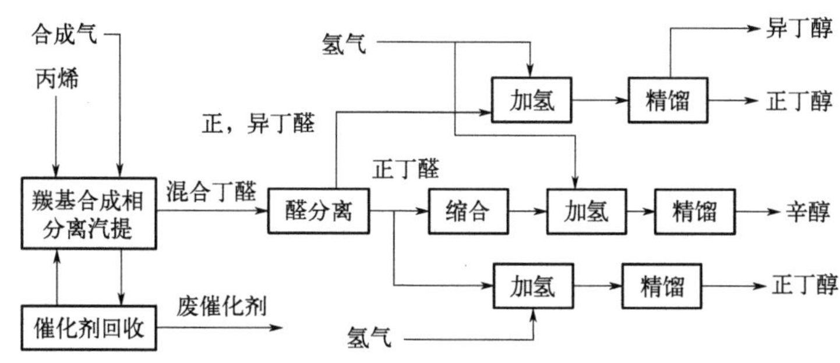

图 3.62　鲁尔低压羰基合成工艺流程

根据 Guerbet 反应理论，2-乙基己醇也可由正丁醇缩合反应制备。与丙烯工艺路线相比，正丁醇工艺路线更短，且 1-丁醇原位脱氢产生的氢为氢源，无须额外氢，对环境友好。浙江大学杜志强等[110] 开发了一种正丁醇催化缩合制备异辛醇的生产工艺，以羟基磷灰石为载体，负载镍、钯等活性组分，添加氧化镁、碳酸钾或氟化钾等为助催化剂。该工艺正丁醇的单程转化率达 52%，产物中 2-乙基己醇的选择性大于 73%。中国科学院大连化学物理研究所张宗超等[111] 开发了以正丁醇为原料制备 2-乙基己醇的工艺方法，采用铱配合物和碱为催化剂，2-乙基己醇的选择性可达 89.5%。

3.5.3.2　2-丙基庚醇

2-丙基庚醇（2-PH）是生产高级增塑剂的主要原料，以其为原料生产的增塑剂具有分子链更长、挥发性低、耐热性和耐肥皂水萃取性好、迁移性小、不易析出、更加安全等优点，广泛用于工程塑料、生活塑料、绝缘材料制品等。

2-丙基庚醇的生产技术有 DOW/Davy 联合技术、BASF 技术[112]。DOW/Davy 工艺具有低温、低压、反应速率快等特点，在开发了以铑-三苯基膦为催化剂的低温羰基合成技术后，又开发了铑-双亚磷酸酯催化剂，进一步优化了工艺方法。BASF（巴斯夫）公司开发了分别利用 1-丁烯和 2-丁烯为原料生产 2-丙基庚醇工艺，该工艺分为两个部分，首先 1-丁烯进行羰基合成生成戊醛，此阶段消耗的 1-丁烯占总量的 90%以上，此后 2-丁烯与乙烯进行歧化反应生成丙烯，实现了 1-丁烯和 2-丁烯的综合利用。其中 DOW/Davy 低压羰基合成技术较为成熟，其工艺流程如图 3.63 所示[113]。

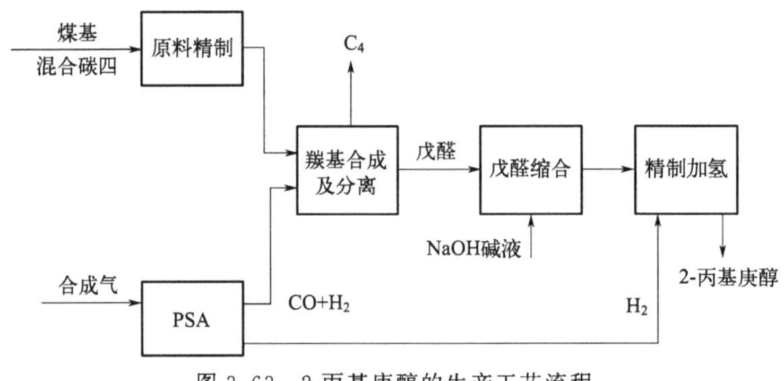

图 3.63　2-丙基庚醇的生产工艺流程

以混合 C_4、合成气（CO、H_2）为原料，在铑/NORMAX^{TM} 催化剂作用下进行低压羰基合成反应生成混合戊醛，分离出混合戊醛，然后在氢氧化钠的催化作用下缩合脱水生成不饱和 C_{10} 醛，之后不饱和 C_{10} 醛再加氢即可生产出粗 2-丙基庚醇，最后经过精馏得到 2-丙基庚醇产品。

2010 年，世界首套煤制烯烃示范装置投入运营，由煤化工得到的 C_4 馏分组成如下：正丁烯、顺丁烯、反丁烯组分含量高达 80%～90%，异丁烯含量仅有 6.5%～8.3%，1,3-丁二烯的含量为 0.7%～1.9%。以上组分特点说明来自煤化工 C_4 原料经预处理分离异丁烯后得到的混合丁烯可直接作为采用铑/NORMAX^{TM} 催化剂的 2-PH 装置进料，1-丁烯和 2-丁烯可全部得到有效利用，生产高附加值的 2-PH 产品。由煤化工得到的碳四馏分更适合生产 2-PH。用煤化工碳四生产 2-丙基庚醇的生产工艺流程如图 3.64 所示[114]。

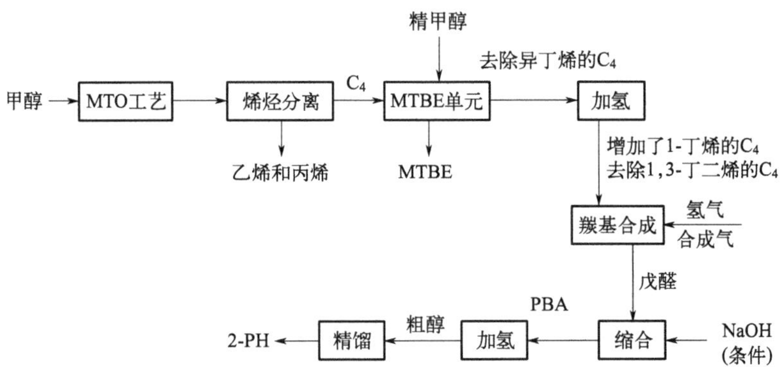

图 3.64　碳四生产 2-丙基庚醇的生产工艺流程

甲醇经 MTO 裂解重组工艺得到混合气，经烯烃分离提出乙烯、丙烯后得到 C_4 馏分。经过烯烃分离工序后，C_4 中的 1,3-丁二烯可以通过选择加氢转化为 1-丁烯，然后利用 LP OXO 羰基合成工艺，进行氢甲酰化反应。碳四中的 2-丁烯在催化剂的作用下发生异构生成 1-丁烯并和原有的 1-丁烯一起发生氢甲酰化反应生成戊醛，戊醛在碱性条件下发生缩合反应生成醇醛，醇醛脱水生成 2-丙基-3-丁基丙烯醛（PBA），PBA 加氢生产 2-丙基庚醇。由于在生产 2-丙基庚醇的同时有其他副产物生成，还要有一个精馏提纯的过程才能将 2-丙基庚醇提出。

国能包头化工的 2-PH 装置也采用了这条典型的生产工艺路线[115]，以煤基甲醇制烯烃获得的混合碳四（丁烯）和合成气（H_2/CO）为原料，以铑/双亚磷酸酯配体为催化剂体系，采用英国 Davy（戴维）公司的羰基合成技术生成中间产品戊醛，再经过缩合反应生成 2-丙基-3-丁基丙烯醛（PBA），PBA 通过加氢后生成粗 2-PH，最后经过精馏后产出合格的 2-PH 产品（图 3.65）。

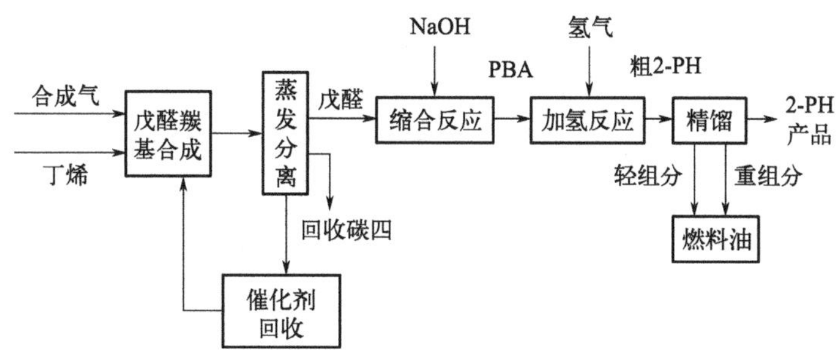

图 3.65　国能包头化工的 2-PH 生产工艺路线

3.5.3.3　C_{13} 格尔伯特醇

国家能源集团宁夏煤业公司以费托油为原料，通过切割、脱羧、氢甲酰化、羟醛缩合以及加氢、精制的工序制备格尔伯特醇，其工艺流程如图 3.66 所示。

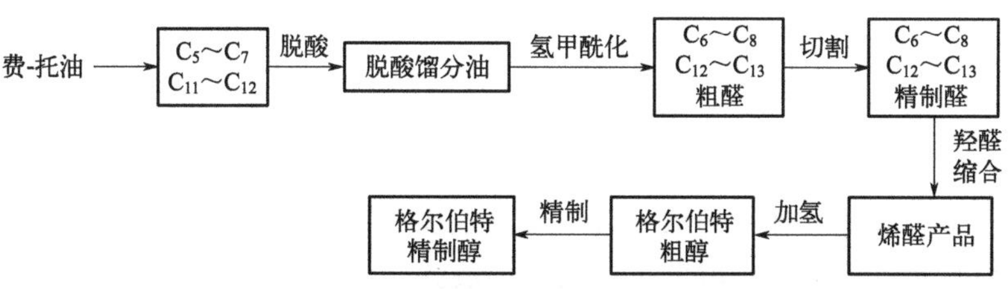

图 3.66　国家能源集团宁夏煤业公司生产格尔伯特醇的工艺流程

将费托合成轻油进行切割分离并纯化后的 C_5～C_7、C_{11}～C_{12} 组分脱酸后，与合成气一起进入反应器，在温度 100℃、压力 2.5MPa 条件下进行氢甲酰化反应，反应后的粗醛进入分相器，含催化剂的水相回收利用，油相粗醛进入缩合反应器，在温度 140℃、压力 0.5MPa、KOH 催化条件下发生羟醛缩合反应，反应后含碱的水相循环利用，得到的烯醛进入加氢反应器，在 Pd 或 Ni 金属催化条件下饱和双键并将醛还原，得到格尔伯特醇混合产物，最后经过产品精制，脱去其中未反应的烷烃及副产物等，得到高纯度的格尔伯特醇产品。C_6～C_7 醛转化率≥90%，烯醛选择性≥80%，收率≥75%；烯醛加氢反应转化率≥98%，醇选择性≥95%，收率≥90%；制备的异构十三醇产品纯度≥98%。该工艺还未实现工业化，但该醇是 C_{12}、C_{13}、C_{14} 的混合醇，在结构上与常见的异构十三醇有所不同，预期会有一些特殊的性质和用途。

3.6 烯烃水合制脂肪醇

烯烃的水合反应是指将水分子直接加成到烯烃中的过程。由于烯烃的两个双键碳原子具有不同的电子云密度，其水合反应可以分为两种：亲电加成反应和亲核加成反应。水是一种弱的亲电试剂和亲核试剂，为了提高水分子与 C═C 发生加成反应的活性，需要对 C═C 和水分子分别进行活化。传统的烯烃水合反应通常使用强酸作为催化剂。强酸对 C═C 和水分子进行活化，形成一个碳阳离子中间体，然后由质子化的水分子与烯烃发生加成反应，加成反应的结果遵循马尔可夫尼科夫规则［马氏规则，式(3.23)］。因此，通过传统的酸催化烯烃水合反应，只能获得羟基加成在具有较多取代基的碳原子上的醇类，如仲醇和叔醇。如果想要通过烯烃的水合反应来制备伯醇，必须要实现烯烃的反马氏水合反应过程，即水与烯烃进行加成反应时，将羟基加到取代基较少的碳原子上，氢加到取代基较多的碳原子上［式(3.24)］[116]。

$$\mathrm{R^1CH{=}CR^2R^3} \underset{-\mathrm{H_2O}}{\overset{+\mathrm{H_2O}}{\rightleftharpoons}} \mathrm{R^1CH_2C(OH)R^2R^3} \qquad (3.23)$$

$$\mathrm{R^1CH{=}CR^2R^3} \underset{-\mathrm{H_2O}}{\overset{+\mathrm{H_2O}}{\rightleftharpoons}} \mathrm{R^1CH(OH)CHR^2R^3} \qquad (3.24)$$

虽然从经济、环保等角度分析，烯烃直接水合制醇优势明显，但是，目前未见到烯烃直接水合制高碳醇的工业化生产装置。

3.6.1 烯烃水合反应催化剂

烯烃水合反应多数针对 C_4、C_5 等低碳不饱和烃类。只有乙烯可以水合制备伯醇，C_3 以上的烯烃只能制备仲醇或者叔醇，这是由生成的碳阳离子的稳定性决定的。

烯烃水合反应所用催化剂为酸性催化剂，主要为无机酸、强酸性离子交换树脂、分子筛和杂多酸四种。

3.6.1.1 无机酸

硫酸、磷酸、盐酸是较为常用的酸催化剂，如采用硫酸作异丁烯水合的催化剂，异丁烯转化率在 50% 以上[117]。以无机酸为催化剂的主要优点是设备简单且催化剂易得，但是这类催化剂对混合烯烃的催化活性较低，一般需要高压条件，成本高且安全系数低，特别是对设备腐蚀性大的问题一直困扰着工业化生产，另外由于催化活性低、选择性差，此法易生成聚合物及正丁醇等副产物，所以硫酸间接水合法制备叔丁醇工艺已逐渐被淘汰。

3.6.1.2　强酸性离子交换树脂

当前工业生产中使用的强酸性离子交换树脂主要有美国的 A-15、北京的 S 系列和南开大学的 D72 等。与硫酸相比，树脂用作异丁烯水合反应的催化剂，没有腐蚀性且易于分离与更换，选择性高、操作范围宽。但它的缺陷同样明显，首先是反应物水与反应产物叔丁醇溶于一相，导致难以进一步提高反应转化率；其次是树脂在高温下稳定性差，机械强度低，易导致催化剂有效利用面积减小，催化活性降低。另外，在伴有溶剂的树脂水合法中，大多数溶剂的成本高，腐蚀性高，易与反应体系中的物质发生化学反应，是限制该方法的重要因素，也是该方法无法应用于工业化的主要原因[118]。

3.6.1.3　分子筛

分子筛本质上是一种水合硅铝酸盐，是由 Si-O 四面体、Al-O 四面体通过氧桥相连而成的三维立体网状结构晶体。SiO_2/Al_2O_3（或硅铝摩尔比）不同，可以得到不同孔径的分子筛。适用于水合反应的分子筛催化剂常有 H、Z、X、Y 型及丝光系列等，可选择面广，且大多数的分子筛类催化剂改性手段良多，催化活性高。在异丁烯水合制备叔丁醇实验中，采用分子筛催化剂的固定床多相催化体系，由于分子筛本身特性影响，有孔内扩散阻力和气-固接触不充分现象的存在，对原料转化率有不利影响。

旭化成开发的分子筛催化剂具有疏水性的孔道结构和亲水性的外表面，催化剂孔道内壁的憎水性有利于环已烯由油相扩散通过水相进入分子筛孔道内部，进而接近催化剂上的活性中心。而催化剂亲水性的外表面则有利于产物环已醇的脱附，有利于环已烯对于环已醇的抽提作用。环已烯、环已醇和水在水油两相的分布状态如图 3.67 所示[119]。

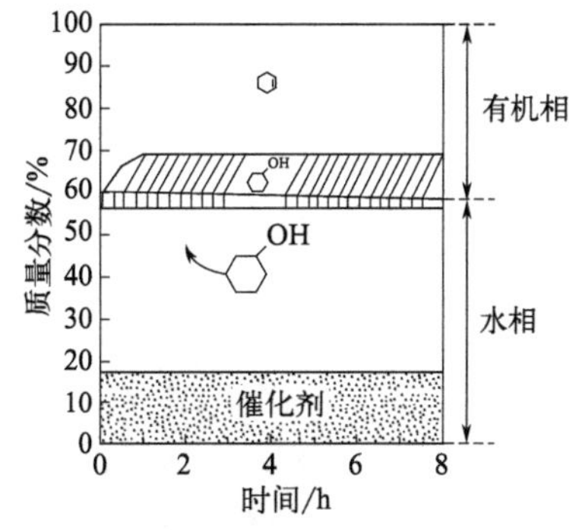

图 3.67　分子筛催化水合反应中有机相和水相物质的分布状态

3.6.1.4　杂多酸

杂多酸由杂多阴离子、氢离子（反荷离子）、结晶水组成。其中，杂多阴离子是由杂原子（如 P、Si 等）和多个配位原子（如 Mo、W 等）按一定结构通过氧原子配位桥连组成的。杂多酸是一种酸碱性和氧化还原性兼具的双功能绿色催化剂。表 3.8 列出了不同结构类型的杂多酸化合物。

表 3.8 不同结构类型的杂多酸化合物[120]

X∶M	结构类型	结构通式	X^{n+}
1∶12	Keggin	$[XM_{12}O_{40}]^{(8-n)-}$	P^{5+}、As^{5+}、Si^{4+}
	Silver	$[XM_{12}O_{42}]^{8-}$	Ce^{4+}
1∶11	缺位 Keggin	$[XM_{11}O_{39}]^{(12-n)-}$	P^{4+}、As^{5+}
1∶9	Waugh	$[XM_9O_{32}]^{(12-n)-}$	Mn^{4+}、Ni^{4+}
2∶18	Dawson	$[X_2M_{18}O_{62}]^{6-}$	P^{5+}、As^{5+}
1∶6	Anderson(A)	$[XM_6O_{24}]^{(12-n)-}$	Te^{6+}、I^{7+}
	Anderson(B)	$[XM_6O_{25}H_6]^{(6-n)-}$	Co^{3+}、Al^{3+}、Cr^{3+}

注：X 为杂原子，M 为配位原子；n 为杂原子 X 所带正电荷数。

杂多酸中最容易生成且被广泛、深入研究过的是 1∶12 系列的 Keggin 型结构杂多酸，如磷钨酸和磷钼酸等。Keggin 型杂多酸的三级结构见图 3.68，其杂多阴离子的多面体、球棒、原子堆积模型见图 3.69。Keggin 型杂多阴离子 $[XM_{12}O_{40}]^{m-}$（X=P、Si、Ge、As……；M=W、Mo）中：中心杂原子 X 以四配位的 XO_4 四面体居中；外面是 4 个相互共角（O 原子）相连且与中心四面体共角（O 原子）相连的三金属氧簇；每个三金属氧簇由 3 个六配位的 MO_6 八面体共边（O—O）相连组成。例如，$[PW_{12}O_{40}]^{3-}$ 阴离子的中心 PO_4^{3-} 四面体被 4 个直径约为 1.2nm 的三钨氧簇包围，每个三钨氧簇由 3 个 WO_6 八面体共边相连构成。

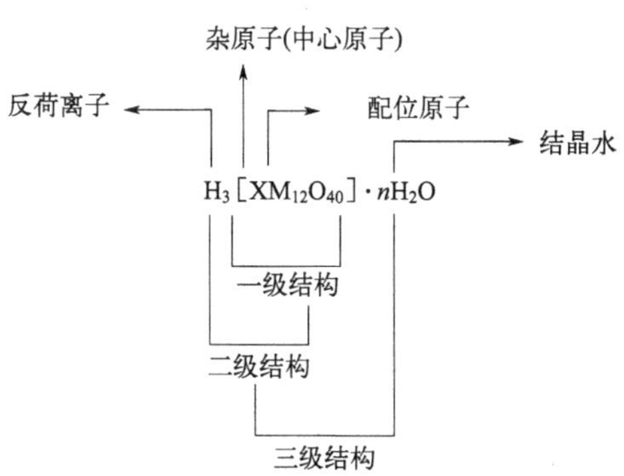

图 3.68 Keggin 型杂多酸的三级结构示意图

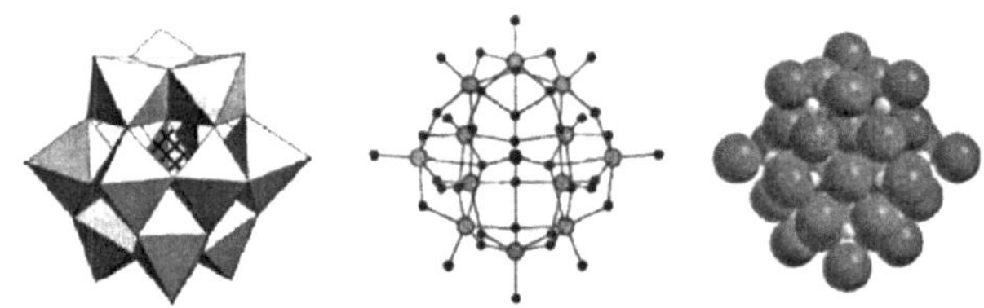

图 3.69 Keggin 型杂多酸杂多阴离子的多面体、球棒、原子堆积模型

杂多酸通常比分子内含单个同种杂原子或配原子的含氧酸的酸性强，并且当其沉积到氧化物表面上时特别稳定[121]，可以用作强酸性催化剂。

3.6.2 烯烃水合反应催化机理

3.6.2.1 烯烃直接水合

烯烃水合反应是一种亲电加成反应，水作为加成试剂加到不饱和键上。

烯烃与水的加成反应是通过碳正离子中间体机理进行的。反应遵循马氏规则，但常有重排产生，立体选择性很差。

利用同位素标记实验研究异丁烯水合反应机理，使异丁烯与同位素标记的 H_2O 水合，结果只在 C—OH 键中检测到了同位素，排除了快速平衡的质子化过程的可能性。由同位素的水合氢离子浓度对反应速率的影响认为，反应的控制步骤是质子由水合氢离子转移到异丁烯，式(3.25) 为生成碳正离子的反应方程式。

$$H^+ + H_2O \rightleftharpoons H_3O^+$$

$$(H_3C)_2C{=}CH_2 + H_3O^+ \underset{-k_2}{\overset{k_1}{\rightleftharpoons}} (H_3C)_2\overset{+}{C}{-}CH_3 + H_2O \tag{3.25}$$

碳正离子与水反应生成叔丁醇，水过量时，式(3.26) 成为水合反应的控制步骤。碳正离子进一步与水分子反应，形成锌盐，然后脱去 H^+ 生成醇。

$$(H_3C)_2\overset{+}{C}{-}CH_3 + H_2O \underset{-k_2}{\overset{k_2}{\rightleftharpoons}} (H_3C)_2C(\overset{+}{O}H_2)CH_3 \xrightleftharpoons{-H^+} (H_3C)_2C(OH)CH_3 \tag{3.26}$$

主反应方程式见式(3.27)。

$$H_3C{-}C(CH_3){=}CH_2 + H_2O \xrightleftharpoons{\text{催化剂}} H_3C{-}C(CH_3)_2{-}OH \tag{3.27}$$

式(3.27) 为异丁烯水合可逆放热反应的方程式，从动力学和热力学角度分析，反应温度越高，水合反应速度越快，但反应平衡同时会向逆反应的方向移动，水合反应温度的改变同时受到以上两方面的制约，因此，工艺条件中存在最佳反应温度。

水合反应除生成主产物叔丁醇外，在较高的反应温度条件下，杂多酸也可能会催化发生正丁烯水合反应生成仲丁醇［见式(3.28)］以及发生异丁烯聚合生成二聚物［见式(3.29)］或多聚物［见式(3.30)］的副反应。

$$H_2C{=}CH{-}CH_2{-}CH_3 + H_2O \rightleftharpoons H_3C{-}CH(OH){-}CH_2{-}CH_3 \tag{3.28}$$

$$2H_2C{=}C(CH_3)_2 \rightleftharpoons H_2C{=}C(CH_3)CH_2C(CH_3)_3 \tag{3.29}$$

$$nH_2C{=}C(CH_3)_2 \rightleftharpoons \left[CH_2-C(CH_3)_2\right]_n \tag{3.30}$$

上述所有可能发生的副反应均为放热反应，在异丁烯水合反应实验中应选择适宜的反应温度、水碳比以降低三种副反应发生的可能性，提高异丁烯转化率和叔丁醇选择性。

(1) 强酸催化直接水合

烯烃直接水合中最简单的是烯烃直接水解，该反应利用稀硫酸直接催化，遵循马氏规则，亲电试剂进攻双键上含氢较多的碳原子，进行亲电加成反应。其反应机理如图 3.70 所示。

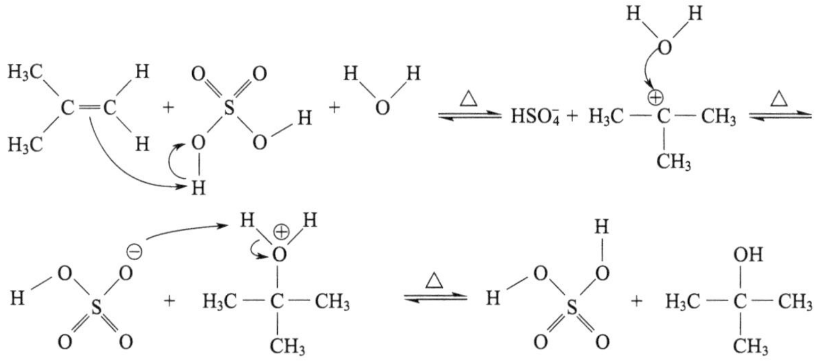

图 3.70　酸催化的烯烃直接水合反应

(2) 树脂催化直接水合法

正丁烯和水在强酸性阳离子交换树脂的作用下，两者发生放热的水合反应合成仲丁醇。反应方程式如下：

$$\left.\begin{array}{l} CH_3CH_2CH{=}CH_2 \\ CH_3CH{=}CHCH_3 \end{array}\right\} + H_2O \xrightleftharpoons{\text{酸性树脂}} CH_3CH_2CH(OH)CH_3 \tag{3.31}$$

(3) 分子筛催化直接水合法

正丁烯与水在分子筛催化剂的作用下直接水合生成仲丁醇。反应方程式如下：

$$\left.\begin{array}{l} CH_3CH_2CH{=}CH_2 \\ CH_3CH{=}CHCH_3 \end{array}\right\} + H_2O \xrightleftharpoons{\text{沸石}} CH_3CH_2CH(OH)CH_3 \tag{3.32}$$

(4) 杂多酸催化直接水合法

杂多酸催化直接水合法的催化剂多为膦钼酸、硅钨酸和膦钨酸等强酸性的杂多酸，其不仅具有硫酸的强酸性，而且还能克服硫酸液体对设备的腐蚀。反应方程式如下：

$$\left.\begin{matrix}CH_3CH_2CH{=}CH_2\\CH_3CH{=}CHCH_3\end{matrix}\right\}+H_2O\xrightleftharpoons{\text{杂多酸}}CH_3CH_2\underset{\displaystyle OH}{\underset{|}{C}}HCH_3 \tag{3.33}$$

Keggin 型杂多酸作为异丁烯水合反应的催化剂，质子是催化反应的活性中心，一般有两种途径（图 3.71）：途径 1 是一般的催化过程，H^+ 先进攻产生的正碳离子与作为亲核试剂的水反应生成产品叔丁醇。途径 2 是质子化的异丁烯与杂多酸 HPA 一级结构形成稳定的中间体配合物（离子对）同时降低了反应的活化能，从而有利于反应的进行。杂多酸催化剂的反应速度是途径 1 和途径 2 的总和。

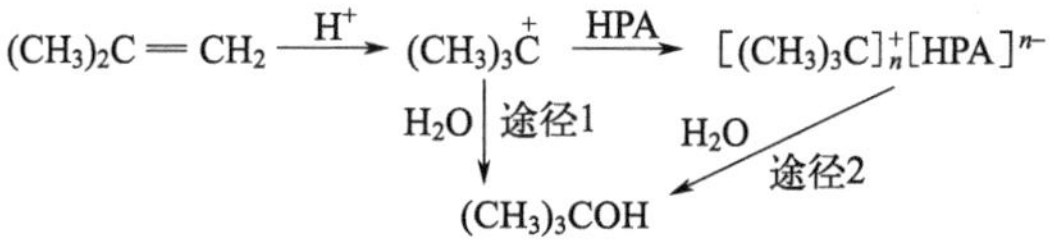

$(CH_3)_2C{=}CH_2 \xrightarrow{H^+} (CH_3)_3\overset{+}{C} \xrightarrow{HPA} [(CH_3)_3C]_n^+[HPA]^{n-}$

$(CH_3)_3\overset{+}{C} \xrightarrow[\text{途径1}]{H_2O} (CH_3)_3COH$；$[(CH_3)_3C]_n^+[HPA]^{n-} \xrightarrow[\text{途径2}]{H_2O} (CH_3)_3COH$

图 3.71　杂多酸催化水合反应途径

3.6.2.2　烯烃间接水合

（1）酸催化酯化-水解历程

烯烃间接水合的一种路径是以液体酸、三氯化铝、固体酸、离子交换树脂等为催化剂，烯烃与无机酸或有机酸发生酯化，生成烯烃酯类衍生物，然后与水发生水解生成醇[122]。典型的工艺有丙烯间接水合制异丙醇、环己烯间接水合制环己醇等工艺。丙烯酯化-水解反应的反应机理如图 3.72 所示。

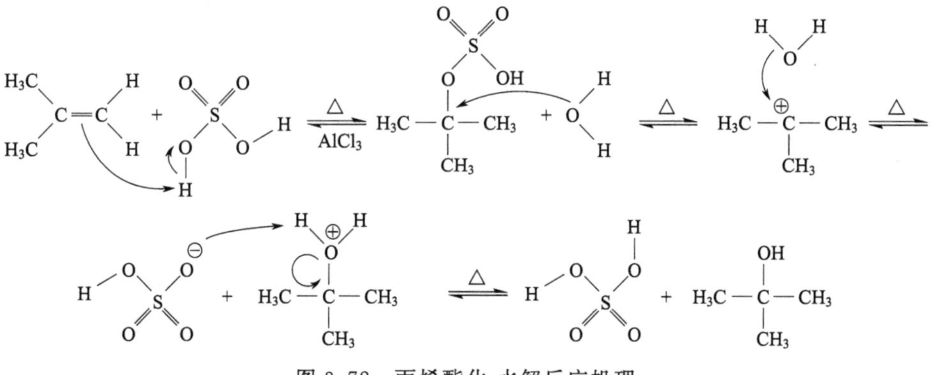

$(CH_3)_2C{=}CH_2 + HOSO_2OH \underset{AlCl_3}{\overset{\triangle}{\rightleftharpoons}} H_3C{-}C(CH_3)_2{-}OSO_2OH \;+\; H_2O \overset{\triangle}{\rightleftharpoons} H_3C{-}\overset{\oplus}{C}(CH_3){-}CH_3 \overset{\triangle}{\rightleftharpoons}$

$HOSO_2O^{\ominus} + H_3C{-}C(CH_3)(\overset{\oplus}{O}H_2){-}CH_3 \overset{\triangle}{\rightleftharpoons} HOSO_2OH + H_3C{-}C(OH)(CH_3){-}CH_3$

图 3.72　丙烯酯化-水解反应机理

（2）硼氢化-氧化水解

烯烃间接水合反应的另一路径是硼氢化-氧化水解法，其反应过程见图 3.73[123]。该反应是目前最常用遵循反马氏规则的制备醇的间接合成路径，反应原子利用率较高，烃基的构型不会发生改变。这一反应正好与稀硫酸催化烯烃水合法互补。但是，该反应需要使用硼烷试剂和过氧化物，由此产生的各种化学废物可能引发环境安全问题，在大规模生产应用上受到了限制。

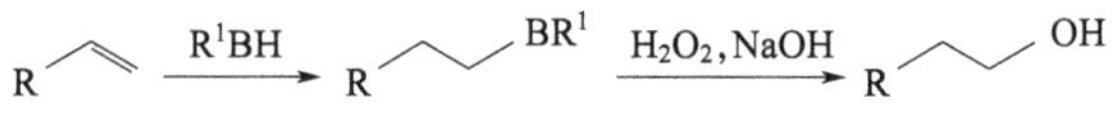

$$\mathrm{R} \xrightarrow{\mathrm{R^1BH}} \mathrm{R}\quad \mathrm{BR^1} \xrightarrow{\mathrm{H_2O_2,NaOH}} \mathrm{R}\quad \mathrm{OH}$$

图 3.73 烯烃硼氢化-氧化水解反应过程

3.6.2.3 光催化与酶催化烯烃水合反应

(1) 光催化烯烃水合

随着光催化剂和生物催化剂的快速发展以及环境保护意识的增强，许多学者不断探索高效、绿色的烯烃水合工艺，并取得了一定的成果。2017 年，研究者利用有机光催化剂和具有氧化还原活性的氢原子供体，开发了可见光催化的烯烃反马氏水合反应技术。该技术通过使用光催化/质子转移催化的双催化体系，高效、高选择性地实现了相应的伯醇及仲醇的合成，其反应过程见图 3.74。该反应实现了温和条件下烯烃反马氏水合反应，但是随着光催化反应进行，催化剂 Ph—S—S—Ph 逐渐转化为 PhSH，Ph—S—S—Ph 负载量下降，反应速率降低，显著延长了反应诱导期，导致反应方向难以控制。同年，报道了一种可见光催化的烯烃羧基化-叠氮反应过程，利用烯烃和空气来构建 β-叠氮醇。该反应生成叠氮自由基和烯烃基阳离子，反应机理仍存争议。

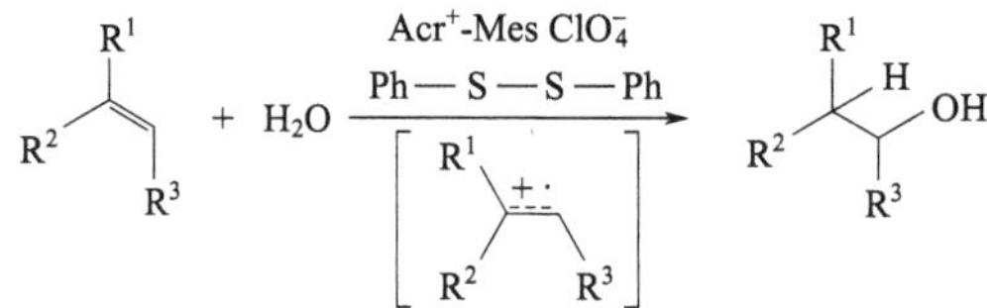

图 3.74 可见光介导烯烃反马氏水合反应

(2) 酶催化烯烃水合

在酶催化烯烃水合方面，国内外学者都进行了一些探索研究，并取得了较好的研究成果。Hammer 等于 2017 年开发出一种多酶级联催化烯烃反马氏不对称水合反应制备伯醇的方法，该技术采用多种酶分步联合催化烯烃水合反应，操作过程较复杂、效率较低、成本较高。2019 年，Demming 等以脂肪酸水合酶为催化剂，研究了未活化烯烃与水直接选择性加成合成手性醇的反应，发现该脂肪酸水合酶可以催化各种末端和内部烯烃的不对称水合反应，未活化烯烃的转化率高达 93%，产品选择性好（>99%）。2020 年，林晖等[124] 提出一种酶催化烯经水合制备伯醇的绿色途径，其反应过程如式(3.34) 所示。式(3.34) 中烯烃水合酶 pET-HhAH 的基因核苷酸序列为 SEQ ID No. 1 或 No. 2，含酶基因编码的蛋白质可以催化苯乙烯类化合物的反马氏不对称水合反应，制备伯醇类化合物。酶催化烯烃水合制备醇的反应温度为 18～35℃、反应时间为 40～55h，反应物转化率可高达 100%，产物选择性近 90%。相较于化学催化伯醇制备方法，酶催化合成伯醇的方法条件温和、过程简单、催化剂高效低廉、反应转化率和选择性较高。

$$\text{α-甲基苯乙烯} \xrightarrow{\text{pET-HhAH}} \text{2-苯基-1-丙醇 (OH)} \tag{3.34}$$

3.6.3 烯烃水合制醇研究现状

C. M. Jensen 等[125] 发现，采用 $PtHCl(PMe_3)_2$ 相转移催化剂，在 60℃ 条件下，可以将 1-己烯水合生成己醇，但是后续研究发现该方法难以重复。Koseoglu 等[126] 利用沸腾床反应器将 C_7～C_{14} 烯烃在不同催化剂（包括单一酸、混合酸、树脂、金属氧化物等）作用下水合转化为 C_7～C_{14} 醇，转化条件为：温度 130～200℃、压力 5～7MPa、水烯比（1～8）∶1、体积空速 0.1～1.0h^{-1}。Xue 等[127] 研发出了一种新型的生物聚合物-非贵金属催化剂（SiO_2-CS-Co)，将其用于正辛烯的不对称水合反应，实验表明，水合反应产物为 2-辛醇，正辛烯的转化率最高可达到 128.8%。Prasetyoko 等[128] 以负载硫酸/氧化锆的钛硅分子筛作为正辛烯水合反应的催化剂制备 1,2-二辛醇，取得了良好的效果，但该工艺不是直接水合法，而是间接水合法。

虽然对高碳烯烃水合反应进行了多方面的研究，并取得了一定成果，但由于高碳烯烃碳数多，与水相容性差，因而水合反应的速率很小、反应难度较大。此外，高碳烯烃碳链越长越易断裂，烯烃转化率越低。

参考文献

[1] 丁国荣，姜皓岩，陈荣莉，等．2016 年我国辛醇市场分析及相关研发简述 [J]. 化学工业，2018，36 (02)：40-43.

[2] 刘海涛，吕海洋．丁/辛醇市场分析及预测 [J]. 化学工业，2016，34 (06)：34-37，41.

[3] 王俐．丁醇、辛醇产业发展近况 [J]. 化学工业，2009，27 (09)：12-17.

[4] 侯志扬．丁辛醇产业、技术发展趋势分析（下）[J]. 上海化工，2011，36 (09)：34-36.

[5] 袁志．丁辛醇的技术进展与市场前景 [J]. 广东化工，2012，39 (11)：108-109.

[6] 杜小元，杨世东．丁辛醇的生产现状与供需分析 [J]. 现代化工，2014，34 (04)：4-8.

[7] 刘媛，薛惠锋．丁辛醇市场和投资经济性系统分析 [J]. 现代化工，2012，32 (04)：6-10.

[8] 王建龙．丁辛醇装置工艺技术分析 [J]. 江西化工，2015 (05)：21-22.

[9] 张文，赵传喜，刘立斌，等．丁辛醇装置生产运行情况及影响因素分析 [J]. 精细与专用化学品，2014，22 (10)：48-51.

[10] 王向前，胡雪瑛，吴晨波，等．国内丁辛醇市场竞争格局分析 [J]. 化工科技，2014，22 (05)：

76-78.
[11] 余黎明，张东明．国内外丁辛醇发展趋势分析［J］．化学工业，2011，29（12）：21-26.
[12] 侯志扬．国内外丁辛醇市场及技术发展分析［J］．中国石油和化工经济分析，2011（10）：46-50.
[13] 王刚，董伟，田增利，等．国内辛醇供需分析及技术进展［J］．化学工业，2021，39（04）：82-86.
[14] 唐昭英，易淑宏．探讨丁辛醇的国内外生产现状和进口变化情况［J］．现代经济信息，2013（15）：199.
[15] 钱伯章．羰基醇的市场分析［J］．上海化工，2013，38（03）：34-40.
[16] 李俊诚．煤基高碳醇原料预处理技术开发与工业应用［R］．鄂尔多斯：内蒙古伊泰煤基新材料研究院有限公司，2019.
[17] 李俊诚．费托合成烯烃氢甲酰化制高碳醇成套技术与产业化［R］．鄂尔多斯：内蒙古伊泰集团有限公司，2021.
[18] 陈华．费托合成烯烃氢甲酰化制高碳醇的多相催化技术及工业化［R］．鄂尔多斯：内蒙古伊诺新材料有限公司，2021.
[19] 李迪川，左友霞．液蜡氧化制仲醇的工艺以及系统：CN109761746B［P］．2022-03-22.
[20] 宋沐．羰基合成脂肪醇技术的发展［J］．辽宁化工，1992（01）：5-8，28.
[21] 宋沐．羰基合成脂肪醇工艺路线概述［J］．精细石油化工，1994（06）：7-12.
[22] 李颖．新型乙烯齐聚催化剂的合成及应用探索［D］．大庆：东北石油大学，2015.
[23] 张洪钧．蜡裂解-羰基合成工艺生产高碳醇的问题探讨［J］．炼油设计，1990，20（05）：19-25，5.
[24] 黄燕青，陈辉．混合 C_4 叔丁醇法生产高纯度异丁烯工艺对比［J］．山东化工，2019，48（16）：55-58.
[25] 马军鹏．煤基混合碳四深加工综合利用的研究［J］．煤化工，2014，42（03）：1-3.
[26] 贺永德．现代煤化工技术手册［M］．北京：化学工业出版社，2020.
[27] 屈叶青，唐鹏武，陈健．甲烷制低碳烯烃技术简析［J］．石油化工技术与经济，2017，33（04）：52-56.
[28] 王聪聪．Gd 改性 ZrO_2 催化剂的制备及其 CO 加氢制烯烃性能［D］．银川：宁夏大学，2023.
[29] 邸鸿，何仁，唐超时．α-烯烃合成工艺概述［J］．化工科技，2003（03）：48-52.
[30] 谢俊义．乙烯齐（共）聚制备 α-癸烯应用研究［D］．大庆：东北石油大学，2019.
[31] 李亚飞．PX 型 Cr 络合物设计、合成及催化乙烯齐聚/聚合的研究［D］．天津：天津科技大学，2017.
[32] 谭铁鸣．乙烯齐聚法制备 α-烯烃技术研究［D］．上海：华东理工大学，2011.
[33] 曹胜先，陈谦，祖春兴．线性 α-烯烃的技术现状及应用前景［J］．中外能源，2012，17（02）：80-85.
[34] 王蕾．高碳 α-烯烃的技术进展［J］．石化技术，2010，17（04）：43-48.
[35] 李淦．后过渡铁系乙烯齐聚催化剂的制备及反应研究［D］．北京：北京化工大学，2011.
[36] 刘珺．乙烯非选择性齐聚制线性 α-烯烃研究进展［J］．广东化工，2023，50（12）：83-84，70.
[37] 李广东．以碳酸钴为催化剂源的温控水-有机两相钴配合物催化 1-辛烯氢甲酰化反应研究［D］．大连：大连理工大学，2015.
[38] 何莉．负载型 Rh 基催化剂的制备及其在 1-己烯氢甲酰化反应中的应用［D］．无锡：江南大学，2023.
[39] 陈万，孙功成，张勇，等．铑基非均相催化剂在烯烃氢甲酰化反应中的应用研究进展［J］．低碳化学与化工，2024，49（03）：18-29.

[40] Tolman C A. Steric effects of phosphorus ligands in organometallic chemistry and homogeneous catalysis [J]. Chemical Reviews, 1977, 77 (3): 313-348.

[41] Riihimäki H, Kangas T, Suomalainen P, et al. Synthesis of new o-alkyl substituted arylalkylphosphanes: Study of their molecular structure and influence on rhodium-catalyzed propene and 1-hexene hydroformylation [J]. Journal of Molecular Catalysis A: Chemical, 2003, 200 (1/2): 81-94.

[42] Carrilho R M B, Neves A C B, Lourenço M A O, et al. Rhodium/tris-binaphthyl chiral monophosphite complexes: Efficient catalysts for the hydroformylation of disubstituted aryl olefins [J]. Journal of Organometallic Chemistry, 2012, 698: 28-34.

[43] Devon T J, Phillips G W, Puckette T A, et al. Chelate ligands for low pressure hydroformylation catalyst and process employing same: U. S. 4694109 [P]. 1987-09-15.

[44] Wasserscheid P, Waffenschmidt H, Machnitzki P, et al. Cationic phosphine ligands with phenylguanidinium modified xanthene moieties-a successful concept for highly regioselective, biphasic hydroformylation of oct-1-ene in hexafluorophosphate ionic liquids [J]. Chemical Communications, 2001 (5): 451-452.

[45] Billig E, Abatjoglou A G, Bryant D R. Transition metal complex catalyzed processes: U. S. 4769498 [P]. 1988-09-06.

[46] Ichihara T, Nakano K, Katayama M, et al. Tandem hydroformylation-hydrogenation of 1-decene catalyzed by Rh-bidentate bis (trialkylphosphine) s [J]. Chem. Asian J., 2008, 3: 1722-1728.

[47] Zhou F, Zhang L, Wu Q, et al. A new air-stable and reusable tetraphosphine ligand for rhodium-catalyzed hydroformylation of terminal olefins at low temperature [J]. Applied Organometallic Chemistry, 2019, 33: e4646.

[48] Horváth I T, Rábai J. Facile catalyst separation without water: fluorous biphase hydroformylation of olefins [J]. Science, 1994, 266 (5182): 72-75.

[49] Chauvin Y, Mussmann L, Olivier H. A novel class of versatile solvents for two-phase catalysis: Hydrogenation, isomerization, and hydroformylation of alkenes catalyzed by rhodium complexes in liquid 1, 3-dialkylimidazolium salts [J]. Angew. Chem. Int. Ed., 1996, 34 (34): 2698-2700.

[50] Favre F, Olivier-Bourbigou H, Commereuc D, et al. Hydroformylation of 1-hexene with rhodium in non-aqueous ionic liquids: How to design the solvent and the ligand to the reaction [J]. Chem. Commun., 2001, 32 (15): 1360-1361.

[51] Peng Q R, Deng C X, Yang Y, et al. Recycle and recover of rhodium complexs with water-soluble and amphiphilic phosphines in ionic liquids for hudroforylation of 1-hexene [J]. React Kinet. Catal. Lett., 2007, 90 (1): 53-60.

[52] Keim W, Vogt D, Waffenschmidt H, et al. New method to recycle homogeneous catalysts from monophasic reaction mixtures by using an ionic liquid exemplified for the Rh-catalysed hydroformylation of methyl-3-pentenoate [J]. J. Catal., 1999, 186 (2): 481-484.

[53] Xu H, Zhao H, Song H, et al. Functionalized ionic liquids supported on silica as mild and effective heterogeneous catalysts for dehydration of biomass to furan derivatives [J]. Journal of Molecular Catalysis A: Chemical, 2015, 410 (192): 235-241.

[54] Kong F, Jiang J, Jin Z. Ammonium salts with polyether-tail: New ionic liquids for rhodium catalyzed two-phase hydroformylation of 1-tetradecene [J]. Catal. Lett., 2004, 96 (1): 63-65.

[55] Lin Q, Jiang W, Fu H, et al. Hydroformylation of higher olefin in halogen-free ionic liquids cata-

lyzed by water-soluble rhodium-phosphine complexes [J]. Appl. Catal. A-Gen., 2007, 328 (1): 83-87.

[56] Jin X, Yang D, Xu X, et al. Super long-term highly active and selective hydroformylation in a room temperature-solidifiable guanidinium ionic liquid with a polyether tag [J]. Chem. Commun., 2012, 48 (72): 9017-9025.

[57] Riisagera A, Fehrmanna R, Haumannb M, et al. Supported ionic liquids: Versatile reaction and separation media [J]. Top. Catal., 2006, 40 (1): 91-102.

[58] Xu H, Zhao H, Song H, et al. Functionalized ionic liquids supported on silica as mild and effective heterogeneous catalysts for dehydration of biomass to furan derivatives [J]. Journal of Molecular Catalysis A: Chemical, 2015, 410 (192): 235-241.

[59] Mehnert C P, Cook R A, Dispenziere N C, et al. Supported ionic liquid catalysis-A new concept for homogeneous hydroformylation catalysis [J]. Journal of the American Chemical Society, 2002, 124 (44): 12932-12933.

[60] 陈英．新型酸碱双功能介孔材料的合成、表征及催化性能研究 [D]. 天津：天津大学，2008.

[61] Yang Y, Lin H, Deng C, et al. MCM-41 supported water-soluble TPPTS-Rh complex in ionic liquids: A new robust catalyst for olefin hydroformylation [J]. Chemistry Letters, 2005, 34 (2): 220-221.

[62] Liu C, Zhang J, Liu H, et al. Heterogeneous ligand-free rhodium oxide catalyst embedded within zeolitic microchannel to enhance regioselectivity in hydroformylation [J]. Industrial & Engineering Chemistry Research, 2019, 58 (47): 21285-21295.

[63] Gao Y, Zhao H, Liang J, et al. Highly selective catalytic hydrogenation of furfural and acetophenone on S-doped mesoporous carbon sphere-supported Pd nanocluster catalyst [J]. Chemical Engineering Journal, 2025, 503: 158045-158045.

[64] Shinde S S, Patil S N. One molecule of ionic liquid and tert-alcohol on a polystyrene-support as catalysts for efficient nucleophilic substitution including fluorination [J]. Organic & Biomolecular Chemistry, 2014, 12 (45): 9264-9271.

[65] Sun J, Wang J, Cheng W, et al. Chitosan functionalized ionic liquid as a recyclable biopolymer-supported catalyst for cycloaddition of CO_2 [J]. Green Chemistry, 2012, 14 (3): 654-660.

[66] Xu Z, Wan H, Miao J, et al. Reusable and efficient polystyrene-supported acidic ionic liquid catalyst for esterifications [J]. Journal of Molecular Catalysis A: Chemical, 2010, 332 (1/2): 152-157.

[67] Wang D, Zeng G, Fang J, et al. Catalytic hydroformylation of alkenes to branched aldehydes promoted by water on Rh nanoclusters-anchored porous triphenylphosphine frameworks [J]. Chemical Engineering Journal, 2024, 482: 148860.

[68] 宋沐，李旭．中压一步法羰基合成醇生产工艺及其特点 [J]. 日用化学工业，1994 (03): 13-15.

[69] 宋沐．羰基合成脂肪醇工艺路线概述 [J]. 精细石油化工，1994 (06): 7-12.

[70] 陈重．羰基合成丁辛醇生产技术的进展 [J]. 石油化工，1982 (12): 806-809, 811.

[71] 陈和．低碳烯烃低压羰基合成工艺的技术进展 [J]. 石油化工，2009, 38 (05): 568-574.

[72] 李钢东，刘媛．丁辛醇装置工艺技术比选及技术可获得性分析 [J]. 石油化工技术与经济，2019, 35 (02): 16-20.

[73] 姜淑兰，张威．高碳醇的生产方法 [J]. 河北化工，1994 (02): 31-36.

[74] 李长胜．工业生产中丙烯羰基合成反应影响因素分析与控制 [J]. 天津科技，2020, 47 (09):

43-46.

[75] 张慧汝．低碳烯烃氢甲酰化反应的研究［D］．北京：北京石油化工学院，2020.

[76] 吴晶．25 万吨/年丁辛醇工艺分析及优化［D］．上海：华东理工大学，2017.

[77] 魏岚，贺德华，董国利．反应条件对钴催化混合辛烯氢甲酰化反应的影响［J］．石油化工，2004，33（6）：512-515.

[78] Edwards R W，Francis A W，Eichenbaum R，et al. US 3362940［P］．1968-01-09.

[79] Rosen M K，Mason C D. US 3580898［P］．1971-03-25.

[80] Stamicarbon B V. NL 3944529［P］．1976-01-16.

[81] Golembeski N M，Jorgensen R，Cleland R D，et al. US 4503203［P］．1985-03-05.

[82] Yamawaki T，Knodo M，Imabayashi H. EP 0294767A1［P］．1988-12-14.

[83] Luciani L，Seppala J，Lofgren B. Poly-1-butene：Its preparation，properties and challenges［J］．Prog Polym Sci 1988，13（1）：37-62.

[84] 万华化学集团股份有限公司．一种异构十三醇的制备方法：CN202010586865.6.［P］．2020-11-06.

[85] 崔月．聚丙烯技术研究进展［J］．化工科技市场，2008，31（3）：67-71.

[86] 童本进．扬子石化公司聚丙烯装置工艺技术的研讨［J］．扬子石油化工，1991，1：21-24.

[87] Sawin S P，Baas C J，Unipol P P. A gas-phase route to polyprolpylene［J］．Chem. Eng.，1985，92（11）：42-43.

[88] 宁英男．气相法聚丙烯生产技术进展［J］．化工进展，2010，29（12）：2220-2225.

[89] 李倩倩，李金明，刘俊贤，等．一种异构十三醇的制备工艺：CN113880702B［P］．2024-02-02.

[90] 黎耀忠，黄裕林，陈华，等．金属离子对 RhCl（CO）$(TPPTS)_2$ 催化 1-己烯氢甲酰化反应的影响［J］．分子催化，1999（03）：53-55.

[91] 韩非，蒋福宏，唐忠．正构烷烃氧化制备仲醇的研究［J］．精细石油化工进展，2003（09）：40-43.

[92] 刘春洲．高级脂肪醇的生产和应用［J］．现代化工，1995（03）：13-16.

[93] 丁国荣．高级脂肪酸在润滑油上的应用［J］．吉化科技，1997（01）：25-29.

[94] 舒畅．高碳仲醇的合成研究［D］．武汉：武汉工程大学，2016.

[95] 来亦子，冯桂．三乙基铝生产工艺过程的火灾爆炸事故分析［J］．安全与环境工程，2011，18（05）：83-86，92.

[96] 袁宗胜．乙烯齐聚合成低碳 α-烯烃置换工艺的研究［J］．河南化工，2001（06）：15-17.

[97] 邹丽君，靳福泉，庞拥军．国内外脂肪醇展望［J］．华北工学院学报，1996（01）：30-36.

[98] 陈重．以乙烯为原料合成高级脂肪醇技术概况［J］．吉化科技，1992（00）：27-33.

[99] 杨嵘晟，朱俊芳．石蜡氧化改性发展现状及进展［J］．石化技术，2019（12）：10，23.

[100] 龙小柱，王添巍，张卜元，等．一种由石蜡制备高碳醇的工艺方法：CN109503322A［P］．2019-03-22.

[101] 张爽，邱文彬，龙小柱．石蜡催化氧化制高碳醇［J］．山东化工，2015，44（20）：16-18，21.

[102] 张爽，林佳琪，龙小柱，等．乙酰丙酮钴催化氧化石蜡制高碳醇［J］．广州化工，2015，43（16）：106-108，142.

[103] 虞云．正构石蜡氧化生产高级仲醇及其乙氧基化合物的新方法［J］．化学工程师，1993（06）：51-54.

[104] 薛飞．煤制高碳醇技术进展［J］．能源化工，2021，42（01）：7-11.

[105] 陈晓伟．格尔伯特醇的合成［J］．合成润滑材料，2015，42（02）：1-3.

[106] 高平，刘维民，梁永民，等．格尔伯特醇的制备方法：CN102020533 A［P］．2013-04-10.

[107] 李向阳，乔亮．一种格尔伯特醇的制备方法：CN101659597A [P]. 2010-03-03.

[108] Ogo S，Onda A，Yanagisawa K. Selective synthesis of 1-butanol from ethanol over strontium phosphate hydroxyapatite catalysts [J]. Applied Catalysis A：General，2011，402 (1/2)：188-195.

[109] 张伏生．低压羰基合成生产丁辛醇装置的模拟 [D]. 北京：北京化工大学，2005.

[110] 杜志强，叶平平，姜玄珍．正丁醇催化缩合制备异辛醇的方法：CN201010154014.0 [P]. 2010-09-08.

[111] 张宗超，许占威．一种正丁醇制 2-乙基己醇的方法：CN202011320046.3 [P]. 2022-05-24.

[112] 张兴山，李亚弟．煤制烯烃混合碳四的利用探讨 [J]. 化工管理，2017，3 (154)：5-9.

[113] 兰秀菊，李海宾，姜涛．煤基混合碳四深加工方案的探讨 [J]. 乙烯工业，2011，23 (1)：12-16.

[114] 颜文革．煤化工 C_4 生产 2-丙基庚醇 [J]. 内蒙古石油化工，2012 (20)：11-13.

[115] 刘洪伟，李毅超．2-丙基庚醇生产过程中的收率影响因素分析 [J]. 煤化工，2024，52 (1)：44-47.

[116] 孟银银．苯乙烯单加氧酶催化烯烃水合反应的机制及理性改造研究 [D]. 郑州：河南农业大学，2023.

[117] 杜瑶．利用塔式反应器异丁烯水合制备叔丁醇的研究 [D]. 沈阳：沈阳工业大学，2020.

[118] 房承宣，于泳，王亚涛，等．环己烯水合催化剂及工艺研究进展 [J]. 现代化工，2012，32 (12)：16-19.

[119] Makoto M，Tomoyuki L. New catalytic technologies in Japan [J]. Catalysis Today，1999，51 (3/4)：369-375.

[120] 杜瑶．利用塔式反应器异丁烯水合制备叔丁醇的研究 [D]. 沈阳：沈阳工业大学，2020.

[121] 梁楠．α-甲基苯乙烯水合反应工艺研究 [D]. 北京：北京化工大学，2017.

[122] 乔凯，吕连海，翟庆铜，等．丙烯催化水合制异丙醇工艺研究 [J]. 当代化工，2006 (05)：303-306.

[123] Clay J M，Vedejs E. Hydroboration with pyridine borane at room temperature [J]. Journal of the American Chemical Society，2005，127 (16)：5766-5767.

[124] 林晖，陈红歌，唐燕红，等．一种烯烃水合酶在制备伯醇中的应用：CN110819641B [P]. 2021-04-06.

[125] Jensen C M，Trogler W C. Catalytic hydration of terminal alkenes to primary alcohols [J]. Science，1986，233 (4768)：1069-1071.

[126] Koseoglu O R，Sawan A. Conversion of olefinic naphthas by hydration to produce middle distillate fuel blending components：WO2020146181A8 [S]. 2020-08-06.

[127] Xue L，Zhou D J，Tang L，et al. The asymmetric hydration of 1-octene to (S)-(+)-2-octanol with a biopolymer-metal complex，silica-supported chitosan-cobalt complex [J]. Reactive & Functional Polymers，2004，58 (2)：117-121.

[128] Prasetyoko D，Ramli Z，Endud S，et al. TS-1 loaded with sulfated zirconia as bifunctional oxidative and acidic catalyst for transformation of 1-octene to 1，2-octanediol [J]. Journal of Molecular Catalysis A-Chemical，2005，241 (1/2)：118-125.

第4章

脂肪醇的分析

4.1 脂肪醇的理化分析

作为一类广泛存在于自然界中的有机化合物，脂肪醇及其衍生物因其独特的物理化学性质在众多领域应用广泛。随着科学技术的进步，对脂肪醇的研究已经从单纯的物质识别和基本性质分析，扩展到了如何改善和优化这些化合物的生产过程，以及如何创新地将它们应用于新的领域。

4.1.1 脂肪醇理化参数的测定方法

理化参数是评价脂肪醇基本性质和质量的主要指标，常见的理化参数包括熔点、沸点、相对密度、黏度、折射率、闪点、摩尔折射率、摩尔体积、等张比容、表面张力、极化率等。

(1) 熔点测定

熔点的测定方法有熔点仪法、差示扫描量热法、热重分析法、光学显微镜法，脂肪醇熔点的测试可以参照GB/T 617—2006《化学试剂 熔点范围测定通用方法》。

(2) 沸点

沸点的测定方法有蒸馏法和折射率法，脂肪醇沸点的测定可以参照GB/T 616—2006《化学试剂 沸点测定通用方法》。

(3) 相对密度

相对密度是相同温度和相同压力条件下，物质的密度与参考物质（通常是水）的密度之比。相对密度测试的方法有比重瓶法、浮力法、密度计法和毛细管法。脂肪醇相对密度的测定可以参照GB/T 4472—2011《化工产品密度、相对密度的测定》。

(4) 黏度

黏度测定的方法有黏度计法、滚球法和管流法，常见的管流方法包括沉降管法、U形管法和圆管法等。脂肪醇黏度的测定可以参照GB/T 10247—2008《粘度测量方法》。

(5) 折射率

折射率是描述光在真空中与在某种介质中传播速度比的物理量。折射率的测定方法包括折射仪法、旋光仪法、等温法和色散法。脂肪醇折射率的测定可以参照 GB/T 614—2021《化学试剂 折光率测定通用方法》。

(6) 闪点

闪点是指液体产生足够的蒸气与空气形成可燃混合物，遇到点火源时会短暂闪燃的最低温度。闪点的测定方法主要包括以下两种：闭杯法和开杯法。脂肪醇闪点测定的具体操作可参考 GB/T 261—2021《闪点的测定 宾斯基-马丁闭口杯法》。

(7) 摩尔折射率

摩尔折射率是一个表征物质光学性质的参数，它反映了物质分子对光线的折射能力。测定方法包括折射仪法、折射色谱法、光谱法和等温法，脂肪醇的摩尔折射率测定方法根据需求选择。

(8) 摩尔体积

摩尔体积[1] 是指 1mol 物质在标准状态下所占的体积，反映物质分子的大小和分子间的空间排列。摩尔体积的测定方法包括气体体积法、液体体积法、晶体结构分析法和热膨胀法。

(9) 等张比容

等张比容也称为等温压缩率或等温可压缩性，是一个描述在恒温条件下物质单位体积对压力变化的响应程度的物理量。等张比容的测定方法有密度计测定法、容积计测定法、热膨胀法、热力学方法和分子动力学模拟法。

(10) 表面张力

表面张力的测定方法有环法（杜能环法）、平板法、泡压法、滴重法和毛细管升高法。

(11) 极化率

极化率是描述物质对电场响应能力的物理量，通常用来表征物质的极化性质[2]。极化率的测定方法包括静电法、热力学方法、光学方法和分子动力学模拟法。

4.1.2 天然醇的理化性质

以天然植物油脂及其衍生物为原料，经醇解或水解、酯化、加氢、蒸馏可制得系列脂肪伯醇产品，不同碳链的伯醇理化性质归纳如下。

4.1.2.1 伯醇的理化性质

伯醇的理化性质如表 4.1、表 4.2 所示。

表 4.1　饱和醇的物理化学性质

名称	分子式	熔点/℃	沸点/℃	相对密度(d_4^{20})	黏度/(mPa·s)	折射率(n_d^{20})	闪点/℃	摩尔折射率/(cm^3/mol)	摩尔体积/(cm^3/mol)	等张比容(90.2K)	表面张力/(mN/m)	极化率/($\times10^{-24}cm^3$)	相态
辛醇	$C_8H_{17}OH$	−16	194.8	0.8254	9.0	1.4296	81	40.64	158.0	367.1	29.5	16.11	液体
壬醇	$C_9H_{19}OH$	−12	213.3	0.8278	12.0	1.4337	90	45.27	174.6	406.9	29.5	17.95	液体
癸醇	$C_{10}H_{21}OH$	6.3	231	0.8297	14.0	1.4373	93	49.91	191.1	446.7	29.8	19.78	液体
十一醇	$C_{11}H_{23}OH$	2	247	0.8316	—	1.4402	102	54.54	207.6	486.5	30.1	21.62	液/固
十二醇	$C_{12}H_{25}OH$	23.96	263	0.8330	—	1.4428*	113	59.17	224.1	526.3	30.4	23.46	固体
十三醇	$C_{13}H_{27}OH$	28	278	0.8344	—	1.4450*	120	63.81	240.6	566.0	30.6	25.29	固体
十四醇	$C_{14}H_{29}OH$	37.9	292	0.8355	—	1.4470*	130	68.44	257.1	605.8	30.8	27.13	固体
十五醇	$C_{15}H_{31}OH$	43.9	306	0.8366	—	1.4487*	140	73.07	273.6	645.6	30.9	28.96	固体
十六醇	$C_{16}H_{33}OH$	49.3	310.9	0.8375	—	1.4502	150	77.70	290.1	685.4	31.1	30.80	固体
十七醇	$C_{17}H_{35}OH$	53.9	324	0.8384	—	1.4516	160	82.34	306.6	725.2	31.2	32.64	固体
十八醇	$C_{18}H_{37}OH$	57.5	345	0.8392	—	1.4529	170	86.97	323.1	765.0	31.4	34.47	固体
十九醇	$C_{19}H_{39}OH$	61.7	357	0.8399	—	1.4540	180	91.60	339.6	804.7	31.5	36.31	固体
二十醇	$C_{20}H_{41}OH$	66	369	0.8405	—	1.4550	190	96.24	356.1	844.5	31.6	38.15	固体
二十一醇	$C_{21}H_{43}OH$	68～71	369	0.8380	—	1.4520	131.5	100.87	372.6	884.3	31.7	39.98	固体
二十二醇	$C_{22}H_{45}OH$	70.8	375.9	0.8390	—	1.4550	142.5±5.2	105.50	389.1	924.1	31.7	41.82	固体

*代表在过冷条件下测定。

表 4.2　不饱和醇的物理化学性质

名称	分子式	熔点/℃	沸点/℃	相对密度(d_4^{20})	折射率(n_d^{20})	闪点/℃	摩尔折射率/(cm^3/mol)	摩尔体积/(cm^3/mol)	等张比容(90.2K)	表面张力/(mN/m)	极化率/($\times10^{-24}cm^3$)	相态
油醇	$C_{18}H_{36}O$	6～7	207	0.8489	1.4607	12.7	87.03	316.7	752.2	31.7	34.50	无色或淡黄色油状液体
亚油醇	$C_{18}H_{33}OH$	−16	146	0.8588	1.4675	124	87.14	304.0	726.6	32.6	35.54	黄色变为棕色的黏稠油变成半固体

4.1.2.2 天然脂肪醇产品的理化指标

天然脂肪醇按碳链不同分为 C_8 醇、C_{10} 醇、C_{12} 醇、C_{14} 醇、C_{16} 醇、C_{18} 醇、C_8～C_{10} 醇、C_{12}～C_{14} 醇、C_{14}～C_{16} 醇和 C_{16}～C_{18} 醇，天然醇的理化参数测定方法和理化指标应符合中华人民共和国国家标准《天然脂肪醇》GB/T 16451—2017，国标要求的理化指标应符合表 4.3。

表 4.3 天然醇的理化指标

名称	酸值（以 KOH 计）/(mg/g)	皂化值（以 KOH 计）/(mg/g)	碘值（以 I_2 计）/(g/100g)	羟值（以 KOH 计）/(mg/g)	烷烃含量（质量分数）/%	主组分含（质量分数）/%	羰值 /(mg/kg)
C_8～C_{10} 醇	≤0.3	≤1.5	≤1.0	375～410	≤2.0	≥96	≤150
C_{12}～C_{14} 醇	≤0.3	≤1.0	≤1.0	280～305	≤1.5	≥96	≤150
C_{14}～C_{16} 醇	≤0.3	≤1.0	≤2.0	235～260	≤1.5	≥96	≤150
C_{16}～C_{18} 醇	≤0.3	≤1.0	≤2.0	205～230	≤1.5	≥96	≤200
C_8 醇	≤0.3	≤1.5	≤1.0	420～435	≤2.0	≥96	≤150
C_{10} 醇	≤0.3	≤1.5	≤1.0	349～359	≤2.0	≥96	≤150
C_{12} 醇	≤0.3	≤1.0	≤1.0	290～310	≤1.5	≥96	≤150
C_{14} 醇	≤0.3	≤1.0	≤1.0	250～266	≤1.5	≥96	≤150
C_{16} 醇	≤0.3	≤1.0	≤1.5	220～240	≤1.5	≥96	≤200
C_{18} 醇	≤0.3	≤1.0	≤1.5	200～220	≤1.5	≥96	≤200

注：1. 烷烃含量为烷烃和其他非醇杂质的含量。
2. 主组分含量系指类型名称所标明组分偶碳伯醇的含量（单一组分或二组分之和）。

4.1.2.3 天然醇工业产品的理化性质

以天然油脂为原料，合成 C_{12}～C_{14} 醇和 C_{16}～C_{18} 醇，针对酸值、皂化值、碘值和羟值四个理化参数，不同企业采用不同的测定方法，均测得不同的数值范围。不同企业产品的理化参数具体如表 4.4～表 4.11 所列。

表 4.4 产品 C_{12}～C_{14} 醇的部分理化参数列表

检测项目	标准值	检测方法
酸值(以 KOH 计)/(mg/g)	≤0.2	GB/T 16451—2017
皂化值(以 KOH 计)/(mg/g)	≤0.5	
碘值(以 I_2 计)/(g/100g)	≤0.3	
羟值(以 KOH 计)/(mg/g)	285～295	

表 4.5　C_{12}～C_{14} 醇产品 1 的部分理化参数列表

检测项目	标准值	检测方法
酸值(以 KOH 计)/(mg/g)	≤0.1	AOCS Te 2a-64
皂化值(以 KOH 计)/(mg/g)	≤0.5	AOCS TI 1a-64
碘值(以 I_2 计)/(g/100g)	≤0.3	AOCS Tg 1a-64
羟值(以 KOH 计)/(mg/g)	285～295	AOCS Cd 13-60

表 4.6　C_{12}～C_{14} 醇产品 2 的部分理化参数列表

检测项目	标准值	检测方法
酸值(以 KOH 计)/(mg/g)	≤0.1	AOCS Te 2a-64
皂化值(以 KOH 计)/(mg/g)	≤0.5	ASTM D5558
碘值(以 I_2 计)/(g/100g)	≤0.1	AOCS Cd 1b-87/AOCS Tg 2a-64

表 4.7　C_{12}～C_{14} 醇产品 3 的部分理化参数列表

检测项目	标准值	检测方法
酸值(以 KOH 计)/(mg/g)	≤0.1	AOCS Te 2a-64
皂化值(以 KOH 计)/(mg/g)	≤0.5	AOCS TI 1a-64
碘值(以 I_2 计)/(g/100g)	≤0.1	EOB-TM-QA-607
羟值(以 KOH 计)/(mg/g)	287～293	EOB-TM-QA-613

表 4.8　C_{16}～C_{18} 醇产品 1 的部分理化参数列表

检测项目	标准值	检测方法
酸值(以 KOH 计)/(mg/g)	≤0.2	GB/T 16451—2017
皂化值(以 KOH 计)/(mg/g)	≤0.8	
碘值(以 I_2 计)/(g/100g)	≤0.8	
羟值(以 KOH 计)/(mg/g)	205～220	

表 4.9　C_{16}～C_{18} 醇产品 2 的部分理化参数列表

检测项目	标准值	检测方法
酸值(以 KOH 计)/(mg/g)	≤0.1	GB/T 16451—2017
皂化值(以 KOH 计)/(mg/g)	≤1.0	
碘值(以 I_2 计)/(g/100g)	≤0.5	
羟值(以 KOH 计)/(mg/g)	210～220	

表 4.10　C_{16}～C_{18} 醇产品 3 的部分理化参数列表

检测项目	标准值	检测方法
酸值(以 KOH 计)/(mg/g)	≤0.1	ISO 660:2009

续表

检测项目	标准值	检测方法
皂化值(以 KOH 计)/(mg/g)	≤1.0	ISO 3657:2013(E)
碘值(以 I_2 计)/(g/100g)	≤0.5	AOCS Cd 1C-85
羟值(以 KOH 计)/(mg/g)	210～220	ASTM D6342-12

表 4.11 C_{16}～C_{18} 醇产品 4 的部分理化参数列表

检测项目	标准值	检测方法
酸值(以 KOH 计)/(mg/g)	≤0.1	AOCS Te 2a-64
皂化值(以 KOH 计)/(mg/g)	≤1.2	AOCS TI 1a-64
碘值(以 I_2 计)/(g/100g)	≤0.3	EOB-TM-QA-607
羟值(以 KOH 计)/(mg/g)	210～219	EOB-TM-QA-613

4.1.3 合成脂肪醇的理化性质

4.1.3.1 羰基合成醇的理化性质

OXO 法可用不同原料、不同催化剂生产得到不同碳链长度的醇，OXO 醇的理化指标应符合《羰基合成脂肪醇》(GB/T 26463—2011)，理化指标如表 4.12 所示。

表 4.12 羰基合成醇的理化指标

项目	C_{12}～C_{13} 醇		C_{14}～C_{15} 醇		C_{12}～C_{15} 醇	
	优等品	合格品	优等品	合格品	优等品	合格品
色泽(Hazen)	≤10	≤25	≤10	≤25	≤10	≤25
水分/(μg/g)	<800	≤1000	<800	≤1000	<800	≤1000
羰值(以 C=O 计)/(μg/g)	<60	≤100	<60	≤100	<60	≤100
酸值(以 KOH 计)/(mg/g)	<0.03	≤0.05	<0.03	≤0.05	<0.03	≤0.05
皂化值(以 KOH 计)/(mg/g)	<0.5	≤0.5	<0.5	≤0.5	<0.5	≤0.5
碘值(以 I_2 计)/(g/100g)	<0.3	≤0.4	<0.3	≤0.4	<0.3	≤0.4
羟值(以 KOH 计)/(mg/g)	290±5	290±7	253±5	253±7	271±5	271±7
烃质量分数/%	<0.4	≤0.5	<0.4	≤0.5	<0.4	≤0.5
平均分子量	193±3	193±5	222±3	222±5	208±3	208±5
正构率%	>71	—	>71	—	>71	—

4.1.3.2 格尔伯特醇的理化性质

2-乙基己醇是一种增塑剂醇，可用于合成增塑剂、表面活性剂和溶剂等。目前，工业上以石化资源丙烯为原料合成。2-乙基己醇的理化指标应符合中华人民共和国国家标准《工业用辛醇（2-乙基己醇）》（GB/T 6818—2019），如表4.13所示。

表4.13 2-乙基己醇的理化指标

项目		指标		
		Ⅰ型	Ⅱ型	Ⅲ型
色度(铂-钴色号)	≤	10	10	15
密度(20℃)/(g/cm^3)		0.831～0.833	0.831～0.834	
2-乙基己醇/%	≥	99.6	99.3	99.0
酸含量(以乙酸计)/%	≤	0.01		0.02
羰基化合物(以2-乙基己醛计)/%	≤	0.05	0.10	0.20
硫酸显色试验(铂-钴色号)	≤	25	35	50
水分/%	≤	0.10	0.20	
2-乙基-4-甲基戊醇/%	≤	0.40	—	

注：1. Ⅰ型产品一般用于增塑剂等精细化工产品。
2. Ⅱ型产品一般用于一般化工产品。
3. Ⅲ型产品一般用于选矿及其他行业生产。

2-丙基庚醇是重要的合成醇之一，也是一种重要的化工原料。该醇的技术要求目前是依据延安能化企业标准（Q/YNH CP001—2019），如表4.14所示。

表4.14 2-丙基庚醇的理化性质

项目	优等品	一等品	合格品
总 C_{10} 醇/%	≥99.3	≥99	≥98.5
C_9 醇/%	实测		
2-丙基庚醇含量/%	≥90	≥89	≥87
水分/%	≤0.1	≤0.3	
色度(铂钴色度)	≤10	≤20	
酸度(以KOH计)/(mg/g)	≤0.1	≤0.3	
沸程(101.3kPa,96%)/℃	200～235		
硫酸色度	实测		

4.1.3.3 仲醇的理化性质

仲醇的理化性质见表 4.15。

表 4.15 仲醇的物理化学性质

名称	分子式	熔点/℃	沸点/℃	相对密度(d_4^{20})	黏度/mPa·s	折射率(n_d^{20})	闪点/℃	摩尔折射率	摩尔体积/(cm^3/mol)	等张比容(90.2K)	表面张力/(mN/m)	极化率/($\times10^{-24}$cm^3)	相态
2-辛醇	$C_8H_{17}OH$	−38	177.9	0.8207	8.2	1.4260	71.1	40.6	158.4	364.5	28	16.09	液体
2-壬醇	$C_9H_{19}OH$	−36	195.5	0.8231		1.4310	82.2	45.23	174.9	404.3	28.5	17.93	液体
2-癸醇	$C_{10}H_{21}OH$	−2	209.7	0.827		1.4341	85	48.67	191.4	444.1	28.9	19.77	液体
2-十一醇	$C_{11}H_{23}OH$	2	130	0.828		1.4370	107.7	54.5	207.9	483.8	29.2	21.6	液体
2-十二醇	$C_{12}H_{25}OH$	19	249	0.829		1.4423	>110	59.13	224.4	523.6	29.6	23.44	液体
2-十三醇	$C_{13}H_{27}OH$	29	265	0.831		1.4420	156	63.76	241	563.4	29.8	25.28	液体
2-十四醇	$C_{14}H_{29}OH$	35	284	0.832		1.4430	106	68.4	257.5	603.2	30.1	27.11	粉末
2-十六醇	$C_{16}H_{33}OH$	43	314	0.8±0.1		1.447	111.3	77.66	290.5	682.8	30.5	30.79	
2-十七醇	$C_{17}H_{35}OH$	44.5	308	0.835		1.448	113						
2-十八醇	$C_{18}H_{37}OH$	52	319.3			1.449	114.2						
2-十九醇	$C_{19}H_{39}OH$		330.2	0.826		1.451	114.9						
2-二十醇	$C_{20}H_{41}OH$	60	369.95										

4.2 脂肪醇的光谱分析

4.2.1 红外吸收光谱分析

红外吸收光谱是利用化学物质对红外光的吸收，获得分子结构有关信息的一种分析方法[3]。通过对红外辐射波长和对红外辐射被物质吸收程度的测量，可以确定化学物质中不同化学键的存在、类型和数量。因此，脂肪醇的红外吸收光谱反映其分子结构信息，谱图中的吸收峰与分子中各基团的振动形式对应。依据红外原理，组成脂肪醇的基团，如 C—H、C—O、O—H、C—C 都有特定的红外吸收基团频率，显示基团特征吸收峰。红外吸收峰在横轴的位置、吸收峰的形状以及吸收峰的强度与脂肪醇的结构有关。依据基团特征频率及其位移规律，应用红外光谱来确定脂肪醇中官能团的存在及其在醇中的相对位置。脂肪醇的化学基团在 4000～400cm^{-1}（中红外区，2.5～25μm）范围内有对应的特征吸收峰，现已积累了大量此区脂肪醇的标准谱图数据。

无论脂肪醇是固体、液体还是气体，是单一醇还是混合醇，都可以进行红外吸收光谱分析。红外光谱测试样品用量少、分析速度快、不破坏试样。依据样品制备方法的不同，分为压片法、糊法、薄膜法、溶液法。固体脂肪醇可以采用压片法、糊法、薄膜法测定，液体脂肪醇采用膜法测定，气体脂肪醇可采用气体池测定。

脂肪醇羟基[4] 的红外吸收光谱识别，首先观察谱图官能团区是否有醇羟基的特征峰存在。醇羟基的 O—H 键伸缩振动通常在 3650～3200cm^{-1} 产生吸收峰，谱带较强。结合 O—H 键变形振动在 1450～1300cm^{-1} 的吸收峰，可以判断醇羟基的存在。当脂肪醇溶于非极性溶剂（如 CCl_4）、醇浓度低于 0.01mol/L 时，可以极易从红外吸收光谱中观察到游离羟基的伸缩振动峰，出现在 3650～3580cm^{-1} 范围，峰形尖锐，且没有杂峰干扰。脂肪醇的羟基缔合现象非常显著，当醇浓度增加或者没有溶剂时，O—H 键伸缩振动吸收峰会向低波数方向移动，表现为在 3400～3200cm^{-1} 产生宽而强的吸收峰。同时，C—O 的伸缩振动可以产生很强的红外吸收，吸收峰在 1300～1000cm^{-1} 的区域。C—O 的伸缩振动强度很大，常称为脂肪醇红外吸收光谱的最强吸收，证实 C—O 键的存在，也是醇红外吸收的旁证。进一步，可以依据 C—O 键吸收峰的峰形和峰强区分伯醇（1050cm^{-1}）、仲醇（1110cm^{-1}）。因此，结合 O—H 键伸缩振动峰、O—H 键变形振动峰和 C—O 的伸缩振动峰确定醇羟基的存在[5]。

脂肪醇结构中烷烃链的红外识别，饱和 C—H 键的伸缩振动在 2975～2800cm^{-1} 区域出现两组强的特征吸收峰，1465cm^{-1} 处 CH_2 的变形振动峰说明烷烃链的存在，且无不饱和氢的吸收出现。在 900～600cm^{-1} 区域的吸收峰可以指示$\text{+}CH_2\text{+}_n$的存在，当 $n \geqslant 4$ 时，亚甲基的平面振动吸收峰出现在 722cm^{-1} 处，随着 n 的减小，逐渐向高波数移动。因此，结合以上特征吸收可以确定饱和烷烃链的存在。月桂醇的红外吸收光谱如图 4.1 所示。

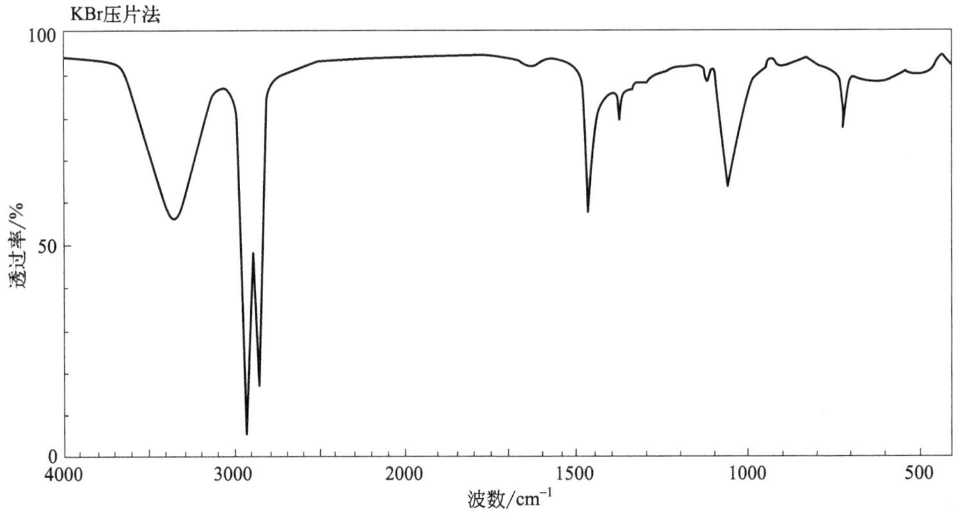

图 4.1 月桂醇的红外吸收光谱

4.2.2 拉曼光谱分析

拉曼光谱分析是一种基于分子振动引起的光散射现象进行分析的技术。它通过测量样品散射的光子能量与入射光子能量之间的差异，得到物质的拉曼光谱。拉曼光谱提供关于分子结构、化学键振动、晶格振动等信息。与红外光谱类似，拉曼光谱也属于振动-转动光谱技术，应用于分子结构研究。不同的是，红外光谱是吸收光谱，直接观察待测物分子对辐射能量的吸收情况。而拉曼光谱是散射光谱，观察的是分子对单色光的散射引起的拉曼效应，属于间接观察分子能级振动跃迁情况。两种分析方法具有很强的互补性。在拉曼光谱中，组成脂肪醇的基团，如 C—H、C—O、O—H、C—C 都有自己特定的拉曼谱带，拉曼峰在横轴的位置、峰的形状以及峰的强度与脂肪醇的结构有关。依据基团特征频率及其位移规律，应用拉曼光谱来确定脂肪醇中官能团的存在及其在醇中的相对位置。拉曼光谱的常规范围是 4000～40cm^{-1}，前期研究积累了大量此波数区域内脂肪醇的标准谱图数据。

无论脂肪醇是固体、液体还是气体，都可以进行拉曼光谱分析[6]。红外光谱测试样品用量少、分析速度快、不破坏试样。拉曼光谱测试样品制备较红外光谱样品简单，气体可采用多路反射气槽测定，液体或固体样品可直接装入玻璃管内测试，也可以配成溶液，由于水的拉曼光谱较弱、干扰小，可以配成水溶液测试。对于脂肪醇的拉曼光谱分析，常用的激光波长为 785nm 或 1064nm，这些激光可以与脂肪醇的振动能级相对应。

脂肪醇羟基的拉曼光谱识别，醇羟基 O—H 键的伸缩振动通常在 3650～3200cm^{-1} 产生吸收峰，谱带较弱。在拉曼光谱中，C—C 的伸缩振动在 1300～600cm^{-1} 的区域可以产生中强谱带，而 C—O 的伸缩振动可以在 1150～1060cm^{-1} 的区域产生弱谱带，也是脂肪醇拉曼光谱的特征。因此，结合 O—H 键振动峰、C—C 键振动峰和 C—O 的振动峰可以确定醇羟基的存在。

脂肪醇结构中烷烃链的拉曼光谱识别，饱和 C—H 键的伸缩振动在 3000～2800cm^{-1} 区域出现强的特征吸收峰。拉曼光谱的特征频率可以指示$\text{+}CH_2\text{+}_n$的存在，当 $n=3\sim12$ 时，在 400～250cm^{-1} 区域有中强峰。当 $n>12$ 时，2495cm^{-1} 处有吸收带产生。因此，结合以上特征谱带可以确定饱和烷烃链的存在。月桂醇的拉曼光谱如图 4.2 所示。

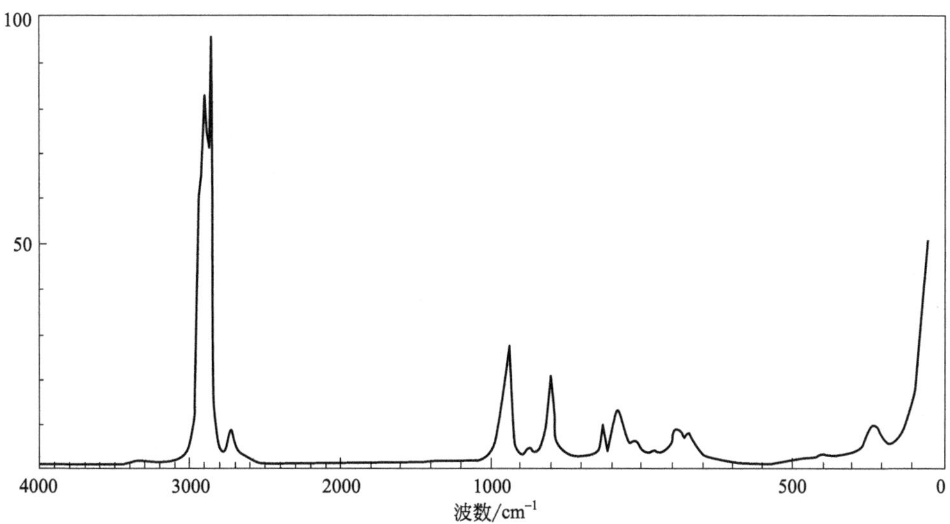

图 4.2　月桂醇的拉曼光谱

4.3 脂肪醇的核磁共振波谱分析

核磁共振（NMR）波谱分析法是研究处于强磁场中的原子核对射频辐射的吸收，从而获取待测化合物分子结构骨架信息。以^{1}H为研究对象所获得的谱图称为氢谱[7]，以^{13}C为研究对象所获得的谱图称为碳谱。核磁共振波谱和红外吸收光谱都属于吸收光谱，两者之间有很强的互补性，是测定化合物结构的强有力的工具。核磁共振谱图中有两个关键的参数需要解析，即化学位移和耦合常数。化学位移可以提供关于不同核的化学环境的信息，通过比较测得的化学位移与标准化合物的化学位移，可以确定分子中不同原子的化学环境。核磁共振测试环境，不同核之间会发生耦合，表现为峰的分裂。通过分析耦合常数，可以确定分子中不同核之间的相互作用关系[8]。

脂肪醇的^{1}H NMR具有明显的质子吸收峰信号，醇羟基质子的化学位移为3.6～3.9，表现为钝峰，这是由于分子间或者分子内缔合形成氢键所致。羟基质子的化学位移在氢谱中比较典型，化学位移随氢键的强度变化而移动，氢键越强，化学位移越大。在实际测试中，温度、溶剂和浓度都会影响质子的化学位移。因此，羟基信号不会固定在一个位置。与羟基连接的亚甲基质子化学位移为3.5～3.6，易于识别。脂肪醇长碳链甲基质子的化学位移为0.7～1.2，表现为三重峰[9]。长碳链亚甲基的质子化学位移为0.9～1.5，相互耦合，不容易区分，但可以积分得到质子数目。综合以上信息来进行脂肪醇的^{1}H NMR解析，得出完整的结构信息。月桂醇的^{1}H NMR谱图见图4.3。

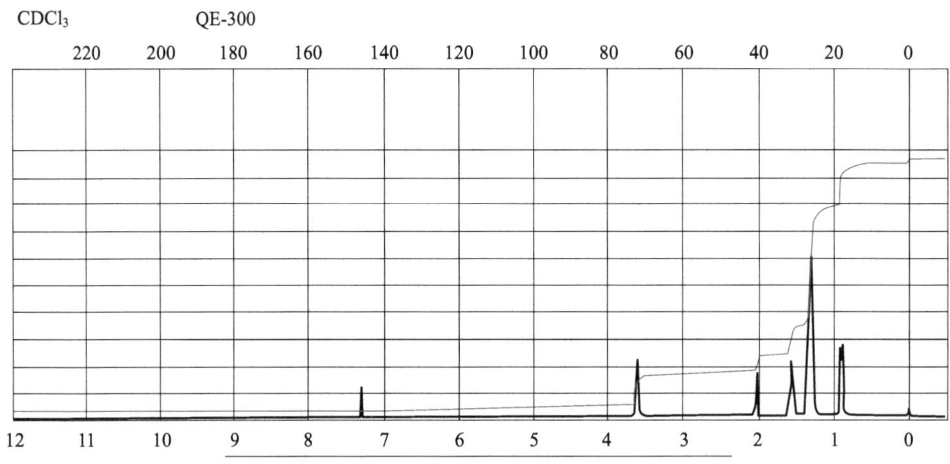

图4.3 月桂醇的^{1}H NMR谱图

脂肪醇的^{13}C NMR 具有明显的碳原子吸收峰信号，与醇羟基直接相连的碳原子化学位移为 62.5，在碳谱的最低场。端甲基的碳原子信号出现在 14.2 附近。与端甲基直接相连的亚甲基在 22.5 附近出峰，与连氧亚甲基直接相连的亚甲基在 32.5 附近出峰，其余甲基的化学位移均在 39～30 之间。月桂醇的^{13}C NMR 谱如图 4.4 所示。

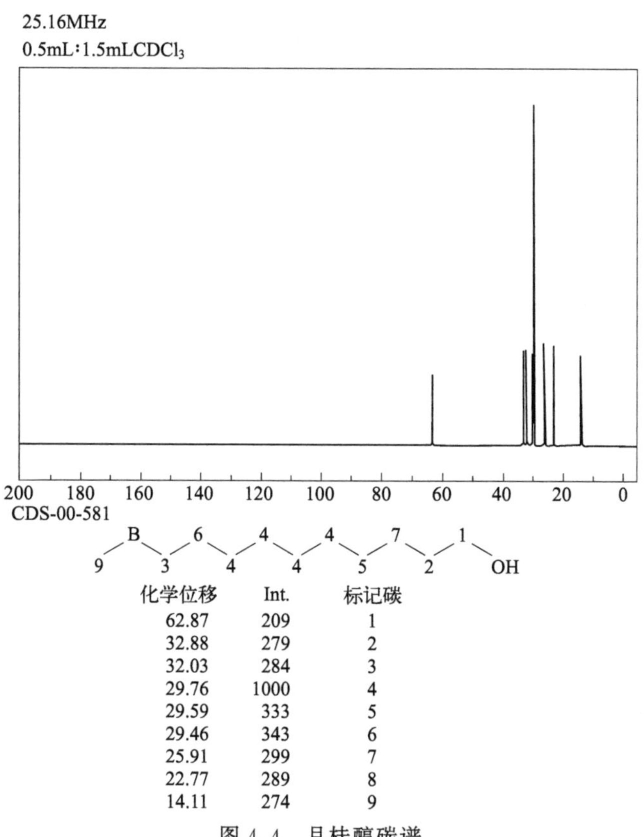

化学位移	Int.	标记碳
62.87	209	1
32.88	279	2
32.03	284	3
29.76	1000	4
29.59	333	5
29.46	343	6
25.91	299	7
22.77	289	8
14.11	274	9

图 4.4 月桂醇碳谱

4.4 脂肪醇的质谱分析

质谱（mass spectrometry，MS）法是将被测物质分子分解为气态离子，在高真空状态下按离子的质荷比（m/z）大小分离，然后检测各离子的丰度（即谱峰强度），而实现物质成分和结构分析的方法。

物质的质谱图通过离子谱峰及相互关系，提供与分子结构有关的信息。质谱信息是物质的固有特性之一，不同的物质除一些异构体外，均有不同的质谱信息。因此，利用质谱特征与其结构的相关性，可进行定性分析。在结构定性方面，质谱法是测定分子量、分子式或分子组成的重要手段。如果一个中性分子丢失或得到一个电子，则分子离子的质荷比与该分子质量数相同，使用高分辨率质谱可得到离子的精确质量数，然后计算出该化合物的分子式。谱峰的强度与它代表的化合物也有一定关系。混合物的质谱是各成分质谱的算术加和谱，利用质谱的可叠加性，可以进行定量分析。在定量分析方面，质谱是高灵敏度的方法之一。质谱法分析速度快、灵敏度高且谱图解析相对简单[10]。

质谱中的离子类型包括分子离子、准分子离子、多电荷离子、碎片离子等。分子离子的质量就是化合物的分子量，其相对丰度可以判断化合物的类型，分子离子峰在质谱解析中具有特殊重要的意义。碎片离子是分子离子碎裂产生的，碎片离子可以进一步碎裂成更小的离子[11]。脂肪醇的分子离子峰很弱，易发生 α 断裂，生成强的特征碎片，如 m/z 31（伯醇），m/z 45（2-叔醇）。伯醇 m/z 31 的谱峰通常是基峰。醇的分子离子易脱水形成 M-18 的峰，脂肪醇的长碳链还会在产生脱水的同时脱甲基（M-18-15 峰），另外脱水的同时脱乙烯显示（M-18-28）峰。月桂醇的质谱图如图 4.5 所示。

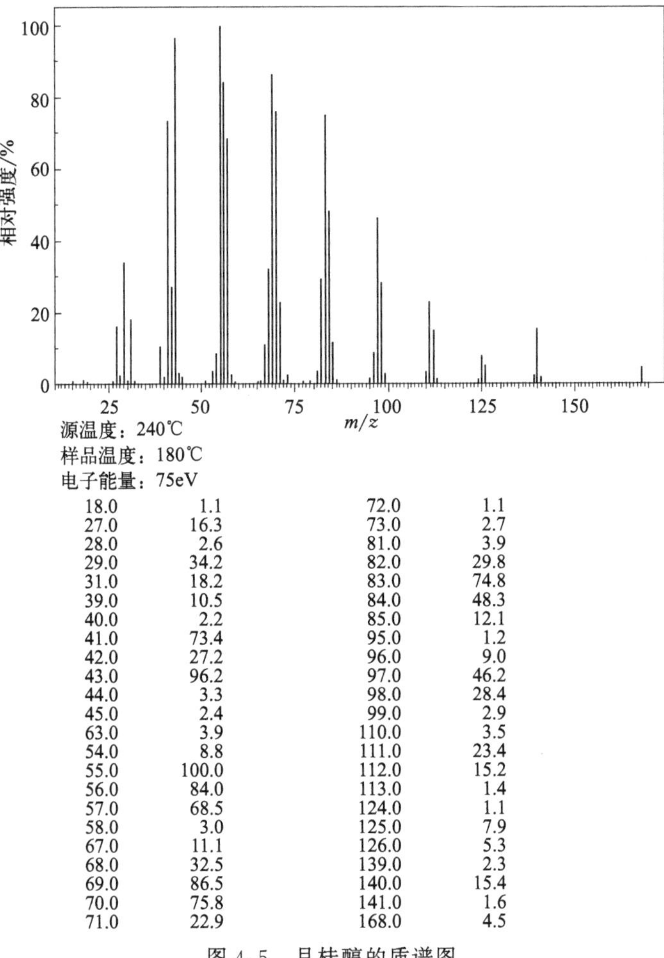

源温度：240℃
样品温度：180℃
电子能量：75eV

18.0	1.1	72.0	1.1
27.0	16.3	73.0	2.7
28.0	2.6	81.0	3.9
29.0	34.2	82.0	29.8
31.0	18.2	83.0	74.8
39.0	10.5	84.0	48.3
40.0	2.2	85.0	12.1
41.0	73.4	95.0	1.2
42.0	27.2	96.0	9.0
43.0	96.2	97.0	46.2
44.0	3.3	98.0	28.4
45.0	2.4	99.0	2.9
63.0	3.9	110.0	3.5
54.0	8.8	111.0	23.4
55.0	100.0	112.0	15.2
56.0	84.0	113.0	1.4
57.0	68.5	124.0	1.1
58.0	3.0	125.0	7.9
67.0	11.1	126.0	5.3
68.0	32.5	139.0	2.3
69.0	86.5	140.0	15.4
70.0	75.8	141.0	1.6
71.0	22.9	168.0	4.5

图 4.5　月桂醇的质谱图

4.5 脂肪醇的气相色谱分析

气相色谱法（gas chromatography，GC）是一种常用的分离分析技术，被广泛应用于化学、化工、环境和食品等各个领域中的化合物定性定量分析[12]。GC 通过将样品蒸发成气体，通过与固定相作用力的不同实现分离，再通过检测器对各单一组分进行定性和定量分析，从而确定混合物中的成分和含量[13]。混合醇系物是由多种醇组成的混合物，准确分析混合醇系物中的成分和各成分含量对于质量控制、工艺优化和产品开发具有重要意义。气相色谱法作为一种高效的分离技术，能够快速、准确地分析醇混合物中的各种成分[14]。

4.5.1 脂肪醇的气相色谱分析方法

使用气相色谱仪（气相色谱-质谱联用仪）进行分析，气相色谱仪配置氢火焰离子检测器（FID）、毛细管柱或者填充柱（固定相的选择以脂肪醇良好分离为依据）[15]。色谱柱是色谱仪的核心部件，决定色谱的分离性能，无论是填充柱还是毛细管柱，其固定相填料均影响分离效果，具体样品分离分析应依据测试设定的标准方法或者脂肪醇的特性选择合适的填料。

4.5.2 天然醇的气相色谱分析

色谱仪的配置要求：检测器为氢火焰离子化检测器（FID）；检测限≤1×10^{-10}（n-C_{16}）；色谱柱为能使脂肪醇中各组分及杂质很好分离的填充柱或毛细管柱；数据处理器为色谱工作站（或记录仪）和电子积分仪。色谱分析条件的设定：根据使用的色谱柱选定色谱条件以获得最佳柱效。填充柱的参考条件如下：

① 柱温：初始温度 120℃，升温速度 4～6℃/min，终温 240℃，恒温 170～200℃。

② 汽化室温度：250～300℃。

③ 检测器温度：250～300℃。

④ 燃气流量：30～400mL/min。

⑤ 助燃气流量：300～400mL/min。

⑥ 载气流量：40～60mL/min。

⑦ 试样稀释：按试样与无水乙醇之比为 1∶3（或 1∶5）稀释。

⑧ 进样量：1～2μL。

毛细管柱参考条件如下：

① 汽化室温度：250～300℃；

② 柱温：初始温度 100℃，升温速度 4～6℃/min，终温 250℃；

③ 检测器温度：250～300℃；

④ 燃气流量：30～40mL/min；

⑤ 助燃气流量：300～400mL/min；

⑥ 载气流量：柱内流速 1～5mL/min，分流比为（20∶1）～(60∶1)；

⑦ 试样稀释：按样品与正戊烷之比为 1∶100 稀释；

⑧ 进样量：1～2μL[16]。

用脂肪醇的色谱标样对各个正构醇进行定性分析，从图 4.6 色谱图可以清晰地观察到 9 个色谱峰。保留时间为 5～30min，在设定的色谱条件下，9 种天然醇良好分离。色谱条件一定，保留时间是物质的定性参数，运用 GC 面积归一化法进行含量测定。

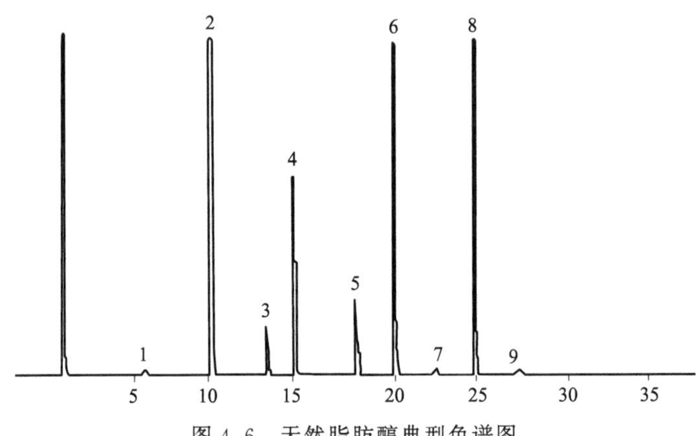

图 4.6 天然脂肪醇典型色谱图

1—C_{10} 醇；2—C_{12} 醇；3—C_{16} 烷；4—C_{14} 醇；5—C_{18} 烷；6—C_{16} 醇；7—C_{17} 醇；8—C_{18} 醇；9—C_{20} 醇

4.5.3 羰基合成醇的气相色谱分析

气相色谱法可以分析脂肪醇的正构度，脂肪醇中的异构醇的定性定量分析也可以通过气相色谱-质谱测定。羰基合成法生产的脂肪醇，其中正构醇（C_{12}～C_{18}）浓度不仅是产品的重要质量指标，而且还是确认装置操作条件尤其是催化剂配比的重要参数。气相色谱直接测定产品中正构醇浓度的方法，分析快速、准确度高、重复性好，直接及时地指导了装置操作，保证了生产得到最大的经济效益。

进样口温度、汽化室温度、色谱柱温度和检测器温度的设置是气相色谱高效分离的核心条件，进样室和汽化室温度的控制是为了保证脂肪醇试样瞬间汽化而不发生热分解。控制检测器温度是为了保证被分离后的脂肪醇组分通过时不在检测器冷凝，同时检测器温度变化将影响检测灵敏度和基线的稳定，可依据脂肪醇的实际分离情况加以调节。分离过程中需要准确控制分离需要的温度。当分析混合醇试样时，需要程序升温，最终实现样品中各种脂肪醇在最佳温度下分离。程序升温的设置可依据测试要求设定初始温度、保持时间、升温速度，或者根据实际分离情况加以调整[17]。

在设定的色谱条件下，以一定的脂肪醇标品为对标物，分析羰基合成醇产品。保留时间是脂肪醇的定性参数，运用 GC 面积归一化法进行含量测定（图 4.7）。

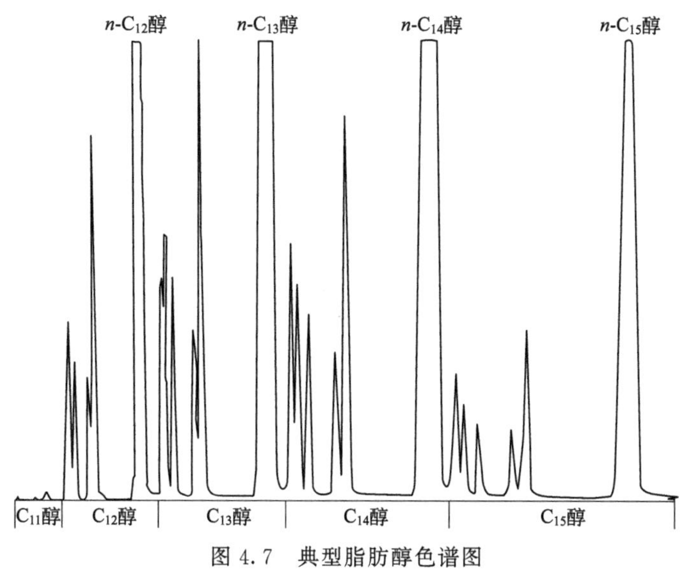

图 4.7　典型脂肪醇色谱图

4.5.4　2-乙基己醇的气相色谱分析

在设定的色谱条件下，杂质和目标产物良好分离，且可以清晰识别（图 4.8）。

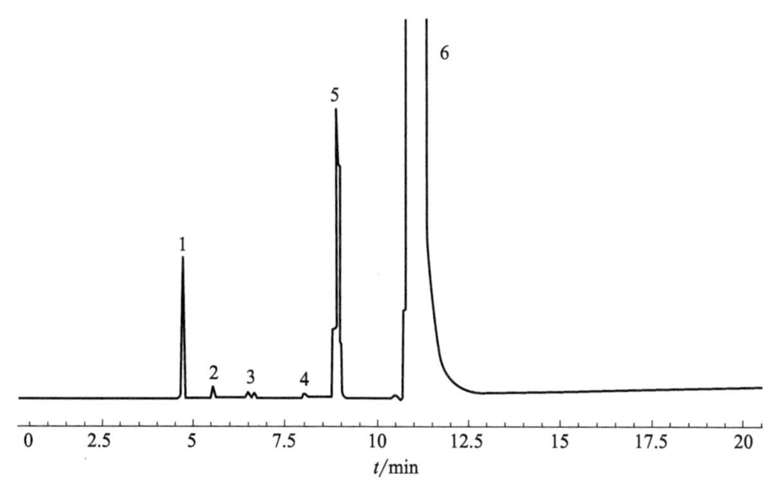

图 4.8　2-乙基己醇及杂质含量测定的典型色谱图

1—2-乙基己醛；2—2-乙基己烯醛；3—3-甲基-4-庚醇；4—未知；5—2-乙基-4-甲基戊醇；6—2-乙基己醇

4.5.5 合成醇产品的碳链分布

4.5.5.1 C_{12}～C_{14} 醇产品的碳链分布

表 4.16～表 4.19 为产品 C_{12}～C_{14} 醇的碳链分布。

表 4.16 产品 C_{12}～C_{14} 醇 1 的碳链分布

碳链	含量(质量分数)/%	
	规范值	测定值
C_{10}	≤2	0.04
C_{12}	68～78	73.9
C_{14}	20～30	25.1
C_{16}	≤1	0.2

表 4.17 产品 C_{12}～C_{14} 醇 2 的碳链分布

碳链	含量(质量分数)/%		
	规范值(最大)	规范值(最小)	测定值
C_{10}(1-癸醇)	1.00		0.04
C_{12}(1-十二醇)	78.00	70.00	74.82
C_{14}(1-十四醇)	29.00	23.00	24.33
C_{16}(1-十六醇)	1.00		0.16

表 4.18 产品 C_{12}～C_{14} 醇 3 的碳链分布

碳链	含量(质量分数)/%		
	规范值(最大)	规范值(最小)	测定值
C_8 及以下	0.2		0.0
C_{10}(1-癸醇)	1.00		0.1
C_{12}(1-十二醇)	78.0	72.0	76.1
C_{14}(1-十四醇)	26.0	20.0	22.7
C_{16}(1-十六醇)	2.0		1.1

表 4.19 产品 C_{12}～C_{14} 醇 4 的碳链分布

项目	含量(质量分数)/%	
	标准值	测定值
总醇	≥99.0%	99.69
主组分	≥98.5%	99.27
烷烃	≤1.0	0.31
≤C_{10}	≤1.0	0.12
C_{12}	68.0～77.0	75.44

续表

项目	含量(质量分数)/%	
	标准值	测定值
C_{14}	22.0～32.0	23.83
≥C_{16}	≤1.0	0.12

4.5.5.2　C_{16}～C_{18} 醇产品的碳链分布

表 4.20～表 4.22 为产品 C_{16}～C_{18} 醇的碳链分布。

表 4.20　产品 C_{16}～C_{18} 醇 1 的碳链分布

项目	含量(质量分数)/%	
	规范值	测定值
C_{14}	0～3	0.07
C_{16}	22～32	28.86
C_{18}	66～76	69.79
C_{20}	0～3	0.23
碳氢化合物	0～0.05	0.01

表 4.21　产品 C_{16}～C_{18} 醇 2 的碳链分布

碳链	含量(质量分数)/%		
	规范值(最大)	规范值(最小)	测定值
C_{14} 及以下	1.0		0.0
C_{16}	35.00	25.00	27.9
C_{18}	75.00	65.00	71.8
C_{20}	1.00		0.3
C_{16}+C_{18}		98.7	99.7

表 4.22　产品 C_{16}～C_{18} 醇 3 的碳链分布

项目	含量(质量分数)/%	
	标准值	测定值
总醇	≥99.0	99.24
主组分	≥98.5	98.68
烷烃	≤1.0	0.76
≤C_{14}	≤1.0	0.25
C_{16}	23.0～35.0	25.84
C_{18}	65.0～77.0	72.84
C_{20}	≤1.0	0.14

以上产品使用的检测方法都为 GC 面积归一化法。

参考文献

［1］ 高锦红，吴启勋．摩尔体积与脂肪醇水溶性的相关性［J］．中南民族大学学报（自然科学版），2005，24（1）：28-30.

［2］ 方志刚，王智瑶，郑新喜，等．团簇 Co_3NiB_2 极化率、偶极矩及态密度研究［J］．贵州大学学报（自然科学版），2022，39（1）：17-24.

［3］ 刘禹，郑纪鸣，宗陈纳言，等．几种常见脂肪醇的氢键结构探究——红外光谱测定结合量化计算的实验［J］．大学化学，2023，38（08）：216-224.

［4］ 杨梦亚．水中溶解性有机质的荧光热猝灭特性［D］．贵州：贵州大学，2023.

［5］ 刘超，刘志诚．傅立叶变换近红外光谱仪在聚醚多元醇羟基含量分析中的应用［J］．河南化工，2008（05）：48-49.

［6］ 刘俊枝，席时权，周宇清，等．长链单不饱和脂肪醇乙酸酯的红外和拉曼光谱研究［J］．应用化学，1989（4）：8-12.

［7］ 罗姗，马敬红，龚静华．聚己二酸/对苯二甲酸丁二醇酯的结构与纺丝性能研究［J］．合成纤维工业，2022，45（4）：7-12.

［8］ 朱晓萌．季铵化改性聚芳砜酰胺碱性阴离子交换膜的研究［D］．上海：东华大学，2014.

［9］ 张彤．苯并噁嗪/邻苯二甲腈共混树脂的制备及性能研究［D］．哈尔滨：哈尔滨工程大学，2016.

［10］ 张璐，易敏之，吕红，等．高效液相色谱法在食品安全检测中的应用［J］．江西中医药大学学报，2011，23（6）：60-62.

［11］ 孙若男．食品和塑料橡胶中酞酸酯的 GC-EI/MS 及 GC-MS/MS 分析方法研究［D］．厦门：厦门大学，2008.

［12］ Oborn R E，马启明．用毛细管气相色谱法测定直链脂肪醇的特性［J］．日用化学品科学，1986（04）：25-27.

［13］ 赵婧子，周沐野，熊晔蓉，等．气相色谱法测定辛酸癸酸聚乙二醇甘油酯的脂肪酸组成［J］．中国药品标准，2021，22（2）：140-145.

［14］ 杨玉国，姚光明，李怀义，等．毛细管气相色谱法快速测定羰基合成脂肪醇中的正构醇［J］．色谱，1995，13（2）：126-127.

［15］ 王辉，帅海涛，唐璐强，等．气相色谱法测定高级脂肪醇中的有关物质［J］．当代化工，2023，52（01）：243-247.

［16］ 赵静，卢科，黄飞．顶空-气相色谱法测定烷基糖苷中 2 种典型的残留脂肪醇［J］．印染助剂，2022，39（12）：52-55.

［17］ 徐康．气相色谱分析仪介绍及在天然气管输中的应用［J］．建材发展导向，2013，11（21）：96-97.

第5章

脂肪醇衍生物的制备、物化性质及应用

脂肪醇是重要的精细化工原料，90%以上的脂肪醇在实际应用中须转化为其衍生物。在各类衍生物中最重要的是醚类表面活性剂，此外，由脂肪醇衍生制备的脂肪叔胺和脂肪醇酯在工业生产中也占有一定的地位。

5.1 脂肪醇聚氧乙烯醚

5.1.1 制备

脂肪醇与环氧乙烷（EO）的加成产物通常称为脂肪醇聚氧乙烯醚（AEO），简称醇醚，分子结构通式为 $RO(CH_2CH_2O)_nH$，其中 R 为饱和或不饱和的烃基，可以是直链烃基，也可以是带支链的烃基；n 是环氧乙烷的加合数［式(5.1)］。

$$ROH + n\,\underset{\underset{O}{\diagdown\;\diagup}}{H_2C\text{—}CH_2} \longrightarrow RO(CH_2CH_2O)_nH \qquad (5.1)$$

5.1.2 物化性能

脂肪醇聚氧乙烯醚的产品规格依据要求进行细分，其主要产品指标见表 5.1[1]。

5.1.2.1 溶解性

聚氧乙烯醚链是脂肪醇聚氧乙烯醚的水溶性基团，可以与水形成氢键，在水中的溶解度随聚氧乙烯链的增长而增大。低加合数（$n=3\sim6$）脂肪醇聚氧乙烯醚烷基链的疏水性起主导作用，使其仅能部分溶于水，在水中易形成凝胶。相比之下，高加合数的脂肪醇聚氧乙烯醚（$n\geqslant7$）较易溶于水，在水中易形成溶液。同理，同系脂肪醇聚氧乙烯醚的疏水基碳链越短，其在水中的溶解度越大。

表 5.1 脂肪醇聚氧乙烯醚的产品指标

项目	指标								
	M类($n\leqslant3$)			L类($3<n\leqslant9$)			A类($n>9$)		
	优等品	一等品	合格品	优等品	一等品	合格品	优等品	一等品	合格品
外观(25℃)	无色液体	微黄液体	浅黄色液体	无色或白色液体或膏体	无色～微黄液体或膏体	浅黄色液体或膏体	无色或白色液体或固体	无色～微黄液体或固体	浅黄色液体或固体
色泽/Hazen ≤	20	50	—	20	50	—	20	50	—
pH值(10g/L水溶液,25℃)	6.0～7.0	5.5～7.5	5.0～8.0	6.0～7.0	5.5～7.5	5.0～8.0	6.0～7.0	5.5～7.5	5.0～8.0
水分/% ≤	0.10	0.15	0.20	0.5	1.0	2.0	0.5	1.0	2.0
聚乙二醇/% ≤	1.0	1.5	2.0	3	5	10	5	10	—
平均加合数	$n\pm0.5$			$n\pm1$			$n\pm10\%n$		
羟值(HV)/(mgKOH/g)	视需要由厂家自定			视需要由厂家自定			视需要由厂家自定		

注：色泽以100g/L的95%乙醇溶液测定。

环氧乙烷的加合数对脂肪醇聚氧乙烯醚的溶解性影响比较显著。表 5.2 为具有一定支链度的 C_{12}～C_{13} 脂肪醇聚氧乙烯醚在水中溶解性的实验结果[2]。当混合体系的含水量≤10%时，该系列醇醚与水混合体系的外观是浑浊液体非均相。随着体系含水量的增加，混合体系会变为凝胶或膏体。H50 在水中的凝胶范围较宽，混合体系含水量为 20%～80%时，都为凝胶或者膏体状态。H70 在水中的溶解性相对较好，混合体系含水量为 50%～90%时，都为透明液体。H90 与水的混合体系，含水量为 70%～90%时，混合体系为透明液体。总的来说，当混合体系的含水量≥70%时，较高 EO 加合数的脂肪醇聚氧乙烯醚（n≥7）溶液状态是可流动的透明液体。

表 5.2 脂肪醇聚氧乙烯醚在不同含水量溶液下的外观

含水量/%	H50(n=5)	H70(n=7)	H90(n=9)
0	浑浊液体非均相	浑浊液体非均相	浑浊液体非均相
10	浑浊液体非均相	浑浊液体非均相	浑浊液体非均相
20	凝胶或膏体	凝胶或膏体	浑浊液体非均相
30	凝胶或膏体	凝胶或膏体	凝胶或膏体
40	凝胶或膏体	凝胶或膏体	凝胶或膏体
50	凝胶或膏体	透明液体	凝胶或膏体
60	凝胶或膏体	透明液体	凝胶或膏体
70	凝胶或膏体	透明液体	透明液体
80	凝胶或膏体	透明液体	透明液体
90	浑浊液体均相	透明液体	透明液体

除了环氧乙烷的加合数之外，醇醚的分子量分布也会对其溶解性产生影响[3]。一般来说，各类窄分布醇醚产品在 n=4.7 左右即可在水中溶解为澄清溶液，而一般宽分布产品要在 n=7 以上才有相当的溶解性。AEO_9 含水量超过 30%时则会出现凝胶和结块现象。

5.1.2.2 浊点

对于脂肪醇聚氧乙烯醚类表面活性剂而言，因聚氧乙烯链与水分子之间形成氢键，从而使其溶解于水中，随着溶液温度升高，分子间氢键断裂，脂肪醇聚氧乙烯醚在水中的溶解度下降，当温度升高到某一特定温度，可以观察到脂肪醇聚氧乙烯醚的水溶液突然变浑浊的现象；当温度低于该特定温度，溶液又可恢复为澄清透明。这一特定温度称为浊点温度，简称浊点[4]。浊点是脂肪醇聚氧乙烯醚类表面活性剂的基本性能参数。

脂肪醇聚氧乙烯醚的浊点取决于其分子结构。如对于相同的疏水基，含不同加合数环氧乙烷的 C_7～C_9 混合醇聚氧乙烯醚的浊点见表 5.3[5]。

表 5.3 C_7～C_9 混合醇聚氧乙烯醚产品的浊点

环氧乙烷加合数	4.92	5.12	5.22	5.32	5.51
浊点/℃	39	45	47	51	57

当疏水基相同时，脂肪醇聚氧乙烯醚的浊点随环氧乙烷加合数的增加而升高。这是因为，当疏水基相同时，环氧乙烷加合数增加使醇醚分子中的醚键数量增加，水溶性提高，浊点也就随之升高。

表 5.4 为不同碳链长度不同环氧乙烷加合数的脂肪醇聚氧乙烯醚的浊点[6]。当脂肪醇聚氧乙烯醚产品的环氧乙烷加合数相同时，其浊点随脂肪醇碳链长度的增加而降低。有时同样碳链长度和同样环氧乙烷加合数的浊点会有差别，可能是由于聚氧乙烯链的分布差异所影响。

表 5.4 不同脂肪醇聚氧乙烯醚的浊点

表面活性剂	$C_{12}EO_5$	$C_{12}EO_{10}$	$C_{14}EO_5$	$C_{14}EO_{10}$	$C_{16}EO_5$	$C_{16}EO_{10}$
浊点/℃	58.0	74.6	42.5	64.2	20.8	49.7

脂肪醇的碳链结构对聚氧乙烯醚型非离子表面活性剂的水溶性也有一定的影响。当 EO 加合数相同、疏水基为支链结构时，浊点较低，如异构醇醚（$IAEO_3$）的浊点为 36℃，而直链醇醚（AEO_3）的浊点则为 42℃[7]。

5.1.2.3 亲水亲油平衡值

亲水亲油平衡（hydrophile-lipophile balance，HLB）值是表面活性剂分子中亲水基部分与疏水基部分的比值。HLB 值越大，表面活性剂亲水性越强；HLB 值越小，其亲油性越强。

表 5.5 列出了不同结构脂肪醇聚氧乙烯醚的 HLB 值[6]。脂肪醇烷烃链一定时，随着聚氧乙烯链的增长，亲水性增强，HLB 值增大。当聚氧乙烯链数量一定时，随着脂肪醇碳链长度的增加，疏水性增强，HLB 值减小。在实际使用过程中，若需要产品的润湿性强、外观透明，可以选用 HLB 值较高的表面活性剂；若需要产品的泡沫少、外观浑浊，可以选用 HLB 值较低的表面活性剂。

表 5.5 不同脂肪醇聚氧乙烯醚的 HLB 值

表面活性剂	$C_{12}EO_5$	$C_{12}EO_{10}$	$C_{14}EO_5$	$C_{14}EO_{10}$	$C_{16}EO_5$	$C_{16}EO_{10}$
HLB 值	9.7	11.3	8.2	10.3	6.1	8.9

5.1.2.4 表面活性

临界胶束浓度（CMC）是表面活性剂溶液开始形成胶束的浓度，是表面活性剂的重要特征参数，可以作为表面活性强弱的一种度量。CMC 越小，表面活性剂形成胶束所需的浓度越低，表面活性剂的效率越高，表面活性越高。

不同 AEO 的 CMC 和 γ_{CMC} 与 EO 链长度以及脂肪醇的碳链结构有关。图 5.1 所示为不同 EO 加合数脂肪醇醚的 CMC 及 CMC 时的表面张力 γ_{CMC}[8]。从图 5.1 可以看出，AEO 的 CMC 及 γ_{CMC} 随着 EO 加合数的增加而增加。这是因为随着 EO 加合数的增加，表面活性剂的亲水性增强，表面活性降低。

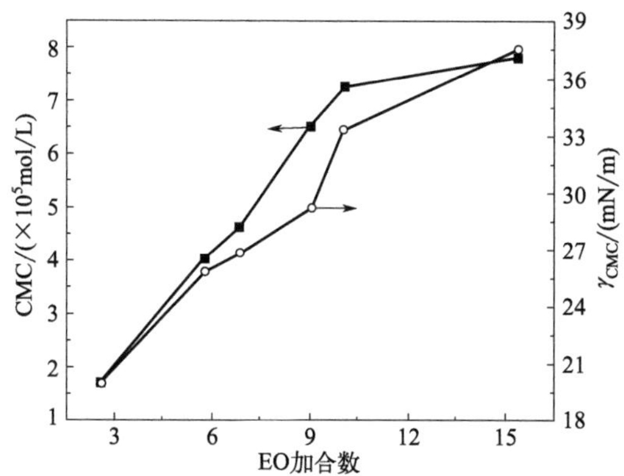

图 5.1　不同 EO 加合数聚氧乙烯醚的 CMC 和 γ_{CMC}

脂肪醇聚氧乙烯醚的 CMC 和 γ_{CMC} 还与脂肪醇的碳链长度与结构有关。表 5.6 列出了 C_{12}、C_{14} 和 C_{16} 脂肪醇聚氧乙烯醚的表面活性数据[6]。

表 5.6　不同脂肪醇聚氧乙烯醚的表面活性参数

表面活性剂	CMC /($\times10^5$g/mL)	γ_{CMC} /(mN/m)	A_{min} /nm^2	Γ_{max} /($\times10^{10}$mol/cm^2)	π_{CMC} /(mN/m)	pC_{20}
$C_{12}EO_5$	2.27	28.01	0.79	2.11	43.17	5.59
$C_{12}EO_{10}$	4.13	28.89	0.99	1.68	42.29	5.52
$C_{14}EO_5$	0.77	28.32	0.71	2.35	42.86	5.95
$C_{14}EO_{10}$	1.19	28.96	0.85	1.96	42.22	5.90
$C_{16}EO_5$	2.38	36.28	0.68	2.45	34.49	5.25
$C_{16}EO_{10}$	0.73	32.86	0.56	2.98	38.32	5.66

由表 5.6 数据可知，对于疏水链较短的 C_{12} 或 C_{14} 脂肪醇聚氧乙烯醚，烷烃链越长，EO 加合数越小，CMC 越小，表面活性越高；而对于 C_{16} 脂肪醇聚氧乙烯醚，其 γ_{CMC} 明显高于其他几种疏水链较短的表面活性剂。这可能是因为 $C_{16}EO_5$ 和 $C_{16}EO_{10}$ 在表面的排列较为疏松，疏水相互作用减弱，降低表面张力的能力下降。

pC_{20} 为将水表面张力降低 20mN/m 时的表面活性剂浓度的负对数，可用来描述表面活性剂降低表面张力的效率。由表 5.6 可以看出，C_{14} 的两种表面活性剂的 pC_{20} 值相对较高，说明其降低水表面张力的效率较高。

图 5.2 为 25℃时直链醇醚 AEO_3 与异构醇醚 $IAEO_3$ 的表面张力与溶液浓度的关系曲线[7]。由图可知，直链醇醚 AEO_3 降低表面张力的能力与效率均强于异构醇醚 $IAEO_3$，这主要是由于具有支链的表面活性剂分子的平均分子面积较大，在表面吸附层中疏水基密度较小，因此表现为 γ_{CMC} 较高。

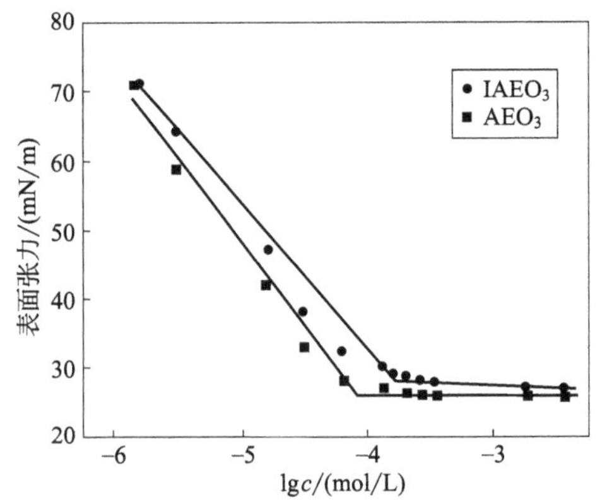

图 5.2　25℃时直链醇醚 AEO_3 与异构醇醚 $IAEO_3$ 的表面张力与溶液浓度的关系曲线

5.1.2.5　铺展单层

脂肪醇聚氧乙烯醚在溶液表面的吸附行为与 EO 加合数以及脂肪醇的碳链结构有关。图 5.3 为不同 EO 加合数聚氧乙烯醚在水溶液界面饱和吸附时的最小占据面积（A_{min}）和形成胶束吉布斯自由能变化（ΔG_{mic}）[8]。随着 EO 链长度的增加，EO 链弯曲缠绕与水接触，与疏水碳氢链相比，亲水 EO 链占据更大的空间；盘绕的 EO 体积变大，A_{min} 变大；空间位阻作用增强，EO 片段与水的渗透作用增强，亲水基的排斥效应明显，形成胶束的难度就增加，因而 ΔG_{mic} 的值就变大。

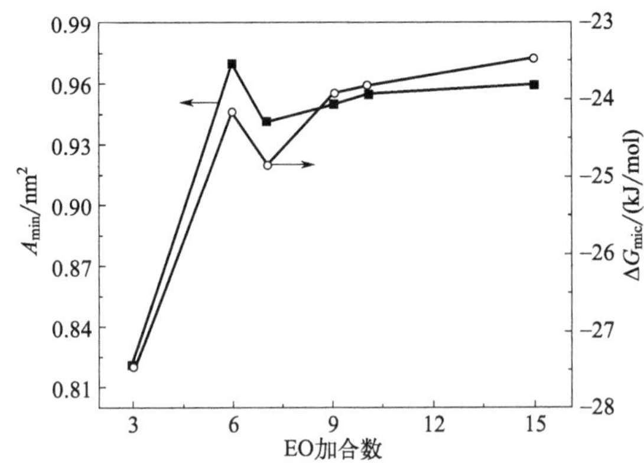

图 5.3　不同 EO 加合数聚氧乙烯醚的 A_{min} 和 ΔG_{mic}

图 5.4 是不同 EO 加合数的十二醇聚氧乙烯醚和十六醇十聚氧乙烯醚在 5mol/L NaCl 上的铺展单层表面压-面积关系图[9]。

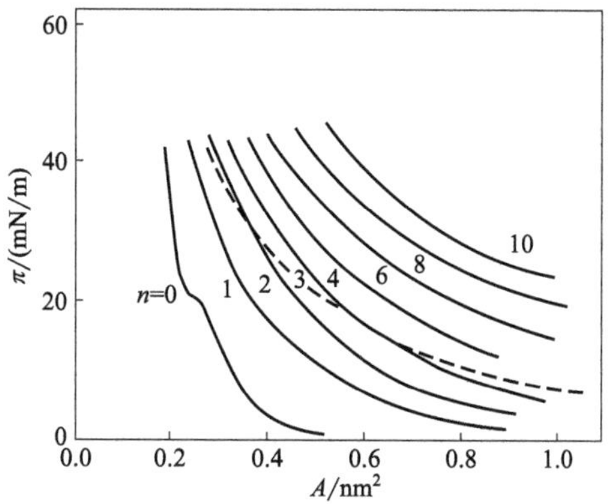

图 5.4　不同 EO 加合数的十二醇聚氧乙烯醚和十六醇十聚氧乙烯醚在 5mol/L NaCl 上的铺展单层表面压-面积关系图

由图 5.4 可以看出，没有乙氧基存在时，明显可以看到十二醇表面吸附单层向凝聚相过渡的区域。在十二醇分子中只要引进一个 EO 基团后，该区域即完全消失，整个面积由扩张单层组成。当 EO 加合数增加至 10 时，扩张作用也明显增加，这与每个分子占据面积增加相一致。将 $C_{12}EO_{10}$ 与 $C_{16}EO_{10}$（虚线）相比，可以发现，疏水链长度增加所引起的扩张作用会因链间范德瓦耳斯引力的增加而有所降低。

5.1.2.6　在固体上的吸附

脂肪醇聚氧乙烯醚在固体上的吸附类似于在水-空气界面处的情况。它在憎水颜料如 Graphon 上的吸附作用随烃链长度增加而增强，随 EO 基团数增加而减弱。但由图 5.5 可见，此时饱和吸附作用却明显降低[9]。

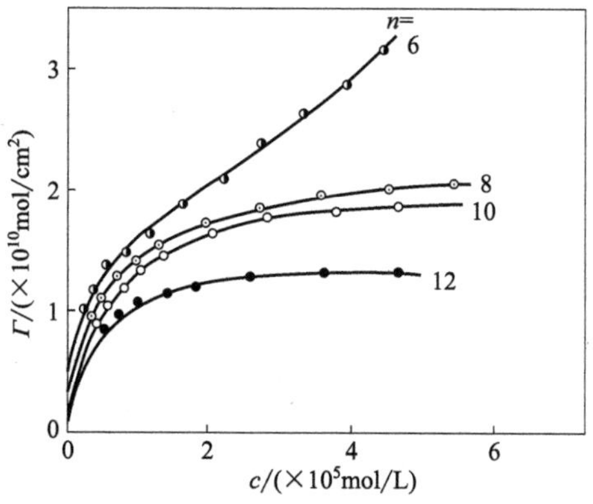

图 5.5　不同 EO 加合数的十二醇聚氧乙烯醚的吸附等温线

饱和吸附作用的减弱是由于吸附层中的每个表面活性剂分子占据的面积增加导致。对于 EO 加合数为 6 的同系物，在增大浓度时，曲线并不接近饱和值，显然是出现了多层吸附。同样，脂肪醇聚氧乙烯醚在水-空气界面上的吸附作用随着温度升高有所增强。

5.1.3 应用性能

5.1.3.1 泡沫性能

泡沫是气体分散于液体中的分散体系，分散相是气体，连续相是液体。一般来说，纯液体不会产生泡沫，在纯液体中形成的气泡，当它们相互接触或从液体中逸出时就立即破裂。如果液体中加入表面活性剂，情况就不同了，由于它们吸附在气-液界面上，在气泡之间形成稳定的薄膜而产生泡沫，不但降低了气液两相间的表面张力，而且由于形成一层具有一定力学强度的单分子薄膜，从而使泡沫不易破灭。

表面活性剂的泡沫性能包括起泡性和稳泡性，这两个方面是泡沫形成的关键。起泡性是指产生泡沫的难易程度和生成泡沫量的多少，与表面活性剂在气-液界面上的吸附和表面张力的降低有关。降低水的表面张力的能力越强，越有利于产生泡沫。稳泡性是指在表面活性剂水溶液产生泡沫之后，泡沫的持久性或泡沫“寿命”的长短。泡沫的稳定性主要取决于排液快慢和液膜的性质。影响液膜厚度和界面强度的因素，包括表面活性剂的分子结构、泡沫液膜表面的黏度和电荷等。因而低的表面张力和高的液膜强度是泡沫形成和稳定的基本条件。目前评价表面活性剂发泡性能优劣普遍采用的方法有两种：一种是 Ross-Miles 法，一种是 Waring Blender 法。GB/T 7462—1994 中对表面活性剂发泡力的测定采用改进 Ross-Miles 法。

图 5.6 为 EO 加合数一定的脂肪醇聚氧乙烯醚系表面活性剂的起泡性[10]。

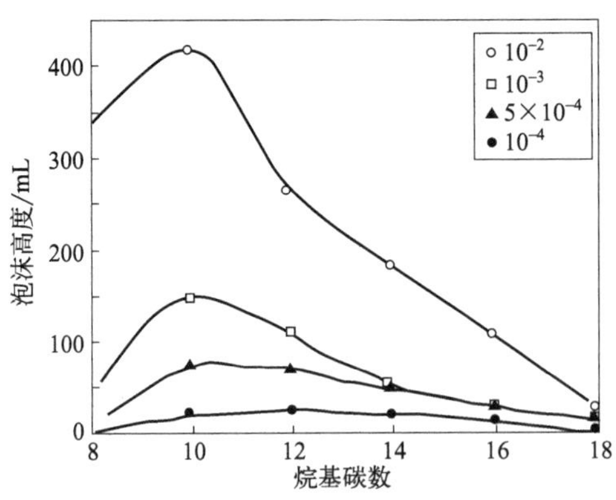

图 5.6　不同烷基碳数和不同浓度下 AEO 的起泡性

由图可看出，在所有研究的浓度范围内，C_{10} 醇醚的起泡性最佳。

图 5.7 所示为不同 EO 加合数的醇醚在不同质量浓度下的起泡性。由图可见，AEO 的起泡性随 EO 加合数的增加而增强，这与 CMC、A_{min}、ΔG_{mic} 变化规律基本相同，说明 AEO 在起泡过程中动力学因素发挥主导作用，随 EO 链长度的增加，表面活性剂在气-液界面处的吸附速率增大，能够及时补足气-液界面处的 AEO 单体分子，使起泡性增强。

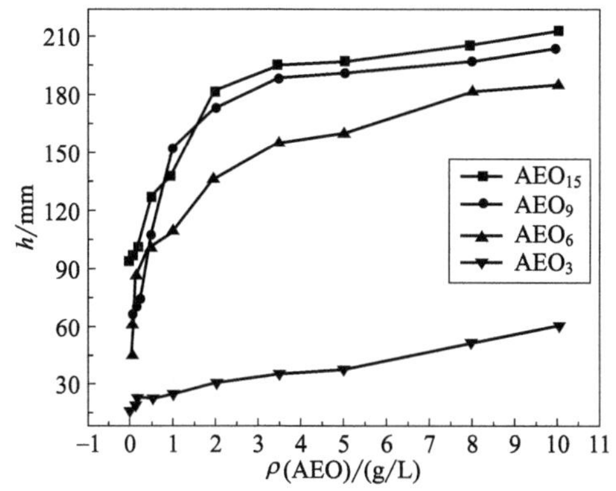

图 5.7　不同结构的 AEO 在不同浓度下的起泡性能

泡沫的稳定性可由其半衰期来判断。由图 5.8 可见，泡沫半衰期随 EO 加合数增加而延长。这是由于 EO 加合数增加，亲水性增强，AEO 在水中的溶解性提高，溶液中 AEO 单体分子数增多，起泡过程中，气-液界面吸附速率变大，泡沫膜上的 AEO 分子排布紧密，泡沫稳定性增强。另外，表面活性剂的表面活性越强，吸附层分子的内聚力越大，吸附层越致密，液膜的表面黏性越高，弹性越好，自修复能力越强，泡沫越稳定。此外，异构醇醚的泡沫性能要好于相应的直链醇醚。

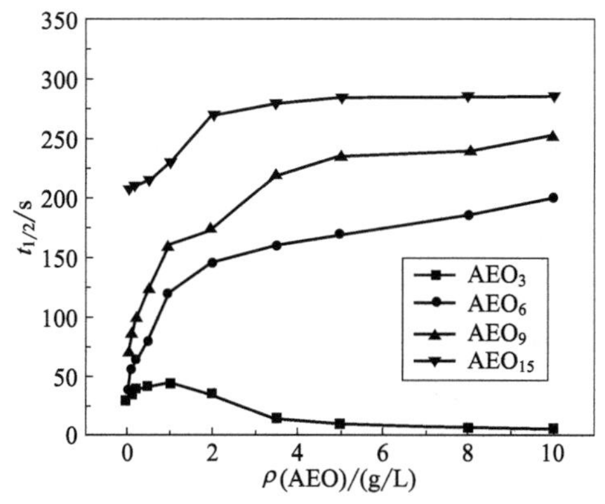

图 5.8　不同结构的 AEO 在不同浓度下的泡沫半衰期

5.1.3.2 乳化性能

表面活性剂的乳化作用是指在一定条件下使两种互不混溶的液体形成具有一定稳定性的液/液分散体系的作用，形成的乳状液是一种热力学不稳定体系。乳化是通过表面活性剂在油-水界面吸附形成一层保护膜，防止乳化液滴破裂提供能量屏障而实现的。表面活性剂的乳化性能可以通过测定乳化时间或形成的乳液分水时间来表示。GB/T 6369—2008 中对表面活性剂乳化力的测定采用比色法。

由表 5.7[11] 可以看出，碳链长度一定时，EO 加合数越大，乳化时间也越长，这是因为 EO 加合数增加，醇醚的亲水性提高，油-水界面膜上的分子更易进入水相，乳液的稳定性降低，乳化性能变差；当 EO 加合数一定时，碳链越长，乳化时间越短。此外，支链醇醚的乳化时间略长于直链产品。

表 5.7 不同碳链醇醚水溶液的乳化时间 (303.15±1)K

表面活性剂	1005	1007	1008	1009	1307
乳化时间/s	248	308	343	431	260

注：1005 为异构 C_{10} 醇，EO 加合数为 5，其余类推。

5.1.3.3 润湿性能

润湿是指固体表面吸附的气体被液体所取代，即原来的气-固界面消失，形成新的固-液界面，其实质上是一种表面变化过程。润湿速度是评判表面活性剂溶液对纺织物润湿性能的一个重要指标。HG/T 2575—1994 中对表面活性剂润湿力的测定采用浸没法，浸没时间越短，润湿性越好。

一般来说，表面活性剂的润湿能力取决于它的表面张力，表面张力越低，润湿性越好。温度、溶液浓度及表面活性剂的分子结构对润湿性具有显著影响。温度越高，润湿性越好。图 5.9 为不同 EO 加合数的异构十三醇聚氧乙烯醚的润湿性能[12]。由图可知，随着 EO 加合数的增加，润湿时间增长。

疏水基团具有分支结构的醇醚，其润湿性能要比直链结构的醇醚强，如

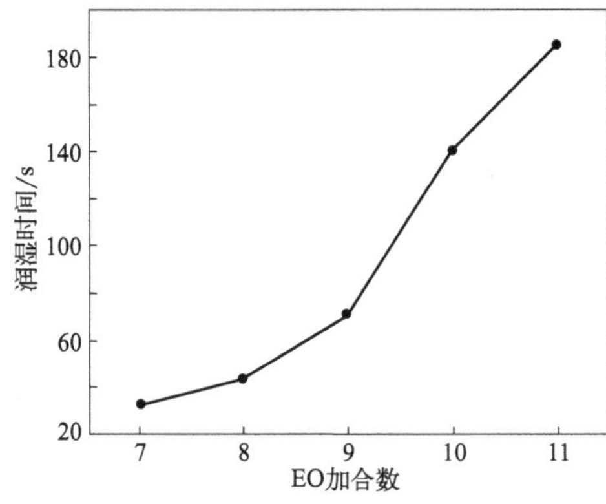

图 5.9 不同 EO 加合数的异构十三醇聚氧乙烯醚的润湿性能

AEO_3 的润湿时间为 13.35s，而 $IAEO_3$ 的润湿时间为 7.62s[7]，这主要是由于 $IAEO_3$ 的疏水基团具有支链结构，分子扩散速度较快。

5.1.3.4　去污性能

表面活性剂的去污性能主要是通过洗涤作用来体现的。去污过程是一个复杂的物理、化学过程，或者说，去污过程是将吸附在基质上的污垢解吸下来的过程，主要包括：洗涤液对基质和污垢的润湿过程，洗涤液向基质和污垢界面渗透的过程，洗涤液使油性污垢卷脱、乳化和增溶过程，洗涤液使固体污垢脱落、解吸和分散过程，防止乳化、分散后的污垢再沉积并将污垢从洗涤系统中排出的过程，从基质上彻底去除洗涤液的过程。

表面活性剂产生去污效果的原理为消除污垢与基底间的物理吸附或静电作用。去污过程中，吸附是关键，而表面活性剂的吸附作用由疏水基决定。一般情况下，同系表面活性剂随着疏水基碳链增长，CMC 值下降，去污性能提高。然而，随着碳链的增长，表面活性剂的溶解度会下降，所以链长对表面活性剂的去污力影响有时会显示出不规律性。

图 5.10 为不同结构 AEO 在炭黑污布和皮脂污布上的去污性能[2]。由图可以看出，H50 对炭黑污布的去污能力较好，这主要是因为 H50 不仅表面活性高，而且油溶性也很好，可以更好地吸附在疏水性炭黑污布表面，将炭黑污物进行乳化包裹，然后分散在水中，进而达到更好的去污效果。H70 和 H90 对皮脂污布的去污性能较好，这主要是因为其 EO 加合数较高（≥7），可以在水中达到很好的亲水亲油平衡，能将皮脂污物很好地乳化包裹和清洗，然后分散在水中，进而达到最佳的去污效果。此外，对于同一种污布，直链醇醚的去污力要略强于异构醇醚。

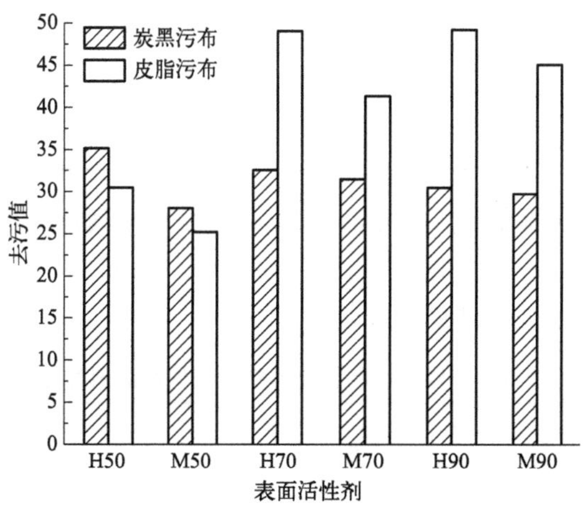

图 5.10　不同结构 AEO 的去污性能

H50—C_{12}～C_{13} 醇＋5EO；H70—C_{12}～C_{13} 醇＋7EO；H90—C_{12}～C_{13} 醇＋9EO；

M50—异构 C_{13} 醇＋5EO；M70—异构 C_{13} 醇＋7EO；M90—异构 C_{13} 醇＋9EO

5.1.4 应用

AEO结构中含有不同的疏水基碳链和聚氧乙烯链，显示不同的溶解性、浊点和HLB值，具有良好的渗透性、润湿性、乳化性和去污能力。AEO可作为洗衣液、洗洁精和地板清洁剂的助剂，提高产品的渗透性和分散性，改善清洁效果。AEO可作为洗发水、护发素和沐浴露的润湿剂和渗透剂，改善产品的发泡性和润湿性。AEO还可作为乳化剂和分散剂提高护肤品的稳定性和均匀性。此外，C_{14}AEO是牙膏、口腔漱口水等口腔护理产品主要的表面活性剂，帮助提高口腔护理产品的渗透性和清洁效果。C_{12}～C_{16}AEO是农药、农肥和除草剂的助剂，可提高农药和农肥的渗透性和分散性，增强吸收效果。AEO_7和AEO_9的应用最为广泛，主要应用在清洁剂和个人护理产品中。用其制成的产品的典型配方如表5.8和表5.9所示。

表5.8 调理润肤露配方

组分		质量分数/%
A相	对甲氧基肉桂酸异辛酯(octinoxate)/月桂基聚氧乙烯(4)醚/月桂基聚氧乙烯(23)醚/十三烷基三苯六甲酸酯/水	11.5
	聚二甲基硅氧烷/聚硅氧烷-11/月桂基聚氧乙烯(4)醚/月桂基聚氧乙烯(23)醚/水	10.0
	凡士林/聚二甲基硅氧烷/十六烷基聚氧乙烯(10)醚	15.0
B相	水	32.3
C相	卡波姆树脂940NF(2%)	20.0
	羧甲基纤维素(1%)	10.0
D相	苯氧基乙醇/对羟基苯甲酸酯类	0.5
	乙二胺四乙酸二钠(EDTA-2Na)	0.1
	氨基甲基丙醇	0.5

表5.8调理润肤露制备工艺过程：加1/3的B相到反应器中，加A相到反应器中混合均匀，加入剩余的B相，继续混合至均匀，加入C相，混合均匀后加入D相，继续混合使润肤露增稠。

表5.9 具有护色功效的衣用液体洗涤剂配方

组分	质量分数/%
月桂基醚硫酸钠(C_{12}～C_{14},EO加合数=2)	5.0
脂肪醇聚氧乙烯醚(EO加合数=9)	10.0
椰油酰胺丙基甜菜碱	3.0
氯化钠	2.0

续表

组分	质量分数/%
固色剂 DFC-6	1.5
聚乙烯吡咯烷酮(PVP)	0.3
柠檬酸	0.3
香精	0.3
乙二胺四乙酸(EDTA)	0.2
色素	0.1
防腐剂	0.1
氢氧化钠	0.1
水	余量

5.2　脂肪醇硫酸酯盐

5.2.1　制备

脂肪醇硫酸酯盐（AS，即长链烃基硫酸酯盐）是一类传统的阴离子表面活性剂，由脂肪醇与三氧化硫先进行硫酸化（酯化）反应，再用碱（MOH）中和后所得［式(5.2)］，通常包括钠盐、钾盐、铵盐、单乙醇胺盐、二乙醇胺盐和三乙醇胺盐等。AS 具有很好的发泡性、强的去污力及良好的水溶性，其水溶液呈中性并且具有抗硬水性。

$$ROH+SO_3 \longrightarrow ROSO_3H \xrightarrow{MOH} ROSO_3M \tag{5.2}$$

$$M=Na、K、NH_4\cdots\cdots$$

5.2.2　物化性能

5.2.2.1　Krafft 点

离子型表面活性剂在水中的溶解度随着温度的上升而逐渐升高，当到某一特定温度时，其溶解度会急剧升高，此特定温度值即为该表面活性剂的 Krafft 点（克拉夫特点）。Krafft 点是离子型表面活性剂的特征参数，常以 T_k 或 t_k 表示。

一般而言，同系物表面活性剂的 Krafft 点随疏水基碳链长度的增加而显著升高，主要是因为碳链长度增加，其在水中的溶解度降低。图 5.11 为脂肪醇硫酸酯钠盐的 Krafft 点与碳链长度的关系[13]。

当疏水基相同时，亲水基的结构对 Krafft 点也有较大影响，如十二醇硫酸酯钾盐的 Krafft 点比相应的钠盐高，钙盐和镁盐的 Krafft 点比钠盐高，胺盐的

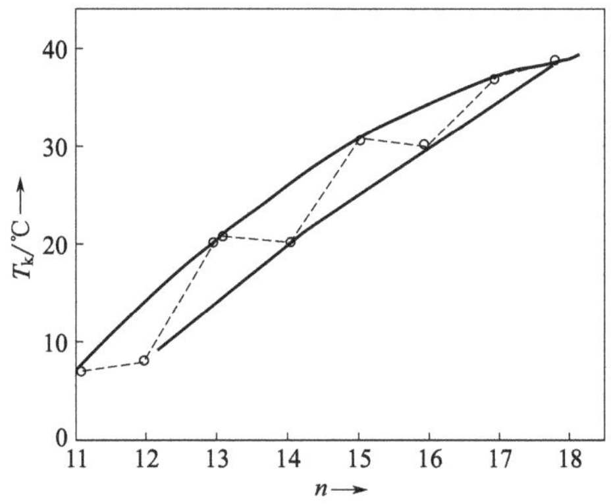

图 5.11 脂肪醇硫酸酯钠盐的 Krafft 点与碳链长度的关系

Krafft 点比金属盐低。

此外，烷烃链支化或不饱和化会降低表面活性剂的 Krafft 点。表 5.10 为 C_{18} 饱和醇硫酸酯盐（OSS）以及不同双键保留率的油醇硫酸酯盐的 Krafft 点[14]。由表可知，C_{18} 饱和醇硫酸酯盐（OSS）的 Krafft 点为（52±2)℃，双键保留率为 77.38%的油醇硫酸酯盐（SOS-77）的 Krafft 点为（32±2)℃，双键保留率为 95.69%的油醇硫酸酯盐（SOS-95）的 Krafft 点为（13±2)℃。

表 5.10 OSS、SOS-77、SOS-95 的 Krafft 点

表面活性剂种类	OSS	SOS-77	SOS-95
Krafft 点/℃	52±2	32±2	13±2

5.2.2.2 表面活性

脂肪醇硫酸酯盐的 CMC 值与脂肪醇聚乙二醇醚一样，随疏水链长度的增加而降低。表 5.11 列出了正构脂肪醇硫酸酯钠盐在 50℃下的 CMC[9]。正构脂肪醇硫酸酯钠盐分子中每增加两个 CH_2 基团，CMC 值就下降到原来值的约四分之一。与相同疏水基的脂肪醇聚氧乙烯醚相比，脂肪醇硫酸酯盐的 CMC 值高很多。这是因为在形成脂肪醇硫酸酯盐胶束时，对抗带电亲水基的电排斥力必然消耗功，因此胶束首先在高浓度下形成。

表 5.11 正构脂肪醇硫酸酯钠盐的 CMC（50℃）

n	8	10	12	14	16	18
CMC/($\times10^3$ mol/L)	98	33	8.1	2.1	0.62	0.20

5.2.2.3 接触角

在润湿周边上任意一点处，液-气界面切线与固-液界面切线之间的夹角称为平衡接触角，简称接触角（图 5.12），用 θ 表示。接触角的大小可用来衡量表面活性剂在固体表面的润湿铺展性能。接触角大小通常与液体表面张力大小有关，表面张力越小，越有利于表面活性剂在固体表面铺展，接触角越小。

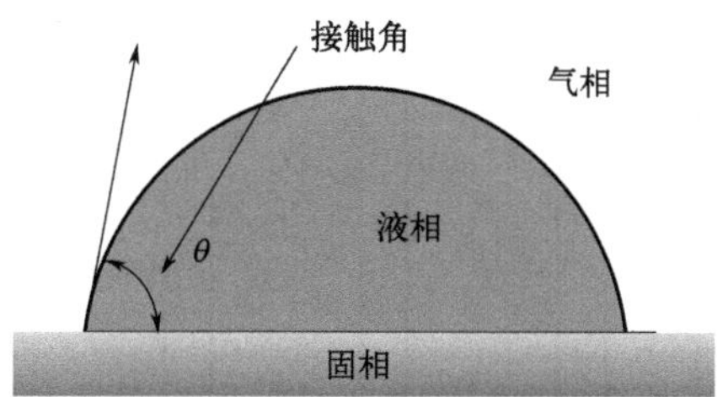

图 5.12　固体表面的润湿接触角

图 5.13 所示为 4 种脂肪醇硫酸酯盐在石蜡表面接触角随时间的变化[15]。由图可见，4 种阴离子表面活性剂在石蜡膜表面的接触角大小顺序依次为 $C_8AS>K_{12}>i\text{-}C_{10}AS>C_{10}AS$。

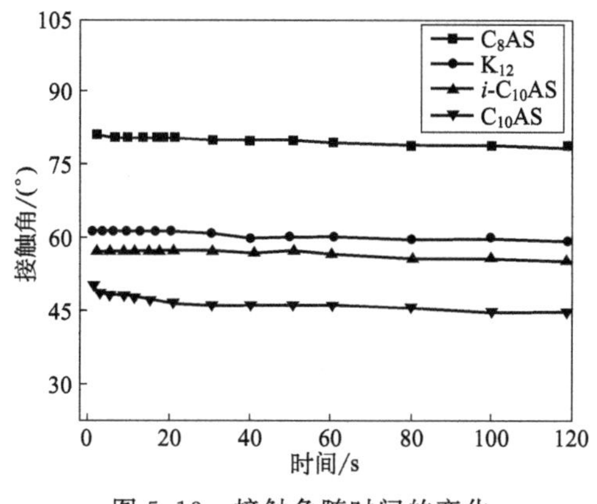

图 5.13　接触角随时间的变化

C_8AS—2-乙基己基硫酸钠；i-$C_{10}AS$—2-丙基庚基硫酸钠；$C_{10}AS$—癸基硫酸钠；K_{12}—十二烷基硫酸钠

5.2.3　应用性能

5.2.3.1　泡沫性能

脂肪醇硫酸酯盐的泡沫性能受其烃链长度影响。直链的 $C_8\sim C_{10}$ 醇硫酸酯钠盐、$C_{12}\sim C_{14}$ 醇硫酸酯钠盐、$C_{16}\sim C_{18}$ 醇硫酸酯钠盐的发泡力和泡沫稳定性，按 GB/T 13173—2021 规定的方法测定。从图 5.14 可以看到，无论是软水还是硬水条件下，$C_8\sim C_{10}$ 醇硫酸酯钠盐发泡性能不佳，基本不起泡；在软水中，$C_{12}\sim C_{14}$ 醇硫酸酯钠盐、$C_{16}\sim C_{18}$ 醇硫酸酯钠盐的发泡性能较好，且 $C_{16}\sim C_{18}$ 醇硫酸酯钠盐好于 $C_{12}\sim C_{14}$ 醇硫酸酯钠盐；但 $C_{16}\sim C_{18}$ 醇硫酸酯钠盐耐硬水性能较差，随着水硬度的上升，泡沫高度明显下降。泡沫性能取决于发泡溶液中的表面活性剂，表面活性剂在界面扩展到包围气泡时能够在气-液界面中产生表面张力的差值。因此，低表面张力的发泡性能较好，且有助于泡沫的持久。

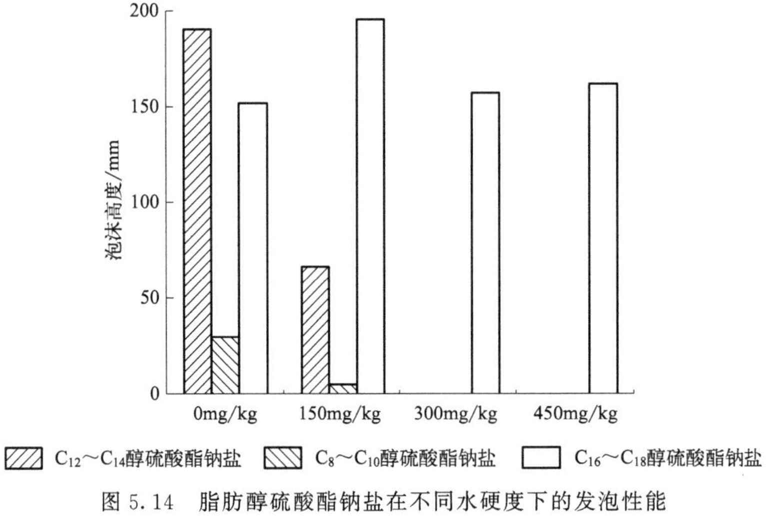

图 5.14 脂肪醇硫酸酯钠盐在不同水硬度下的发泡性能

[试样溶液质量分数为 0.02%，温度为 (50±1)℃]

除了受烃链长度影响，脂肪醇硫酸酯盐的发泡性能还受烃链支链结构影响（图 5.15）。如在（40±1)℃时，150mg/kg 硬水条件下：辛醇硫酸酯钠盐与 K_{12} 的发泡力差别不大，但辛醇硫酸酯钠盐的泡沫稳定性比 K_{12} 好；异辛醇硫酸酯钠盐的发泡力较差，且 1min 后泡沫完全消失[16]。

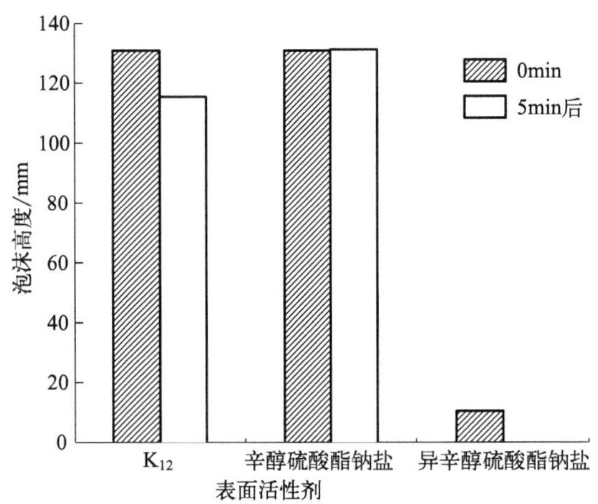

图 5.15 不同碳链结构脂肪醇硫酸酯钠盐的泡沫稳定性

此外，烃链的不饱和度也影响脂肪醇硫酸酯盐的发泡性能。不饱和油醇硫酸酯盐（钠）和 C_{18} 饱和醇硫酸酯盐，在浓度为 2.5g/L、60℃、水硬度为 300mg/kg

下的发泡性能如表 5.12 所示。由表可知，双键保留率越大，油醇硫酸酯盐的发泡性能越好，即不饱和度的增加会使脂肪醇硫酸酯盐的发泡性能增加。

表 5.12　OSS、SOS-77 和 SOS-95 的发泡性能（2.5g/L、50℃）

样品	泡沫高度/mm
C_{18} 饱和醇硫酸酯盐(OSS)	153
双键保留率为 77.38%的油醇硫酸酯盐(SOS-77)	172
双键保留率为 95.69%的油醇硫酸酯盐(SOS-95)	288

5.2.3.2　润湿性能

将 2-乙基己基硫酸钠（C_8AS)、2-丙基庚基硫酸钠（i-C_{10}AS)、癸基硫酸钠（C_{10}AS）和十二烷基硫酸钠（K_{12}）进行比较（表 5.13[16]）可见：随着碳链长度的增加，润湿时间缩短，润湿性能增强；对于同碳数的脂肪醇硫酸酯盐，带支链的脂肪醇硫酸酯盐的润湿性能不如直链的。

表 5.13　4 种脂肪醇硫酸酯盐的润湿时间

表面活性剂	C_8AS	i-C_{10}AS	C_{10}AS	K_{12}
润湿时间/s	96.0	2.8	2.7	9.1

此外，烃链不饱和度的增加，会缩短润湿时间，提高润湿性能。如图 5.16 所示，通过对比标准帆布片在 1g/L OSS、SOS-77 和 SOS-95 溶液中的润湿时间可知，相较于 SOS-77 及 OSS 溶液，SOS-95 溶液对帆布片的润湿时间最短，润湿性能最好。

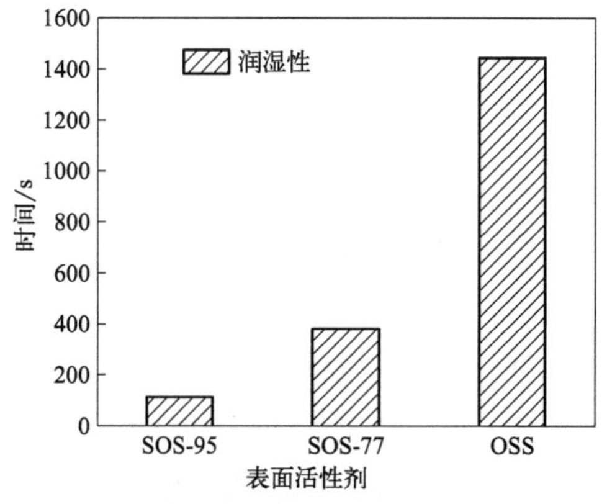

图 5.16　不同双键保留率的油醇硫酸酯钠盐的润湿性

5.2.3.3　乳化性能

脂肪醇硫酸酯盐的乳化性能受烃链长度影响。表 5.14 列出了 C_8～C_{10} 醇硫酸酯钠盐、C_{12}～C_{14} 醇硫酸酯钠盐、C_{16}～C_{18} 醇硫酸酯钠盐的乳化性能。烃链长度越长，脂肪醇硫酸酯盐的乳化性能越好。

表 5.14　脂肪醇硫酸酯盐的乳化性能

样品	乳化时间/min
C_8～C_{10} 醇硫酸酯钠盐	1.7
C_{12}～C_{14} 醇硫酸酯钠盐	2.3
C_{16}～C_{18} 醇硫酸酯钠盐	14.0

注：活性物质量分数为 1%，温度为 (25±1)℃。

烃链的不饱和度也会影响脂肪醇硫酸酯盐的乳化性能。图 5.17 所示为 C_{18} 饱和醇硫酸酯盐（OSS）、双键保留率为 77.38%的油醇硫酸酯盐（SOS-77）及双键保留率为 95.69%的油醇硫酸酯盐（SOS-95）的乳化性能。其中，OSS、SOS-77 及 SOS-95 与大豆油乳化时间分别为 1178s、1084s、1036s，与液体石蜡乳化时间分别为 637s、576s、545s，表明双键的引入导致乳液稳定性变差，且双键保留率越高，乳液稳定性越差。

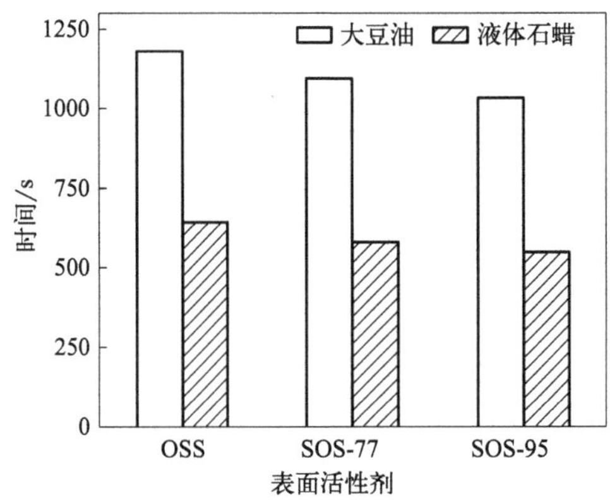

图 5.17　OSS、SOS-77 和 SOS-95 的乳化性能

5.2.3.4　去污性能

一般来说，烃链越长，脂肪醇硫酸酯盐的去污性能越好；支链脂肪醇硫酸酯盐的去污性能不如直链产品。表 5.15 所列为异构 C_{10} 醇硫酸酯钠盐（C_{10}FAS）、异构 C_{13} 醇硫酸酯钠盐（C_{13}FAS）、直链 C_{12} 醇硫酸酯钠盐（C_{12}FAS）的去污性能数据[11]。由实验结果可知，C_{10}FAS 的去污性能明显低于另外两种产品。

表 5.15　3 种脂肪醇硫酸酯盐的去污性能

表面活性剂类型	C_{10}FAS	C_{13}FAS	C_{12}FAS
去污力/%	6.3	15.57	26.32

对于长链脂肪醇硫酸酯盐而言，双键保留率也是影响去污性能的重要指标。

C_{18} 饱和醇硫酸酯盐（OSS）、双键保留率为 77.38%的油醇硫酸酯盐（SOS-77）及双键保留率为 95.69%的油醇硫酸酯盐（SOS-95）的去污性能见图 5.18 和表 5.16：对标准污布 JB-01［图 5.18(a)］和 JB-03［图 5.18(b)］的去污性能，SOS-95 均好于 OSS 及 SOS-77，且 SOS-95 对 JB-01 的 $P>1$，说明 SOS-95 的洗涤效果优于标准洗涤剂，即双键保留率越高，去污性能越好。

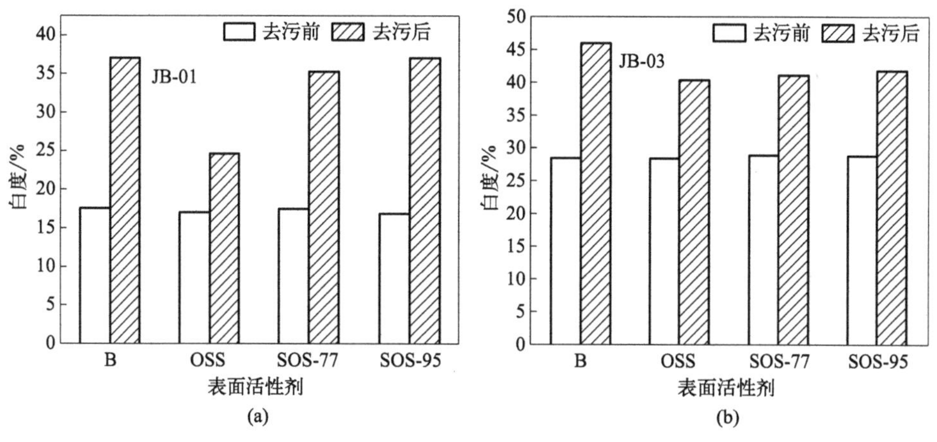

图 5.18　OSS、SOS-77 和 SOS-95 的去污性能

表 5.16　OSS、SOS-77 和 SOS-95 的去污值（*P* 值）

标准污布	相对标准洗涤剂(B)的去污值(*P*)		
	OSS	SOS-77	SOS-95
JB-01	0.93	0.95	1.01
JB-03	0.87	0.90	0.91

5.2.3.5　其他应用性能

(1) 耐盐性

表面活性剂耐盐性能的评价方法是在 1%表面活性剂水溶液中加入不同数量的 NaCl 或 $CaCl_2$ 后在设定温度下恒温静置 24h 后离心，观察有无新相析出，以不析出新相的最大 NaCl 或 $CaCl_2$ 浓度来评定表面活性剂的耐盐性能。大多数离子型表面活性剂由于对无机盐比较敏感，表现为不抗硬水，如果将无机盐加入到离子型表面活性剂水溶液中，其水溶性将下降，表现为溶液变浑浊并且发生相分离。

表 5.17 所列为 2-乙基己基硫酸钠（C_8AS）、2-丙基庚基硫酸钠（i-C_{10}AS）、癸基硫酸钠（C_{10}AS）、十二烷基硫酸钠（K_{12}）4 种脂肪醇硫酸酯盐的耐盐性能。由表可知，4 种脂肪醇硫酸酯盐表面活性剂的耐盐性大小顺序依次为 C_8AS>

i-C_{10}AS≈C_{10}AS>K_{12}，其中 C_8AS 极性最强，盐对其去溶剂化作用相对较弱，分子在水溶液中的聚集形态不易发生变化，从而表现出较强的耐盐性；而 K_{12} 分子碳链长度相对较长，在无机盐离子的作用下更容易聚集。

表 5.17 4 种脂肪醇硫酸酯盐的耐盐性

表面活性剂	C_8AS	i-C_{10}AS	C_{10}AS	K_{12}
NaCl 质量浓度/(g/L)	>300	120	110	50

(2) 耐碱性

表面活性剂的耐碱性包含两个方面：一方面是表面活性剂分子结构的稳定性，主要表现为强碱对亲水基团的破坏；另一方面是表面活性剂在水溶液中的聚集态稳定性，主要表现为盐效应破坏表面活性剂的溶剂化作用，使表面活性剂与水分离。

表 5.18 所列为 2-乙基己基硫酸钠（C_8AS）、2-丙基庚基硫酸钠（i-C_{10}AS）、癸基硫酸钠（C_{10}AS）、十二烷基硫酸钠（K_{12}）的耐碱性能。由表可知，4 种脂肪醇硫酸酯盐表面活性剂的耐碱性大小顺序依次为 C_8AS>i-C_{10}AS≈C_{10}AS>K_{12}，碳链长度最短的 C_8AS 耐碱性最强，远强于其他 3 种表面活性剂，原因可能是其电荷密度大，碳链短，分子极性大，因此分子亲水性好。

表 5.18 4 种脂肪醇硫酸酯盐的耐碱性

表面活性剂	C_8AS	i-C_{10}AS	C_{10}AS	K_{12}
NaOH 质量浓度/(g/L)	150	75	70	30

5.2.4 应用

脂肪醇硫酸酯盐具有良好的生物降解性、去污性、杀菌性、润湿性、起泡性及乳化性等，广泛应用于轻工业、纺织、建筑、农业及医药等领域，碳链长度影响脂肪醇硫酸酯盐的应用。

脂肪醇硫酸酯钠盐和钾盐具有良好的表面活性，产品泡沫丰富且去污能力强，在个人护理产品、清洁剂和化妆品应用中最为广泛。用于洗发水、护发素、沐浴露、洗手液和洗面奶中，泡沫丰富且清洁能力良好。用于洗涤剂、洗碗液、洗衣液有助于污垢和油脂的去除。脂肪醇硫酸酯胺盐除上述用途之外，还用作药物乳化剂，帮助药物在溶液中均匀分散，提高药物的稳定性和吸收性。在食品工业中，脂肪醇硫酸酯胺盐可乳化油脂，可作增稠剂，改善食品的口感和质地。脂肪醇硫酸酯乙醇胺盐较其他硫酸酯盐类表面活性剂温和，不易引起皮肤刺激，适用于敏感肌肤和婴幼儿护理产品。其中十二烷基硫酸钠应用最为广泛，主要用作牙膏（主要成分见表 5.19）发泡剂。牙膏典型配方如表 5.20、表 5.21 所示。

表 5.19　牙膏主要成分列表

成分	作用	常用品种名称
摩擦剂	清洁、去污垢	轻质碳酸钙、碳酸镁、磷酸三钙、磷酸氢钙、氢氧化铝、二氧化硅等
黏合剂	防止牙膏中粉末成分的分离，使之有黏性、成形性	羧甲基纤维素(CMC)、羟乙基纤维素、聚乙烯醇、天然胶、天然混合聚合物等
保湿剂	保持膏体的水分、黏度，防止硬化	甘油、山梨醇、丙二醇、丁二醇、聚乙二醇等
表面活性剂	去污、发泡	十二烷基硫酸钠、*N*-月桂酰基肌氨酸钠等
甜味剂	矫正香料的苦味和粉末成分的粉尘味	糖精钠(含量仅为 0.05%～0.25%)
防腐剂	保护牙膏不变质	苯甲酸钠、尼泊金甲酯与丙酯、山梨酸等
香精	赋予膏体清新爽口的感觉	薄荷油、留兰香油、冬青油、丁香油、茴香油、肉桂油等

表 5.20　普通型牙膏配方

组分	质量分数/%	组分	质量分数/%
碳酸氢钙	49	十二烷基硫酸钠	3
CMC	1.2	焦磷酸钠	1
糖精	0.3	蒸馏水	余量
甘油	25	香精	1.3

表 5.21　防龋齿型、双氟型牙膏（德国）配方

组分	质量分数/%	组分	质量分数/%
α-氧化铝水合物	38	糖精钠	0.1
山梨醇	10	胶态二氧化硅	3.5
甘油	5	甲基对羟基苯甲酸钠	0.3
甲基纤维素	0.8	1-羟基亚乙基二膦酸三钠	0.9
羟乙基纤维素	0.4	焦磷酸四钠	3.8
单氟磷酸钠	0.8	尿囊素	0.3
氟化钠	0.1	香精	1
十二烷基硫酸钠	1.0	蒸馏水	余量

5.3 脂肪醇醚硫酸酯盐

5.3.1 制备

脂肪醇聚氧乙烯醚硫酸酯盐（AES），又名脂肪醇醚硫酸酯盐，化学通式是 $RO(CH_2CH_2O)_nSO_3M$［n 为乙氧基（EO，CH_2CH_2O）加合数，R 为烷基，M 通常为 Na］。脂肪醇醚硫酸酯盐易溶于水，具有优良的润湿、乳化、发泡性能以及温和的洗涤性能。

$$RO(CH_2CH_2O)_nH + SO_3 \longrightarrow RO(CH_2CH_2O)_nSO_3H \xrightarrow{NaOH} RO(CH_2CH_2O)_nSO_3Na \quad (5.3)$$

5.3.2 物化性能

5.3.2.1 Krafft 点

表 5.22 为不同 EO 加合数的 C_{12}、C_{16} 和 C_{18} 醇醚硫酸酯钠盐的 Krafft 点[17]。对于饱和醇醚硫酸酯盐，烃链越长，Krafft 点越高。这是因为随着烃链长度的增加，脂肪醇醚硫酸酯盐分子间力增大，Krafft 点相应升高。此外，随着饱和醇醚硫酸酯盐 EO 加合数增加，Krafft 点降低。这是因为乙氧基数的增加，导致了表面活性剂水溶性增加，Krafft 点降低。

表 5.22 脂肪醇醚硫酸酯盐的 Krafft 点

均质醇醚硫酸酯钠盐	Krafft 点/℃
$C_{12}H_{25}O(CH_2CH_2O)_2SO_3Na$	−1
$C_{12}H_{25}O(CH_2CH_2O)_3SO_3Na$	<0
$C_{16}H_{33}O(CH_2CH_2O)_1SO_3Na$	36
$C_{16}H_{33}O(CH_2CH_2O)_2SO_3Na$	24
$C_{16}H_{33}O(CH_2CH_2O)_3SO_3Na$	19
$C_{16}H_{33}O(CH_2CH_2O)_4SO_3Na$	1
$C_{18}H_{37}O(CH_2CH_2O)_1SO_3Na$	46
$C_{18}H_{37}O(CH_2CH_2O)_2SO_3Na$	40
$C_{18}H_{37}O(CH_2CH_2O)_3SO_3Na$	32
$C_{18}H_{37}O(CH_2CH_2O)_4SO_3Na$	18

5.3.2.2 HLB 值

表 5.23 列出了 AE_3S、AE_5S、AE_7S、$AE_{10}S$、$AE_{15}S$、$AE_{20}S$（E 下角的数字表

示 EO 加合数）的 HLB 值[18]。由表可知，随着脂肪醇醚硫酸酯盐中 EO 链长的增加，其 HLB 值增大。这是因为 EO 链段是亲水基团，随着 EO 链长的增加，EO 链与水分子的相互作用增大，亲水性变强，使得 HLB 值增大。

表 5.23　脂肪醇醚硫酸酯盐的 HLB 值

脂肪醇醚硫酸酯盐类型	AE_3S	AE_5S	AE_7S	$AE_{10}S$	$AE_{15}S$	$AE_{20}S$
HLB 值	13.2	14.8	15.6	16.3	16.8	17.2

5.3.2.3　表面活性

表 5.24 列出了 AE_3S、AE_5S、AE_7S、$AE_{10}S$、$AE_{15}S$、$AE_{20}S$ 的表面活性数据[19]。由表可知，随着脂肪醇醚硫酸酯盐的 EO 加合数的增加，γ_{CMC} 和 A_{min} 逐渐增大，而 CMC、Γ_{max}、ΔG_{mic} 均逐渐减小。胶束吉布斯自由能变化 ΔG_{mic} 减小，说明随着 EO 链长的增加，脂肪醇醚硫酸酯盐产物在水溶液中形成胶束和吸附的能力更强。同时，pC_{20} 值的增大也说明脂肪醇醚硫酸酯盐产物的吸附效率随着 EO 链长的增加而增大。EO 加合数对脂肪醇醚硫酸酯盐表面活性的影响原因是复杂的。当 EO 加合数 $n \leqslant 2$ 时，EO 基团仅轻度水化，其 CH_2 基团有助于疏水性；当 EO 加合数 $n > 2$ 时，EO 基团急剧水化，结果单个分子中带电端基间的距离变大，使电作用力减弱，减少了形成胶束的障碍。

表 5.24　脂肪醇醚硫酸酯盐的表面活性数据

脂肪醇醚硫酸酯盐类型	γ_{CMC} /(mN/m)	CMC /($\times 10^5$ mol/L)	Γ_{max} /(g/cm^2)	A_{min} /nm^2	ΔG_{mic} /(kJ/mol)	ΔG_{ads} /(kJ/mol)	pC_{20}
AE_3S	24.6	18.46	7.13	1.462	−23.79	−24.26	0.42
AE_5S	25.7	13.61	6.26	1.586	−24.15	−25.18	0.46
AE_7S	27.2	11.32	6.01	1.602	−24.72	−25.82	0.61
$AE_{10}S$	31.2	10.28	5.83	1.698	−25.35	−26.87	0.84
$AE_{15}S$	41.6	9.23	5.61	1.774	−25.91	−27.21	0.86
$AE_{20}S$	46.5	7.12	5.33	1.810	−26.08	−28.68	1.03

表 5.25 列出了窄分布脂肪醇醚硫酸酯钠盐（N-AE_nS，$n=3,5,7,9$）的表面活性参数[19]。由表可知，N-AE_nS（$n=3,5,7,9$）的 CMC 和 Γ_{max} 值随着分子中 EO 基团数目的增大而减小，然而 A_{min} 和 pC_{20} 却随着 EO 基团数目的增大而增大，归因于 EO 基团在分子中起疏水作用。此外，与常规分布脂肪醇醚硫酸酯钠盐相比，窄分布脂肪醇醚硫酸酯钠盐的 CMC 更低，动态表面张力达到平衡的时间也更短。

表 5.25　N-AE_nS 的表面活性参数

样品	CMC /($\times 10^3$mol/L)	γ_{CMC} /(mN/m)	Γ_{max} /(μmol/m^2)	pC_{20}	A_{min} /nm^2
N-AE_3S	0.170	28.18	1.53	2.16	1.09
N-AE_5S	0.158	32.60	1.30	2.17	1.28
N-AE_7S	0.059	34.81	1.22	2.46	1.36
N-AE_9S	0.014	36.23	1.17	3.04	1.42

5.3.3 应用性能

5.3.3.1 泡沫性能

表 5.26 列出了 AE_3S、AE_5S、AE_7S、$AE_{10}S$、$AE_{15}S$、$AE_{20}S$ 的泡沫性能[19]。由表可知，随着 EO 链长的增加，脂肪醇醚硫酸酯盐产物的起泡性降低（H_0 减小）。

表 5.26　脂肪醇醚硫酸酯盐的泡沫性能

脂肪醇醚硫酸酯盐	泡沫性能(H_0、H_1/mL;H_1/H_0)
AE_3S	146、88;0.60
AE_5S	134、90;0.67
AE_7S	128、92;0.72
$AE_{10}S$	124、93;0.75
$AE_{15}S$	120、97;0.81
$AE_{20}S$	117、102;0.87

表 5.27 列出了常规分布 AE_2S 和窄分布 AE_2S 的泡沫性能数据[20]。通过表 5.27 可以看出，常规分布 AE_2S 与窄分布 AE_2S 的起泡力相当，而窄分布 AE_2S 的稳泡性能略优于常规 AE_2S。窄分布 AE_2S 的稳泡性能略优是由于其中脂肪醇醚硫酸酯盐的含量更高，所含亲水基团 EO 更多。

表 5.27　常规分布 AE_2S 与窄分布 AE_2S 的泡沫性能

样品	V(泡沫)/mL			
	0min	0.5min	3.0min	5.0min
常规分布 AE_2S	385	375	335	295
窄分布 AE_2S	410	405	378	355

5.3.3.2 润湿性能

表 5.28 列出了 AE_3S、AE_5S、AE_7S、$AE_{10}S$、$AE_{15}S$、$AE_{20}S$ 的润湿性

能[19]。由表中数据可知，随着 EO 链长度的增加，脂肪醇醚硫酸酯盐的润湿时间均缩短，即润湿性增强。

表 5.28　脂肪醇醚硫酸盐的润湿性能

项目	AE_3S	AE_5S	AE_7S	$AE_{10}S$	$AE_{15}S$	$AE_{20}S$
润湿时间/s	64	58	53	49	46	44

烃链存在分支也会影响脂肪醇醚硫酸酯盐的润湿性能。表 5.29 列出了异癸醇聚氧乙烯醚硫酸酯钠盐［*i*-103S，结构见式(5.4)］、多支链十三醇醚硫酸酯钠盐（M-133S）及 AE_3S 的润湿性[21]。由表可知，3 种表面活性剂的润湿时间长短顺序为 *i*-103S(179s)＞AE_3S(28s)＞M-133S(12s)。表面活性剂分子从水溶液中迁移到气-液界面的速率越快，越容易扩散到纤维表面，提高帆布片的润湿能力，使其易于润湿；M-133S 的润湿时间最短，原因可能是多支链的疏水尾链排布在界面上，CH_3 密度大，降低溶液表面张力的能力强，气-固界面迅速被液-固界面取代，润湿时间短；*i*-103S 虽然分子较小，扩散速度快，但由于其 CMC 较大，亲水性强，降低溶液表面张力的能力弱，润湿时间相对最长。

O[O]$_n$ SO_3Na　　(5.4)

i-103S

表 5.29　3 种脂肪醇醚硫酸酯盐的润湿性能

项目	*i*-103S	M-133S	AE_3S
润湿时间/s	179	12	28

5.3.3.3　乳化性能

随着 EO 加合数的增加，同系列脂肪醇醚硫酸酯盐的乳化力有所提升。表 5.30 列出了 AE_3S、AE_5S、AE_7S、$AE_{10}S$、$AE_{15}S$、$AE_{20}S$ 等脂肪醇醚硫酸酯盐对油酸甲酯的乳化性能[19]。EO 链段是亲水基团，EO 数目的增加，提升了表面活性剂的亲水性，使 HLB 值增大，从而导致乳化力增强。

表 5.30　脂肪醇醚硫酸酯盐的乳化性能

项目	AE_3S	AE_5S	AE_7S	$AE_{10}S$	$AE_{15}S$	$AE_{20}S$
乳化时间/s	1554	1584	1598	1620	1658	1732

表 5.31 列出了常规分布 AE_2S 与窄分布 AE_2S 对石蜡和大豆油的乳化性能。由表可知，2 种 AE_2S 对石蜡的乳化力相差不大，但常规分布 AE_2S 由于 EO 分布相对更宽，多组分之间的协调作用使得其对大豆油的乳化能力更强。

表 5.31 常规分布 AE_2S 与窄分布 AE_2S 的乳化力

样品	t(乳化)/min	
	石蜡	大豆油
窄分布 AE_2S	2.6	11.8
常规分布 AE_2S	2.8	13.6

5.3.3.4 去污性能

表 5.32 列出了 AE_3S、AE_5S、AE_7S、$AE_{10}S$、$AE_{15}S$、$AE_{20}S$ 等脂肪醇醚硫酸酯盐的去污性数据[19]。由表可知，随着 EO 链长度的增加，系列脂肪醇醚硫酸酯盐的去污力逐渐增强。

表 5.32 脂肪醇醚硫酸酯盐的去污力

项目	AE_3S	AE_5S	AE_7S	$AE_{10}S$	$AE_{15}S$	$AE_{20}S$
去污力/%	34.1	36.9	37.6	38.4	39.1	39.8

表 5.33 列出了常规分布 AE_2S 与窄分布 AE_2S 的去污力比较。由表可知，二者的去污力相当，窄分布 AE_2S 对蛋白污布和皮脂污布的去污力稍强于常规分布 AE_2S，对炭黑污布的去污力稍弱于常规 AE_2S。

表 5.33 窄分布 AES 与常规分布 AES 的去污力比较

样品	去污力/%		
	炭黑污布	蛋白污布	皮脂污布
窄分布 AE_2S	18.5	16.0	24.5
常规分布 AE_2S	18.8	15.6	23.4

5.3.3.5 其他应用性能

(1) 钙皂分散力

固体微粒浸在液体中，容易结粒成块而下沉，表面活性剂有使固体微粒的结粒分散成细小的质点而不容易下沉的能力，这种能力称为分散力。测定分散力，通常是测定对钙皂的分散力，一般认为对钙皂的分散力好的，对其他固体的分散力也是比较好的。测定分散力的方法有分散指数法、滴定法、比浊法等，分散指数法和滴定法最常用。

表 5.34 所示为 AE_3S、AE_5S、AE_7S、$AE_{10}S$、$AE_{15}S$、$AE_{20}S$ 等脂肪醇醚硫酸酯盐的钙皂分散力数据。由表可知，随着 EO 加合数的增加，脂肪醇醚硫酸酯盐产物的钙皂分散力减弱。

表 5.34 脂肪醇醚硫酸酯盐的钙皂分散力

项目	AE_3S	AE_5S	AE_7S	$AE_{10}S$	$AE_{15}S$	$AE_{20}S$
钙皂分散力/%	8.4	6.3	5.4	4.7	4.2	3.6

(2) 盐增稠能力

电解质可以调节低浓度 AES 的黏度，使之增稠且黏度提高。脂肪醇醚硫酸酯盐的增稠能力与醇醚的分子量分布有关。图 5.19 为 NaCl 对常规分布 AES 与窄分布 AES 的增稠能力对比结果。由图可知，NaCl 对窄分布 AES 溶液黏度的影响更加明显，黏度最大值更高。

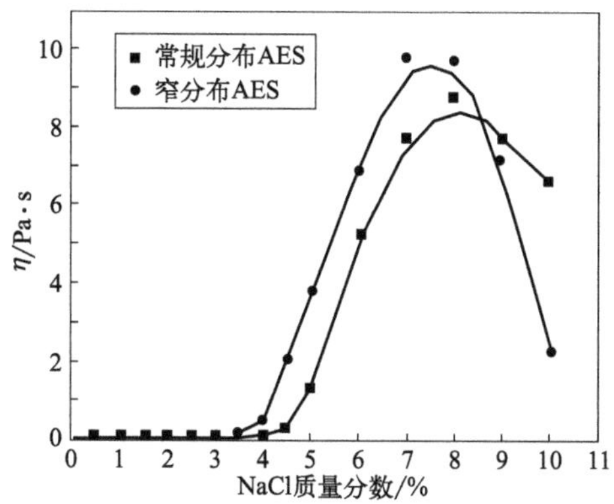

图 5.19　常规分布 AES 与窄分布 AES 的盐增稠能力对比

(3) 倾点

倾点是指在规定的试验条件下，试样能够流动的最低温度，是反映样品低温流动性好坏的参数之一，倾点越低，样品的低温流动性越好。

脂肪醇醚硫酸酯盐的低温流动能力与醇醚的分子量分布有关。常规分布 AE_2S、窄分布 AE_2S 的倾点列于表 5.35。如表所示，常规分布 AE_2S 的倾点为 14℃，窄分布 AE_2S 的倾点为 9℃，因此窄分布 AE_2S 的低温流动性更好。

表 5.35　常规分布与窄分布 AE_2S 的倾点

名称	倾点/℃
常规分布 AE_2S	14
窄分布 AE_2S	9

5.3.4 应用

AES 具有较强的润湿性、钙皂分散力、乳化性及去污力，还具有非常好的抗硬水性能和生物降解性。AES 发泡丰富，对皮肤刺激小，使用温和。AES 的低温溶液可保持透明稳定，易被电解质（如氯化钠）调节增加黏度，可与多种表面活性剂进行复配增效，广泛应用在餐具洗涤剂、透明香波、浴液、洗手液、洗衣液及洗衣粉等各种洗涤剂的配方中，可有效改善产品的黏度、外观状态和稳定性。

AES在水基工业清洗剂中被广泛应用。电子、机械、半导体等行业均涉及工业清洗，而化学清洗在工业清洗领域占有重要地位，所用水基清洗剂需要添加有较好去污性、乳化性和易降解性的AES。含AES的硬表面清洗剂配方见表5.36。该剂为液体，具有良好洗涤性能并且对皮肤温和。

表5.36 含AES的硬表面清洗剂配方

组分	质量分数/%
C_8～C_{14} 醇聚氧乙烯醚硫酸酯盐	2～15
磺酸碱金属盐	2～10
烷基聚葡糖苷(APG)	1～12
烷基聚烷氧基醚	1～14
难溶于水的烃/香精	1～8
C_8～C_{18} 的单双氧化胺	0.1～6
增溶剂	1～12
尿素	0.5～10
水	余量

含AES的洗衣液配方见表5.37。

表5.37 含AES的洗衣粉配方

组分	质量分数/%
C_{12}～C_{14} 醇聚氧乙烯醚硫酸酯盐	15.3
直链烷基苯磺酸盐	5.4
乙醇	3.4
单乙醇胺	1.5
丙二醇	3.6
C_{12}～C_{14} 烷基聚氧乙烯醚	2.2
C_{12}～C_{14} 烷基二甲基氧化胺	0.7
C_{12}～C_{14} 烷基脂肪酸	2.0
柠檬酸	4.0
硼砂	1.5
氢氧化钠	5.0
阳离子纤维素	0.1
环聚二甲基硅氧烷	1.5
水	余量

AES用作农药制备过程中的水基化制剂，可以提高农药的生物活性，减少农药的用量，以降低农药过量使用对环境造成的污染。利用废纸造纸前往往需要用到脱墨剂，脱墨剂所用表面活性剂需要具有良好的润湿性、渗透性、乳化性、

分散性、去污性和起泡性等，AES 在脱墨剂中被广泛应用。

AES 可用于匀染剂和分散剂，应用于纺织印染工业。AES 具有较好的钙皂分散能力和渗透性，常用于皮革生产工艺的浸灰过程，来提高浸灰材料的渗透性，使其可以在皮板中均匀扩散。

5.4 脂肪醇醚羧酸盐

5.4.1 制备

脂肪醇聚氧乙烯醚羧酸盐（AEC，简称脂肪醇醚羧酸盐）的化学结构通式可表示为

$$RO(CH_2CH_2O)_n CH_2COOM$$

式中，R 是开链烃基；n 是 EO 加合数；M 一般为 Na^+，也可为 K^+、Li^+。AEC 与肥皂的化学结构极其相似，只是在疏水基和亲水基之间插入了一定加合数的聚氧乙烯链，使它具有阴离子和非离子表面活性剂的特征[22]。因此，可通过改变疏水碳链长度及 EO 的加合数制备不同的 AEC 系列产品，还可以通过调节 pH 值得到酸型 AEC 及盐型 AEC 产品[23]。

AEC 的制备方法有羧甲基化法、醇醚氧化法、丙烯腈法和丙烯酸酯法。但目前工业化广泛应用的是羧甲基化法，即由脂肪醇聚氧乙烯醚与氯乙酸钠在碱性条件下反应制得：

$$RO(CH_2CH_2O)_nH + ClCH_2COONa \longrightarrow RO(CH_2CH_2O)_nCH_2COONa \tag{5.5}$$

5.4.2 物化性能

5.4.2.1 Krafft 点

AEC 的 Krafft 点一般较低，只有 $AEC_{3\text{-}24}S$ 结晶样品的 Krafft 点较高。这一现象主要与其组成有关，是因为原料脂肪醇聚氧乙烯醚 AEO_3（下角数字表示乙氧基加合数）的乙氧基化度低，水溶性差。而非结晶样品的 Krafft 点低是由于未被羧甲基化的少量原料在室温下与 $AEC_{3\text{-}24}S$ 形成混合胶束被增溶在溶液中呈均相。表 5.38 为不同结构脂肪醇醚羧酸盐的 Krafft 点[24]。

表 5.38　AEC 的 Krafft 点

项目	$AEC_{3\text{-}24}S$	$AEC_{3\text{-}24}S$（非结晶样）	$AEC_{7\text{-}24}S$	MEC13/70	AES
Krafft 点/℃	17	2	<−4	<−4	8

5.4.2.2 表面活性

对于 AEC 而言，表面活性的大小与疏水碳链的长度、EO 加合数以及离子化程度有关。碳链越长，EO 加合数越少，AEC 的疏水性越强，更容易吸附于气-液界面，从而降低表面张力，同时也有利于胶束的生成。通过调节溶液的 pH 值，可以获得盐型或酸型 AEC，因盐型 AEC 的离子化程度大，存在电荷间的静电排斥作用使得其在气-液界面上排列松散，吸附量小；而酸型 AEC 气-液界面吸附量大，降低表面张力的能力更强。

图 5.20～图 5.22 为 EO 加合数 $n=2$、3、4 的均质十二醇聚氧乙烯醚乙酸钠、十四醇聚氧乙烯醚乙酸钠、十六醇聚氧乙烯醚乙酸钠盐溶液的表面张力图[25]。加合数 n 相同时，随着烃链长度的增加，γ_{CMC} 和 CMC 降低，表面活性提高。当烃链长度相同，均质十二醇聚氧乙烯醚乙酸钠、十四醇聚氧乙烯醚乙酸钠、十六醇聚氧乙烯醚乙酸钠表面张力随着 EO 加合数 n 的增加，γ_{CMC} 增大，CMC 也增大。

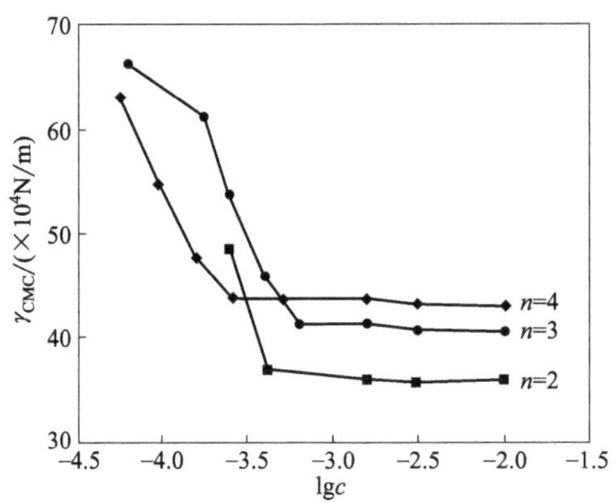

图 5.20 均质十二醇聚氧乙烯醚乙酸钠的表面张力图（25℃）

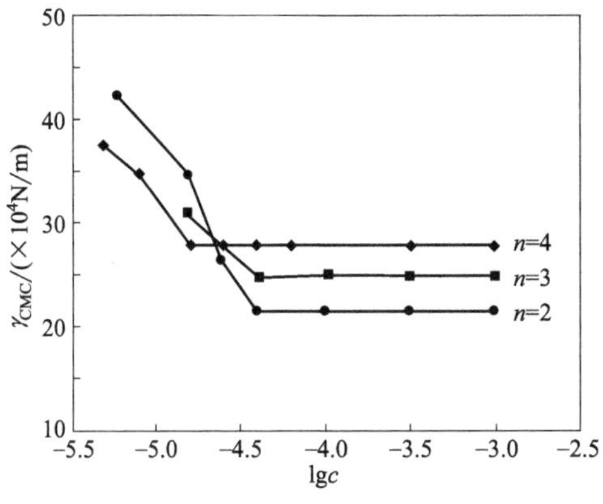

图 5.21 均质十四醇聚氧乙烯醚乙酸钠的表面张力图（25℃）

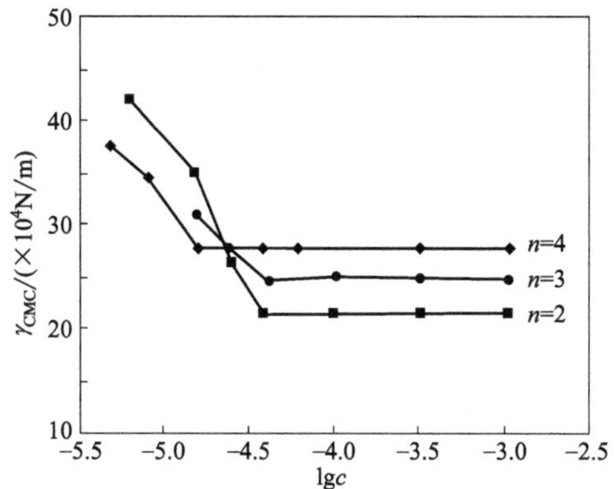

图 5.22　均质十六醇聚氧乙烯醚乙酸钠的表面张力图（25℃）

表 5.39 列出了 25℃和 45℃时 C_{12}AEC 和 C_{16}AEC 的表面活性参数[26]。由表可知，随着疏水基碳链长度的增加，CMC 显著降低；温度升高，两种脂肪醇醚羧酸盐饱和吸附时的分子占有面积略有增加，饱和吸附量减小。

表 5.39　25℃和 45℃时 C_{12}AEC 和 C_{16}AEC 的表面活性参数

温度/℃	种类	CMC/(×10^5mol/L)	γ_{CMC}/(mN/m)	Γ_{max}/(×10^{10}mol/cm^2)	A_{min}/nm^2
25	C_{12}AEC	100	29.3	1.98	0.84
	C_{16}AEC	6.0	28.3	2.38	0.7
45	C_{12}AEC	100	28.5	1.84	0.89
	C_{16}AEC	6.0	27.7	2.20	0.76

AEC 系列酸型和钠盐的 CMC、γ_{CMC} 也有显著差异。表 5.40 列出了 AEC 系列酸型和钠盐的表面活性数据。由表可知，酸型 AEC 产品的 CMC 及 γ_{CMC} 比对应的钠盐低，这主要是由于酸型产品的离子化程度较弱造成的。

表 5.40　AEC 系列酸型和钠盐的表面张力和临界胶束浓度

样品	CMC/(mg/L)	γ_{CMC}/(mN/m)
AEC_3-H	35	30.6
AEC_3-Na	55	32.6
AEC_9-H	50	34.0
AEC_9-Na	100	36.5
$AEC_{10.5}$-Na	150	34.5
$AEC_{4.5}$-Na	100	28.2
AES-TEA	175	37.5

AEC_9-Na（脂肪醇醚羧酸盐）在不同 pH 值（1、4、7、10、13）下的表面

活性参数列于表 5.41 中。由表可知，随着 pH 值的增大，CMC 和 γ_{CMC} 增大。这是因为 pH 值增大，电离度增大，溶液中 $RO(CH_2CH_2O)_9CH_2COO^-$ 增多，由于端基间的静电斥力，导致 Γ_{max} 减小和 A_{min} 增大。CMC 和 γ_{CMC} 增大，pC_{20} 值也相应减小。

表 5.41　AEC_9-Na 在不同 pH 值下的表面活性参数（25℃）

pH 值	CMC/(g/L)	γ_{CMC}/(mN/m)	Γ_{max}/(μmol/m^2)	A_{min}/nm^2	pC_{20}
1	0.0254	29.20	3.60	0.46	5.61
4	0.0426	28.82	3.83	0.43	5.16
7	0.1002	31.89	1.61	1.03	4.69
10	0.1577	34.51	1.40	1.19	4.67
13	0.1595	35.36	1.35	1.23	4.69

5.4.2.3　接触角

AEC_9-Na 在不同质量浓度 ρ、不同 pH 值下接触角测量结果如图 5.23、图 5.24 所示[27]。由图可知，AEC_9-Na 分子的润湿铺展能力随着溶液质量浓度 ρ 的增大而增强。当 ρ<CMC 时，接触角 θ 随质量浓度的增大而显著减小。当 ρ>CMC 时，质量浓度对接触角 θ 影响较小。当 pH<7 时，接触角 θ 急剧减小，说明酸性条件下有利于液滴的润湿和铺展。

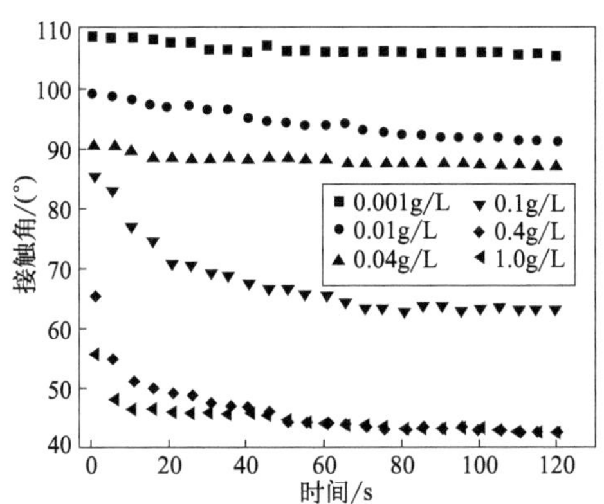

图 5.23　不同质量浓度的 AEC_9-Na 在固体表面的接触角变化曲线（25℃，pH=7）

AEC 表面活性剂的分子结构也会影响接触角的大小。$C_{13}AEC_5$-H、$C_{13}AEC_5$-Na、$C_{13}AEC_7$-H，$C_{13}AEC_7$-Na 的接触角如图 5.25～图 5.28 所示。由图可知，在较低浓度下，表面活性剂的接触角随时间的延长几乎不变；在较高浓度下，表面活性剂的接触角随时间的延长先逐渐减小然后保持不变。当表面活性剂的浓度接近 CMC 时，表面活性剂水溶液的接触角显著降低。酸型表面活性剂（$C_{13}AEC_5$-H、$C_{13}AEC_7$-H）的接触角比盐型表面活性剂（$C_{13}AEC_5$-Na、

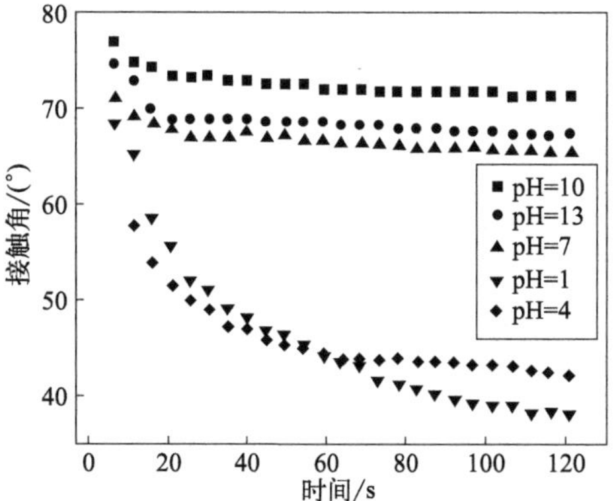

图 5.24　不同 pH 值下 AEC_9-Na 在固体表面的接触角变化曲线（25℃，1g/L）

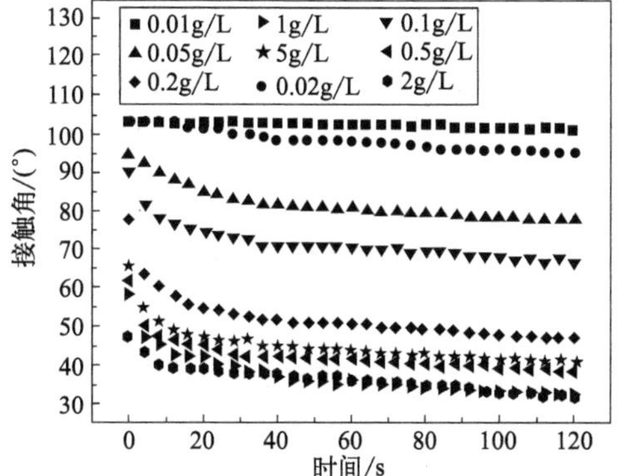

图 5.25　不同浓度下 $C_{13}AEC_5$-H 的接触角变化曲线

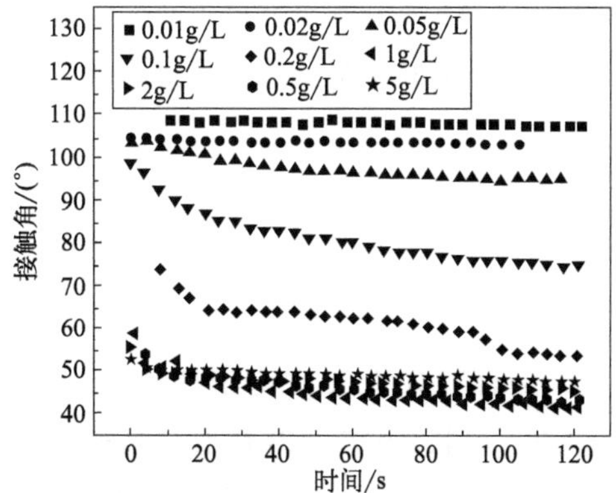

图 5.26　不同浓度下 $C_{13}AEC_5$-Na 的接触角变化曲线

$C_{13}AEC_7$-Na）的接触角低，即酸型表面活性剂在石蜡膜上的润湿性更好。$C_{13}AEC_5$-Na 在石蜡膜上的润湿性能比 $C_{13}AEC_7$-Na 好，可能是由于 $C_{13}AEC_5$-Na

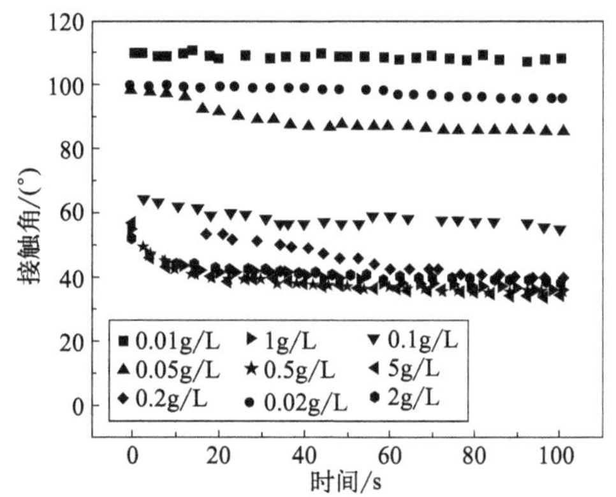

图 5.27　不同浓度下 $C_{13}AEC_7$-H 的接触角变化曲线

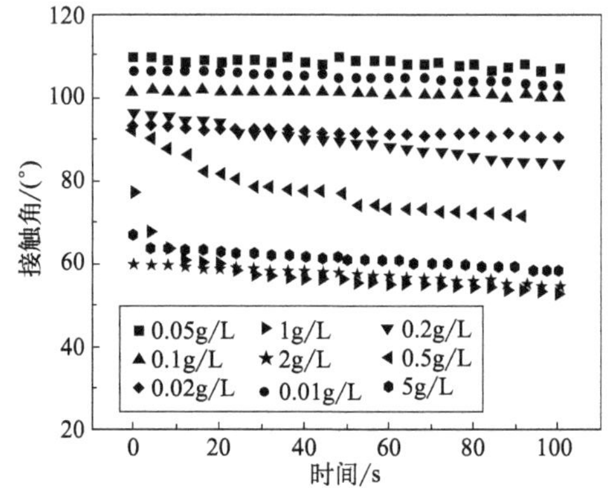

图 5.28　不同浓度下 $C_{13}AEC_7$-Na 的接触角变化曲线

降低表面张力的效率比 $C_{13}AEC_7$-Na 高。相对盐型表面活性剂来说，酸型表面活性剂亲水性较差，而石蜡膜是疏水界面，因此酸型表面活性剂在石蜡膜上的润湿性较好。

5.4.3　应用性能

5.4.3.1　泡沫性能

疏水链的长度及 EO 加合数对 AEC 的起泡性和稳泡能力有影响。表 5.42 列出了系列 AEC 的泡沫性能数据。由表可以看出，当聚氧乙烯醚加合数相同时，随着烷烃链长度的增长，起泡性降低，稳泡性也降低；当脂肪基碳链长度相同时，随聚氧乙烯醚加合数的增加，起泡性能有所改善，稳泡性亦得到提高。这主要是因为当烷基链相同时，随着表面活性剂分子中 EO 数目的增加，表面活性剂分子的极限吸附面积增大，分子中的 EO 基团与周围的水分子可以形成水化层，水化层体积增大，使得泡沫之间液膜水化层的斥力增强，液膜的排液速率降低。同时，随着 EO 数目的增加，分子间的作用力增大，使得液膜表面分子排布更加紧密，从而液膜强度增大，泡沫的稳定性能提高。支链越多，相应的稳泡性越低。

表 5.42　均质脂肪醇醚聚氧乙烯醚乙酸钠的泡沫性能

均质脂肪醇聚氧乙烯醚乙酸钠	泡沫/mm	5min 后泡高/mm
$C_{12}H_{25}O(CH_2CH_2O)_2CH_2COONa$	160	152
$C_{12}H_{25}O(CH_2CH_2O)_3CH_2COONa$	164	158
$C_{12}H_{25}O(CH_2CH_2O)_4CH_2COONa$	168	164
$C_{14}H_{29}O(CH_2CH_2O)_2CH_2COONa$	141	132
$C_{14}H_{29}O(CH_2CH_2O)_3CH_2COONa$	144	137
$C_{14}H_{29}O(CH_2CH_2O)_4CH_2COONa$	150	144
$C_{18}H_{37}O(CH_2CH_2O)_2CH_2COONa$	114	108
$C_{18}H_{37}O(CH_2CH_2O)_3CH_2COONa$	119	114
$C_{18}H_{37}O(CH_2CH_2O)_4CH_2COONa$	126	122

AEC 的泡沫性能还随体系 pH 值变化发生显著变化。由图 5.29 可以看出，脂肪醇醚羧酸盐 AEC_9-Na 最初在高 pH 值下表现出良好的起泡性，而随着时间的延长，其稳泡性逐渐降低。泡沫是热力学亚稳态系统，泡沫总是趋向于破灭，随着时间的推移会逐渐分离成气体和水。随着 pH 值的升高，溶液中电解质浓度较高，扩散双电层压缩，膜厚度变薄，离子端基间的相互排斥作用减弱，使得泡沫难以长时间存在，从而导致稳泡性逐渐降低。

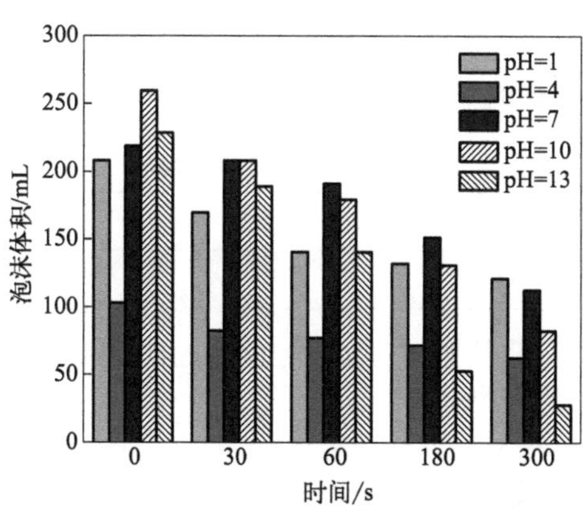

图 5.29　不同 pH 值下 AEC_9-Na 的泡沫性能

AEC_9-Na 的泡沫性能与 pH 值的关系列于表 5.43。由表可知，pH＜6 时，泡沫性能差；pH＞8 时起泡能力强且泡沫稳定性好，且有一定的耐温、抗盐及抗钙能力，可反复起泡消泡，因此，AEC_9-Na 可作为液洗产品的主活性剂及循环泡沫流体的主剂。

表 5.43　AEC_9-Na 的泡沫性能与体系 pH 值的关系

pH 值	V/mL	$t_{1/2}$/s
1.0	0	0
2.0	112	34
4.0	182	76
6.0	368	224
7.0	424	282
8.0	464	321
9.0	501	384
10.0	568	460
11.0	605	512
12.0	604	524

5.4.3.2　润湿性能

表 5.44 列出了系列 AEC 的润湿性能数据，由表可知，随着 EO 加合数的增加，AEC 的润湿性能有所下降，并且盐型 AEC 的润湿性能要稍好于酸型 AEC，酸型 AEC 的溶解度要略低于盐型 AEC 而导致了润湿性能的差异。图 5.30 表明，随着 pH 值的增大，AEC 润湿时间也逐渐增长。这是由于在酸性条件下，盐型产品 AEC_9-Na 质子化程度高而形成酸型 AEC_9-H，形成的阴离子较少；但随着 pH 值的升高，其电离程度增大，去质子化程度也增大，电离出的阴离子基团间相互排斥，导致其在碱性时润湿能力较差。

表 5.44　AEC 的润湿性能

样品名称	润湿时间
AEO_9	20″17
AEC_9-H	28″12
AEC_9-Na	25″36
AEC_9-Na①	24″92
AEO_3	1′7″32
AEC_3-H	11″4
AEC_3-Na	9″77
AEC_3-Na①	7″08

续表

样品名称	润湿时间
AES-NEA②	19″24
$AEC_{4.5}$-Na③	13″18
$AEC_{10.5}$-Na③	50″46

① 含质量分数为 2%的 NaCl。
② AES 三乙醇胺盐。
③ 德国公司 Hüls 产 AEC 钠盐，EO 加合数分别为 4.5 和 10.5。

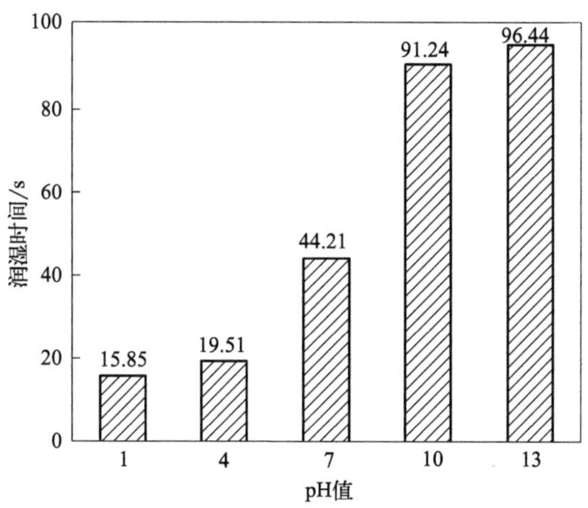

图 5.30　不同 pH 值下 AEC 的润湿性能

5.4.3.3　乳化性能

表 5.45 列出了不同 EO 加合数 AEC 的乳化性能[28]。由表可知，随着 EO 加合数的减少，乳化时间增长，乳化性能增强。此外，AEC 酸型产品的乳化性能优于对应的盐型产品，随着 EO 加合数的增加，亲水性增强，对液体石蜡的乳化性能降低。

表 5.45　不同 EO 加合数 AEC 的乳化性能

样品名称	AEC_5-70	AEC_7-70	AEC_9-70
乳化时间/s	380	340	162

5.4.3.4　去污性能

表 5.46 列出了不同结构 AEC 的去污力数据。由表可知，当烷烃链相同时，随着 EO 加合数的增加，去污比值增加，去污力增强，但不显著；当 EO 加合数相同时，随烷烃链长度的增长，去污力显著增强。说明烷烃链长度对均质脂肪醇

聚氧乙烯醚乙酸钠的去污性能的影响要强于 EO 加合数。

表 5.46 均质脂肪醇聚氧乙烯醚乙酸钠的去污性能

均质脂肪醇聚氧乙烯醚乙酸钠	去污比值
$C_{12}H_{25}O(CH_2CH_2O)_2CH_2COONa$	0.94
$C_{12}H_{25}O(CH_2CH_2O)_3CH_2COONa$	0.97
$C_{12}H_{25}O(CH_2CH_2O)_4CH_2COONa$	1.04
$C_{14}H_{29}O(CH_2CH_2O)_2CH_2COONa$	1.12
$C_{14}H_{29}O(CH_2CH_2O)_3CH_2COONa$	1.16
$C_{14}H_{29}O(CH_2CH_2O)_4CH_2COONa$	1.19
$C_{18}H_{37}O(CH_2CH_2O)_2CH_2COONa$	1.22
$C_{18}H_{37}O(CH_2CH_2O)_3CH_2COONa$	1.25
$C_{18}H_{37}O(CH_2CH_2O)_4CH_2COONa$	1.27

一般来说，酸型 AEC 的去污力明显强于对应的盐型产品。盐型 AEC 产品的去污力随着分子中 EO 加合数增加而增强，当 EO 链长度增长至能使酸型产品混溶于水时，介质的酸性条件对其去污力不构成负面影响反而有增效作用。表 5.47 列出了不同结构酸型和盐型 AEC 的去污性能。

表 5.47 AEC 表面活性剂的去污性能

活性物(样品)	相对标准粉去污比值
AEC_3-H	0.8
AEC_3-Na	1.2
AEC_9-H	1.7
AEC_9-Na	1.5
AEC_3-Na/AEC_9-Na(比例 4/1)	1.3
AES-TEA	1.3
$AEC_{4.5}$-Na	1.3
$AEC_{10.5}$-Na	1.7
AEO_3	0.6
AEO_9	1.4

5.4.3.5 其他应用性能

(1) 钙皂分散力

表 5.48 列出了不同结构 AEC 的 LSDR 值（钙皂分散值）[24]。由表可知，

AEC 类表面活性剂的 LSDR 值非常低，尤其是 $AEC_{7\text{-}24}S$［C_{12}、C_{14} 脂肪醇聚氧乙烯(7)醚乙酸钠］和 MEC13/70［C_{13} 脂肪醇聚氧乙烯(7)醚乙酸钠］的 LSDR 为 2.0。AEC_9-Na 的钙皂分散力均优于硬脂酸钠、AEO_9、LAS（烷基苯磺酸钠）、MES（脂肪酸甲酯磺酸盐）。表 5.49 显示，贮存半年后加 AEC_9-Na 的配方产品的钙皂分散力几乎没有变化，说明 AEC_9-Na 与洗衣粉各助剂配伍性能良好。

表 5.48　表面活性剂的 LSDR 值

项目	$AEC_{7\text{-}24}S$	$AEC_{3\text{-}24}S$	MEC13/70	AES	K_{12}	LAS①
LSDR/%	2.0	7.0	2.0	4.4	21.5	40

① LAS 为直链烷基苯磺酸钠。测试时，试样浓度为 2.5g/L，硬度为 1g/kg，0.5% 油酸钠，温度 20℃。

表 5.49　添加不同表面活性剂的无磷洗衣粉 LSDR 值

表面活性剂	LSDR/%	半年后 LSDR/%
AEC_9-Na	70.40	75.20
AEO_9	76.60	90.60
MES	78.40	93.40
AES	80.35	95.60
LAS	151.68	160.42
硬脂酸钠	268.64	291.48

注：水硬度为 1g/kg。

(2) 耐碱性

表 5.50 为不同结构 AEC 的耐碱性能[24]。由表可知，AEC 类表面活性剂能耐较高含量的碱，因其优异的耐碱稳定性可应用于相关的工业处理。

表 5.50　AEC 的耐碱稳定性

项目	耐碱稳定性	
	碱含量 6%	碱含量 12%
AEC3-24S	清亮透明稳定	清亮透明稳定
AEC7-24S	清亮透明稳定	清亮透明稳定
MEC13/70	清亮透明稳定	浑浊

表 5.51 为 45℃下，C_{12}-AEC 和 C_{16}-AEC 耐盐性和对金属离子 Na^+、Ca^{2+} 和 Mg^{2+} 的容忍度。由表中数据可知，45℃下，C_{12}-AEC 和 C_{16}-AEC 对 NaCl 的容忍度与 AES 相当，但对 $CaCl_2$ 和 $MgSO_4$ 的容忍度相对较小，远小于 AES 对两者的容忍度。45℃下，C_{12}-AEC 和 C_{16}-AEC 具有很强的抗一价金属离子

(Na^+)的能力，但其抗二价金属离子(Ca^{2+}和Mg^{2+})的能力一般。

表 5.51　C_{12}-AEC 和 C_{16}-AEC 耐盐性和对金属离子 Na^+、Ca^{2+} 和 Mg^{2+} 的容忍度

样品名称	对无机盐的容忍度/(g/L)			对金属离子的容忍度/(g/L)		
	NaCl	$CaCl_2$	$MgSO_4$	Na^+	Ca^{2+}	Mg^{2+}
C_{12}-AEC	122	0.41	1.4	48.0	0.164	0.28
C_{16}-AEC	135	0.50	1.8	53.1	0.200	0.36
AES	120	160.00	300.0	47.2	57.700	60.00

5.4.4 应用

AEC 广泛用于家用和工业洗涤剂，如餐具洗涤剂，丝、毛、绒洗净剂等，纺织上用于纤维和织物的清洗，效果好于相应的醇醚。AEC 作为渗透剂、润湿剂和匀染剂，应用于纺织、印染和皮革工业；作为缓蚀剂和降黏剂应用于三次采油和石油输送；作为乳化剂、发泡剂和增稠剂，来配制无刺激性的洗发香波、浴液和婴儿香波等；作为化妆品的增溶剂、乳化剂及保湿剂，用于各种洗发水、护发素、香波、泡沫浴液和个人护理用品。AEC 在皂条、液体皂等含脂肪酸皂的产品中添加，能改善其温和性和钙皂分散能力，在硬水中的起泡能力显著增强。含 AEC 的液体皂和高泡性香波配方如表 5.52、表 5.53 所示。AEC 对溶菌酶没有抑制作用，可作为温和组分和发泡剂用于牙膏中。AEC 镧盐可作抑菌剂用于化妆品和药物配方中。

表 5.52　含 AEC 的液体皂配方

成分	用量/%
AEC_9-Na	15
十二烷基硫酸钠(K_{12})	7
椰油酰氨基丙基甜菜碱(CAB-35)	8
AEO_3 磺基琥珀酸盐	7
增稠剂	1
泛醇	0.5
色素、香精	适量
水	余量

表 5.53　含 AEC 的高泡性香波配方

成分	用量/%
AEC_7-Na	18
十二烷基硫酸钠(K_{12})	7

续表

成分	用量/%
椰油酰氨基丙基甜菜碱(CAB-35)	8
椰油酰氨基丙基氧化胺	2
阳离子表面活性剂	1
泛醇	0.6
维生素	0.6
色素、香精	适量
水	余量

C_{10}-AEC 应用于医学领域，具有抗炎、抗菌、抗真菌等活性，可以用作药物的原料或中间体。C_{10}-AEC 是软膏基剂的成分之一，用于制备外用药物，提高软膏的渗透性和吸收性，有助于药物在皮肤上的吸收和作用。C_{12}-AEC 可作为油墨的分散剂和稳定剂，有助于提高油墨的均匀性和稳定性；可用作涂料的分散剂和乳化剂，有助于提高涂料的分散性和稳定性；可以作为胶黏剂的分散剂和增稠剂，有助于提高胶黏剂的黏度和稳定性，能改善胶黏剂和涂料的流变性能。

C_{14}-AEC 具有浓郁的肉豆蔻香味，常被用于食品、饮料和香精中，以增强其香味和口感。此外，C_{14}-AEC 被添加到香水、肥皂、洗发水、沐浴露、护发素和口红、粉底等彩妆产品，以增加产品的香气和吸引力，是个人护理产品中的常用香精成分。

5.5 脂肪醇醚磷酸酯盐

5.5.1 制备

脂肪醇醚磷酸酯（AEP）盐在磷酸酯类表面活性剂中占有重要的地位，因为它不仅具有阴离子表面活性剂的特性，同时也具有非离子表面活性剂的特性，其结构通式为：

$$\underset{\text{聚氧乙烯醚磷酸双酯盐}}{MO-\overset{\overset{\displaystyle O}{\|}}{\underset{\underset{\displaystyle (OCH_2CH_2)_nOR}{|}}{P}}-(OCH_2CH_2)_nOR} \qquad \underset{\text{聚氧乙烯醚磷酸单酯盐}}{MO-\overset{\overset{\displaystyle O}{\|}}{\underset{\underset{\displaystyle OM}{|}}{P}}-(OCH_2CH_2)_nOR} \tag{5.6}$$

式中，R 为烃基或芳基；n 主要为 3～12；M 为 K^+、Na^+ 或二乙醇胺基团、三乙醇胺基团等，所以可以通过改变 n 的值或 R 基团的种类以及选取不同的中和剂来制备系列聚氧乙烯醚磷酸酯表面活性剂。这一类磷酸酯盐随着聚氧乙烯链的增长其水溶性也增强，但热稳定性下降，在非极性溶剂中的溶解度随聚氧乙烯链增长而降低。

脂肪醇醚磷酸酯盐类表面活性剂通常由脂肪醇醚与磷酸化试剂反应，再用碱中和得到。磷酸是一种中强三元酸，具有较强的亲水性，所以产物主要为磷酸单酯（mono-alkyl phosphate，MAP）、磷酸双酯（dialkyl phosphate，DAP）以及磷酸三酯（tialky phosphate，TAP）的混合物。其中磷酸单酯的溶解度大于双酯，乳化性、渗透性和抗静电性能较好；双酯的平滑性比单酯好，主要用于皮革的加脂中。以 $POCl_3$ 为磷酸化试剂，脂肪醇醚与 $POCl_3$ 投料比为 3∶1 时，可制得以三酯为主的产品：

$$3R(OCH_2CH_2)_nOH + POCl_3 \longrightarrow O{=}P\begin{cases} O(CH_2CH_2O)_nR \\ O(CH_2CH_2O)_nR \\ O(CH_2CH_2O)_nR \end{cases} + 3HCl \tag{5.7}$$

5.5.2 物化性能

5.5.2.1 溶解性

表 5.54 列出了系列脂肪醇聚氧乙烯醚磷酸酯盐 O-3P、O-5P、O-7P、O-10P 在水中的溶解性。从表可以看出，O-3P、O-5P、O-7P、O-10P 在水中的溶解性依次减弱。O-7P 和 O-10P 达到一定质量浓度后，便会形成凝胶，而在相等质量浓度下，O-3P 与 O-5P 没有形成凝胶，其可能原因是 O-7P 和 O-10P 中亲水性 C—O—C 链结构较长，而 C_{16}～C_{18} 长链烷基又明显表现出强烈的疏水作用，且长链分子易发生卷曲和相互缠绕，产生具有一定强度的缔合，将水分子包含在形成的三维立体空间网状结构中，宏观上便形成凝胶，其中，O-3P 链上 C—O—C 结构最少，分子链短，亲水性相对较弱，难以形成包覆水分子的立体凝胶结构，所以以较为稳定的平面结构存在于水溶液中。

表 5.54 四种脂肪醇聚氧乙烯醚磷酸酯盐在水中的溶解性

样品	溶解性				
	25g/L	50g/L	80g/L	100g/L	200g/L
O-3P	透明溶液	透明溶液	透明溶液	半透明溶液	半透明溶液
O-5P	透明溶液	半透明溶液	半透明溶液	微透明溶液	黄色黏稠液
O-7P	透明溶液	半透明溶液	微透明溶液	黄色黏稠液	凝胶
O-10P	透明溶液	半透明溶液	凝胶	凝胶	凝胶

5.5.2.2 表面活性

脂肪醇醚磷酸酯的表面张力主要与其疏水基团的类型、碳链长短、正异构取代有关。一般说来，随着碳链的增长，其表面张力会逐渐下降；正构型烷基磷酸酯的表面张力高于异构型的；单磷酸酯的 γ_{CMC} 比双磷酸酯高，单烷基磷酸酯盐的表面张力都比双烷基磷酸酯盐高。

表 5.55[29] 表明，随着 EO 加合数的增大，脂肪醇聚氧乙烯醚磷酸酯盐的 CMC 减小，γ_{CMC} 增大。其中，O-10P 的 CMC 值为 0.069g/L，γ_{CMC} 可达 54.35mN/m，在 O-*n*P 系列中表面活性最为优异。

表 5.55　O-*n*P 系列磷酸酯盐的临界胶束浓度和表面张力

样品	CMC/(g/L)	γ_{CMC}/(mN/m)
O-3P	0.094	32.95
O-5P	0.088	33.98
O-7P	0.072	45.59
O-10P	0.069	54.35

图 5.31 为不同 EO 加合数的脂肪醇醚磷酸酯钾盐的表面张力随浓度的变化曲线。由图可知，脂肪醇醚磷酸酯钾盐降低表面张力的能力随着 EO 加合数的增大而减弱，表明具有较小 EO 加合数的醇醚磷酸酯钾盐对界面性质的改变比较大 EO 加合数产品略明显。可能是因为具有较大 EO 加合数的分子极性基团更大，静电斥力作用范围更广，在气-液界面的排列较为松散，导致表面张力提高。除 AE_2P-K 外，EO 加合数的增大也会使 CMC 增大。

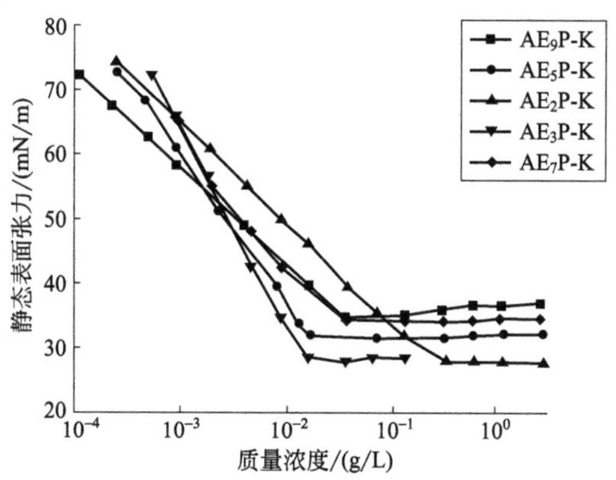

图 5.31　脂肪醇醚磷酸酯钾盐的静态表面张力

5.5.2.3　耐碱性

脂肪醇醚磷酸酯类表面活性剂的耐碱性较好，但都有一个耐碱性的临界值，当溶液的碱性超过这个临界值时，表面活性剂的活性就会降低。影响磷酸酯耐碱性和渗透性的主要因素为分子结构。其中异构碳链和短碳链磷酸酯的渗透性较好；磷酸单酯的耐碱性好，渗透性差，反之，磷酸双酯的耐碱性较差，但渗透性比单酯好；同时磷酸酯的渗透性与溶液的 pH 值有关，不同的磷酸酯都存在一个临界碱浓度，在这个临界碱浓度下渗透性能较好，而高于该碱浓度时，磷酸酯的渗透性会下降。

表 5.56 为 AEO_3 醇醚磷酸酯盐的耐碱性随碱浓度的变化，从表中可以得到 AEO_3 醇醚磷酸酯盐的耐碱性也随着碱浓度的增加而逐渐下降，当 NaOH 浓度超过 150g/L 后该产物的耐碱性达不到该碱浓度下的要求。

表 5.56 AEO_3 醇醚磷酸酯盐的耐碱性

NaOH 浓度/(g/L)	0	50	100	150	200	220
耐碱性	澄清	澄清	澄清	较清	混浊	分层

表 5.57[30] 表明，EO 加合数越大，AEP-K 的耐碱性越强，具有较大 EO 加合数的 AEP-K 均可耐受 200g/L 以上的高浓度碱。

表 5.57 脂肪醇醚磷酸酯钾盐的耐碱性

脂肪醇醚磷酸酯钾盐	耐碱性				
	80g/L	120g/L	160g/L	200g/L	240g/L
AE_2P-K	澄清	澄清	浑浊	浑浊	浑浊
AE_3P-K	澄清	澄清	澄清	浑浊	浑浊
AE_5P-K	澄清	澄清	澄清	澄清	浑浊
AE_7P-K	澄清	澄清	澄清	澄清	浑浊
AE_9P-K	澄清	澄清	澄清	澄清	澄清

脂肪醇醚磷酸酯的耐碱性能比脂肪醇磷酸酯要好。主要是醇醚化后化学结构稳定，醚化后亲水性增强，强碱对亲水基的破坏作用不只针对磷酸酯盐的亲水基，同时还针对聚氧乙烯亲水基，这使得化学结构比醇的磷酸酯盐的要稳定，所以耐碱性要强。另外，醇醚分子结构更容易与水形成氢键，分子聚集态稳定，对盐效应破坏表面活性剂的溶剂化作用有一定的稳定和缓冲作用，使表面活性剂不易漂浮或下沉而与水分离。

5.5.3 应用性能

5.5.3.1 泡沫性

脂肪醇醚磷酸酯类表面活性剂的发泡性较好且稳定。而它的发泡性主要与碳链长短和烷基的取代数有关，如 C_7～C_8 醇磷酸酯的发泡性较 C_{10}～C_{13} 醇磷酸酯好，但后者的泡沫稳定性较好。表面活性剂的疏水基长度是影响气泡中气体分子扩散速度的主要因数，当疏水基为较长碳链时，表面活性剂在液膜表面形成紧密的吸附膜，提高了液膜的黏度，泡沫就较稳定，但碳链过长时会降低表面活性剂的溶解度，因而使形成的表面膜刚性太强反而降低泡沫的稳定性。单磷酸酯盐比双磷酸酯盐发泡性要好。对于一般的阴离子型磷酸酯类物质，不论是在酸性还是碱性条件下，它的稳定性都较好，其中磷酸酯在 pH=2 时可存放 12 个月，分解量低于 10%，而在中性或微酸性下存放一年甚至更长的时间都不会发生变质。

5.5.3.2 乳化性

脂肪醇醚磷酸酯盐的乳化性能与其碳链结构和 EO 加合数有关。图 5.32 为异构醇醚磷酸酯钾盐与直链醇醚磷酸酯钾盐乳化性能曲线。由图可知，异构醇醚磷酸酯钾盐的乳化性能优于直链醇醚磷酸酯钾盐，而直链醇醚磷酸酯钾盐的乳化性能在 EO 加合数为 5 时达到最佳。尽管烷烃链长度的增加有利于提升乳化性，但这一性质在碳数特定大小时会达到最大值。

对于异构醇醚磷酸酯钾盐，其乳化效果与界面张力体现的趋势一致，但较大 EO 加合数的直链醇醚磷酸酯钾盐可能由于与水分子存在强烈的相互作用而在液-液界面张力较高的情况下仍有较好的乳化性[31]。

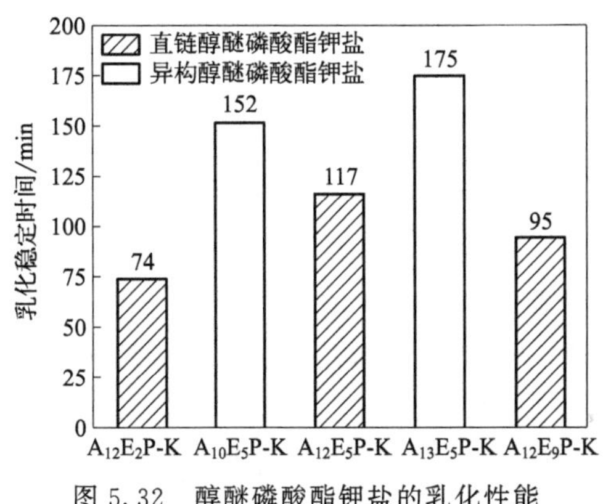

图 5.32　醇醚磷酸酯钾盐的乳化性能

5.5.3.3 抗静电性

脂肪醇醚磷酸酯盐表面活性剂具备良好的抗静电性能。抗静电性的测试方法为 GB/T 16801—2013。

图 5.33 表明具有较大 EO 加合数的 AEP-K 普遍具有良好的抗静电性。其中，AE_7P-K 的性能更优，可以降低织物表面电阻 10000 倍以上。改良织物表面性质使其快速导出多余电荷是抗静电的主要方式，AE_7P-K 具有良好的亲水性，其较大的 EO 加合数可以使纤维间保留更多水分，同时钾离子可以进一步降低电阻，达到良好的抗静电效果。

由图 5.34 可看出，与常规分布醇醚磷酸酯相比，N-AE_2P（N 代表窄分布）的抗静电性能在各个质量浓度下均略有优势。由于常规分布醇醚磷酸酯中有较多 EO 加合数较大的组分，这可能意味着 EO 加合数增大导致醇醚磷酸酯的抗静电性能有所下降。N-AE_3P 的抗静电性能比常规分布 AEO_2 磷酸酯稍差。

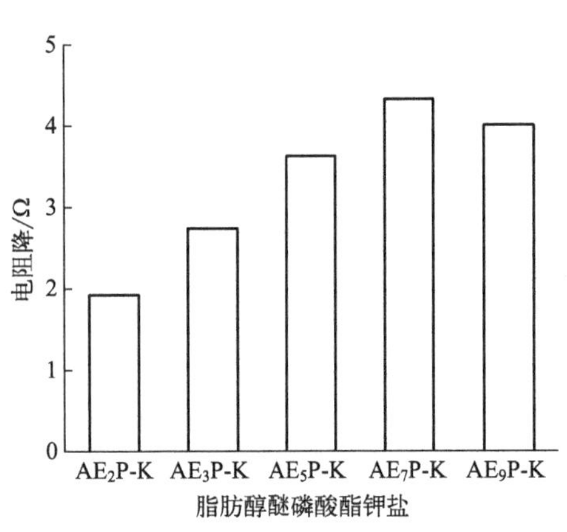

图 5.33 醇醚磷酸酯钾盐的抗静电性

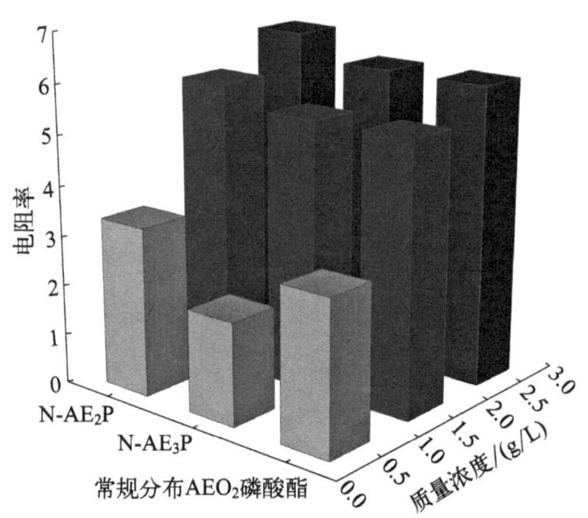

图 5.34 N-AE_2P 的抗静电性能

5.5.4 应用

AEP 的脂肪醇以 C_8 为主，脂肪醇醚磷酸酯盐具有优良的润湿、渗透、洗净、乳化、分散、柔软、抗静电、阻燃、消泡和螯合等多种特性，还低毒、低刺激和具有较好的生物降解性能。AEP 在洗涤剂、化妆品、各种护理产品、造纸、农业化学品中应用广泛。AEP 具有独特的化妆品应用领域，含 AEP 的卸妆凝胶和夜用紧肤霜配方如表 5.58、表 5.59 所示。AEP 是透明胶冻化妆品的熔化剂，是护肤膏与护肤液的乳化剂。在医用化妆品生产中，AEP 类表面活性剂毒性小、耐酸、耐碱、耐菌、亲水、亲油且易被生物代谢，有助于提高药效成分及香料的溶解度，是应用广泛的增溶剂。

表 5.58 含 AEP 的卸妆凝胶配方

	组分	质量分数/%
A 相	C_{13}～C_{15} 烷烃	5.0
	C_{15}～C_{19} 烷烃	10.0
	油醇聚氧乙烯(5)醚	13.0
	DEA 油醇聚氧乙烯(3)醚磷酸酯盐	5.8
B 相	去离子水	48.0
	丁二醇	11.5
	甘油	6.5
	丙二醇/尿素醛/苯甲酸酯类	0.2

表 5.59　含 AEP 的夜用紧肤霜配方

	组分	质量分数/%
A 相	去离子水	余量
	卡波姆	0.2
B 相	C_{12}～C_{15} 烷醇苯甲酸酯	8.0
	八醇/十六醇聚氧乙烯(10)醚磷酸酯盐	15.0
	十六/十八醇	5.0
	硬脂酸	3.0
C 相	氢氧化钠(18%水溶液)	调节 pH 6.5～7.00
	聚二甲基硅氧烷醇	2.0
	环聚二甲基硅氧烷	1.0
	苯氧乙醇和对羟基苯甲酸酯类	0.5

AEP 是湿法冶金中重要的萃取剂之一，因其 P═O 键具有特殊的化学性质，磷酸根具有很强的金属离子络合性。另外，AEP 的低挥发性、稳定性和不易燃烧性，符合湿法冶金工业生产要求。AEP 是一种多功能的塑料加工助剂，具有良好的增塑性、稳定性、阻燃性、抗静电性、抗污染性和透明性，被广泛地应用于建筑、家具、矿井、输送带和交通运输部件的塑料制品中。

AEP 钾盐是纺织加工中不可或缺的辅助材料，作为软化剂和抗静电剂，分别改善纺织品的柔软度和减少静电积累，提升最终产品的舒适度和处理性能。AEP 钾盐和 AEP 三乙醇胺盐可以用作金属加工液的润滑剂和防锈剂，降低摩擦，保护金属表面免受腐蚀，同时作为清洁剂去除加工过程中产生的油脂和污垢。

表 5.58 卸妆凝胶制备工艺过程：把 A 相加热到 75～80℃混合，把 B 相加热到 75～80℃混合，然后把 B 相加到 A 相中，增大搅拌速度，到混合物为一体，冷却到 25℃保存在合适的容器里。

表 5.59 夜用紧肤霜制备工艺过程：将卡波姆放入温去离子水中混合并溶胀 15min，分别加热 A 相和 B 相至 75℃，在高速搅拌下将 A 相加入 B 相中，保持该温度 10min，用氢氧化钠调节 pH 值到 6.5，在搅拌下冷却至 45℃，将剩下的 C 相组分加入并搅拌至均匀。

5.6　脂肪醇磷酸酯盐

5.6.1　制备

脂肪醇与磷酸化试剂反应，可得到磷酸单酯和磷酸双酯，再用碱中和即得到磷酸酯盐型表面活性剂。其通式可表示为式(5.8)。

$$\mathrm{RO-\overset{\displaystyle O}{\overset{\|}{\underset{\underset{\displaystyle OM}{|}}{P}}}-OM} \qquad \mathrm{RO-\overset{\displaystyle O}{\overset{\|}{\underset{\underset{\displaystyle OM}{|}}{P}}}-OR} \tag{5.8}$$

其中，R 为 C_8～C_{18} 的烷基或其衍生基团，M 为 K^+、Na^+、二乙醇胺基团、三乙醇胺基团等。

因为磷酸是三元酸，所以脂肪醇与磷酸化试剂进行磷酸化反应时，酯化产物中含有单酯、双酯和三酯。常用的磷酸化试剂有五氧化二磷、三氯氧磷、三氯化磷、磷酸、缩合磷酸等。

(1) 用五氧化二磷磷酸化

以 P_2O_5 为磷酸化试剂，脂肪醇的磷酸化反应方程式见式(5.9)。

$$3ROH+P_2O_5 \longrightarrow ROPO(OH)_2+(RO)_2PO(OH) \tag{5.9}$$

反应产物为烷基磷酸单酯和二烷基磷酸双酯的混合物。通过改变反应物的投料比，可以得到以磷酸单酯为主或以磷酸双酯为主的产品。

(2) 用 $POCl_3$ 磷酸化

用 $POCl_3$ 作磷酸化试剂，通过改变脂肪醇与 $POCl_3$ 的投料比，可以分别得到以烷基磷酸单、双、三酯为主的产品。

脂肪醇与 $POCl_3$ 投料比为 1∶1，主要制得单酯。

$$ROH+POCl_3 \longrightarrow RO\overset{\overset{\displaystyle O}{\|}}{P}Cl_2+HCl \tag{5.10}$$

$$RO\overset{\overset{\displaystyle O}{\|}}{P}Cl_2+2H_2O \longrightarrow RO\overset{\overset{\displaystyle O}{\|}}{P}(OH)_2+HCl \tag{5.11}$$

脂肪醇与 $POCl_3$ 投料比为 2∶1，可制得以双酯为主的产品。

$$2ROH+POCl_3 \longrightarrow (RO)_2\overset{\overset{\displaystyle O}{\|}}{P}Cl+2HCl \tag{5.12}$$

$$(RO)_2\overset{\overset{\displaystyle O}{\|}}{P}Cl+H_2O \longrightarrow (RO)_2\overset{\overset{\displaystyle O}{\|}}{P}(OH)+HCl \tag{5.13}$$

(3) 用 PCl_3 磷酸化

用 PCl_3 作磷酸化试剂主要得到双烷基磷酸酯。

$$3ROH+PCl_3 \longrightarrow (RO)_2\overset{\overset{\displaystyle O}{\|}}{P}H+2HCl+RCl \tag{5.14}$$

$$(RO)_2\overset{\overset{\displaystyle O}{\|}}{P}H+Cl_2 \longrightarrow (RO)_2\overset{\overset{\displaystyle O}{\|}}{P}Cl+HCl \tag{5.15}$$

$$(RO)_2\overset{\overset{\displaystyle O}{\|}}{P}Cl + H_2O \longrightarrow (RO)_2\overset{\overset{\displaystyle O}{\|}}{P}(OH) + HCl \qquad (5.16)$$

(4) 用 H_3PO_4 磷酸化

脂肪醇和无水磷酸摩尔比为 3∶1，可得到烷基磷酸单、双酯的混合物。

$$3ROH + H_3PO_4 \longrightarrow RO\overset{\overset{\displaystyle O}{\|}}{P}(OH)_2 + (RO)_2\overset{\overset{\displaystyle O}{\|}}{P}(OH) \qquad (5.17)$$

5.6.2 性质

当烷基链相同时，脂肪醇磷酸单酯盐的溶解度大于脂肪醇磷酸双酯盐，脂肪醇磷酸双酯盐的去污力和发泡力大于脂肪醇磷酸单酯盐，抗静电性则是脂肪醇磷酸单酯盐优于脂肪醇磷酸双酯盐。不同反离子对磷酸酯盐的溶解性也有影响：三乙胺盐溶解性最好，其次是钾盐、钠盐。

脂肪醇磷酸酯盐的生物降解性优于 LAS，毒性和刺激性较小，脂肪醇磷酸单酯盐的刺激性比 AS、AOS（α-烯基磺酸钠）、LAS、AES 都小，安全性高。脂肪醇磷酸酯盐对酸碱都比较稳定，可用于酸性或碱性环境中。

近年来，国外脂肪醇磷酸酯盐类表面活性剂产品由初期的脂肪醇磷酸酯盐发展成各种醇醚磷酸单、双酯，烷基酚醚磷酸酯等系列产品。我国脂肪醇磷酸酯盐的主要产品为脂肪醇磷酸酯钾盐。

5.7 烷基糖苷

烷基糖苷是由天然脂肪醇和葡萄糖合成的一种新型表面活性剂，具有表面活性高、泡沫丰富、生物降解性好、pH 适用范围广、配伍性好等优点，广泛应用于个人护理和清洁用品、工业清洗领域，是国际公认的“绿色”功能表面活性剂。烷基糖苷（APG），分子结构通式如图 5.35 所示，R 为不同碳链长度的烷基，n 为平均聚合度。

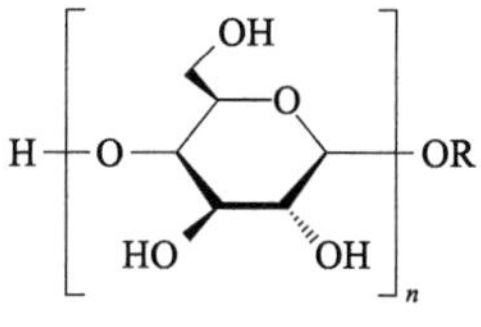

图 5.35　烷基糖苷分子结构

APG 集阴离子表面活性剂与非离子表面活性剂的许多特征于一身：表面张力低，起泡力强，泡沫细腻稳定，润湿性好，去污力强，无浊点，水稀释时无胶凝现象。对人体刺激小，且可缓解其他物质对人体的刺激，其毒性极低，能迅速被生物降解，对环境污染小[32]。

5.7.1 制备

烷基糖苷的制备方法有直接糖苷化法、转糖苷化法、Koenings-Knorr 反应合成法、酶催化法以及糖的缩酮物醇解法等。目前工业上主要采用直接糖苷化法和转糖苷化法。

(1) 直接糖苷化法

该法也称一步反应法，由脂肪醇与葡萄糖在酸性催化剂存在下反应，反应结束后除去未反应的脂肪醇，然后经中和、漂白等工序即得烷基糖苷。

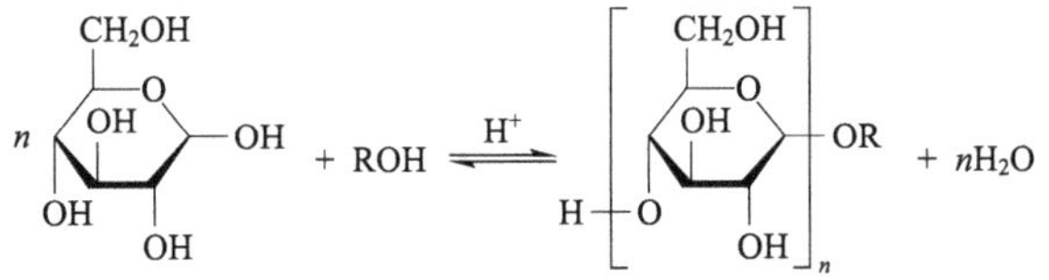

$$n\,(\text{glucose: }CH_2OH,\ O,\ OH,\ OH,\ OH,\ OH) + ROH \underset{}{\overset{H^+}{\rightleftharpoons}} H\text{—}[\,O\text{-glucose}(CH_2OH,\ O,\ OH,\ OH)\text{—}\,]_n OR + nH_2O \qquad (5.18)$$

(2) 转糖苷化法

该法又称两步合成法。以丁基糖苷的制备为例：葡萄糖和丁醇首先在酸性催化剂存在下反应生成低碳链的丁基糖苷，然后再与高级脂肪醇进行醇交换（或缩醛交换、糖苷转化）反应，生成长碳链的烷基糖苷和丁醇。丁醇可以回收再利用。

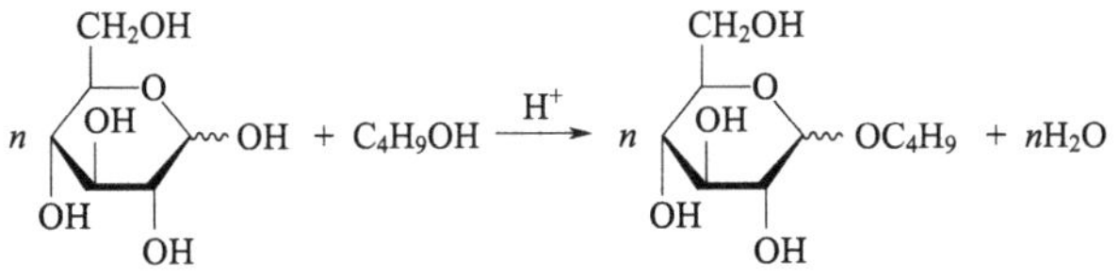

$$n\,(CH_2OH,\ O,\ OH,\ OH,\ OH)\text{~OH} + C_4H_9OH \xrightarrow{H^+} n\,(CH_2OH,\ O,\ OH,\ OH,\ OH)\text{~}OC_4H_9 + nH_2O \qquad (5.19)$$

$$n\,(CH_2OH,\ O,\ OH,\ OH,\ OH)\text{~}OC_4H_9 + ROH \longrightarrow n\,(CH_2OH,\ O,\ OH,\ OH,\ OH)\text{~OR} + C_4H_9OH + H_2O \qquad (5.20)$$

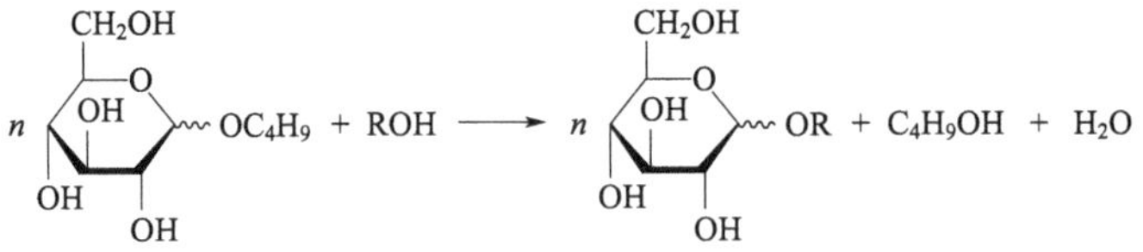

5.7.2 物化性能

5.7.2.1 溶解性

APG 易于水，难溶于一般常见的有机溶剂。APG 在水中的溶解度随烷链的加长而减小，随聚合度的增大而增大[33]。

烷基糖苷与无机物助剂有良好的互溶性，例如，含 15%正癸基葡萄糖多苷

(n=2.3)、50%焦磷酸钾的水溶液，保留七天之后，仍为清澈透明液体。烷基糖苷的这种特性，为配方设计提供了更多的选择余地。

APG 在水中的溶解度与烷烃链和聚合度有关，即溶解度随烷基链长增长而减小，随聚合度的增加而增大。基于这种现象，烷基链较长的烷基与聚合度较大的多糖所组成的苷分子在水中仍然是溶解的[34]。APG 在水中具有很好的溶解性，其主要原因是糖苷基上的多个羟基能够在水中形成氢键。然而，需要注意的是：尽管 APG 分子中的糖苷头基与水形成氢键的能力较烷基链强，但其水合程度却远不及聚氧乙烯类非离子表面活性剂。因此，APG 并不像其他非离子表面活性剂那样存在浊点和稀释凝胶，例如，含 50%正癸基葡萄糖多苷（n=4）的水溶液，在 0～99℃之间，始终为清澈液体[35]。这一性质使得它参与构建的复配体系无温度诱导相变现象发生，为人们制备在较宽温度范围内都能稳定存在的产品提供了方便。

APG 具有很强的耐酸碱性质。在强碱、强酸溶液中，仍具有良好的溶解性、稳定性和表面活性。在酸溶液中，酸性越强，稳定浓度越低；在碱性溶液中随着烷基碳链的增长，溶液稳定性降低。此外，它还有很好的抗盐性能，可以配制成稳定的、常用无机盐含量高达 20%～30%的糖苷溶液。

表 5.60 为系列 APG 的水溶性数据[36]，由表可知，疏水链较长的烷基糖苷（C_{12}/C_{14}-APG）在质量分数 0.1%时完全溶解；在质量分数 0.5%时出现固形物析出，原因是其中的单苷析出；其余烷基糖苷在质量分数 1.0%时均溶解。

表 5.60　系列 APG 的水溶性数据

试样①	水溶解性		
	质量分数 0.1%	质量分数 0.5%	质量分数 1.0%
C_8-APG	完全溶解	完全溶解	完全溶解
C_8/C_{11}-APG	完全溶解	完全溶解	完全溶解
C_8/C_{14}-APG	完全溶解	完全溶解	完全溶解
C_{12}/C_{14}-APG	完全溶解	固形物析出	固形物析出

① 以 C_m-APG 的形式表示由含 m 个碳原子的醇形成的烷基糖苷。

5.7.2.2　HLB 值

APG 的 HLB 值与烷烃碳链长度有关。C_8～C_{18}-APG 的 HLB 值见表 5.61[37]。由表可看出，随着烷基碳数的增加，HLB 值逐渐减小，烷基碳数在 8～10 的 APG 有增溶作用，在 10～12 范围的适于作洗涤剂，若碳链更长，则具有 W/O 型乳化作用乃至润湿作用。

表 5.61 C_8～C_{18}-APG 的 HLB 值

APG①	2-乙基己基糖苷	n-C_8-APG	n-C_{10}-APG	n-C_{12}-APG	n-C_{14}-APG	n-C_{16}-APG	n-C_{18}-APG
HLB 值	21	19	16	9	7	5	3

① n-C_8-APG 表示正辛基糖苷、n-C_{10} 表示正癸基糖苷……以此类推。

APG 的 HLB 值还与 APG 的平均聚合度 n 有关。由表 5.62[38] 可以得出，随着 APG 聚合度的增加，其 HLB 值逐渐增大，但增大的幅度比较小。

表 5.62 系列 APG 的 HLB 值

聚合度	1	2	3	4	5	6	7	8	9
HLB 值	10.3	13.4	15.0	16.0	16.6	17.1	17.5	17.7	18.0

5.7.2.3 表面活性

APG 水溶液的表面张力随烷链增长而降低，其临界胶束浓度与碳链数 N 之间存在良好线性关系：$\lg[CMC/(mol/L)]=2.3-0.5N$。在疏水基含有支链的情况下，烷基多苷的 CMC 不仅与疏水基的总碳数有关，也与疏水基的支链度有关。在疏水基总碳数一定时，支链度越大，CMC 越大，即直链疏水基具有最低的 CMC[39]。

采用悬片法测定了 C_8-APG、C_{10}-APG、C_{12}-APG、C_{12}/C_{14}-APG 不同链长表面活性剂的表面张力，具体结果见图 5.36，表 5.63 列出相应的 CMC 和平衡表面张力值[40]。

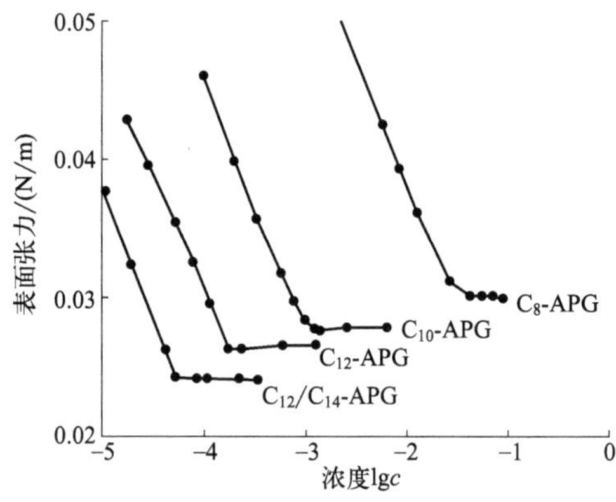

图 5.36 C_8-APG、C_{10}-APG、C_{12}-APG、C_{12}/C_{14}-APG 的表面张力与浓度对数关系曲线

表 5.63 APG 溶液的临界胶束浓度和平衡表面张力

APG	lg(CMC)	CMC/(mol/L)	γ_{CMC}/(N/m)
C_8-APG	−1.7	2×10^{-2}	0.031
C_{10}-APG	−3.0	1×10^{-3}	0.028

续表

APG	lg(CMC)	CMC/(mol/L)	γ_{CMC}/(N/m)
C_{12}-APG	−3.8	1.5×10^{-4}	0.027
C_{12}/C_{14}-APG	−4.3	5×10^{-5}	0.025

由图 5.36 可知，烷基糖苷表面张力很大程度受 APG 分子结构中疏水链长短的影响，随着疏水部分 C 原子数目的增加，表面张力降低变快，CMC 值明显减小。这主要是由于当碳链长度增加时，疏水端受到的排斥力也随着极性的改变而增加，从而更容易在溶液的界面形成吸附。当 APG 溶于水溶液中时，它的亲水端在溶液中向水分子表面迁移，疏水端部分受到水分子的排斥力而移向空气界面发生界面吸附从而降低其表面张力。从表 5.63 可以得知，APG 溶液的 CMC 主要取决于其分子疏水端的结构。随着疏水链的增长，APG 溶液的 CMC 值随之减小。从图 5.36 中可以看出 APG 的 CMC 随烷基链长的增加而明显降低。

5.7.3 应用性能

5.7.3.1 泡沫性能

烷基多苷的泡沫细腻而稳定，泡沫力属于中上水平，其泡沫性能与碳链长度有关。表 5.64 列出了几种 APG 与其他表面活性剂的泡沫性能。由表可知，随着碳链长度的增加，APG 的发泡性能和稳泡性能均有提升。

表 5.64　APG 与其他表面活性剂的泡沫性能比较

样品	泡沫高度(0min)/mL	泡沫高度(5min)/mL
C_8-APG	110	105
C_{10}-APG	120	116
C_{12}-APG	127	125
MOA-9	75	60
K_{12}	40	25
1227	15	0

注：MOA-9 为脂肪醇聚氧乙烯（9）醚，十二烷基二甲基卞基氯化铵。

此外，相同情况下，烷基糖苷的起泡性和稳定性均优于离子型表面活性剂。这可能是因为离子表面活性剂以离子的形式吸附在液膜的两个表面，形成带电荷的表面层，因此相互间产生的静电斥力使疏水基在液膜中不能紧密排列，导致其液膜的表面黏度较低，泡沫容易破裂。

APG 的泡沫性能不仅与烷基的碳链长度有关，还与水的硬度、聚合度和温度有关。有研究发现，在去离子水中，APG 的发泡力随烷基长度而变。在聚合度相近的情况下，其发泡力顺序为：C_{10}-APG≈C_{12}-APG＞C_{12}/C_{14}-APG＞

C_8-APG。随着链增长，APG 在去离子水和硬水中的泡沫稳定性均增强（图 5.37）。在去离子水中泡沫稳定性的顺序为：C_{12}/C_{14}-APG＞C_{12}-APG＞C_{10}-APG＞C_8-APG；在硬水中的顺序为：C_{12}-APG＞C_{10}-APG＞C_{12}/C_{14}-APG＞C_8-APG（图 5.38）。

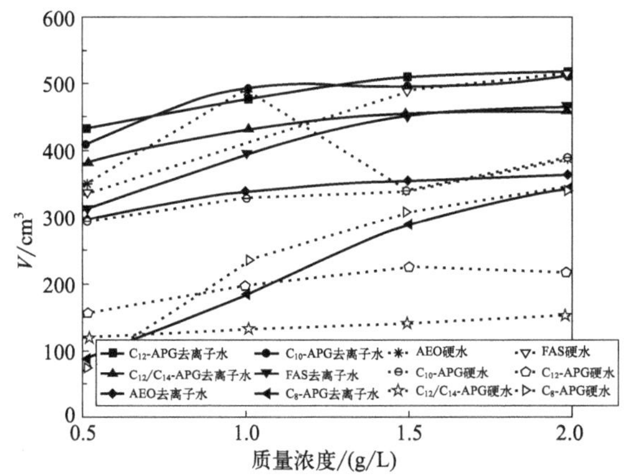

图 5.37 C_8-APG、C_{10}-APG、C_{12}-APG、C_{12}/C_{14}-APG 在去离子水和硬水（450mg/L $CaCO_3$）中的发泡力随质量浓度的变化（50℃）

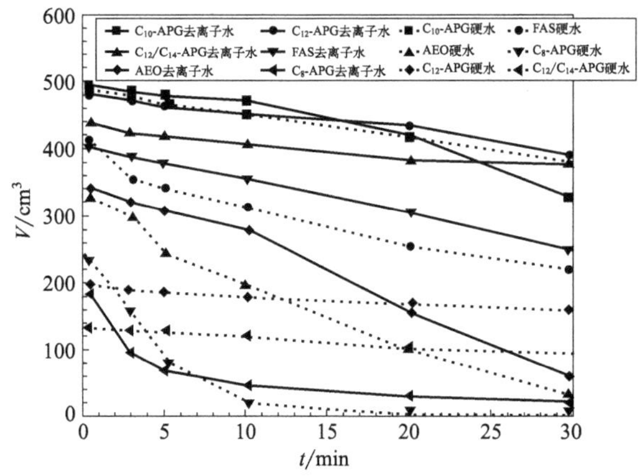

图 5.38 C_8-APG、C_{10}-APG、C_{12}-APG、C_{12}/C_{14}-APG 在去离子水和硬水（450mg/L $CaCO_3$）中的泡沫体积随时间的变化（50℃，ρ=1.0g/L）

APG 在硬水中的发泡能力有所降低。这主要是由于水硬度增大导致溶液离子强度上升，这就使得部分 APG 发生聚析，形成诸如乳浊液滴式的第二相，从而导致 APG 分子离开表面，降低了 APG 的发泡性。具有较短链长的 C_8～C_{10}-APG 对硬水的敏感程度较长链的 C_{12}～C_{14}-APG 低。

泡沫破坏的过程主要是隔开气体的液膜由厚变薄，直至破裂的过程。因此，决定泡沫稳定性的关键因素在于排液快慢和液膜的强度，而液膜强度主要决定于表面吸附膜的坚固性。如图 5.39 所示，C_8-APG 的疏水基较短，吸附在液膜表面的分子之间的相互作用较弱，难以形成坚固的吸附膜，因此泡沫稳定性差；随着疏水基的增长，表面吸附分子结构变得紧密，相互作用增强，表面膜强度增大，表面黏度增大，使得表面层下面邻近的溶液层不易流走，排液相对比较困难，液膜厚度较易保持，泡沫的稳定性增强。此外，随着碳链的增长，APG 水溶液的黏度增大，则液膜中的液体不易排出，液膜厚度变小的速度减慢，因而延缓了液膜破裂时间，增加了泡沫稳定性。泡沫稳定性随着烷基碳链的增长而更加稳定。C_8/C_{10}-APG、C_8/C_{14}-APG 及 C_{12}/C_{14}-APG 泡沫稳定性好，而 C_8/C_{11}-APG 泡沫性很有特征，表现在发泡性与其他碳链的 APG 相当，但稳泡性差。

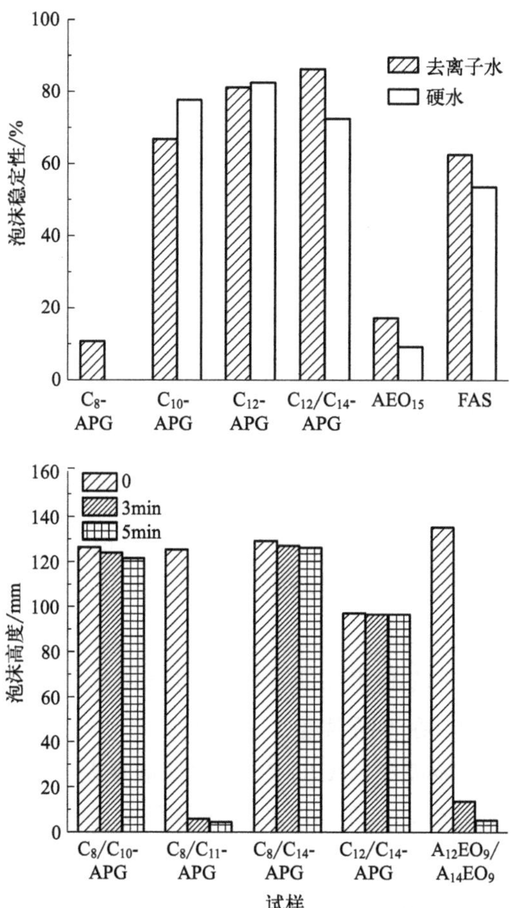

图 5.39　C_8-APG、C_{10}-APG、C_{12}-APG、C_{12}/C_{14}-APG 在去离子水和硬水（450mg/L $CaCO_3$）中的泡沫稳定性（50℃，ρ=1.0g/L）

平均聚合度（n）对发泡力和泡沫稳定性也有一定的影响。如图 5.40 所示，在去离子水中，随着 n 值的增大，C_{12}/C_{14}-APG 的发泡力变化不大；但在硬水中，n 值较低的 C_{12}/C_{14}-$APG_{1.08}$ 和 C_{12}/C_{14}-$APG_{1.21}$ 的发泡力较差，n 值较高的 C_{12}/C_{14}-$APG_{1.53}$ 和 C_{12}/C_{14}-$APG_{2.32}$ 的发泡力受硬水影响较小。

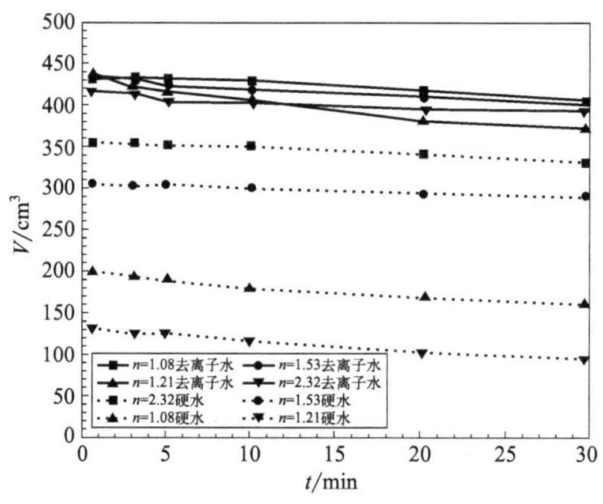

图 5.40　不同 n 值的 C_{12}/C_{14}-APG 在去离子水和硬水（450mg/L $CaCO_3$）中的泡沫体积随时间的变化（50℃，ρ=1.0g/L）

n 值对 APG 泡沫稳定性也有影响。在去离子水中，n 值较低的 C_{12}/C_{14}-$APG_{1.08}$ 和 n 值较高的 C_{12}/C_{14}-$APG_{1.53}$、C_{12}/C_{14}-$APG_{2.32}$ 均具有很好的泡沫稳定性，而 C_{12}/C_{14}-$APG_{1.21}$ 的泡沫稳定性略差；在硬水中，n 值较高的 C_{12}/C_{14}-$APG_{1.53}$、C_{12}/C_{14}-$APG_{2.32}$ 的泡沫稳定性几乎不受硬水影响，而 n 值较低的 C_{12}/C_{14}-$APG_{1.08}$ 和 C_{12}/C_{14}-$APG_{1.21}$ 的泡沫稳定性明显降低。说明，$n>1.5$ 的 C_{12}/C_{14}-APG 在去离子水和硬水中均具有很好的发泡力和泡沫稳定性，因此在制备高泡洗衣粉和餐具洗涤剂时可选用 n 值在 1.5 以上的 C_{12}/C_{14}-APG 作为增泡剂和稳泡剂[41]。

温度也会影响 APG 的泡沫性能。图 5.41～图 5.43 分别是 C_6-APG、C_8/C_{10}-APG、C_{12}/C_{14}-APG 在不同温度、不同水硬度下的起泡高度[42]。从图中可见 APG-0810 的发泡性能最好，APG-06 发泡性能最差。随着温度的升高，3 种 APG 发泡性都有上升趋势，但在 50℃时，泡沫稳定性明显降低。

5.7.3.2　润湿性能

APG 的润湿性能与碳链长度和水的硬度有关。表 5.65 是 3 种 APG 分别在蒸馏水和 250mg/kg 硬水中的润湿能力。从表可以看出，APG-06 的润湿能力最差，而 APG-0810 在软水和硬水中的润湿性最好。

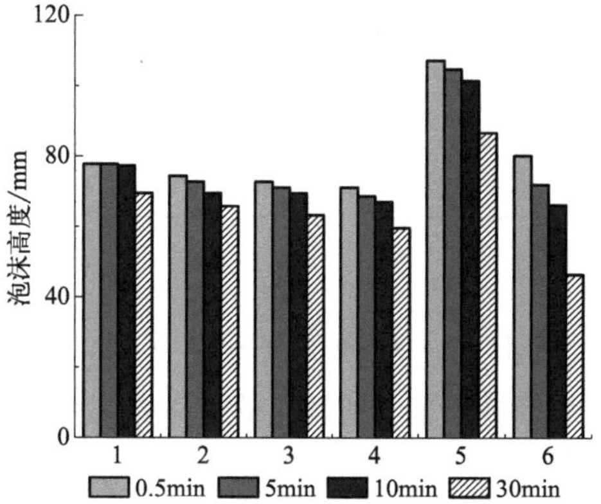

图 5.41　APG-06 在不同温度、不同水硬度下的气泡高度

1～6 分别为：30℃软水，30℃硬水，40℃软水，40℃硬水，50℃软水，50℃硬水

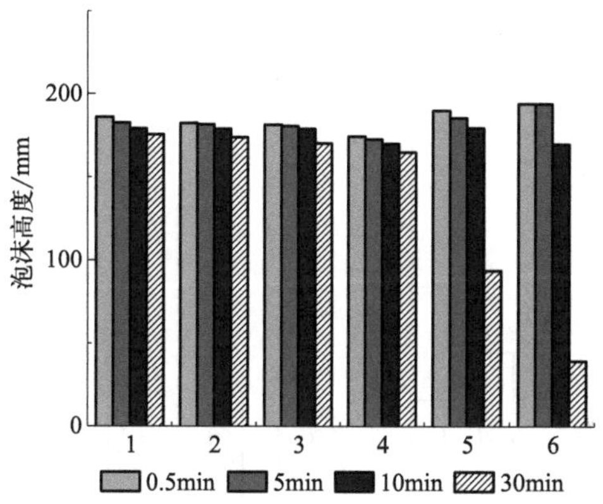

图 5.42　APG-0810 在不同温度、不同水硬度下的气泡高度

1～6 分别为：30℃软水，30℃硬水，40℃软水，40℃硬水，50℃软水，50℃硬水

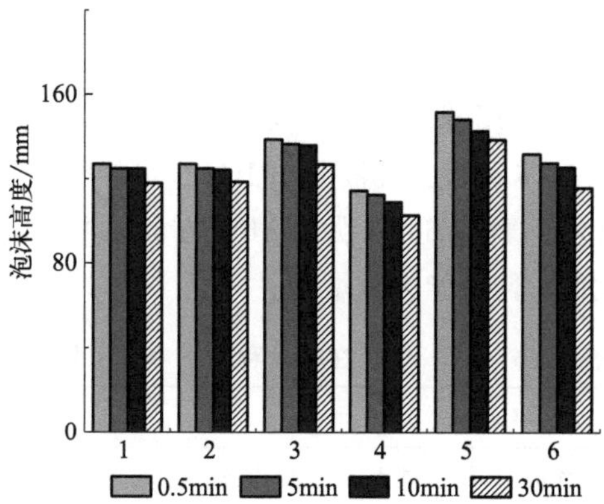

图 5.43　C_{12}/C_{14}-APG 在不同温度、不同水硬度下的气泡高度

1～6 分别为：30℃软水，30℃硬水，40℃软水，40℃硬水，50℃软水，50℃硬水

表 5.65　3 种 APG 在软水和硬水中的润湿时间

项目	C_6-APG		C_8/C_{10}-APG		C_{12}/C_{14}-APG	
	软水	硬水	软水	硬水	软水	硬水
润湿时间/s	＞300	＞300	14.43	21.25	15.58	25.19

5.7.3.3　乳化性能

C_8～C_{14}-APG 的 HLB 值一般介于 9～16 之间，可作为 O/W 型乳化剂。APG 乳化力的大小与烷烃链长度和所乳化的油均有关系，即表面活性剂的 HLB 值要与油相匹配。不同烷链和 n 值（聚合度）的 APG 的 HLB 值亦不同，因此其乳化力也有较大差异。不同烷链和 n 值 APG 对液体石蜡-水体系的乳化力测定结果如图 5.44 所示。n 值一定时烷链越长，乳化力越好；对于 C_{12}/C_{14}-APG，n 值为 1.2 左右时，乳化力最好。

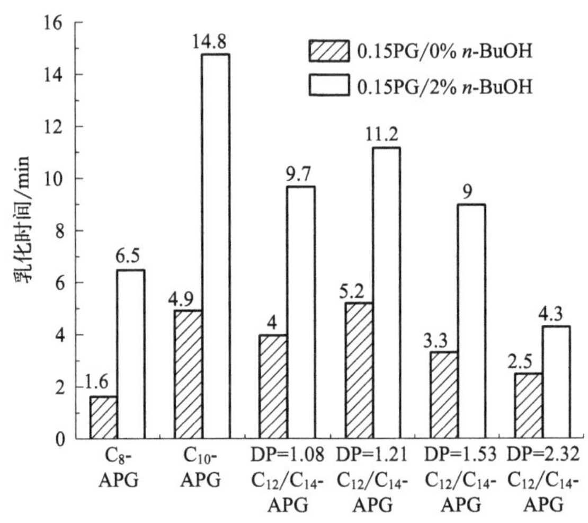

图 5.44　不同烷链和 DP 值的 APG 对液体石蜡-水体系的乳化力

在表面活性剂结构和用量固定时，乳化力的大小与所乳化的油有关系，图 5.44 实验用的油为液体石蜡。乳液分出 10mL 水的时间越短，说明此 APG 对液体石蜡的乳化力越差。表 5.66 表明，APG 在硬水中的乳化能力比在软水中好，且随着链长的增加，乳化能力也增加。

表 5.66　3 种 APG 在软水和硬水中的乳化时间

项目	C_6-APG		C_8/C_{10}-APG		C_{12}/C_{14}-APG	
	软水	硬水	软水	硬水	软水	硬水
乳化时间/min	5.05	5.36	7.2	8.5	10.05	12.4

5.7.3.4　去污性能

FrancisA. Hughes 等在 20 世纪 80 年代初测定了部分 APG 的去污力，结果发现：APG 对纯水溶液重垢的去污力与 TX-10、LAS 相当，而且 APG 分子中的烷基链长和糖苷单元数目对去污力无明显影响。随烷链长增加去污力增大，当烷基碳数为 11 时去污力最大，碳数继续增大（≥12），去污力又有所下降。这主要是由于，较长碳链的 APG 在水中的溶解度小。在硬水中 APG 去污力有所降低。

此外，APG 的溶解性和溶剂性质使之可配制不需漂洗、所需溶剂量较当前同类产品更少的硬表面清洗剂，且洗后不留残迹，所以糖苷非常适于配制餐具洗涤剂和其他清洁剂。同时，与椰油酰基两性乙酸盐、甜菜碱、磺基琥珀酸盐和烷基醚硫酸盐相比，APG 能够更好地清洁深层毛孔[37]。

图 5.45 为不同结构的 APG 对炭黑污布和皮脂污布的去污性能[43]。APG 试样质量分数为 0.2%，水硬度为 250mg/kg，测定温度为（30±1)℃，时间为 20min。

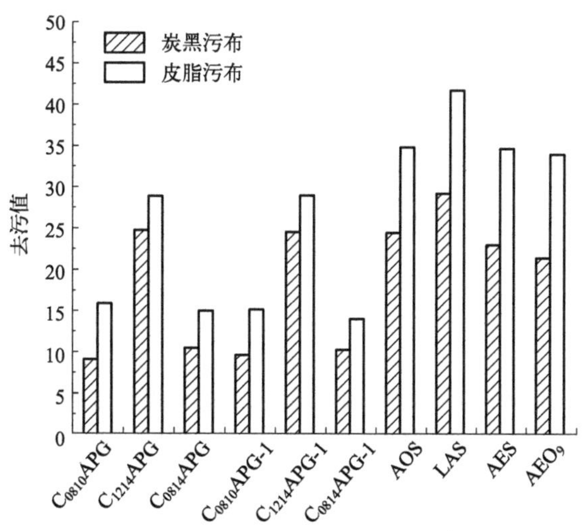

图 5.45　APG 的去污性能

AES—脂肪醇聚氧乙烯醚硫酸钠；LAS—烷基苯磺酸钠；AOS—α-烯基磺酸钠

由图可知，APG 对炭黑污布的去污性能顺序如下：LAS＞C_{12}/C_{14}-APG＞AOS＞AES＞AEO_9(醇醚)＞C_8/C_{14}-APG＞C_8/C_{10}-APG；对皮脂污布的去污性能顺序如下：

LAS＞AES≈AOS＞AEO_9＞C_{12}/C_{14}-APG＞C_8/C_{10}-APG＞C_8/C_{14}-APG。

除了传统洗涤剂行业外，APG 在硬表面清洗方面也有应用。图 5.46 是烷基糖苷在动车组外表面清洗剂中的去污性能研究[38]。由图可知，随着烷基糖苷质量分数的升高，洗净力逐渐提高。在质量分数为0.1%条件下，C_8/C_{14}-APG的洗净力可达90%以上，而脂肪醇乙氧基化物的洗净力不到10%；在质量分数为0.2%时，4种烷基糖苷与脂肪醇乙氧基化物的洗净力大小比较为：C_8/C_{14}-APG>A_8/A_{11}-APG≈C_{12}/C_{14}-APG>C_8/C_{10}-APG>A_{12}/A_{14}-EO_9；在质量分数为0.5%时，4种烷基糖苷洗净力近100%，远高于AEO，展现出优良的清洗能力。

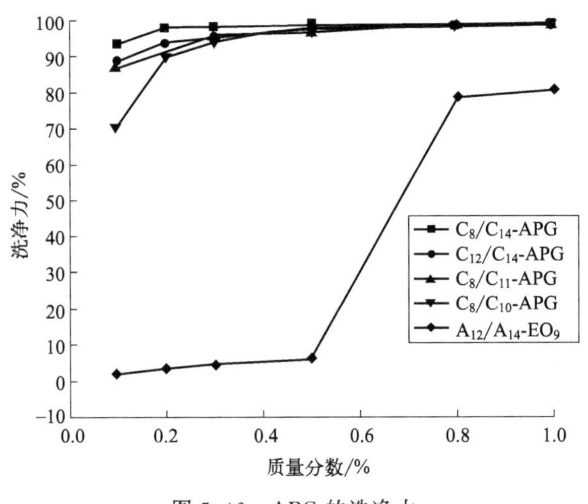

图5.46 APG的洗净力

5.7.4 应用

APG可用作乳化剂、润湿剂、发泡剂、增稠剂、分散剂和防尘剂等，广泛应用在洗涤业、化妆业、食品加工业、纺织印染、农药及制药等众多领域。APG可替代部分AES、LAS、6501、AEO、平平加、K_{12}、AOS配制餐洗剂、浴液、洗发制品、硬表面清洗剂、洗面奶、洗衣粉等，效果显著。由APG制成的洗涤剂具有良好的溶解性、温和性和脱脂能力，对皮肤刺激小，无毒，而且易漂洗。在洗衣粉中用APG代替AEO、LAS，可以保持原有的洗涤性能，其温和性、抗硬水性和对皮质污垢的洗涤性明显改善，并兼有柔软性、抗静电性和防缩性。APG在强碱、强酸和高浓度电解质中性能稳定，腐蚀性小，易于生物降解，不会造成环境污染。因此，可用于配制工业清洗剂，应用于金属清洗、工业洗瓶和运输工具清洗等领域。含APG的高级羊毛织品洗涤剂和焕肤霜配方如表5.67、表5.68所示。

表 5.67　含 APG 的高级羊毛织品洗涤剂配方

组分	质量分数/%
N-椰油烷基异硬脂酰胺	6～10
脂肪醇聚氧乙烯醚硫酸钠	7～8
羟基改性硅烷乳液	0.3～4
C_9～C_{11} 烷基糖苷	12～25
羟甲基纤维素	3.5～7
膨润土	4～10
水	45～75
香精	少量

表 5.68　含 APG 的焕肤霜配方

	组分	质量分数/%
A 相	PEG-100 硬脂酸酯/甘油硬脂酸酯	2.0
	C_{20}/C_{22} 烷基葡糖苷	4.0
	鲸蜡醇	2.0
	辛酸/癸酸三甘油酯	7.0
	水杨酸辛酯	5.0
	甲氨基肉桂酸乙基己酯	7.0
	叔丁基甲氧基二苯甲酰甲烷	1.5
	滑石粉	1.5
	水杨酸	1.0
B 相	水	30.0
	十一碳烯酰基苯丙氨酸	0.5
	氨基丁三醇	3.0
C 相	聚丙烯酸酯-13/聚异丁烯/失水山梨醇聚氧乙烯(20p)醚/月桂酸酯	1.0
	黄原胶	0.2
D 相	苯氧乙醇/对羟基苯甲酸酯类	0.5
E 相	氯苯甘醚	0.1
	水	至 100.0
	乳酸	3.0
F 相	香精	0.1

此外，C_8～C_{12}-APG对革兰氏阴性菌、革兰氏阳性菌和真菌均具有抗菌活性，并随烷基碳数增加活性递增。因此，作为餐具清洗剂、洗发液、皮肤清洗剂和卫生间清洗剂更具优点。C_{12}APG具有良好的乳化性和表面活性，被广泛应用于各种医药制品，例如口腔漱口水、湿润剂、口服制剂、注射液、乳剂等各种制剂中。月桂基葡萄苷广泛用于食品工业中，例如在冰激凌、巧克力、蛋糕、果酱等食品中作为乳化剂、增稠剂、稳定剂等。

表5.68换肤霜制备工艺过程：加热水到80℃，把十一碳烯酰基苯丙氨酸和氨基丁三醇加入热水中，待透明时把B相加入A相中，在高速搅拌下混合一定时间，然后加入C相组分，保持均匀一定时间，在搅拌下加入D相和E相。在中速搅拌下冷却乳液，在45℃左右加入F相。

5.8 长链烷基脂肪叔胺

根据氮原子上三个取代基的不同，脂肪叔胺可分为单长链烷基叔胺、双长链烷基叔胺和三长链烷基叔胺。单、双烷基叔胺是制备阳离子表面活性剂和两性表面活性剂的重要中间体。它们的衍生物在织物柔软剂、抗静电剂、杀菌剂、汽油添加剂、化妆品基剂、洗涤剂等家用及工业领域已有广泛应用[44]。

5.8.1 物性参数

长链烷基脂肪叔胺的物理化学性质列于表5.69。

5.8.2 应用

脂肪叔胺主要作为中间体制备阳离子表面活性剂，还有其他一些应用，如C_{12}～C_{14}脂肪叔胺可用作有机土壤改良剂，改变土壤的性质和提高土壤的质量，促进植物的生长和发育，同时控制土壤中的病菌和虫害，提高土壤的抗性。C_{12}～C_{18}脂肪叔胺是广泛使用的电镀助剂、塑料制品增塑剂、橡胶加工添加剂、润滑油和基础油添加剂。*N*,*N*-二甲基十二胺/十八胺是优质电镀添加剂，可以提高电镀层的均匀性、光泽度和抗腐蚀能力。*N*,*N*-二甲基十四胺/十六胺可以在橡胶加工中促进硫化反应，提高橡胶强度、耐热性和耐候性。*N*,*N*-二甲基十八胺是一种常用的膨胀剂，在防火聚氨酯泡沫、聚氨酯胶黏剂等领域中广泛应用。含叔胺衍生物的厨房清洗剂配方与防雾玻璃清洗剂配方分别见表5.70、表5.71。

表 5.69　长链烷基脂肪叔胺的物性参数

物质	分子式	分子量	密度 /(g/cm^3)	沸点 /℃	闪点 /℃	熔点 /℃	摩尔折射率 /(cm^3/mol)	表面张力 /(mN/m)	极化率	摩尔体积 /(m^3/mol)	等张比容 (90.2K)	蒸气压 (25℃) /mmHg
N,*N*-二甲基正辛胺	$C_{10}H_{23}N$	157.296	0.8±0.1	191.6±3.0	65	−57	61.36	27.4	24.32	233.8	535.2	0.8
N,*N*-二甲基癸基胺	$C_{12}H_{27}N$	185.349	0.778	234	91.6		61.36	27.4	24.32	233.8	535.2	0.0649
N,*N*-二甲基十一烷基胺	$C_{13}H_{29}N$	199.376	0.796	248.5	96.8							0.0242
N,*N*-二甲基十二烷基胺	$C_{14}H_{31}N$	213.403	0.8±0.1	265.2±3.0	106.9±4.7	−20	70.63	28.1	28	266.8	614.8	
N,*N*-二甲基十三烷基胺	$C_{15}H_{33}N$	227.429	0.802	281.1	116.2							0.00364
N,*N*-二甲基十四烷基胺	$C_{16}H_{35}N$	241.456	0.795	148 (2mmHg)	131		79.89	28.7	31.67	299.8	694.3	
N,*N*-二甲基十六烷基胺	$C_{18}H_{39}N$	269.509	0.801	148 (2mmHg)	147	12	89.16	29.2	35.34	332.9	773.9	
N,*N*-二甲基十八烷基胺	$C_{20}H_{43}N$	297.562	0.8±0.1	348.5±5.0	153.8±5.2	23	98.42	29.6	39.01	365.9	853.5	
N,*N*-二甲基二十二烷基胺	$C_{24}H_{51}N$	353.668	0.818	391.5	175.4				24.32			2.46×10^{-6}
N-甲基双辛基胺	$C_{17}H_{37}N$	255.482	0.793	162～165 (15mm Hg)	118	−30.1	84.52	28.9	33.5	316.4	734.1	
N-甲基二癸基胺	$C_{21}H_{45}N$	311.589	0.807	145 (2mmHg)	93	−7.4	103.06	29.7	40.85	382.4	893.3	

续表

物质	分子式	分子量	密度/(g/cm³)	沸点/℃	闪点/℃	熔点/℃	摩尔折射率/(cm³/mol)	表面张力/(mN/m)	极化率	摩尔体积/(m³/mol)	等张比容(90.2K)	蒸气压(25℃)/mmHg
N-甲基双十一烷基胺	$C_{22}H_{47}N$	325.615	0.813	232(10mmHg)	182.1	49	107.56	29.7	42.64	400.5	935.3	1.70×10^{-6}
N-甲基双十二烷基胺	$C_{25}H_{53}N$	367.695	0.819	204(2mmHg)	194.2	16	121.59	30.3	48.2	448.4	1052.4	6.34×10^{-8}
N-甲基双十六烷基胺	$C_{33}H_{69}N$	479.908	0.826	540.6	241.2							
双十八烷基(甲基)胺	$C_{37}H_{77}N$	536.014	0.829	252(0.05mmHg)	110	48±1	177.18	31.3	70.24	646.6	1529.8	
三辛基胺	$C_{24}H_{51}N$	353.67	0.809	366±1	>110	34						
三壬基胺	$C_{27}H_{57}N$	395.7	0.821	466.2	206.9							
三(十一烷基)胺	$C_{33}H_{69}N$	479.9	0.82	540.6	241.2							
三(十二烷基)胺	$C_{36}H_{75}N$	522	0.8±0.1	544.6	256.6±18.4	16	172.55	31.2	68.4	630	1490	
三(十四烷基)胺	$C_{42}H_{87}N$	606.1	0.831	640.2	284.8							2.75×10^{-16}
三(十六烷基)胺	$C_{48}H_{99}N$	690.3	0.833	700.5	310	43						1.79×10^{-19}
三(异十三烷基)胺	$C_{39}H_{81}N$	564.067	0.828	600.3	267.6							

表 5.70　含叔胺衍生物的厨房清洗剂配方

组分	质量分数/%
C_8～C_{18} 烷基聚氧乙烯醚(5～15)嵌段共聚物	10.0
C_1～C_{16} 烷基甘油醚	5.0
直链烷基苯磺酸钠	5.0
十二烷基聚氧乙烯醚硫酸钠	10.0
十六/十八烷基三甲基氯化铵	8.0
单乙醇胺	3.0
柠檬酸	1.0
聚乙二醇	0.5
乙醇	1.0
对甲苯磺酸钠	0.5
二异丁烯/马来酸共聚物	1.0
水	至 100.0

表 5.70 厨房清洗剂为液体，用于去除油脂性污垢。

表 5.71　含叔胺衍生物的防雾玻璃清洗剂配方

组分	质量分数/%
十二烷基苯磺酸钠	3～10
三乙醇胺	3～13
甘油	2～5
乙醇	0～20
正丙醇	2～20
抗静电剂	0.5～1
防腐剂	0.05～0.07
香精	0.05～0.07
去离子水	至 100.0

5.9　脂肪醇酯

脂肪醇与酸或酸酐可以发生酯化反应生成脂肪醇酯。长链脂肪酸酯具有良好的润滑性、分散性和溶解性，可用作表面活性剂、起泡剂、润湿剂、洗涤剂、生物活性剂、药物中间体和有机合成原料等。长链脂肪酸酯作为增塑剂时，其长碳链结构有助于提高塑料和橡胶的柔韧性，同时减少挥发性和迁移性，这对于保持材料的长期性能和减少对环境的潜在影响非常重要。

长链脂肪醇酯用于制造工业润滑油，特别是在高温或特殊环境下，它们能提供优异的润滑性能和稳定性。长链脂肪醇酯是一种生物可降解的润滑油，对环境友好，是矿物油润滑剂的可持续替代品。在工业机械和汽车行业，使用长链脂肪醇酯（如植物油基酯）作为环保型润滑油，减少对环境的影响，同时提供良好的润滑性能。

长链脂肪酸酯可以提高药物的溶解性和生物可利用性，尤其是对于难溶性药物。还能用作控释和缓释制剂，以实现药物的持续释放。长链脂肪醇酯可以作为基质，帮助药物在皮肤上均匀分布，应用在外用制剂中。

5.9.1 用于增塑剂的脂肪醇酯性能

增塑剂是一种高分子材料助剂，一般是加入到塑料或树脂中来改善其加工性、柔韧性、可塑性、拉伸性及耐寒性。增塑剂的主要作用是削弱和减小聚合物分子链间的范德瓦耳斯力，提高聚合物分子链的移动性，降低分子链间的结晶性，从而增加高分子聚合物的塑性[45]。

C_6 以上的醇也称为高碳增塑剂醇，其中用量较大的是 2-丙基庚醇（2-PH）和异壬醇（INA）[46]。根据我国高碳增塑剂醇的消费现状和市场需求情况，应大力开发异壬醇、异癸醇和 C_6～C_{11} 直链羰基合成醇，从而满足多功能高碳增塑剂日益增长的需要[47]。

5.9.1.1 迁移性能

增塑剂的迁移是指 PVC 等塑料制品中的增塑剂以挥发、萃取、析出三种形式释放到环境中、与之接触的液体介质中或迁移至制品表面。增塑剂的迁移会导致 PVC 等制品变脆、变硬，一方面影响制品的使用性能，另一方面也对人体健康和环境造成危害[48]。

陈意等发现，随着环氧脂肪酸酯类增塑剂中高碳醇烷基链长增长，产品挥发质量损失率逐渐降低；同时，对比高碳醇碳原子数相同的环氧脂肪酸 2-乙基己酯和环氧脂肪酸正辛酯可以看出，高碳醇烷基支链结构对这类增塑剂的耐挥发性能影响较小。采用加热减量法对比了增塑剂在高温环境中的挥发质量损失率，结果发现，增塑剂的耐挥发性能由小到大的顺序为：环氧脂肪酸甲酯＜环氧脂肪酸正丁酯＜环氧脂肪酸 2-乙基己酯≈环氧脂肪酸正辛酯（图 5.47）。

雾化值是表征 PVC 塑化膜中增塑剂耐挥发性能的另一种重要参数。图 5.48 为利用雾化法测得的 PVC 塑化膜的雾化值。由图可见，在 100℃加热 16h 后，PVC 塑化膜中挥发出的环氧脂肪酸甲酯最多，样品雾化值达 16.43mg，比环氧脂肪酸正丁酯（13.73mg）高 20%，约为环氧脂肪酸正辛酯（7.87mg）和环氧脂肪酸 2-乙基己酯（8.48mg）的 2 倍。因此，在环氧脂肪酸高碳醇酯中，适当

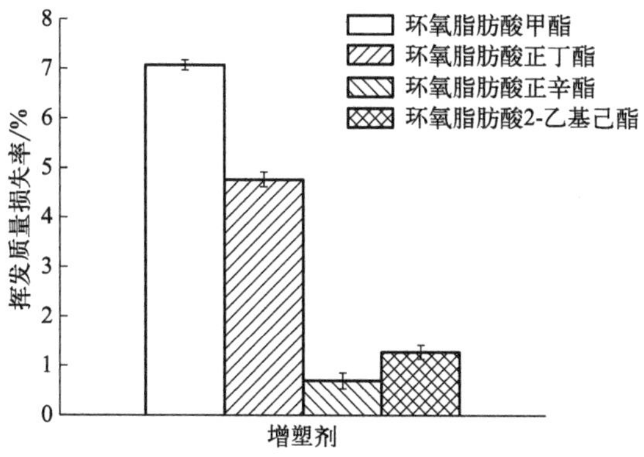

图 5.47　加热减量法实验研究增塑剂耐挥发性的结果

增加高碳醇烷基链长，可以有效降低析出质量损失率，这可能是因为较长的高碳醇烷基链能有效阻碍增塑剂分子在 PVC 基体中的运动。然而，当高碳醇烷基链过长，达到 8 个碳原子时，析出质量损失率反而大幅增加。此时，高碳醇中烷基长链虽然能阻碍增塑剂分子运动，但过多非极性烷基链的引入，降低了极性基团占比，造成增塑剂与 PVC 链段间的相互作用力降低，导致增塑剂容易从 PVC 制品内部析出。

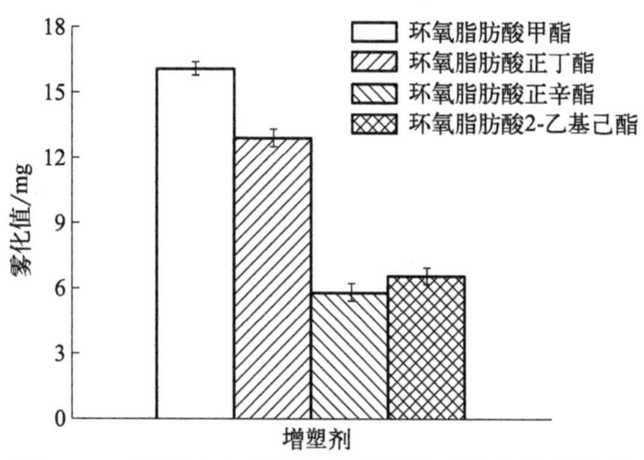

图 5.48　雾化法实验研究增塑剂的耐挥发性的结果

除被溶剂萃取外，增塑剂也容易从 PVC 制品内部向表层析出，再向与其接触的固体转移，影响产品的使用性能。陈意等通过压析法分别测定了经 4 种环氧脂肪酸酯增塑的 PVC 膜在不同温度下向滤纸析出后的质量损失率，如图 5.49 所示。由图可知，环氧脂肪酸正丁酯增塑的 PVC 膜的析出质量损失率最小，约为环氧脂肪酸甲酯增塑的 PVC 膜的一半；同时，70℃时环氧脂肪酸正辛酯增塑的 PVC 膜（6.7%）和环氧脂肪酸 2-乙基己酯增塑的 PVC 膜（6.9%）的析出质量损失率较为接近，达到环氧脂肪酸正丁酯增塑的 PVC 膜析出质量损失率的 3 倍以上。各种增塑剂析出质量损失率大小顺序：环氧脂肪酸正丁酯＜环氧脂肪酸甲酯＜环氧脂肪酸正辛酯≈环氧脂肪酸 2-乙基己酯。

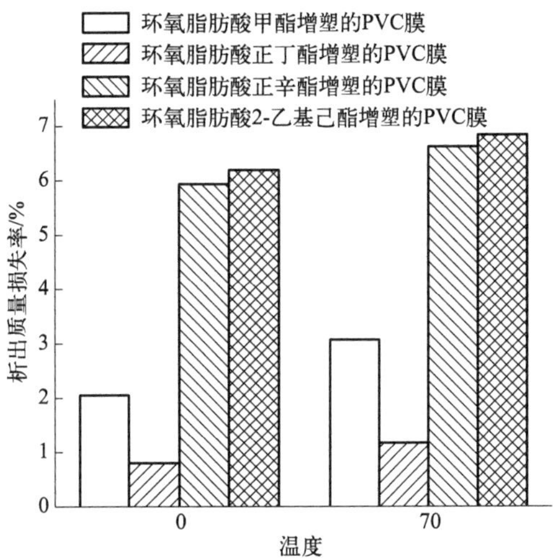

图 5.49 压析法测得的不同增塑剂增塑的 PVC 膜的析出质量损失率

5.9.1.2 耐萃取性和耐溶剂抽提性能

耐萃取性是指将软质 PVC 制品浸入液体介质中，增塑剂从制品内部向液体介质迁移的倾向。该过程一方面取决于 PVC 制品所接触液体介质的种类，另一方面也与增塑剂分子结构密切相关。陈意等考察了经 4 种环氧脂肪酸酯增塑的 PVC 膜在石油醚中浸泡 24h 后的萃取质量损失率，结果如图 5.50 所示。

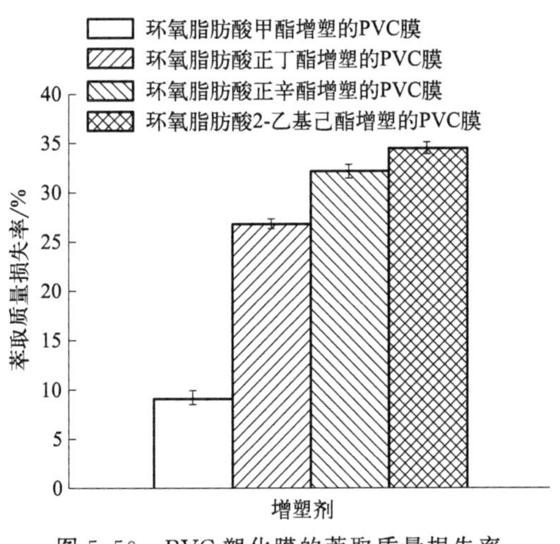

图 5.50 PVC 塑化膜的萃取质量损失率

由图可见，环氧脂肪酸甲酯样品的萃取质量损失率最小，约为环氧脂肪酸正辛酯样品（34.2%）的 1/3；而环氧脂肪酸正丁酯样品萃取质量损失率介于两者之间，即呈现出随着高碳醇烷基链增长，增塑剂耐萃取性能下降的规律。这可能是由于高碳醇烷基链增长，导致环氧脂肪酸酯类增塑剂中极性基团比例降低，削弱了增塑剂与 PVC 链段间极性相互作用的缘故。同时，环氧脂肪酸 2-乙基己酯的萃取质量损失率与环氧脂肪酸正辛酯较为接近。

在加热或溶剂存在的条件下，一般的小分子增塑剂如邻苯二甲酸酯类极易从塑料中析出或被抽提出来，这些具有一定毒性的小分子增塑剂会威胁人体健康。此外，塑料中的增塑剂析出或被抽提出来后，会加速塑料制品的老化和开裂，影响塑料的使用寿命。所以，增塑剂在各种溶剂中的耐抽提性能是一个非常重要的指标。

5.9.2　用于润滑剂的脂肪醇酯性能

润滑剂在现代工业中起着举足轻重的作用，被称为“现代工业的血液”。21 世纪随着全球绿色环保的呼声越来越高，人们对润滑剂的要求也越来越苛刻。目前，矿物基润滑剂仍占据润滑市场的主要份额，但是这类润滑剂很难自然降解，或者降解能力很差。因为其会在自然环境中保留很长时间，破坏环境，影响生态，而且这种污染也不是可以短时间之内就能消除的，所以，无毒、无污染的合成类润滑剂将是润滑领域发力的主要方向[49]。

5.9.2.1　润滑性能

润滑剂最主要的作用就是润滑机械设备，减少摩擦损耗，并且延长机械设备的寿命。润滑剂的润滑性能指的是润滑膜的形成和稳定性。好的润滑剂可以形成稳定的润滑膜，从而起到良好的润滑作用，减少磨损和热量产生。

碳酸二（异十六）酯（DHC）是一种无色透明的油状物，具有适宜的黏度、优异的热氧化安定性及低温性能，且具有与传统酯类油相同的优异润滑性，因而其不仅适用于钢材冷轧液，还可应用于发动机油、液压油、空压机油等工业油品[50]。表 5.72 列出了 DHC 的理化性质参数。DHC 在 100℃、40℃时的运动黏度分别为 $4.51mm^2/s$、$21.05mm^2/s$，黏度指数为 130，具有优异的低温性能（倾点可低至－60℃），适合作为高黏度指数、低倾点润滑剂基础油。癸二酸二辛酯分子中有长链烃和强极性基团，因而具有良好的添加剂配伍性及优异的润滑性能。此外，产物 DHC 与癸二酸二辛酯的磨斑直径均为 0.77mm，表明碳酸二（异十六）酯（DHC）具有与癸二酸二辛酯相同优异的润滑性。

表 5.72　碳酸二异十六酯的理化性质参数

检测项目	DHC	癸二酸二辛酯
100℃运动黏度 $\nu/(mm^2/s)$	4.51	3.1
40℃运动黏度 $\nu/(mm^2/s)$	21.05	11.31
黏度指数	130	141

续表

检测项目	DHC	癸二酸二辛酯
倾点 t/℃	<−60	<−60
闪点 t/℃	236	228
磨斑直径 D/mm	0.77	0.77

5.9.2.2 降凝性能

润滑剂的凝点是表示润滑剂低温流动性的一个重要质量指标。凝点是指在规定的冷却条件下油品停止流动的最高温度。油品的凝固和纯化合物的凝固有很大的不同，油品并没有明确的凝固温度。所谓“凝固”只是作为整体来看失去了流动性，并不是所有的组分都变成了固体。凝点高的润滑剂不能在低温下使用。相反，在气温较高的地区则没有必要使用凝点低的润滑剂。因为润滑剂的凝点越低，其生产成本越高。

龙小柱等[51] 研究了马来酸混合醇（C_8～C_{10} 醇、C_{12}～C_{14} 醇、C_{16}～C_{18} 醇）酯-马来酸十八酰胺-醋酸乙烯酯共聚物对 150SN、辽油常三线和减二线基础油的降凝性能，结果见表 5.73。由表可知马来酸混合醇酯-马来酸十八酰胺-醋酸乙烯酯共聚物对 150SN、辽油常三线和减二线基础油都有明显的降凝效果，对辽油基础油的感受性弱一点。

表 5.73 润滑剂对 3 种基础油降凝效果的评价

基础油	空白/℃	加剂后/℃	ΔSP/℃
150SN	−13	−30	17
辽油常三线	−3	−16	13
辽油减二线	1	−14	15

注：ΔSP 为加添加剂前后凝固点差值。

5.9.2.3 热稳定性

润滑油的热稳定性表示油品的耐高温能力，也就是润滑油对热分解的抵抗能力，即热分解温度的高低。一些高质量的抗磨液压油、压缩机油等都提出了热稳定性的要求。

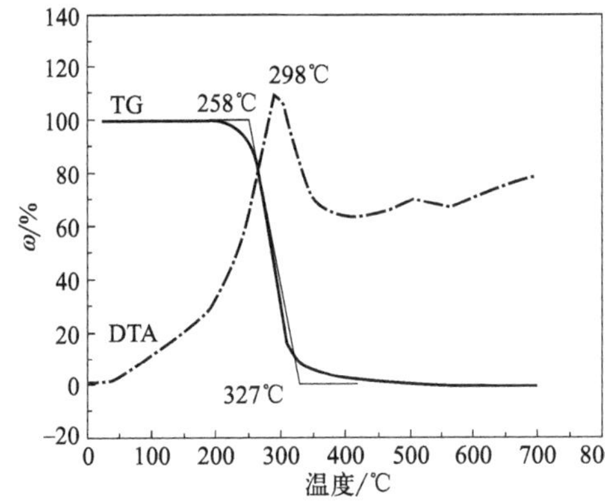

图 5.51 碳酸二（异十六）酯的热重分析结果

王庆瑞等研究了碳酸二（异十六）酯的热稳定性，热重分析结果见图 5.51。由图可看出，碳酸二（异十六）酯的起始分解温度为 258℃，终止分解温度为 327℃，快速失重温度为 298℃。据以上分析，碳酸二（异十六）酯特别适合钢材冷轧润滑剂对基础油的要求。钢材冷轧时润滑剂要有良好的热稳定性，而热处理时润滑剂又能被简单地处理掉，而不形成积炭。钢材冷轧时的温度达到 250～270℃，钢材热处理温度一般为 650～730℃，因此，碳酸二（异十六）酯的热氧化安定性正好满足钢材冷轧液对温度的特殊要求。

参考文献

[1] 中国日用化学工业研究所．聚乙氧基化脂肪醇：GB/T 17829—1999 [S]．北京：中国标准出版社，1999.

[2] 刘晶晶．新型 C1213 脂肪醇乙氧基化物性能研究 [J]．印染助剂，2017，34（01）：45-50.

[3] 赵扬，耿靖坤，高翌．异构醇聚氧乙烯醚在高浓缩洗衣液中的应用研究 [J]．中国洗涤用品工业，2012（6）：32-36.

[4] 刘雪峰．表面活性剂、胶体与界面化学实验 [M]．北京：化学工业出版社，2023.

[5] 胡计肖．聚氧乙烯醚型非离子表面活性剂的浊点 [J]．河北化工，1985（02）：22-25.

[6] 赵扬，庄圆，李丽莎，等．脂肪醇聚氧乙烯醚对 Urea-SCR 沉积物的影响 [J]．天津工业大学学报，2021，40（05）：55-61.

[7] 李映雪，孙永强，周婧洁，等．异构与直链醇聚氧乙烯醚的合成与性能研究 [J]．应用化工，2022，51（8）：2271-2274.

[8] 胡国耀，董秀莲，任天瑞．不同结构聚氧乙烯醚及其与阴离子表面活性剂复配的泡沫性能的研究 [J]．上海化工，2019，44（11）：9-13.

[9] 关鹏搏．脂肪醇制造与应用 [M]．北京：轻工业出版社，1990.

[10] 刘米孝夫．表面活性剂的特性和应用（一）[J]．表面活性剂工业，1990（1）：5-14.

[11] 陈玲．异构脂肪醇醚及其衍生物的合成与性能研究 [D]．无锡：江南大学，2012.

[12] 黄中瑞，吕嘉乐，康文倩，等．异构十三醇聚氧乙烯醚系列及其聚氧丙烯醚（3）封端物的构效关系研究 [J]．日用化学工业，2019，49（4）：220-223，247.

[13] 徐宝财，张桂菊，赵莉．表面活性剂化学与工艺学 [M]．北京：化学工业出版社，2019.

[14] 凌婷，李萍，毕玉婷，等．高双键保留率油醇硫酸盐的性能研究 [J]．Applied Chemical Industry，2022，51（7）：2004-2007.

[15] 胡毅，焦提留，霍月青，等．脂肪醇硫酸钠性能的研究 [J]．印染助剂，2022，39（4）：36-39.

[16] 陈武渊．不同碳链结构脂肪醇硫酸盐的性能研究 [J]．日用化学品科学，2010，33（9）：36-38.

[17] 徐长卿．不饱和醇及其醚的硫酸化/磺化产品 [J]．日用化学工业，1992（1）：23-28.

[18] 邱俊云．聚氧乙烯醚硫酸盐的合成及应用 [D]．上海：上海师范大学，2020.

[19] 王新刚．窄分布脂肪醇醚硫酸钠的制备及性能研究 [D]．太原：中国日用化学工业研究院，2019.

[20] 张明慧，孙永强，刘伟，等．窄分布脂肪醇聚氧乙烯醚硫酸钠的性能研究 [J]．日用化学工业，2016，46（7）：397-399.

[21] 胡毅，许祖国，李应锋，等．基于 SO_3 磺化合成支链醇醚硫酸钠及应用性能研究 [J]．印染助剂，2022，39（05）：37-40.

[22] 赵爽．脂肪醇聚氧乙烯醚羧酸盐的合成及性能研究 [D]．天津：天津工业大学，2019.

[23] 张小兰．*n*-C-(16/18) 醇醚羧酸盐的性能研究 [D]．太原：中国日用化学工业研究院，2017.

[24] 黄辉．烷基醇醚羧酸盐性能研究 [J]．精细石油化工进展，2003（05）：19-23.

[25] 夏良树，聂长明，郑裕显，等．均质脂肪醇聚氧乙烯醚羧酸盐的合成及性能研究［J］．日用化学工业，2002（02）：12-14，17.
[26] 许园园．驱油用醇醚羧酸盐类表面活性剂的合成与性能分析［D］．无锡：江南大学，2012.
[27] 张庆红．异构醇醚羧酸盐的合成及性能研究［D］．太原：中国日用化学工业研究院，2018.
[28] 李运玲，宋永波，侯素珍，等．醇醚羧酸盐的绿色制备及其性能研究［J］．日用化学品科学，2014，37（10）：21-25.
[29] 许园园，税向强，崔正刚．十六醇聚氧乙烯醚（3）羧酸盐的合成及其耐盐性和界面性能研究［J］．日用化学工业，2012，42（02）：88-92.
[30] 杨秀全，韩建英，李佩秀，等．醇醚羧酸盐的工业应用性能研究［J］．日用化学工业，2001（01）：5-8.
[31] 陶华东，耿二欢，方灵丹．烷基醚羧酸盐表面活性剂的应用研究［J］．日用化学品科学，2017，40（04）：26-29.
[32] 汪多仁．烷基糖苷的开发与应用进展［J］．中国洗涤用品工业，2019（11）：52-65.
[33] 刘呈焰，向阳，李箐，等．烷基糖苷的合成及性能［J］．云南化工，2000，27（4）：31-32.
[34] 刘云丽，孙秋菊．新一代世界级表面活性剂——烷基糖苷［J］．沈阳师范学院学报（自然科学版），1996（04）：62-66.
[35] 胡卫华，赵玉荣，赵明伟，等．烷基糖苷的性质及其不同领域中的应用［J］．中国洗涤用品工业，2012（02）：64-68.
[36] 相若函，杜玮，伊钟毓，等．烷基糖苷在动车组外表面清洗剂中的应用性能研究［J］．高速铁路新材料，2023，2（04）：34-38.
[37] 杨朕堡，杨锦宗．烷基糖苷——新型世界级表面活性剂［J］．化工进展，1993（01）：43-48.
[38] 杨景林，孙惠敏．表面活性剂——烷基糖苷的性质及应用［J］．黑龙江日化，1995（1）：21-23.
[39] 李官跃，岳爱国，刘光荣．淀粉基表面活性剂——烷基糖苷的研究进展［J］．日用化学品科学，2009，32（12）：14-18.
[40] 籍海燕．烷基糖苷 APG 的合成及其在纺织印染中的应用研究［D］．上海：东华大学，2010.
[41] 于宁．烷基糖苷的合成及物化性能分析［D］．大连：大连理工大学，2004.
[42] 付鹿，王万绪，杜志平，等．烷基糖苷应用性能研究［J］．化学试剂，2013，35（11）：1015-1018.
[43] 康鹏，王侃，方灵丹．烷基糖苷的合成及应用特点［J］．中国洗涤用品工业，2016（08）：32-41.
[44] 徐立林．三烷基叔胺系列化产品制备、性能及应用［C］．工业表面活性剂技术经济文集．中国日用化学工业研究所，2000.
[45] 周峰．聚（己二酸-四甘醇酯）增塑剂的合成与应用［D］．武汉：武汉纺织大学，2013.
[46] 金文．高碳增塑剂醇面面观［J］．石油知识，2015（05）：12-13.
[47] 成乐琴，于丽颖，杨英杰，等．邻苯二甲酸线性高碳脂肪醇酯增塑剂合成方法的研究（Ⅰ）——大孔强酸性阳离子交换树脂催化酯化行为［J］．吉林化工学院学报，1998（03）：36-40.
[48] 王松杭，潘思宇，赵东方，等．高碳醇酯交换对环氧脂肪酸酯增塑剂耐迁移性影响［J］．工程塑料应用，2022，50（03）：113-119.
[49] 张梦丽．有机磷多元醇酯的合成及其润滑性能研究［D］．上海：上海应用技术大学，2021.
[50] 王庆瑞，叶锋，崔晓莹，等．碳酸二异十六酯基础油的制备及其润滑性能研究［J］．润滑与密封，2016，41（11）：55-59.
[51] 龙小柱，王肖肖，张爽，等．PMMVA 润滑油降凝剂的合成及其降凝效果［J］．化工科技，2013，21（01）：16-19，32.

第6章

脂肪醇及其衍生物的毒理学

毒理学是一门对毒性作用进行定性和定量评价的学科，主要研究化学物质对生物体的毒性反应及其严重程度、发生频率和毒性作用机制，详细全面地对化学物质的毒害作用进行介绍，包括但不限于急性毒性、单次与重复毒性、皮肤致敏性、致癌性、突变性、基因遗传毒性等。只有更好地了解这些化学物质对人体生物的毒害作用，才能使其更好地服务产品，不断改进产品质量。

6.1 化学品相关毒理学标准与方法

6.1.1 毒理学的概念

毒性（toxicity）又称生物有害性，一般是指外源化学物质与生命机体接触或进入生物活体体内后，能引起直接或间接损害作用的相对能力（或简称为损伤生物体的能力）。毒性原理一般有两种，一种是物质极易与血红蛋白结合，使红细胞无法运输氧气，导致生物体窒息，另一种是物质能够破坏特定的蛋白质中的肽键，改变其化学组成，使蛋白质变性失活，无法发挥正常功能，使生物体的生命活动受到影响。毒性与剂量、接触途径、接触期限有密切关系。有一些外源化学物的急性毒性是属于低毒或微毒，但却有致癌性。表6.1列出了我国急性毒性分级方法。

表6.1 中国急性毒性分级法

急性毒性分级	大鼠经口 LD_{50}/(mg/kg)	大致相当于体重为70kg人的致死剂量
6级(极毒)	<1	稍尝,<7滴
5级(剧毒)	1～50	7滴～1茶匙
4级(中等毒)	51～500	1茶匙～35g
3级(低毒)	501～5000	35～350g
2级(实际无毒)	5001～15000	350～1050g
1级(无毒)	>15000	>1050g

6.1.2 毒理学相关的标准和方法

6.1.2.1 毒理学相关的标准

化学品毒性试验国家标准方法（表 6.2）用于提供受试物的危害性质信息。有关脂肪醇及其衍生物的毒理学研究可以参考相关标准展开试验。

表 6.2 化学品毒性试验方法——国家标准

标准号	名称
GB/T 21606—2022	《化学品　急性经皮毒性试验方法》
GB/T 27861—2011	《化学品　鱼类急性毒性试验》
GB/T 21752—2008	《化学品　啮齿动物 28 天重复剂量经口毒性试验方法》
GB/T 21753—2008	《化学品　21 天/28 天重复剂量经皮毒性试验方法》
GB/T 21757—2008	《化学品　急性经口毒性试验　急性毒性分类方法》
GB/T 21758—2008	《化学品　两代繁殖毒性试验方法》
GB/T 21759—2008	《化学品　慢性毒性试验方法》
GB/T 21764—2008	《化学品　亚慢性经皮毒性试验方法》
GB/T 21778—2008	《化学品　非啮齿类动物亚慢性(90 天)经口毒性试验方法》
GB/T 21787—2008	《化学品　啮齿类动物神经毒性试验方法》
GB/T 21788—2008	《化学品　慢性毒性与致癌性联合试验方法》
GB/T 21804—2008	《化学品　急性经口毒性固定剂量试验方法》
GB/T 21809—2008	《化学品　蚯蚓急性毒性试验》
GB/T 21812—2008	《化学品　蜜蜂急性经口毒性试验》
GB/T 21826—2008	《化学品　急性经口毒性试验方法　上下增减剂量法(UDP)》
GB/T 21854—2008	《化学品　鱼类早期生活阶段毒性试验》

《化学品毒性鉴定管理规范》（2015）总则第 18 条“化学品毒性鉴定试验程序”将化学品毒性鉴定分为四个阶段：

第一阶段包括急性经口毒性试验、急性经皮毒性试验、急性吸入毒性试验、急性眼刺激性/腐蚀性试验、急性皮肤刺激性/腐蚀性试验、皮肤致敏试验；

第二阶段包括鼠伤寒沙门菌回复突变试验、体外哺乳动物细胞染色体畸变试验、体外哺乳动物细胞基因突变试验、体内哺乳动物骨髓嗜多染红细胞微核试验、体内哺乳动物骨髓细胞染色体畸变试验、哺乳动物精原细胞/初级精母细胞染色体畸变试验、啮齿类动物显性致死试验、亚急性经口毒性试验、亚急性经皮毒性试验、亚急性吸入毒性试验；

第三阶段包括亚慢性经口毒性试验、亚慢性经皮毒性试验、亚慢性吸入毒性试验、致畸试验、两代繁殖毒性试验、迟发性神经毒性试验；

第四阶段包括慢性经口毒性试验、慢性经皮毒性试验、慢性吸入毒性试验、致癌试验、慢性毒性/致癌性联合试验、毒物代谢动力学试验、有条件时对人群接触资料进行调查。

6.1.2.2　毒理学相关的方法

(1) 毒性简介

外源化合物（又称外来化合物）对机体的损害越大，毒性越大。剂量是决定外来化合物对机体损害作用的重要因素，指给予机体的外来化合物数量或机体接触的数量。致死量是指可以造成机体死亡的剂量。在不同群体中，死亡个体数目的多少有很大的差别，所需的剂量也不一致，因此，致死量又有不同的概念。毒性常以试验动物口服的半致死量（LD_{50}，g/kg）表示，对水生生物的危害则用半致死浓度（LC_{50}，mg/L）表示。半致死浓度（lethal concentration 50%，LC_{50}）是指在动物急性毒性试验中，使受试水生动物半数死亡的毒物浓度，是衡量存在于水中的毒物对水生动物和存在于空气中的毒物对哺乳动物乃至人类毒性大小的重要参数。半数致死量（median lethal dose，LD_{50}）用来表示在规定时间内，通过指定感染途径，使一定体重或年龄的某种动物半数死亡所需最小细菌数或毒素量。数值越小，表示外源化学物的毒性越强；反之数值越大，则毒性越低。

(2) 刺激性简介

① 皮肤刺激性。《化学品　急性皮肤刺激性/腐蚀性试验方法》（GB/T 21604—2022）将“皮肤刺激性”定义为：皮肤涂敷受试样品 4h 后产生的可逆性损伤。此标准明确了急性皮肤刺激性试验方法、皮肤刺激反应评分标准及结果评价方法等，其中皮肤刺激强度分级情况见表 6.3。

表 6.3　皮肤刺激强度分级

皮肤刺激强度	最高总分均值
无刺激性	0～<0.5
轻刺激性	0.5～<2.0
中等刺激性	2.0～<6.0
强刺激性	6.0～<8.0

② 眼睛刺激性。《化学品分类和标签规范　第 20 部分：严重眼损伤/眼刺激》（GB 30000.20—2013）规定了具有严重眼损伤/眼刺激化学品的术语、定义等。标准中“眼刺激”定义为：将受试物施用于眼睛前部表面进行暴露接触后眼睛发生的改变，且在暴露后的 21d 内出现的改变可完全消失，恢复正常。表 6.4

为来源于国家标准的化学品眼刺激分级。

表 6.4 化学品眼刺激分级（GB 30000.20—2013）

眼刺激类别	症状
眼刺激类别 1 （对眼部不可逆效应）	①至少一只动物的角膜、虹膜或结膜受到影响，并预期不可逆或在正常 21d 观察期内无法完全恢复；和/或 ②三只试验动物，至少两只有如下阳性反应： a. 角膜浑浊≥3；和/或 b. 虹膜炎＞1.5； 在受试物质施加之后 24h、48h 和 72h 的分级的平均值计算
眼刺激类别 2A （眼部可逆效应）	三只试验动物中至少有两只出现如下阳性反应： ①角膜浑浊≥1；和/或 ②虹膜炎≥1；和/或 ③结膜充血≥2；和/或 ④结膜浮肿≥2 在受试物质施加之后 24h、48h 和 72h 的分级的平均值计算，而且在正常 21d 观察期内完全恢复。 注：在本类别范围，如以上所列效应在 7d 观察期内完全恢复，则可认为是轻微眼刺激（子类别 2B）

③ 致畸性。致畸性是指某种环境因素（化学因素、物理因素及生物因素）使动物和人产生畸形胚胎的能力，作用对象包括精子和卵细胞。致畸试验可用于检测妊娠动物接触化学品后引起胚胎畸形的可能性。《化学品毒理学评价程序和试验方法　第 21 部分：致畸试验》（GBZ/T 240.21—2011）列出了具体试验方法，但试验结果从动物外推到人具有一定的局限性。

④ 致癌性。《食品安全国家标准　慢性毒性和致癌合并试验》（GB 15193.17—2015）将“致癌性”定义为：实验动物经长期重复给予受试物所引起的肿瘤。《化学品毒理学评价程序和试验方法　第 27 部分：致癌试验》（GBZ/T 240.27—2011）给出了动物致癌性试验方法、数据处理与结果评价等，根据致癌试验提供的受试样品在长期反复接触后的致癌作用情况，可以推测受试样品对人的致癌性。

⑤ 突变性和遗传毒性。突变性（mutagenicity）是指在环境或外在因素作用下，生物体 DNA 发生损伤和各种遗传变异的现象，即从一个或几个碱基对的改变到染色体数量或结构的改变。遗传毒性是指环境中的理化因素作用于有机体，使其遗传物质在染色体水平、分子水平和碱基水平上受到各种损伤，从而造成的毒性作用。遗传毒性研究（genotoxicity study）与致癌性、生殖毒性等研究有着密切的联系。部分突变性和生殖毒性的相关标准见表 6.5。

表 6.5 突变性、生殖毒性相关标准（部分）

标准号	试验名称
GB/T 35517—2017	《化学品　鱼类生殖毒性短期试验方法》

续表

标准号	试验名称
GB/T 21793—2008	《化学品　体外哺乳动物细胞基因突变试验方法》
GB/T 21766—2008	《化学品　生殖/发育毒性筛选试验方法》
SN/T 2497.11—2010	《进出口危险化学品安全试验方法　第 11 部分：种系突变试验》
SN/T 2168—2008	《危险品生殖毒性试验方法》
GB 15193.29—2020	《食品安全国家标准　扩展一代生殖毒性试验》
GB 15193.15—2015	《食品安全国家标准　生殖毒性试验》

遗传毒性试验方法有多种，根据试验检测的遗传终点不同可将检测方法分为三大类，即基因突变检测、染色体畸变检测和 DNA 损伤检测；根据试验系统不同可分为体外和体内试验。研究人员可以根据国际人用药品注册技术协调会（ICH）《药物遗传毒性研究技术指导原则》（2018）要求开展试验，通常采用体外和体内试验组合的方法，以全面评估受试物的遗传毒性风险。常用的遗传毒性试验见图 6.1。

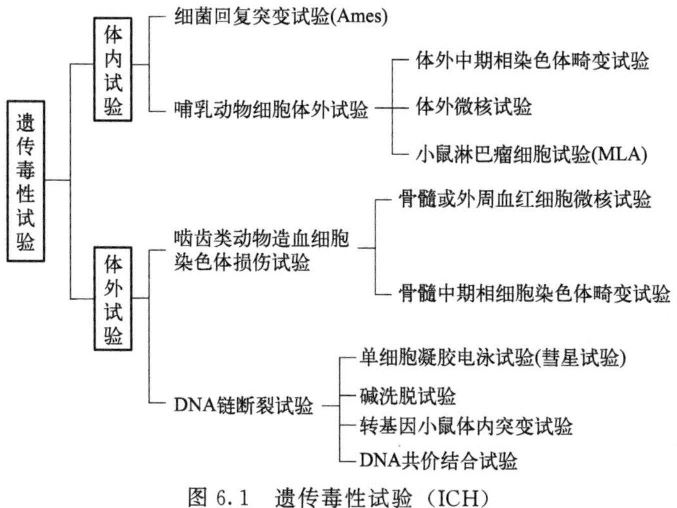

图 6.1　遗传毒性试验（ICH）

6.2 计算毒理学

6.2.1 计算毒理学的概念

20 世纪以来，毒理学作为评价化学品毒理效应的核心学科，发展较缓慢，长期依赖活体（in vivo）动物测试，与替代动物实验、减少实验动物数目、改进动物实验方法的动物实验伦理 3R 原则相去甚远。另外，传统的活体测试存在跨物种外推至人类、高-低剂量外推等诸多不确定因素，难以准确预测化学品对人体和生态健康的毒理效应。

随着计算机技术的发展，基于计算化学、化学/生物信息学和系统生物学原理计算（预测）毒理学得以发展。通过构建计算机模型，来实现化学品环境暴露、危害与风险的高效模拟预测。常用的计算毒理学方法有定量构效关系（QSAR）、交叉参照、毒理学关注阈值（TTC）、分子模拟、量子化学计算、有害结局路径等。在计算毒理学领域，主要由定量构效关系模型提供大量化学品的暴露和效应模拟所依赖的基础参数[1]。基于分子结构定量预测化学品物理化学性质、环境行为和毒理学效应参数的数学模型，统称为定量构效关系模型。QSAR 可以借鉴计算化学结果，筛选描述符来预测分子性质。因此，有研究人员也将该模型应用于预测脂肪醇结构与性质之间的关系。

6.2.2 计算毒理学模型及参数

构建一个有效的 QSAR 模型涉及的步骤：

① 构建合理的分子表征，将分子结构转化为计算机可读的数值表示；

② 选择适合分子表征的机器学习模型，并使用已有的分子-性质数据训练模型；

③ 使用训练好的机器学习模型，对未测定性质的分子进行性质预测。

在毒性预测领域中，QSAR 方法的核心内容主要有毒性数据集的获取、化合物的输入表征、模型的构建算法、模型的性能验证。

构建定量构效关系的核心是有效的分子表示和匹配的数学模型。常见的分子表示方法有分子描述符、分子指纹、SMILES 字符串、分子势函数等。分子表示所包含的信息的增加以及分子表示形式的变化，使得 QSAR 模型不断发展。常见的 QSAR 模型可以分为以下三类（表 6.6）：1D-QSAR、2D-QSAR、3D-QSAR。

表 6.6 常见的 QSAR 模型

类型	内容	分子表示方法	数学模型(建模方法)
1D-QSAR	分子的物化性质	分子描述符	线性回归、随机森林等
2D-QSAR	分子的键连方式(拓扑结构)	分子描述符、分子指纹、SMILES 字符串等	支持向量机、全连接神经网络等
3D-QSAR	分子的三维结构	分子比较场(CoFAM)方法、电子密度方法、分子三维图像方法等	全连接神经网络等

6.2.3 计算毒理学在研究脂肪醇毒性中的应用

计算毒理学研究表明，随着脂肪醇碳原子数以及分子表面积的增加其毒性增大。李宝宗[2] 建立了脂肪醇对番茄和红蜘蛛毒性的构效关系式并得出以下结论：脂肪醇分子的表面积愈大，毒性作用愈强；分子中羟基电荷越小脂肪醇毒性越大。舒元梯[3] 通过构建分子连接性指数预测了脂肪醇的生物活性。对于直链饱和一元醇，其生物活性随着碳数的增加而增加。2008 年，刘丽等人[4] 对梨形四膜虫、番茄、红蜘蛛、发光细菌荧光素酶、呆鲦鱼以及鼠的脂肪醇毒性进行了定量构效关系研究表明，疏水性可能是影响脂肪醇毒性大小的主要因素，其毒性随碳链长度的增加而增强，且相同碳原子数的直链脂肪醇毒性明显高于支链脂肪醇；由于空间位阻效应，长链脂肪醇与短链脂肪醇可能存在不同的毒性作用机理。同年，彭艳芬等[5] 研究了脂肪醇对发光菌的毒性并得出结论：随着脂肪醇碳原子数增加，脂肪醇对生物的毒性也在增大。

随着软件应用技术以及数学模型的不断发展，研究人员对脂肪醇毒性的研究更加深入，同时根据数据对比证明了利用计算毒理学预测脂肪醇毒性的可行性。

余训爽等[6] 构建了新的结构信息价连接性指数 ^{m}A，并与量子化参数 Q_c 结合，利用线性回归技术分别建立了 59 个脂肪醇化合物模型，该模型的实验值与计算值吻合良好，表明新的模拟方法可以用于脂肪醇毒性预测。通过对杂原子边价进行修正，杨伟华等[7] 用修正点价 δ_i^V 建构新的边价连接性指数 ^{m}F，并用 ^{m}F 研究了脂肪醇化合物在水中的溶解度（S_w）、正辛醇/水分配系数（K_{ow}）及对水生生物的急性毒性（LC_{50}）。脂肪醇的毒性效应与化合物的立体结构显著相关，属于非特异性毒性，而甲醇结构与水分子结构相似程度最大，导致其生物毒性最小。此外，彭艳芬等[8] 研究了 14 种脂肪醇分子对番茄及红蜘蛛的毒性参数，其研究结果表明：脂肪醇分子的体积越大，分子极化率越小，则脂肪醇分子毒性越大；分子最高占用轨道能越小，最负原子的静电荷越大，脂肪醇分子毒性越大。2014 年，王新颖等[9] 对 67 个脂肪族醇对梨形四膜虫急性毒性与其分子结构进行了研究，分析表明，脂肪醇类化合物对梨形虫的急性毒性主要与其分子几何构型、体积大小和溶解度情况密切相关。

综上所述，脂肪醇类化合物的毒性受立体结构、溶解度和实际环境等多个因素交互影响，计算毒理学结果有一定的参考价值，但是具体的毒理学影响还应该结合实际应用环境来分析。总之，计算毒理学是一种快速高效的方法学，QSAR 方法能够科学有效地进行化合物的毒性预测，其虚拟筛查结果可以为风险评估提供基础数据，对我国与国际组织开展合作和保障人民生命安全，以及建设生态文明等都具有深远意义。

6.3 脂肪醇及其衍生物毒理学方法研究进展

6.3.1 毒性试验方法

急性经口毒性是指受试物一次或24h内多次经口给予某一剂量所引起的有害效应。急性经口毒性试验用来检测和评价受试物毒性作用。传统试验方法如霍恩氏法、寇氏法等，所需动物数量多、工作量较大、资源浪费严重，与动物保护等观念相悖。随着动物实验伦理3R原则，即替代（replace）、减少（reduce）和优化（refine）的提出，各国都在研究LD_{50}代替法，并取得了一定进展。

常见的急性毒性体内测试替代法有固定剂量法（FDP）、上-下移动法（UDP）和急性毒性分级法。固定剂量法（FDP）由英国毒理学会于1984年正式提出，该方法观察在一系列固定剂量水平下的毒性反应，按毒性症状来判断受试化合物的毒性及对受试化合物的毒性进行分级，不以动物死亡为终点。上-下移动法仍以死亡为观察终点，根据结果上下增减剂量，采用最大似然数法计算LD_{50}值，适合用于动物在48h内死亡的化合物，不适合用于迟发性死亡（48h～14d)。急性毒性分级法是一种分阶段试验法，每一步需要单性别的动物（一般为雌性）3只，根据动物的死亡率和垂死状态，一般需要2～4个步骤来判断试验化合物的急性毒性。

急性毒性体外测试替代法是指采用无痛方法处死动物，使用其细胞、组织或器官进行体外试验，其中最主要的为细胞毒性试验。细胞毒性试验有多种，基于检测终点之不同，通常分为细胞存活率、细胞代谢活性、细胞增殖速度3个方面。表6.7列出了细胞毒性试验方法。

表6.7 细胞毒性试验方法

试验	检测终点
中性红摄取(neutral red uptake,NRU)试验	细胞存活率
台盼蓝拒染(trypan blueexclusion)试验	
乳酸脱氢酶(lactic dehydrogenase,LDH)释放试验	
噻唑蓝(MTT)试验	细胞代谢活性
阿尔玛蓝(alamar blue)还原试验	
脱氧胸苷嘧啶(3H-TdR)掺入法	细胞增殖速度
集落形成(colony forma-tion)试验	

急性毒性代替方法的建立与应用，能够大幅度减少试验中所用的动物数量，减少样品消耗，节约试验资源，降低开发成本，保护动物权益。在我国，改进经

典的 LD_{50} 测定法也是势在必行。

随着表面活性剂产业的迅猛发展，其在国民经济多个领域得到了广泛应用，我国科研人员针对脂肪醇及其衍生物的毒性开展了深入研究。2016 年，董等[10]对松香酸聚氧乙烯酯非离子表面活性剂进行了斑马鱼毒性测试。结果显示，当环氧乙烷（EO）加合数大于 10 时，松香酸聚氧乙烯酯的毒性显著低于 AEO_9 和 TX-10。2019 年，韩等[11]对制革生产中常用的阴离子、阳离子和非离子（AEO、TX-100 和 Tween80）共 9 种表面活性剂，进行了 15min 暴露时长下的生态毒性评价。结果表明，阳离子表面活性剂对发光细菌的生态毒性远高于阴离子表面活性剂，而非离子表面活性剂的生态毒性最低，三者毒性关系呈现：阳离子表面活性剂＞＞阴离子表面活性剂＞非离子表面活性剂。2022 年，袁等[12]对 31 种非离子表面活性剂（涵盖司盘、吐温、NP-4、NP-10 和 AEO_9 等）针对蜜蜂、家蚕、大型溞、斑马鱼、绿藻 5 种生物的急性毒性展开测定。结果表明，这些非离子表面活性剂对蜜蜂和家蚕均表现为低急性毒性。在针对绿藻的测试中，除脂肪醇聚氧乙烯醚类表面活性剂 AEO_9 呈现中等毒性外，其余 30 种非离子表面活性剂对绿藻均为低毒性。

6.3.2 刺激性试验方法

（1）皮肤刺激性

传统的化学品皮肤毒性评价系统多采用整体动物试验，有损动物权益，结果判定的主观性较强。并且，动物和人之间存在差异，动物对某些化学物质的反应也存在一定差异，用动物模型对人体进行预测，准确性和辨别能力存在较多不确定因素。

由于化学物质皮肤刺激性涉及机体的生化、神经和细胞反应等复杂反应，在体外试验中难以确定其主要特性和相关终点，皮肤刺激性替代试验研究一直进展缓慢。直到 20 世纪 90 年代后期，随着组织细胞体外培养技术和生物组织工程技术等现代生命科学技术以及计算机模拟统计分析技术的不断完善与应用，皮肤刺激性替代方法研究才得到较快的发展。皮肤刺激性体外替代方法包括人重组皮肤模型（EPISKIN™ 和 EpiDerm™）、SkinEhtic 模型、体外小鼠皮肤功能完整性试验（SIFT）、非灌注猪耳朵试验。

（2）眼睛刺激性

兔眼刺激性试验（Draize test）是评价化学物质眼刺激作用的经典方法。但许多研究显示此方法存在评分系统主观、实验室间变异性以及动物外推至人的种属差异等缺点。并且，随着 3R 原则的兴起，动物福利日趋受到重视，兔的眼刺激性试验在伦理上与科学上均受到质疑。欧盟及多个国家已开展了有关兔眼刺激性试验的替代方法研究，中国的研究也取得了一定进展。表 6.8 为兔眼刺激性试验的替代方法。

表 6.8 兔眼刺激性试验的替代方法

名称	类别
离体器官模型	离体鸡眼试验(CEET)
	离体兔眼试验(IRE)
	牛角膜浑浊与渗透力(BCOP)影响试验
绒毛膜尿囊膜(CAM)试验	鸡胚绒毛膜尿囊膜(HET-CAM)试验
	绒毛膜尿囊膜-台盼蓝染色(CAM-TBS)试验
	绒毛膜尿囊膜血管试验(CAMVA)
离体细胞试验	细胞毒性试验
	细胞功能试验

1988 年，黑崎富裕等[13] 利用土拨鼠背部封闭 24h 色斑试验，评价了 C_{12}MAP 和 C_{12}AS 的一次皮肤刺激性，结果表明 C_{12}AS 在 0.5%质量分数下有刺激反应，在 2.0%质量分数下有强烈刺激反应，而 C_{12}MAP 对皮肤刺激性非常低、安全性高。1996 年，申兆才和戴家禄[14]合成脂肪酸甘油聚氧乙烯醚，并由天津市劳动卫生研究所对其进行了“Draize”眼睛刺激试验，证明了其为低刺激表面活性剂。1998 年，方云等[15] 通过 Draize 兔皮试验和 Draize 兔眼试验证实了表面活性剂的温和性。2002 年，董银卯等[16] 使用自制的玉米醇溶蛋白，利用 zein 测试法评价了月桂醇硫酸酯盐、月桂醇聚氧乙烯醚硫酸酯盐和不同碳链的烷基硫酸镁等表面活性剂的刺激性。2013 年，李秋芳等[17] 利用 HET-CAM 鸡胚绒毛尿囊膜眼刺激性试验探究了烷基葡萄糖苷（APG）、脂肪醇琥珀酸酯钠盐（MES）和羟磺基甜菜碱（CHSB）的刺激性，这三种表面活性剂均为性质温和、刺激性低、安全性高的个人护理原料，其中 APG 的眼刺激性最低。

6.3.3 其他试验方法

常规的致畸性、致癌性、突变性和遗传毒性研究通过动物试验展开，“3R 原则”的提出促进了毒理学体外替代试验的发展。其主要包括用组织学、胚胎学、细胞学或计算机等方法取代整体动物实验，或以低等动物取代高等级动物等。生殖发育毒性体外替代方法已有 3 种体外模型：全胚胎培养试验（WEC）、微团检测法（MM）和胚胎干细胞试验（EST）。除此之外，斑马鱼发育毒性试验替代哺乳动物模型也已应用于化学品的发育毒性和致畸性研究。另外针对化学环境中的皮肤过敏，Kimber 等[18] 做了研究，大多数体外皮肤过敏测试的大多数方法都集中在以下两个方面，T 淋巴细胞反应的诱导或化学物质与 Langerhans cells（LC）或类 LC 细胞的相互作用。

6.4 脂肪醇及其衍生物毒理学数据

6.4.1 脂肪醇

脂肪醇的结构和细胞毒性有密切关系。张巧等人[12] 通过检测三十烷醇原药的急性经口、经皮毒性和对眼、皮肤的刺激性以及对皮肤的致敏性得出结论：三十烷醇原药对雄性大鼠和雌性大鼠的经口 LD_{50} 均>5000mg/kg，经皮 LD_{50} 均>2000mg/kg；对大耳白兔眼刺激积分指数为 4，眼刺激平均指数 48h 后为 0；对豚鼠皮肤刺激积分为 0，对豚鼠致敏率为 0。所以三十烷醇原药急性经口、经皮毒性为低毒且属于弱致敏物，对人畜较为安全。通过急性经口、经皮毒性试验，眼、皮肤刺激试验以及皮肤致敏试验，得到三十烷醇原药的 LD_{50}>5g/kg（经口）、LD_{50}>2g/kg（经皮），未发现三十烷醇对人畜和有益生物的毒害作用。段琼芬等人[19] 通过进行小白鼠口服试验，得到二十八烷醇的 LD_{50} 为 18.00g/kg。二十六烷醇常与二十八烷醇等其他长链脂肪醇一起作为营养补充剂使用。

以 2-辛基十二烷醇、二乙基己醇（石化衍生支链醇）及 Guerbet 醇为代表的支链醇类化合物，虽在工业和民生领域具有广泛应用（如表面活性剂、增塑剂及化妆品等），但其毒理学风险仍需重点关注。Belsito 团队[20] 对支链饱和醇用作香料的安全性进行了评估，对多种物质进行了多项测试。在诸多醇物质中发现 2-乙基-1-己醇在致癌性方面有微弱诱导作用，施加量为 0.75g/(kg・d)，随时间的增加会出现弱肝细胞癌增加，体重下降，死亡率增加；在皮肤的生殖和发育毒性方面无观测不良效应水平，为 0.84g/(kg・d)，在大于 0.84g/(kg・d) 时，出现持续脱皮现象以及涂抹部位出现结痂和红斑，对其余部位无影响。物质实验结果如表 6.9～表 6.14 所示。

表 6.9　支链醇急性口服毒性

物质		动物	LD_{50}/(g/kg)
一级醇（伯醇）	异癸醇	大鼠	6.5
	3,5,5-三甲基-1-己醇		>2
	异十三醇	小鼠	7.257
二级醇（仲醇）	2,6-二甲基-4-庚醇	大鼠	4.35
	3,7-二甲基-7-甲氧基-2-辛醇		5
	3,4,5,6,6-五甲基-2-庚醇		5.845
三级醇（叔醇）	2,6-二甲基-2-庚醇	大鼠	6.8
	3,6-二甲基-3-辛醇		>5
	3-甲基-3-辛醇		3.4

表 6.10　支链醇急性皮肤毒性

物质		动物	LD_{50}/(g/kg)
一级醇(伯醇)	异十三醇	兔	＞2.6
	3,5,5-三甲基-1-己醇		＞5
二级醇(仲醇)	2,6-二甲基-4-庚醇	兔	4.591
	3,4,5,6,6-五甲基-2-庚醇	大鼠	＞2
三级醇(叔醇)	2,6-二甲基-2-庚醇	兔	＞5
	3,6-二甲基-3-辛醇		
	3-甲基-3-辛醇		

表 6.11　支链醇急性吸入毒性

物质		动物	LD_{50}/(g/kg)/最长无死亡时间
一级醇(伯醇)	异十三醇	小鼠	无影响
二级醇(仲醇)	2,6-二甲基-4-庚醇	大鼠	无影响
	3,4,5,6,6-五甲基-2-庚醇	小鼠	1.25 剂量死亡一只动物

表 6.12　支链醇突变性和遗传毒性：体外/内研究

物质		是否具有诱变性	
		体外	体内
一级醇(伯醇)	2-乙基-1-己醇	无	无
	异十三醇		—
	3,5,5-三甲基-1-己醇		—
二级醇(仲醇)	2,6-二甲基-4-庚醇		—
	3,4,5,6,6-五甲基-2-庚醇		无

表 6.13　支链醇的人体皮肤刺激性研究的实验结果

物质		是否具有刺激性
一级醇(伯醇)	2-乙基-1-己醇	无
二级醇(仲醇)	3,7-二甲基-7-甲氧基-2-辛醇	无
	3,4,5,6,6-五甲基-2-庚醇	接触部位产生红斑，可能出现丘疹
三级醇(叔醇)	2,6-二甲基-2-庚醇	无
	3,6-二甲基-3-辛醇	
	3-甲基-3-辛醇	

表 6.14　支链醇的兔子眼睛刺激性实验结果

物质		刺激性结果
一级醇(伯醇)	2-乙基-1-己醇	严重烧伤、结膜红肿、流泪
	异十三醇	小面积坏死、轻微刺激

续表

物质		刺激性结果
二级醇(仲醇)	2,6-二甲基-4-庚醇	小面积结膜炎、水肿和角膜损伤
	3,7-二甲基-7-甲氧基-2-辛醇	大部分产生结膜红斑,少数出现化脓
	3,4,5,6,6-五甲基-2-庚醇	结膜高血症
三级醇(叔醇)	2,6-二甲基-2-庚醇	中度刺激、结膜发红肿胀,留有疤痕
	3,6-二甲基-3-辛醇	虹膜肿胀、结膜发红和化脓

Laura Maurer 团队[21]研究总结了 ExxonMobil 生产的以 C_9～C_{15} 为醇骨架的醇聚氧乙烯醚（AEO）的 59 项毒理学研究数据，介绍了其有关急性口服毒性、急性皮肤毒性、遗传毒性、皮肤刺激性、眼睛刺激性、皮肤致敏性等方面的信息，这些数据极大地丰富了有关支链 AEO 毒性的数据库，报告指出与已公布的一系列 AEO 的类似数据相比，支链化程度并不带来独特的毒理学危害。具体结果如表 6.15 所示。

表 6.15 C_9～C_{15} 脂肪醇聚氧乙烯醚的毒理学研究结果

物质	毒理性	动物	LD_{50}/(g/kg)
C_9～C_{15} 醇骨架的醇聚氧乙烯醚	急性口服毒性	大鼠	2～8.15
	急性皮肤毒性	兔	＞3.16
	重复剂量口服毒性	大鼠	无不良反应水平为 0.1mg/(kg·d)
	皮肤刺激性	兔	—
	眼睛刺激性	兔	一定刺激作用
	皮肤过敏性	白化豚/鼠	无过敏反应
	遗传毒性	小鼠	不具有致突变性

注：① 急性口服毒性实验：C_{13}～C_{15}/12EO 在 2g/kg 的情况下 80%大鼠死亡。

② 重复剂量口服毒性实验：高剂量水平下肝脏中的铬含量略有增加，肾脏变色、肾盂扩张和胃（棕褐色隆起的嵌入结节）的发病率增加。

③ 皮肤刺激性实验：支链 AE3/8 样本兔没有出现红斑现象，5/6 没有水肿迹象；半线性 AE1/48 样本兔无红斑迹象，19/48 没有出现水肿迹象。

正癸醇[22]的小鼠急性口服毒性 LD_{50} 值为 6.4～12.8g/kg，大鼠为 12.8～25.6g/kg；小鼠吸入 LD_{50} 值为 4000mg/(m^3·2h)；对兔子造成轻度皮肤刺激，眼睛重度刺激，表明对皮肤与眼黏膜有刺激作用，属微毒类醇。对于壬醇而言，壬醇具有三甲基己醇的结构，其毒性等级为中毒，针对大鼠的口服毒性 LD_{50} 值为 3.56g/kg，小鼠的口服毒性 LD_{50} 值为 6.4g/kg；针对兔子的皮肤刺激性实验，结果表明 500mg/24h 会造成轻度刺激，对大脑髓质神经、肝脏、毛细管表皮以及肾小球都具有致命的毒性，LD_{50} 值为 5.6g/kg，而且也观察到心肌有轻微的衰变。Guerbet 醇，如 2-辛基十二醇[23]，在化妆品与医药品中是一种优良油剂，实际上是无毒的。曾对小鼠做过一次剂量2g/kg体重的试验并无反应，也对1kg体重小鼠每天喂1mL，经过13个星期也没发现有积累损害。

6.4.2 脂肪醇硫酸盐

脂肪醇硫酸盐作为个护用品中的主要表面活性剂成分，对鼠类有一定的毒性。表6.16为烷基硫酸钠和其他种类阴离子表面活性剂对鼠类急性口服中毒试验结果[24]。

表6.16 鼠类急性口服中毒试验结果

物质	半致死量(LD_{50})/(g/kg)
烷基硫酸钠	2.7
仲烷基硫酸钠	1.3

此外，方云等[15]利用Draize兔眼试验得到兔眼黏膜对月桂醇硫酸钠（SDS）耐受刺激的最高质量分数为20.0%。通过红细胞试验得到SDS的L/D值小于0.1，表明其具有较强烈的刺激性。月桂醇硫酸钠对皮肤、眼睛、呼吸系统有中等强度的刺激性。其动物毒理学数据如下：大鼠经口LD_{50}为1288mg/kg；大鼠腹腔LD_{50}为210mg/kg；小鼠静脉LD_{50}为118mg/kg；小鼠腹腔LD_{50}：250mg/kg；兔经皮LD_{50}为10mg/kg；大鼠吸入LC_{50}>3900mg/(m^3·h)。

辛基硫酸钠对皮肤、眼睛有中等强度的刺激性。动物毒理学数据：小鼠腹腔LD_{50}为396mg/kg；大鼠口服LD_{50}为3200mg/kg。癸基硫酸钠对皮肤、眼睛有中等强度的刺激。动物毒理学数据：小鼠腹腔LD_{50}为284mg/kg；小鼠静脉LD_{50}为56mg/kg；大鼠口服LD_{50}为1950mg/kg。4-乙基-1-异丁基辛基硫酸钠（十四烷基硫酸钠）对皮肤、眼睛有刺激性。动物毒理学数据：大鼠口服LD_{50}为1250mg/kg；兔经皮LD_{50}为3mL/kg；豚鼠口服LD_{50}为650mg/kg；豚鼠经皮LD_{50}为1250mg/kg。2-乙基己基硫酸钠对皮肤、眼睛有刺激性。动物毒理学数据为大鼠口服LD_{50}为4000mg/kg；小鼠腹腔LD_{50}为320mg/kg；大鼠皮下LD_{50}为4730mg/kg；大鼠吸入LC>30mg/(m^3·8h)；兔口服LD_{50}为3580mg/kg；兔经皮LD_{50}为6.54mL/kg；小鼠口服LD_{50}为1550mg/kg；豚鼠口服LD_{50}为650mg/kg；豚鼠经皮LD_{50}为1520mg/kg。

6.4.3 脂肪醇聚氧乙烯醚

脂肪醇聚氧乙烯醚（是一类广泛应用于洗涤、个人护理及其他工业领域的非离子表面活性剂，其毒理学特性受碳链长度（C_{12}～C_{18}）、乙氧基化程度（EO数）及结构（直链/支链）影响显著，脂肪醇聚氧乙烯醚整体毒性较低，但需关注其代谢副产物及环境累积风险。表6.17为部分脂肪醇聚氧乙烯醚的口服急性数据[11]。

表 6.17　口服急性毒性数据

物质	口服急性毒性半数致死量(LD_{50})/(g/kg)
十二醇聚氧乙烯(4EO)醚	8.6
十二醇聚氧乙烯(7EO)醚	4.1
十二醇聚氧乙烯(23EO)醚	8.6
十八醇聚氧乙烯(2EO)醚	25
十八醇聚氧乙烯(10EO)醚	2.9
十八醇聚氧乙烯(20EO)醚	1.9

对细菌与藻类的毒性以 ECO_{50} 表示，它表示 24h 内表面活性剂对水生细菌与藻类运动抑制程度的性质。表 6.18 为部分脂肪醇聚氧乙烯醚的毒性数据。

表 6.18　部分脂肪醇聚氧乙烯醚的毒性数据

物质	ECO_{50}/(mg/L)	
	水蚤	藻类
十二醇聚氧乙烯(7EO)醚	10	50
十八醇聚氧乙烯(10EO)醚	48	

陈晓伟等[24] 采用体外细胞噻唑蓝（MTT）比色法研究了脂肪醇聚氧乙烯醚系列表面活性剂对中华仓鼠卵巢 CHO 细胞及人体宫颈癌 HeLa 细胞增殖抑制情况，得出结论：脂肪醇聚氧乙烯醚随着环氧乙烷（EO）数量增加对 CHO 细胞及 HeLa 细胞增殖抑制率逐渐减小。方云等[15] 利用 Draize 兔皮试验和 Draize 兔眼试验研究了表面活性剂的刺激性。通过 Draize 兔皮刺激测试得到 AEO_7 和 AEO_9 的 Draize 兔皮试验总刺激指数分别为 3.1～5.0（中等刺激）、5.1～6.1（强烈刺激）。

6.4.4　脂肪醇醚硫酸酯盐

脂肪醇醚硫酸盐作为一类阴离子表面活性剂，广泛应用于洗涤剂、个人护理及工业清洗领域。其毒理学特性受碳链长度、乙氧基化度（EO 数）及磺化程度显著影响。以不同碳链长度、不同 EO 加合数的 AES 对蓝腮鱼进行急性毒理研究，结果表明 AES 对鱼类的毒性随着烷基链长度的增加而有所增加，烷基链长为 16 时毒性最大。表 6.19 为蓝鳃鱼急性毒理研究结果[25]。

表 6.19　蓝腮鱼急性毒理研究结果

物质	LC_{50}/(mg/L)
脂肪醇(C_8)聚氧乙烯醚硫酸酯盐	＞250
脂肪醇(C_{10})聚氧乙烯醚硫酸酯盐	375

续表

物质	LC_{50}/(mg/L)
脂肪醇(C_{13})聚氧乙烯醚硫酸酯盐	24
脂肪醇(C_{14})聚氧乙烯醚硫酸酯盐	4～7
脂肪醇(C_{15})聚氧乙烯醚硫酸酯盐	2
脂肪醇(C_{16})聚氧乙烯醚硫酸酯盐	0.3
脂肪醇($C_{17.9}$)聚氧乙烯醚硫酸酯盐	10.8

对小鼠进行实验采用的浓度小于通常洗涤产品中 AES 的浓度，AES 的残留可导致小鼠毛发的脱落数量增加，显著高于正常的脱落，同时会引起小鼠末梢血中性粒细胞百分数明显降低、淋巴细胞百分数明显增高，从而引起小鼠的生理改变[26]。由 AES 残留对小鼠超氧化物歧化酶（SOD）含量的影响的实验可知[27]，长期接触 AES 配制的洗涤产品的小鼠，其血清的超氧化物歧化酶为（112.32±31.87)U/mL，低于未接触 AES 洗涤产品的小鼠，提示长期使用或接触 AES 小鼠血清中超氧化物歧化酶的含量降低，使得小鼠的抗氧化力降低，从而影响小鼠的正常生理功能。

未稀释的 AES 是强刺激性物质，100g/L 质量浓度下，刺激性中等到强，稀释到 10g/L 使用时，刺激性是温和轻微的；服用 10g/L AES 溶液，或 AES 溶液反复使用于皮肤时，未发现毒性反应和肿瘤病变。此外，根据 CESIO 对刺激性的分类法，AES 通常被归类为刺激性物质，对皮肤刺激性的危险等级是 R38，对眼睛刺激性的危险等级为 R36。对于质量浓度为 700～750g/L 的 AES (2EO～3EO)，危险等级则提升至 R41（对眼睛有严重损坏的危险）。AES 的 Draize 兔皮试验总刺激指数为 1.6～6.5（轻微刺激到强烈刺激），其红细胞试验 L/D 值为 0.5（较强刺激）[25]。

6.4.5 脂肪醇酯

脂肪醇是一类由脂肪酸与脂肪醇通过酯化反应生成的化合物，广泛应用于化妆品、食品、医药及工业领域，如润滑油、乳化剂等，其毒理学特性因酯的种类(如脂肪酸碳链长度、醇结构)、分子量及应用场景而有较大差异。相较于脂肪醇其他衍生物，脂肪醇酯整体毒性低、刺激性小，天然来源或长链酯的安全性更高，适用于食品、化妆品等敏感领域。表 6.20 列出了一些脂肪醇酯类物质的动物毒理学信息。

表 6.20　一些脂肪醇酯毒理学信息汇总

物质	动物	毒性/刺激性信息
十二酸乙酯[28]	兔	急性口服/皮肤毒性 LD_{50}＞5g/kg

续表

物质	动物	毒性/刺激性信息
十八酸乙酯[29]	小鼠	静脉注射值(23±0.7)mg/kg
	大鼠	静脉注射值(21.5±1.8)mg/kg
辛癸酸甘油酯[30]	大鼠	急性口服毒性 LD_{50}>15g/kg
油酸癸醇酯	鼠	急性口服毒性 LD_{50}>20g/kg
	兔	50%眼睛无刺激性， 皮肤接触6h,出现发红现象
油酸油醇酯	鼠	急性口服毒性 LD_{50}>20g/kg
邻苯二甲酸二辛酯	小鼠	急性口服毒性 LD_{50} 为30.6g/kg
	兔	急性皮肤毒性 LD_{50} 为25g/kg， 10%5mg剂量对眼睛有明显刺激作用
2-丁烯酸己酯	兔	急性皮肤毒性 LD_{50}>5g/kg
	大鼠	口服 LD_{50}>5g/kg

6.4.6 脂肪胺衍生物

以脂肪醇为原料制备的胺主要以叔胺为主，常温下低碳胺呈气态或液态，C_8 以上的胺为固态，易经呼吸道和胃肠道吸收，简单的脂肪胺也易经皮吸收。经皮 LD_{50} 和经口 LD_{50} 接近。多数胺低毒，少数中等毒。从伯胺到仲、叔胺，毒性有增加的趋势，且豚鼠和兔对大多数胺比大鼠敏感。胺类物质的毒性作用主要有以下几个方面：

① 局部刺激：动物以浓蒸气染毒，能因局部刺激而引起气管炎、支气管炎、肺炎和肺水肿。多数胺涂于兔皮，一次能致深度坏死。滴入兔眼，1滴能引起严重角膜损害，甚至全眼损毁。局部作用与胺的碱性有关，如胺盐（中性）对大鼠的急性经口毒性为相应单胺（碱性）的1/10～1/5。

② 中枢神经系统作用：致死剂量先引起动物惊厥、震颤、抽搐而后死亡。低于致死剂量时，往往先兴奋后抑制，条件反射和非条件反射均被破坏。

③ 拟交感神经作用：胺有类似交感神经作用，被称为拟交感胺。动物静脉注射氯化脂肪胺引起血压升高。增压作用随碳链增长而增强，但至 C_7 以上，升压作用减低，心脏抑制作用增强。伯胺的增压作用较仲、叔胺强，有支链的单胺和二胺较弱，氨基在第二个碳原子上时作用最强。长链二胺有拟交感神经作用，而短链二胺有抗交感神经作用。给猫注射环己胺，适当剂量致血压升高，心跳加快，心肌收缩增强；而较高剂量结果相反。拟交感神经作用机理：一是与效应器官上的α-或β-肾上腺素能受体的直接作用；二是通过释放体内储存的儿茶酚胺的作用。

④ 释放组胺：一定量的胺能使机体释放组胺。作用最强的单胺是 C_{10} 胺，

直链二胺是 C_{14} 胺。人静脉注射辛胺或化合物 48/80（甲氧苯基乙基甲胺与甲醛的缩合物）等组胺释放剂，会产生相应反应。

⑤ 脏器损害：中毒动物可能有肺、肝、肾和心脏的病变。

⑥ 致敏作用：某些胺对机体皮肤和肺有致敏作用。胺的致癌作用未见报道，个别胺如环己胺的致畸作用在研究中。

叔丁胺[31]，为无色透明液体，主要用作橡胶促进剂、化学试剂，也可用于合成药品、染料、杀虫剂等；属于高毒类物质，大鼠经口 LD_{50} 值为 78mg/kg。十二烷基二甲基叔胺[32] 毒理学按照全球协调制度标签（GHS）分类，经口急性毒性为第四级，皮肤腐蚀/刺激为 1C 类，严重损伤/刺激眼睛为第 1 级，生殖毒性为第 2 级。

6.4.7 烷基糖苷

大多数烷基糖苷无毒无害、对皮肤无刺激，因此应用在日常生活的诸多领域。

Weber 等[33] 通过对烷基糖苷的毒理性试验，将小鼠分为 5 组，1～3 组分别给予辛基/3-D-葡萄糖苷、十二烷基/3-D-麦芽糖苷和十六烷基/3-D-葡萄糖苷，以悬浮液形式口服（0.2mL 的 5%磷脂酰胆碱溶液）；4、5 组分别给予标准饮食。结果表明这些物质均没有产生毒性作用，动物的生长和行为均正常，生理特征未发现任何异常。

参考文献

[1] 王中钰，陈景文，乔显亮，等．面向化学品风险评价的计算（预测）毒理学 [J]．中国科学：化学，2016，46（2）：222-240.

[2] 李宝宗．脂肪醇的生物毒性与结构参数的相关性研究 [J]．化学研究，2004，15（1）：50-52.

[3] 舒元梯．取代苯并咪唑、取代苯甲醇和脂肪醇生物活性的分子拓扑研究 [J]．乐山师范学院学报，2005，20（12）：62-65.

[4] 刘丽，梅虎，皮喜田．原子类型电拓扑指数在脂肪醇类化合物毒性预测研究中的应用 [J]．化学学报，2008，66（16）：1873-1878.

[5] 彭艳芬，刘天宝，严永新，等．脂肪醇对发光菌毒性的 QSAR 研究 [J]．池州学院学报，2008，22（5）：58-59.

[6] 余训爽，李爱国，黄建平．量子化参数和分子价连接性指数对脂肪醇的 QSPR/QSAR 的相关性研究 [J]．安徽师范大学学报（自然科学版），2006，29（3）：249-254.

[7] 杨伟华，冯长君．脂肪醇的溶解度及生物活性的 QSPR/QSAR 研究 [J]．哈尔滨工业大学学报，2005，37（11）：1552-1554.

[8] 彭艳芬，刘天宝，严永新．脂肪醇对番茄和红蜘蛛毒性的研究 [J]．计算机与应用化学，2009，26（1）：114-116.

[9] 王新颖，张锦晖，王丹丹，等．脂肪醇化合物对梨形四膜虫急性毒性的研究 [J]．计算机与应用化学，2014，31（6）：732-736.

[10] 董利，车文成．松香聚氧乙烯酯非离子表面活性剂的毒性研究 [J]．广东化工，2016，43（22）：

84-85.

[11] 韩威姝，周萱，谭娟，等．发光细菌法评价典型制革表面活性剂的生态毒性 [J]．皮革科学与工程，2019，29 (2)：47-51.

[12] 袁善奎，张小军，宋伟华，等．59 种农药表面活性剂对 5 种环境非靶标有益生物的急性毒性 [J]．农药科学与管理，2022，43 (4)：39-47.

[13] 黑崎富裕．低刺激性阴离子表面活性剂的开发和工业化 [J]．日用化学工业译丛，1988 (3)：10-13.

[14] 申兆才，戴家禄．低刺激性表面活性剂的合成与应用 [J]．天津纺织工学院学报，1996，15 (1)：18-22.

[15] 方云，夏咏梅．表面活性剂的安全性和温和性 [J]．日用化学工业，1998 (6)：22-27.

[16] 董银卯，斯晓帆，彭金乱．用玉米醇溶蛋白测试表面活性剂的刺激性 [J]．日用化学工业，2002，32 (5)：59-61.

[17] 李秋芳，龙致科，周传兼，等．温和型婴幼儿个人护理用品的开发及其眼刺激性评价方法 [J]．中国洗涤用品工业，2013 (8)：73-76.

[18] Kimber I，Dearman R J，Cumberbatch M，et al. Langerhans cells and chemical allergy. [J]．Curr Opin Immunol.，1998，10 (6)：614-619.

[19] 段琼芬，马李一，郑华，等．几种高级烷醇的研究概述 [J]．林业化工通讯，2005，39 (2)：42-47.

[20] Belsito D，Bickers D，Bruze M，et al. A safety assessment of branched chain saturated alcohols when used as fragrance ingredients. [J]．Food Chem Toxicol.，2010，48 (4)：S1-S46.

[21] Maurer L，Kung M H. Mammalian toxicity testing of semilinear and branched alcohol ethoxylates [J]．Journal of Surfactants and Detergents. 2020；23 (5)：921-935.

[22] 张明森．精细有机化工中间体 [M]：北京：化学工业出版社，2008.

[23] Singh M，Winhoven S M，Beck M H. Contact sensitivity to octyldodecanol and trometamol in an anti-itch cream. [J]．Contact Dermatitis.，2007，56 (5)：289-290.

[24] 陈晓伟，王晓宁，龚龑，等．脂肪醇聚氧乙烯醚对细胞的增值抑制影响 [J]．纺织学报，2011，32 (10)：79-82.

[25] 周大鹏，黄亚茹，秦志荣．脂肪醇聚氧乙烯醚硫酸盐生物降解和环境安全性评价 [J]．日用化学品科学，2010，33 (7)：33-38.

[26] 全立群．脂肪醇聚氧乙烯醚硫酸盐（AES）的残留对小鼠的影响 [J]．中国卫生产业，2013，33：11-12.

[27] 全立群，鲍柱仁，王秀敏．脂肪醇聚氧乙烯醚硫酸盐（AES）残留对小鼠超氧化物歧化酶 SOD 的影响 [J]．中国继续医学教育，2015，7 (14)：53-54.

[28] 赵岩，王湘敏，廖卫平，等．清洁催化工艺合成十二（碳）酸乙酯 [J]．应用化工，2004 (6)：37-38.

[29] 吕以仙．有机合成基础 [M]．7 版．北京：人民卫生出版社，2008.

[30] 李祥．食品添加剂使用技术 [M]．北京：化学工业出版社，2010.

[31] 梁诚．叔丁胺的生产与发展 [J]．石化技术与应用，2000，18 (1)：3.

[32] 段明峰，梅平，熊洪錄．*N*,*N*-二甲基十二烷基叔胺的合成反应研究 [J]．化学与生物工程，2005，22 (8)：28-30.

[33] Weber N，Benning H. Metabolism of orally administered alkyl beta-glycosides in the mouse. [J]．Nutr.，1984，114 (2)：247-254.

第7章

脂肪醇衍生物的生态学评价

在化工生产过程中，不仅需要考虑化学反应的效率和产物的品质，还需要充分考虑这些过程对生物多样性和生态环境的影响。生物学参数在评估和优化化工生产流程中起到关键作用，能够确保生产过程的环境友好性。在化工生产的早期阶段，应将生物学参数纳入产品设计和开发的考虑因素中，通过生命周期分析来评估产品在整个生命周期内对环境和生态系统的影响；在生产过程中，应采用环境友好的工艺和原料以降低化学物质的环境影响。这可以通过提高原料和能源的使用效率、优化工艺条件以及使用无毒或低毒性的化学品来实现；在产品的使用和处置阶段，应采取措施减少对环境和生态系统的负面影响。

随着工业应用的普及，脂肪醇及其衍生物对环境与生态系统的潜在影响日益受到关注。其中，生物降解性作为关键指标，直接反映化合物在自然环境中的降解速率与完全矿化能力。研究表明，此类物质的生物降解特性与其化学结构及环境条件密切相关：结构相对简单的脂肪醇及其短链衍生物，因易于被微生物酶系识别并代谢，通常具备较高的生物降解效率；而具有复杂支链结构或长碳链的衍生物，由于微生物降解途径受限，往往呈现出缓慢的降解动力学特征，甚至可能在环境中长期残留。

在水生生态毒性方面，脂肪醇及其衍生物对水生生物的危害程度呈现出显著的剂量-效应关系。高浓度暴露可引发急性毒性事件，致使鱼类等水生生物出现呼吸抑制、生长发育停滞乃至死亡；而低浓度的长期暴露同样不容忽视，研究证实其可能干扰水生生物的生殖内分泌系统、行为模式及免疫防御机制，进而对种群稳定性和生态系统功能造成深远影响。值得注意的是，毒性效应还受生物种类差异、环境介质理化性质（如 pH 值、温度）等多重因素的调控。

为科学评估脂肪醇及其衍生物的环境风险，需系统性开展生物降解性试验（如 OECD 301 系列标准测试）与水生生物毒性测试（涵盖鱼类急性毒性、溞类活动抑制、藻类生长抑制等指标）。这些研究不仅能够揭示污染物在环境中的归趋规律，还可为制定环境质量标准、生态风险预警提供数据支撑。从可持续发展角度出发，通过分子结构修饰开发高生物降解性、低生态毒性的新型替代品，已成为降低环境污染负荷的重要技术路径，这对推动绿色化学和循环经济发展具有重要意义。

7.1　用于评价产品开发和环境保护标准的生态学参数

7.1.1　生态学参数

① 生物活性：生物体对外界刺激（如化学物质）的反应能力。在化工生产中，需要了解哪些化学物质可能会影响生物活性，从而预防或减少对生态系统的破坏。

② 生物富集：生物体从环境中吸收并积累有毒物质的能力。需要了解化学物质在生物体内的富集程度，评估这些物质对生态系统的长期影响。

③ 生态毒性：化学物质对生态系统（包括个体、种群、群落和生态系统）的毒性效应。在化工生产中，需要确保最终产品或副产品的生态毒性尽可能低。

④ 生物降解性：生物体分解有机物质的能力。具有良好生物降解性的化学物质对环境的影响较小。

⑤ 生物可利用性：生物体从环境中获取某种营养物质或能量的能力。在化工生产中，需要了解产品或副产品对生物可利用性的影响。

⑥ 生物蓄积：生物体在长时间内不断吸收和储存有毒物质的过程。了解化学物质的生物蓄积能力对于评估其长期环境影响至关重要。

⑦ 生物转化：生物体内通过酶促反应将外源物质转化为其他形式的过程。在化工生产中，需要了解产品或副产品是否会被生物体转化，以及转化后的产物是否具有潜在的生态毒性。

⑧ 生态恢复：当生态系统受到破坏时，它需要一定的时间和条件来恢复。在化工生产中需要尽可能减少对生态系统的破坏，同时采取措施促进生态恢复。

7.1.2　新规定的化学品（生态学）参数

化学品的新说明里都要求测定各个试验组不同等级的大量参数（表 7.1）。这些参数不仅有诸如生物降解性、生态毒性和生物累积作用等重要的和直接的生物学生态学性质，而且还包括理化性质、流动性以及在环境中的转移情况和化学降解作用（水解、氧化）。

评估化合物的生物降解性通常需要进行包括生物降解性测试、微生物学研究、环境监测等在内的一系列实验研究，确定化合物的降解速度、降解产物以及对环境和生态系统的潜在影响，从而评估其生物降解的水平。

表 7.1 试验分类

理化性质	自然降解(光氧化)
在水中的溶解度	空气
分配系数	水
离解常数	土壤(表面)
挥发度等	固体(表面)
流动性及转移	生物降解
吸附作用	水
解吸作用	土壤
沥滤作用	毒性
土壤	水生生物
排泄物	土壤中的生物
尘埃	人类(对人的毒理学)
化学变化	累积
水解	在土壤中(地理累积)
氧化	在水中,在沉降物和渣滓中
	通过空气
	在生物体中(生物累积)

7.2 生物降解

7.2.1 概念及分类

生物降解是借助微生物的分解作用,对有机碳化物进行分解,将其分解成为细胞物质,进而分解成为二氧化碳和水的一种现象。生物降解性是环境安全评价体系中最重要的内容之一,它是环境中去除化学品的最主要途径。

脂肪醇衍生物绝大部分属于表面活性剂,表面活性剂的生物降解依据降解程度可分为初级和终级两类。初级生物降解是表面活性剂结构在微生物作用下发生变化,导致母体分子降解,从而失去表面活性。终级生物降解是指表面活性剂全部被微生物利用,导致表面活性剂结构被破坏,生成二氧化碳、水和其他简单的无机盐或新的微生物细胞要素。目前,对表面活性剂的初级降解研究较多,而对终级降解研究较少。完整的生物降解需要经历以下过程:

① 初级生物降解:包括吸附和裂解两个过程,在这一阶段表面活性剂母体结构消失,特性发生变化;

② 环境允许的生物降解:达到环境可以接受程度的生物降解,降解得到的

产物不再导致环境污染；

③ 最终生物降解：表面活性剂完全转化为 CO_2、H_2O 和 NH_3 等无机物和其他代谢物。

根据降解产物不同，脂肪醇及其衍生物的生物降解过程主要分为两类：好氧降解和厌氧降解。好氧降解是在氧气（空气）充足的条件下，分子中 C、H 最终被氧化为 CO_2 和 H_2O，主要有污水处理厂的曝气过程、江河湖海上层水体环境的降解等。厌氧降解是在氧气不足的情况下，分子中的 C 被转化为 CH_4，主要有江河湖海的下层水体和污泥层的降解等。两种过程涉及的微生物品种和酶都不一样。

7.2.2　评价标准与方法

7.2.2.1　评价标准

对生物降解评价标准由表 7.2 中几种分析参数决定。

表 7.2　生物降解分析参数

项目	方法/指标	代号	生物降解度
化合物经第一生物降解，活性下降度	对阴离子用亚甲基蓝法	MBAS	MBAS 除去率
	对非离子用铋活性法	BiAS	BiAS 除去率
所有有机物最后生物降解度的检测参数	生化耗氧量	BOD	BOD 理论或 BOD/COD
	可溶性有机碳	DOC	DOC 除去率
	总有机碳	TOC	TOC 除去率
	二氧化碳	CO_2	CO_2 生成量
	化学耗氧量	COD	COD 除去率

化合物的 MBAS 与 BiAS 除去率已在洗剂法有规定，最小值为 80%除去率。概括性参数中 BOD（BOD/COD）、DOC 除去率、CO_2 生成量在一般化学品法中是首要的指标。BOD 是在空气中经微生物氧化所需理论生物耗氧量。COD 是在空气中经强氧化剂降解所需理论耗氧量。BOD/COD 是衡量化合物可生化性的一个重要参数。这个比值反映了化合物中可生物降解的有机物的比例。TOC（总有机碳）的定义是有机碳的总和。DOC 即可溶解性有机碳，是评价水质中有机物污染的重要指标。TOC（总有机碳）是间接表示水中有机物含量的一种综合指标，其显示的数据是污水中有机物的总含碳量[1-2]。

BOD 能相对地表示微生物可分解的有机物量，BOD_5 为 5 日生化需氧量。以重铬酸钾为氧化剂时的 COD 常被近似地当作水中有机物总量。因此根据 BOD_5/COD 值的大小，可评定有机物的可生物降解性，其值越大，表明越容易生物降解。BOD_5/COD 值$>$0.45，易生物降解；0.30$<BOD_5$/COD 值$<$0.45，可生物降解；0.20$<BOD_5$/COD 值$<$0.30，生物降解速度慢，难生物降解；

BOD_5/COD 值<0.20，不易生物降解。

对生物降解性能的评价标准如表 7.3 所示[3]。

表 7.3 生物降解性能评价标准

降解情况/%	生物降解等级
$\eta_8>30\%$ 或 $\eta_{20}>60\%$	易降解
$10\%<\eta_8<30\%$ 或 $30\%<\eta_{20}\leqslant 60\%$	可降解
$10\%<\eta_{20}\leqslant 30\%$	较难降解
$5\%\leqslant\eta_{20}\leqslant 10\%$	难降解
$\eta_{20}<5\%$	不可降解

表 7.3 中 η_n 指第 n 天的降解率，计算公式如下：

$$\eta=\left(1-\frac{TOC_n}{TOC_0}\right)\times 100\%$$

式中，TOC_n 和 TOC_0 分别为第 n 天和初始时待测混合液的总有机碳含量。

7.2.2.2 测试方法

目前许多国家都有各自的有关化学品生物降解性的测试方法。在国际上有重要影响的主要是三类，即经济合作和发展组织（OECD）规定的相关测试方法、欧盟规定的相关测试方法和 ISO（国际标准化组织）的测试方法[4]。

(1) OECD 测试方法

OECD 是最早制定化学品生物降解性测试方法的机构，最早颁布了关于化学品物理性质、环境和生态学性质、对生物和人体的慢性和急性毒性及刺激性等的一系列测试方法。表 7.4 的环境和生态学性质内容包括快速生物降解性测试方法（301A-301F）（见表 7.5）、固有生物降解性测试方法（302A-302C）、生物降解性模拟测试方法（303A、303B）、厌氧生物降解测试方法（311）、土壤生物降解测试方法（304、307、312）、海水中生物降解测试方法（306）、化学品生物累积（305）测试方法以及其他相关方法。

表 7.4 OECD 第 3 部分生物降解和累积的方法特点

编号	方法类别	分类方法	特点和测试项目
301	快速生物降解性测试	301A:DOC Die-Away	溶解有机碳
		301B:CO_2 Evolution(Modified Sturm Test)	逸出 CO_2
		301C:MTTI(Ⅰ)(Ministry of International Trade and Industry,Japan)	消耗 O_2
		301D:Closed Bottle	溶解 O_2
		301E:Modified OECD Screening	溶解有机碳
		301F:Manometric Respirometry	消耗 O_2

续表

编号	方法类别	分类方法	特点和测试项目
302	固有生物降解性测试	302A:Modified SCAS Test	
		302B:Zahn-Wellens/EMPA(1)Test	
		302C:Modified MITI Test(Ⅱ)	
303	模拟测试方法	303A:Simulation Test	活性污泥连续法
		303B:Biofilms	生物膜反应器
304	土壤固有生物降解性测试	304:Inherent Biodegradability in Soil	土壤中
305	鱼体内生物累积测试	305: Bioconcentration Flow-through Fish Test	鱼类
306	海水中的生物降解测试	306:Biodegradability in Seawater	海水中降解
307	土壤中好氧-厌氧转移测试	307:Aerobic and Anaerobic Transformation in Soil	土壤中
308	沉积物中好氧-厌氧转移测试	308:Aerobic and Anaerobic Transformation in Aquatic Sediment Systems	污泥沉淀物中
309	好氧降解测试	309: Aerobic Mineralisation in Surface Water-Simulation Biodegradation Test	天然水体
310	快速生物降解测试	310:CO_2 in sealed vessels(Headspace Test)	CO_2 顶空逸出法
311	厌氧降解测试	311:Anaerobic Biodegradability of Organic Compounds in Digested Sludge Measurement of Gas Production	生成气体测定:甲烷
312	土壤渗透测试	312:Leaching in soil columns	土壤

在所述的 12 类方法中，化学品在水体中的生物降解性测试方法是最重要的内容。这类测试方法可分为三个层次：（好氧）快速生物降解测试、固有生物降解测试和模拟生物降解测试。快速生物降解测试方法的特点是微生物和化学品一次性地投入测试体系中，其中微生物与化学品的比例最低（30mg/L∶30mg/L），即化学品投入相对量最大。如果在快速生物降解测试中其最终生物降解度能够达到相关标准（DOC 降解率大于 70%；其他如呼吸法，CO_2 生成量及 BOD 等大于 60%），说明被测物的生物降解性非常好，可以认为属于易生物降解物质。如果在快速生物降解测试中不能过关，也并不表示不能使用，而是要继续用模拟生物降解测试方法进行测试。模拟生物降解测试方法有连续和半连续活性污泥法、生物膜法。这是完全模拟现代污水处理厂的工艺流程而建造的一套生物降解测试装置，那些不能满足快速生物降解测试要求，而又经过固有生物降解证明该化学品能够最终被生物降解的物质，可以使用模拟测试法来评判其生物降解性。连续和半连续活性污泥法的特征是微生物与被测物质的比例很

高 [(2～4)g/L：30mg/L]，但是样品在整个降解测试期间以固定的浓度连续地进入降解体系中。模拟测试方法是最终确认方法，其对初级生物降解性的要求是大于 80%。在快速生物降解中，不同的测试项目都有各自的适用范围，具体数据如表 7.5 所示。

表 7.5　301 各种方法的适用范围

编号	测试项目	适用范围		
		难溶物	挥发物	易吸附
301 A	溶解有机碳	−	−	+/−
301 B	逸出 CO_2	+	−	+
301 C	消耗 O_2	+	+/−	+
301 D	溶解氧 O_2	+/−	+	+
301 E	溶解有机碳	−	−	+/−
301 F	消耗氧 O_2	+	+/−	+

注："+"代表适用；"−"代表不适用。

(2) ISO (国际标准化组织) 的测试方法

国际标准化组织的水质委员会 ISO/TC 142 SC5 也颁布了很多关于有机物在水中生物降解性的测试方法。很多 OECD 的方法与这些 ISO 方法是一致的，见表 7.6。

表 7.6　部分国际标准化组织的测试方法与 OECD 方法的比较

标准号	方法	方法特点和测定内容	等同采用的 OECD
ISO 7827:2010	快速最终好氧生物降解性测定:DOC 消失法	溶解有机碳测定	301A,301E
ISO 7828:1985	样品总则		
ISO 9408:1999	最终好氧生物降解性——密闭瓶法	O_2 消耗	
ISO 9439:1999	最终好氧生物降解性	CO_2 逸出	301B
ISO 9887:1992	好氧生物降解性	半连续活性污泥法	302A
ISO 9888:1999	最终好氧生物降解性	Zahn-Wellens 法	302B
ISO 10634:1995	总则	难溶物样品处理	
ISO 10707:1994	最终好氧生物降解性	BOD 测试	
ISO 10708:1997	最终好氧生物降解性	BOD 测试(两相密闭瓶)	
ISO 11733:2004	有机物的降解和消除	连续活性污泥法	303A
ISO 11734:1995	有机物厌氧降解	CH_4 测试	311

续表

标准号	方法	方法特点和测定内容	等同采用的 OECD
ISO 14592-1:2002	低浓度好氧降解	自然水系	309
ISO 14592-2:2002	低浓度好氧降解	流动河水模式	
ISO 14593:1999	最终好氧生物降解性	CO_2 顶空逸出法	310
ISO/TR 15462:2006	总则	生物降解测试方法选择	
ISO 15522:1999		活性污泥微生物的抑制	
ISO 16221:2001	总则	海水体系测试指南	
ISO 18749:2004		活性污泥吸附测试	

(3) 欧盟委员会的测试方法

欧盟成立后，为了规范市场、使产品能在欧盟内部市场统一销售，在 2004 年颁布了专门针对洗涤剂和表面活性剂的法规 EC/NO. 648 并于 2005 年 8 月生效实施。该法规的具体测试方法细节见表 7.7。

表 7.7 欧盟 NO. 648 法规中规定的有关表面活性剂生物降解性测定方法

项目	培养方法	分析方法	指标
初级降解（确认实验）	连续活性污泥法	EU ISO 11733—2004	>80%
最终降解方法 1	密闭容器、通无 CO_2 的空气（搅拌或不搅拌）	Directive 67/548/EEC Annex V. C. 4-C（CO_2 Evolution Modified Sturn test）； Directive 67/548/EEC Annex V. C. 4-E（Closed Bottle）； Directive 67/548/EEC Annex V. C. 4-D（Menometric Respirometry）； Directive 67/548/EEC Annex V. C. 4-F（MITI Japan）	>60%
最终降解方法 2（选择）	溶解有机碳测定	Directive 67/548/EEC Annex V. C. 4-A（Dissolved Organic Carbon DDC Dieaway）； Directive 67/548/EEC Annex V. C. 4-B（Modified DOC Screening DOC Dieaway	>70%

初级生物降解性的确认需通过模拟实验验证，要求降解率大于 80%；最终生物降解性评估以二氧化碳生成量或耗氧量为判定依据（作为首选方法），测试结果需达到 60%以上；而 DOC（溶解性有机碳）法作为替代方法（方法 2），则要求降解率大于 70%。

(4) 我国有关生物降解的标准

我国颁布的与化学品生物降解性条目有关的国家标准目前主要有 15 个，其中有 12 个生物降解标准是将 OECD 方法 301（A、B、C、D、E、F 共 6 个）、

302（A、B、C 共 3 个）、306（1 个）、311（1 个）以及总则（1 个）等同采用。此外 GB/T 20778—2006《水处理剂可生物降解性能评价方法　CO_2 生成量法》于 2007 年 6 月 1 日实施，是关于水处理剂的生物降解性的测定方法，该方法是 ISO 9439：1999 的等同采用，与 OECD 301B 基本相同。GB/T 15818—2018《表面活性剂生物降解度试验方法》规定了用于洗涤剂的表面活性剂的初级生物降解度测试方法，以及相关的分析方法。国家标准对可用于洗涤剂的表面活性剂的生物降解性及其测试方法也做出了具体的规定。国标方法与欧盟 OECD 方法对照见表 7.8。

表 7.8　我国生物降解的标准及其与 OECD 的对照

标准名称	标准号	等同采用	检测项目
《化学品　快速生物降解性　DOC 消减试验》	GB/T 21803—2008	OECD 301A	DOC
《化学品　快速生物降解性　二氧化碳产生试验》	GB/T 21856—2008	OECD 301B	CO_2 生成量
《化学品　快速生物降解性　改进的 MITI 试验（Ⅰ）》	GB/T 21802—2008	OECD 301C	BOD、COD
《化学品　快速生物降解性　密闭瓶法试验》	GB/T 21831—2008	OECD 301D	溶解氧
《化学品　快速生物降解　改进的 OECD 筛选试验》	GB/T 21857—2008	OECD 301E	DOC
《化学品　快速生物降解性　呼吸计量法试验》	GB/T 21801—2008	OECD 301F	压力、DOC
《化学品　固有生物降解性　改进的半连续活性污泥试验》	GB/T 21817—2008	OECD 302A	DOC
《化学品　固有生物降解性　赞恩-惠伦斯试验》	GB/T 21816—2008	OECD 302B	DOC 或 COD
《化学品　固有生物降解性　改进 MITI 试验（Ⅱ）》	GB/T 21818—2008	OECD 302C	
《水处理剂可生物降解性能评价方法 CO_2 生成量法》	GB/T 20778—2006	ISO 9439:1999	CO_2 或 DOC
《表面活性剂生物降解度试验方法》	GB/T 15818—2018		达到 90%或第 7 天的降解率
《化学品　海水中的生物降解性　摇瓶法试验》	GB/T 21815.1—2008	OECD 306	DOC

续表

标准名称	标准号	等同采用	检测项目
《化学品　生物降解筛选试验　生化需氧量》	GB/T 27852—2011		BOD
《化学品　有机物在消化污泥中的厌氧生物降解性　气体产量测定法》	GB/T 27857—2011	OECD 311	CH4 测定
《化学品　快速生物降解性　通则》	GB/T 27850—2011	总则	

7.3　国内外生物降解的法律法规

20 世纪 60 年代，由于工业大规模发展，人们发现在创造便利生活的同时，也在破坏环境，尤其是化学工业的发展，造成的危害更大。日本发现的一种水俣病是排放污水中含有的金属汞所造成的。以后又发现洗涤剂对鱼类、水生物都有毒害作用。洗涤剂当时主要是支链烷基苯型的，由于它的生物降解能力很差，对生态造成很大影响。从此各国开始在开发新产品的同时，重视对生态、生化的影响。首先是联邦德国政府公布了洗涤剂法，相继欧洲共同体、日本、美国制定了表面活性剂法。之后国际经济合作与发展组织（OECD）成立了国际环境委员会讨论在世界范围内保护环境，保持生态平衡的工作[2]。目前已有的化学品相关法规及其制定时间如表 7.9 所示[1,5]。

表 7.9　目前已有的环境化学品法规及其制定时间

年份	国家或组织	法规名称
1961	联邦德国	《联邦德国洗涤剂法》
1962	联邦德国	《关于 1961 年洗涤剂法的法令》(有关阴离子表面活性的，1964 年施行)
1967	欧共体	《各成员国类似法规有关分类、包装和危险物质标记等的委员会指令》
1968	欧共体	《关于洗涤剂的欧洲协定》
1969	智利	《有毒物质贸易法》
1973	欧共体	《欧洲经济共同体 405 号指令(阴离子表面活性剂)》
1973	欧共体	《欧洲经济共同体 404 号指令(通用表面活性剂)》
1973	日本	《化学物质控制条例》《化学物质审查及制造控制法》
1973	瑞典	《关于对人类和环境有害产品的条例》
1975	加拿大	《环境污染物质法》
1975	联邦德国	《洗涤剂法》

续表

年份	国家或组织	法规名称
1976	挪威	《化学制品控制法》
1976	美国	《有毒物质控制条例》(TSCA)
1977	联邦德国	《洗涤剂法的法令(阴离子和非离子表面活性剂)》
1977	法国	《化学品控制条例》
1979	欧共体	1967,6,20 委员会的 6 项修正案
1979	丹麦	《有毒化学品条例》《化学物质及制品法》
1979	新西兰	《有毒物质法》
1980	联邦德国	《化学品法》《危险物质保护法》
1980	欧共体	《欧洲经济共同体关于非离子表面活性剂的指令(草案)》
1980	美国	《环境应对、赔偿和责任法》
1985	瑞典	《化学品管理法》
1987	欧共体	《关于化学品注册、评估、授权和限制的法规》(REACH 法规)
1990	日本	《化学物质审查和生产控制法》《化学物质排出审查法》
1999	加拿大	《加拿大环境保护法》(CEPA)
2000	欧盟	《水框架指令》
2002	中国	《危险化学品安全管理条例》(2013 年修订)
2006	澳大利亚	《国家化学品清单管理计划》(NCMIS)
2008	欧盟	《废弃物框架指令》
2009	中国	《新化学物质环境管理办法》(2010 年 10 月 15 日施行)
2013	韩国	《韩国化学品注册与评估法案》(K-REACH)

7.4 生物降解性测定方法

研究表面活性剂生物降解的方法很多，最常用的检测初级生物降解度的方法主要有活性污泥法、振荡培养法，而对于最终生物降解度的检测则常用生物需氧量（BOD）法、生成 CO_2 法、化学耗氧量（COD）法和溶解有机碳（DOC）法。其中，BOD 法是经典且核心的生物降解评估手段，其原理（微生物代谢活动）直接关联“生物降解”的本质过程，而 COD、DOC 等方法更多侧重于化学指标（如总需氧量、有机碳含量），属于辅助性或间接评估手段。CO_2 生成法则需测定微生物代谢产生的 CO_2 量，适用于评估有机物的矿化程度，但操作复杂

（需密闭系统与气体检测），在表面活性剂降解研究中应用频率可能低于BOD 法。

BOD 是指在有氧条件下，微生物分解水中有机物的生物化学过程所需的溶解氧量，常用的方法有稀释接种法和微生物电极法。稀释接种法测定五日生化需氧量，过程如下：用培养瓶填充水样，在恒温下培养 5 天，根据培养前后溶解氧浓度变化计算每升水中耗氧量（即 BOD_5 值）。微生物电极法测定生化需氧量，利用微生物电极原理。当不含有机物的样品通过循环池时，通过微生物膜的溶解氧几乎没有变化；当含有有机物的样品通过循环池时，微生物消耗的溶解氧多，流经微生物膜的溶解氧减少。溶解氧含量的变化直接改变了氧电极的产量，说明输出电流的变化与样品中有机物的含量成正比，依此计算 BOD 值[6]。

7.4.1 好氧生物降解性测定方法

7.4.1.1 呼吸法

有机物分解时一部分被生物分解，另一部分被同化。同化过程中伴随有氧气的消耗，消耗的氧气量与有机物的浓度成正比。呼吸法测定有机物的生物降解性就是基于这一原理，所以呼吸法必须在封闭系统中进行。采用呼吸法的主要有MITI 法、瓦勃氏呼吸仪法和密封瓶试验等。呼吸法一般不能反映有机物的无机化情况。

7.4.1.2 测定基质的去除方法

在评价有机物生物降解性时由于呼吸法的局限性，一般把呼吸法作为初步试验方法，再通过分离和定性、定量分析技术来测定被试验化合物和代谢产物浓度的变化。

直接测定微生物去除有机物的效果最能直观地给出有机物的降解情况，根据指标不同，可以分为两种：

（1）特异性分析方法

用特殊仪器或方法测定反应前后受试物浓度的变化，来分析受试物的降解性。该法可在受试物与其他化合物混合时测定，但只与受试物的化学结构变化有关，不能判断是否完全降解。

（2）综合指标分析法

分析反应前后基质的 TOC、COD、ATP（三磷酸腺苷）等综合指标，这一类方法用得较多，主要有静置烧瓶筛选试验、摇床试验、半连续活性污泥法、活性污泥法模型试验、ATP 法、综合测试评价法等。

7.4.1.3 测定有机物分解产生 CO_2 的量

细菌分解有机物，最终会生成 CO_2，生成 CO_2 的量与有机物降解的量相对应，通过检测产生 CO_2 的量可以判定有机物的生物降解性。斯托姆（Sturm）试验和格兰德赫（Gladhill）试验就是依据的这个原理，这种方法反映有机物的无机化程度，但试验系统比较复杂。

7.4.1.4 分析细菌增殖情况的方法

细菌在分解有机物的同时，会以有机物为营养和能源进行生物合成，所以细菌的增殖情况也能反映有机物的降解情况。这类方法主要有细菌计数法和测定生物活性法。

7.4.2 厌氧生物降解性测定方法

有机物厌氧生物降解性是指有机物在厌氧条件下被微生物利用，在一定时间内完全降解为 CH_4 和 CO_2 的程度。有机物厌氧分解示意图如图 7.1 所示。

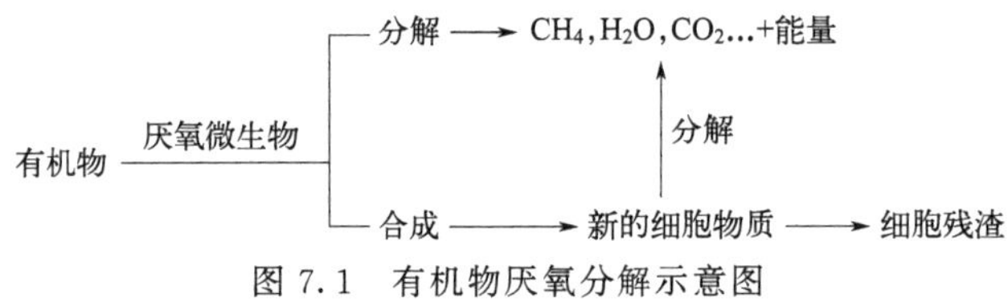

图 7.1 有机物厌氧分解示意图

底物浓度降低、产气量增加、微生物量增长等都是有机物被降解的表现，可通过测定这三方面参数的变化来评价其厌氧生物降解性。降解速度越快、降解越完全表明该有机物厌氧生物降解性越好。与好氧生物降解性相比，目前所建立的有机物厌氧生物降解性的测定方法较少。

7.4.2.1 厌氧消化小型试验

分析实验前后有机物的浓度变化，一般用于混合物的情况。厌氧消化的优点是有机质经消化产生了能量，残余物可作肥料。厌氧消化最开始用于废物处理，目前厌氧消化已应用于多个领域，如城市垃圾处理、工业废水处理及潜在能源开发，并且已建立了大规模的厌氧消化工厂。

7.4.2.2 血清瓶试验

用严格培养的厌氧菌测定单一或混合有机物能否被厌氧菌降解为 CH_4。实验室中对单一有机物的厌氧降解规律和甲烷产生速率的研究多采用血清瓶进行。厌氧过程的条件非常苛刻，特别是对环境中溶解氧含量及氧化还原电位都有严格的要求。为保证严格的厌氧条件，试验前要用氮气吹脱反应瓶气液两相中的氧气，血清瓶既要密封防止空气进入又要能排出厌氧过程中产生的气体。因此反应装置的结构和试验操作过程都可能会引起试验误差，特别是挥发性有机物误差更大。

7.4.3　模拟实验

模拟实验预测在一定环境条件下受试物的生物降解性。根据受试物在环境中的分布和潜在毒性，大致可确定所危害的区域，模拟相应实际区域的生态因子，测定受试物的生物降解性，其结果可以提供受试物在实际环境条件下的生物降解率。模拟的条件可以是好氧生物处理系统、厌氧生物处理系统、湖泊、河流、港湾、海洋、土壤等条件。

在所有表面活性剂中，环境对两性表面活性剂接受能力最强，因此一般对生物降解性的研究不涉及两性表面活性剂。其中降解速度顺序为阳离子表面活性剂＞非离子表面活性剂＞阴离子表面活性剂[7]。

7.4.4　表面活性剂的生物降解性研究方法

7.4.4.1　振荡培养法

振荡培养法指的是将微生物源放在表面活性剂样品溶液中培养，将温度控制在一个固定值下，随后跟随时间推移来测定表面活性剂浓度的变化，以此来求解出表面活性剂降解率的一种方法。实验中使用的所有微生物基本都是天然微生物或者是经过污水厂处理加工之后的污泥，这种方法十分简单、易于操作，具有很强的重现性。

7.4.4.2　生物消耗氧气 Warburg 法和 CO_2 法

有机物大部分都会被生物直接分解，剩余的则会被同化。在有机物同化的过程中，也会消耗一定量的氧气，消耗的氧气量与有机物的浓度成正比。立足于这一原理，可以借助 BOD（即生物消耗氧气 Warburg 法）来测定生物降解率。利用测定得出的表面活性剂的耗氧量，再与相同时间内降解的速率进行对比；随后，再依照溶解 DOC 的方法来测定表面活性剂的浓度。需要注意的是，Warburg 法和 BOD 法所使用的原理一样，但 BOD 法是根据表面活性剂的耗氧量来测定其最终的浓度以及有机物的降解速率的。CO_2 法利用氢氧化钠与表面活性剂生物降解过程中产生的二氧化碳进行反应，再通过计算碳酸钡的生成量来测定出最终的生物降解度。这种测定方法十分有效，能够直接测定出表面活性剂的生物降解度，但受到测定过程中生成的二氧化碳的影响，最终测定的结果不精确。

7.4.4.3　活性污泥法

活性污泥法是一种污水处理工艺，它通过在曝气池中培养微生物群，利用这些微生物的代谢作用来去除废水中的有机物。此类好氧性微生物构成主要包括原生动物、后生动物、细菌和真菌等有机物和无机物。活性污泥法有连续活性污泥法和半连续活性污泥法两种主要方法，大多是运用到污水处理的工作中。其中，连续活性污泥法是将固定量的表面活性剂和含有营养物质的人工污水引到特定的设备中，通过测定表面活性剂的量计算出降解度；而半连续活性污泥法是将表面活性剂与营养物质根据质量浓度变化来慢慢增多，以此来促进微生物分解，推动表面活性剂生成酶，最终测定得出表面活性剂的剩余浓度，并得出生物降解速率。与此同时，利用对中间产物的测定，还能够得出生物降解的机理，计算出半衰期。连续活性污泥法的测定时间过长，操作条件重现性差，会导致测定结果不准确，因此，半连续活性污泥法的使用范围更广一些。

7.4.5 表面活性剂的生物降解性指标

(1) 生物降解度

生物降解度是指在特定暴露时间和定量分析条件下，表面活性剂因微生物代谢作用发生的浓度降低，通常以百分比（%）表示，用于衡量物质在环境中的可降解能力。

(2) 降解时间与半衰期

在生物降解实验中，表面活性剂的降解过程随暴露时间的延长逐渐趋于稳定。当降解度不再随时间显著变化时，其稳定值及达到稳定的初始时间可作为生物降解进程的评估指标。此外，半衰期（$t_{1/2}$）是另一个关键参数，指表面活性剂浓度降解至初始浓度 50%所需的时间。一般来说，半衰期越短，表明物质的生物降解速率越快，环境残留风险越低[8]。

7.5 脂肪醇衍生物的生物降解数据

7.5.1 脂肪醇硫酸酯盐

直链伯烷基硫酸盐（LPAS）是具有最快初级降解速度的表面活性剂，通常用摇瓶实验或河水消失实验测定，不到一天时间就可完全降解（降解度达 90%以上）。直链仲烷基硫酸盐尽管降解速度比 LPAS 要慢一些，但也是能够很容易降解的。无论是伯烷基磺酸盐还是仲烷基磺酸盐（SAS），都很容易生物降解，但一般比 LPAS 慢一些，比 LAS 要快。液体脂肪醇硫酸钠具有优良的生物降解性，降解度大于 99%，无环境污染。液体脂肪醇硫酸钠的生物降解是先脱磺基，然后再经过脱氢和氧化逐步降解成 CO_2 和 H_2O。K_{12}、天然醇 AES 和合成醇 AES 等几种常见表面活性剂生物降解性能随时间的变化而变化，降解曲线如图 7.2 所示。从图 7.2 可看出，K_{12} 经过 1 天的缓滞期后，进入第 2 天就快速降解，经过 3 天就可完全降解[9]。

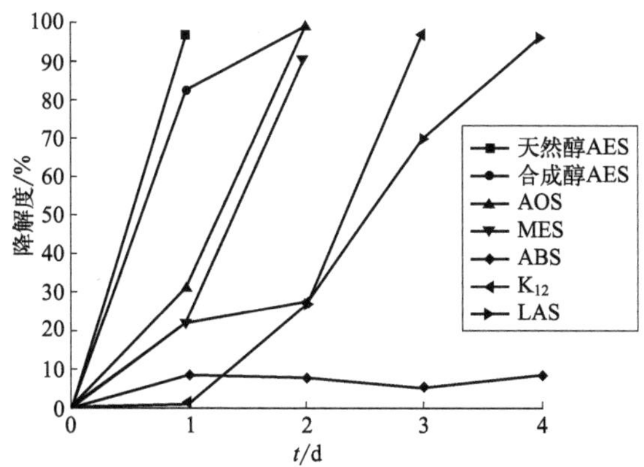

图 7.2　阴离子表面活性剂的降解曲线

7.5.2 脂肪醇聚氧乙烯醚

脂肪醇聚氧乙烯醚（AEO）在自然界的生物降解过程如图 7.3 所示。一般直链脂肪醇聚氧乙烯醚容易降解，平均降解度大于 90%。Itoh 等[10] 对一些常见的阴离子和非离子表面活性剂的厌氧生物降解研究发现，一般常用的表面活性剂的降解速度顺序为 AEO＞烷基酚聚氧乙烯醚（APEO）。对土壤中 AEO 生物降解的研究表明[11]，两天内有 50%AEO 降解为 CO_2 和 H_2O，未降解的 AEO 处于土壤中 6.4mm 以上，在两个星期内，90%的 AEO 降解。

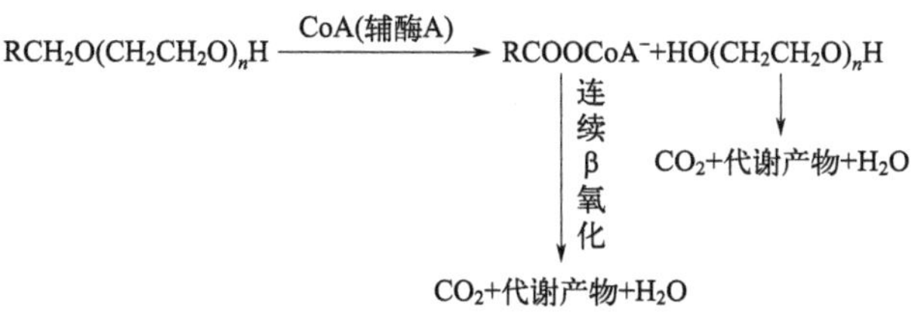

图 7.3　AEO 的生物降解过程

影响脂肪醇聚氧乙烯醚生物降解性的因素有很多。人们对脂肪醇聚氧乙烯醚中 EO 单元长度对生物降解性的影响进行了系统的研究，在一般洗涤剂中使用的 EO 链范围对生物降解性没有什么影响，Birch[12] 用 BOD 法比较了含有 10 个、20 个、30 个和 40 个 EO 单元直链伯醇、羰基合成醇（50%和 70%支链）和直链仲醇的聚氧乙烯醚的降解情况。结果发现，无论是链长与链短，直链伯醇聚氧乙烯醚降解度都为 98%～99%，但随着 EO 数的增加，羰基合成醇和直链仲醇 AEO 的初级生物降解度下降。以脂肪醇聚氧乙烯醚（AEO）为目标污染物，在等同条件下做厌氧消化污泥和好氧活性污泥对其生物降解性能的对比实验，采用标准 GB/T 15818—2018 规定的聚氧乙烯型非离子表面活性剂含量的测定方法——硫氰酸钴分光光度法来测定 AEO 的降解率。降解率通过等同条件下加了降解污泥的体系和未加污泥的空白体系的 AEO 的质量浓度差来计算。得出了同一系列 AEO 分子中聚氧乙烯基与整个分子的降解难易程度的关系。AEO 经培养驯化成功的厌氧消化污泥和好氧活性污泥降解后，用硫氰酸钴分光光度法测其降解率[13]，测定结果列于表 7.10。

表 7.10 AEO 在厌氧和好氧状态下的生物降解率

表面活性剂	降解率/%	
	厌氧	好氧
AEO_2	90.00	80.01
AEO_4	86.21	79.44
AEO_5	85.62	76.62
AEO_6	82.11	70.33
AEO_7	79.93	69.89
AEO_9	79.09	68.81
AEO_{12}	70.99	65.23
AEO_{36}	65.87	59.01
AEO_{45}	64.18	58.45
AEO_{54}	62.91	55.38

烷基链长似乎对 AEO 的生物降解速度和降解度的影响不大，Sturm[14] 研究了一系列直链 C_8-AEO_3～C_{20}-AEO_3（每次增加两个碳）的降解情况。研究结果表明：链长不影响生物降解，但链的支化度对 AEO 的降解性能有较大的影响。此外，有研究结果表明，羰基合成醇制备的高支化度的 AEO 只能缓慢地降解。

7.5.3 脂肪醇醚硫酸酯盐

脂肪醇聚氧乙烯醚硫酸酯盐（AES）的第一步降解主要是醚键的断裂（任何碳链长度含醚键的化合物都是如此），生成醇、醇醚和各种聚乙二醇硫酸酯盐。醇的降解通过 ω-或 β-氧化，但是聚乙二醇硫酸酯盐可能是逐步氧化的，EO 单元断裂同时脱硫。没有氧气的情况下，醚键的断裂和脱硫也有可能发生，但是厌氧生物降解的途径还没有得到证实。对十二醇聚氧乙烯（3）醚硫酸酯盐进行的降解研究表明：醚键断裂反应产物中含 20%的十二醇和三甘醇硫酸酯盐，45%的十二醇 1 分子 EO 聚合物和二甘醇硫酸酯盐，35%的十二醇 2 分子 EO 聚合物和乙二醇硫酸酯盐，而硫酸盐只占总产物的 10%～15%。同时发现，聚乙二醇硫酸酯盐（单乙二醇硫酸酯盐除外）的后续氧化降解相对较慢，但自然环境中的复杂微生物体系会将它们完全降解。

7.5.3.1　AES 好氧生物降解

AES 在有氧条件下降解迅速且完全，如 $C_{12}AE_3S$ 在稳定期内初级生物降解率为 99.2%，可以通过生物降解除去；最终生物降解率为 95.5%，表明它们在环境中有很好的潜在生物降解性，可最终生物降解[15]，且都已达到欧盟洗涤剂相关法规对表面活性剂生物降解的要求。在活性污泥模拟试验中，降解 $C_{12\sim14}$-AE_3S 和 $C_{12\sim15}$-AE_3S 要消耗 67%～99%的活性溶解有机碳。易生物降解的化合物的试验结果表明：如果在实际测定中需氧量占理论需氧量的 50%以上，CO_2 生成量占理论生成量的 70%以上，就认为被测物实际上或基本上已达到了最终好氧生物降解。按经济合作与开发组织颁布的准则（OECD 301 系列），AES 的最终好氧生物降解性如表 7.11 所示，结果表明，AES 具有良好的最终好氧生物降解性。

表 7.11　AES 的最终好氧生物降解性

AES	实验方法	实验结果/%
$C_{12\sim14}$-AE_2S	密闭静置法，28 天	占理论需氧量 58～100
$C_{12\sim15}$-OXO-AE_3S	改进的 OECD 筛选试验，28 天 生成 CO_2 法，28 天	消耗溶解有机碳 96～100， 占理论 CO_2 生成量 65～83
$C_{12\sim18}$-$AE_{8.5}S$	密闭静置法，28 天	占理论需氧量 100

7.5.3.2　AES 厌氧生物降解

有关 AES 在厌氧条件下生物降解性方面的数据极少。有研究确定了 AES 的初级厌氧生物降解率。研究表明，以亚甲基蓝为指示剂，28 天 $C_{12\sim14}$-AE_3S 降解 64%，17 天 C_{16}-AE_1S 降解 70%。$C_{12\sim14}$-AE_3S 的最终厌氧生物降解率由产生 CO_2 气体量确定，培菌液采用菌致分解污泥（一种湿地淡水中的海生沉淀物），培菌液中每升含 20mg AES（作为碳源）。在菌致分解污泥中，56 天后气体净生成量为理论气体生成量的 23%，实验还选用更高浓度的细菌培养液来测定底物比率。结果表明：该厌氧条件下，AES 降解更充分[16]。Nuck 和 Federle[17] 在 1996 年对 C_{14}-AE_3S 的厌氧生物降解进行了实验，用 ^{14}C 示踪 EO 部分，AES 和厌氧菌致分解污泥放在密闭罐中，35℃下培养，细菌培养液中菌致分解污泥的浓度是 24～29g/L，密闭罐顶部通入 N_2，用 KOH 吸收产生的 $^{14}CO_2$，800℃ $^{14}CH_4$ 在 CuO 催化下时，氧化成 $^{14}CO_2$，再用 KOH 吸收。17 天后，$^{14}CO_2$ 和 $^{14}CH_4$ 的回收率分别是 88.4%和 87.4%。

7.5.4　脂肪醇酯

脂肪醇聚氧乙烯醚磷酸酯的生物降解性较好，烷基磷酸酯具有与烷基醇硫酸钠相近的生物降解能力，也能降解成二氧化碳和磷酸根离子。如双癸基磷酸酯降解 10～15d 后，生物降解率接近 100%，而十二烷基苯磺酸钠的降解率小于 20%。可以用振荡培养法和密闭瓶法对脂肪醇聚氧乙烯醚磷酸酯进行生物降解性测定，采用振荡培养法模拟降解环境，在原国家标准 GB/T 15818—2006 的基础上，通过改进的硫氰酸钴法分析醇醚磷酸酯型助剂的生物降解性。醇醚磷酸酯易生物降解，初级生物降解度比较稳定。在一定的温度范围内，随着环境温度的升高，醇醚磷酸酯的初级生物降解度受环境温度影响很小，在一定程度上表明醇醚磷酸酯在自然环境中有较好且稳定的初级生物降解性。采用密闭瓶法对醇醚磷酸酯进行快速生物降解性的研究，实验结果较稳定且重复性较好。醇醚磷酸酯的生物降解速度相对较快，有较好的快速生物降解性。醇醚磷酸酯与无机参比物醋酸钠一样具有快速稳定的生物降解速率，在水环境中其生物降解速率不随温度的改变而改变，说明温度对醇醚磷酸酯的生物降解速率不存在显著的影响，在一定程度上表明醇醚磷酸酯具有稳定的快速生物降解性。

以改进的硫氰酸钴法测定好氧环境和厌氧环境培养的降解液中醇醚磷酸酯的残留浓度。经过污泥对醇醚磷酸酯的吸附-脱附时期后，从第 2 天开始定时取样检测残留量，醇醚磷酸酯在厌氧和好氧培养体系中降解率随时间的变化如图 7.4 所示：整体上醇醚磷酸酯在好氧和厌氧的环境条件下都容易降解。但厌氧消化污泥中的生物降解率要稍高于好氧活性污泥中的生物降解率。厌氧降解液在第 2 天的降解率低于好氧降解液在第 2 天的降解率，也即厌氧降解液在第 2 天的残留浓度高于好氧降解液第 2 天的残留浓度。醇醚磷酸酯具有稳定且快速的生物降解性，降解体系在培养过程中，8～9 个碳的醇醚磷酸酯容易生物降解成具有短 EO 链的中间产物，造成降解短时间内其表观 EO 数增多，导致其表观浓度增大而生物降解率降低，故醇醚磷酸酯在好氧和厌氧环境条件下短时间内其表观浓度有所增加；但由于醇醚磷酸酯在厌氧污泥体系中其生物降解性优于好氧污泥体系的生物降解性，故在短时间内，厌氧消化污泥体系中，由于醇醚磷酸酯降解所得的中间产物量相对较多，表观 EO 量较多，也即表观残留量较大、降解率较小，从而导致在降解的第 2 天，厌氧消化污泥对醇醚磷酸酯的生物降解率小于好氧活性污泥对醇醚磷酸酯的生物降解率。

脂肪醇聚氧乙烯醚磷酸酯在好氧降解途径既有 EO 链断裂途径和 EO 链的 ω-/β-氧化途径的共存，还有烷基链端的 ω-氧化途径。醇醚磷酸酯在好氧条件下可能的生物降解途径如图 7.5 所示[18]。

7.5.5 脂肪胺衍生物

在厌氧条件下，季铵盐（QACs）很难被生物降解利用，而在好氧条件下可以作为碳源被生物降解利用，半衰期为数小时到十几天。有研究模拟了 10 种

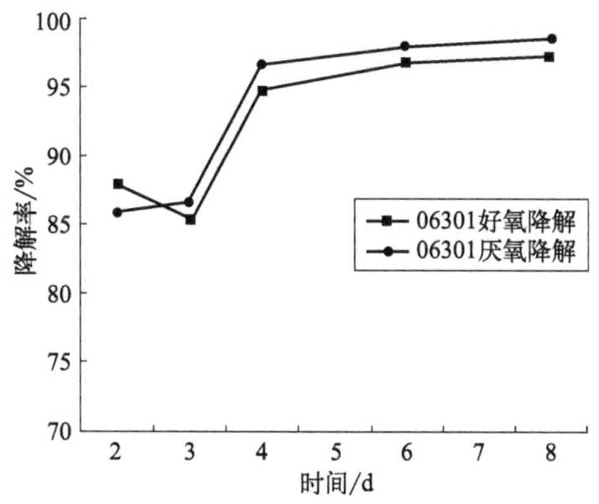

图 7.4　06301 实验室自制的新型脂肪醇聚氧乙烯醚磷酸酯型助剂在好氧和厌氧污泥环境中的生物降解性

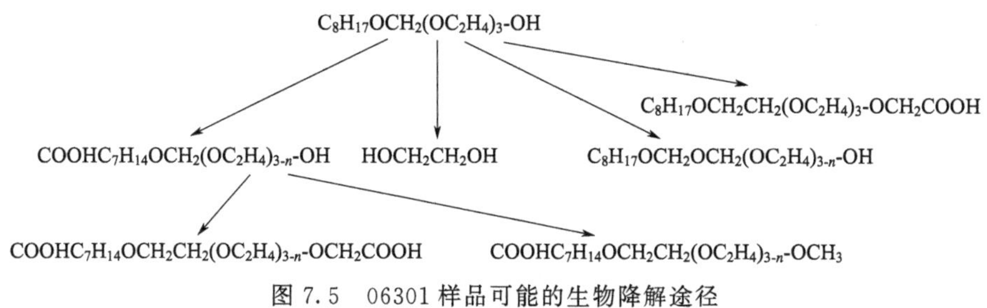

图 7.5　06301 样品可能的生物降解途径

QACs 在自然水环境中的生物转化，发现其均能被生物降解，半衰期为 0.5～1.6d[19]。张利兰等[20] 研究了 BAC（C_{12}）在两种不同类型土壤（碱性耕地土壤和酸性森林土壤）中的好氧生物降解，降解半衰期分别为 4.66d 和 17.33d，土壤有机质含量和微生物群落结构对其降解速率存在显著影响。QACs 的好氧生物降解主要由于 *Xanthomonas*、*Aeromonas* 和 *Pseudomonas* 等功能菌的生长利用。Oh 等[21] 将 BAC（C_{12} 和 C_{14}）作为好氧间歇式反应器的唯一碳源，发现 12h 内大部分的 BAC（C_{12} 和 C_{14}）被降解，*Pseudomonas* 丰度显著上升。目前，研究者在好氧条件下分离出一些有效降解 QACs 的微生物，如 *Pseudomonas fluorescens* TN4、*Pseudomonas putida* A（ATCC 12633）和 *Aeromonas hydrophila* sp. K 等。

QACs 的好氧生物降解反应主要以不同位置碳的羟基化为起始，目前报道的 QACs 好氧生物降解主要有以下 3 条途径（图 7.6）：①烷基末端 C 原子先进行 ω-羟基化反应，后经脱乙酸作用和末端羟基氧化形成羧酸 QACs，后经脱羧反应及多次脱甲基反应降解为 NH_4^+、CO_2 和 H_2O，乙酸和羧酸基团则通过 β-氧化被降解为 CO_2 和 H_2O；②烷基上与 N 原子相邻的 C 原子先进行 α-羟基化反应，后经脱烷基作用生成叔铵化合物和长链羧酸，叔铵化合物经过多次脱甲基后产生 NH_4^+、CO_2 和 H_2O，长链羧酸则通过 β-氧化被降解为 CO_2 和 H_2O；③甲基 C 原子先进行 α-羟基化起始反应，然后脱甲酸，之后按途径②被降解为 CO_2 和 H_2O。3 种途径的起始能量负荷是相同的，但途径③产生的中间产物（叔铵化合物），比途径①和②的产物毒性小，因此，途径③是主要的生物转化机制。在降解过程中微生物的单加氧酶、胺氧化酶和环羟基化加氧酶发挥关键作用。上述途径均是纯菌株降解利用 QACs 的主要方式，在多种微生物共存、多种电子受体共存的实际环境介质中，QACs 的主要降解途径是否会发生变化、环境中的多种理化因子是否对其产生影响均有待进一步研究。

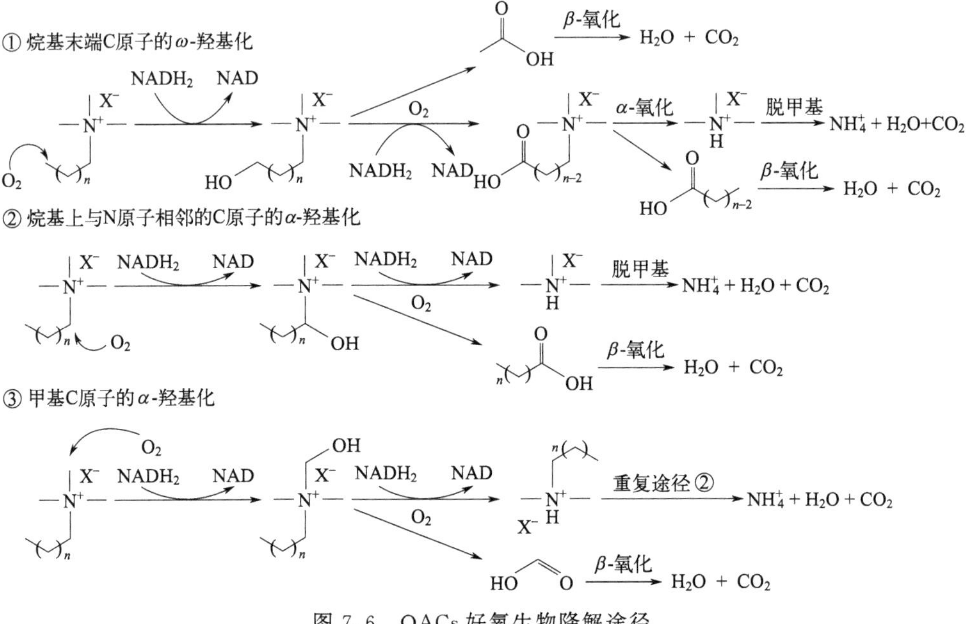

图 7.6　QACs 好氧生物降解途径

7.5.6　烷基糖苷

新型表面活性剂烷基糖苷（APG）展现出优异的生物降解性，通常在 10 天内即可达到其他表面活性剂需 28 天才能实现的最终降解度大于 80%的标准，因此被广泛誉为“绿色表面活性剂”[22]。

从表 7.12 的数据可以看出：在 APG 的 4 周试验阶段里，不管是严格密闭瓶试验（OECD 301D），还是改良筛选法（OECD 301E）和溶解有机碳（DOC）消除试验（OECD 301A），APG 均经受了高的最终降解。无论降解极限（BOD

≥60%/COD≥60%，≥70%DOC 除去)，还是时间窗判据（在 10 天范围之内达到降解过程的降解限度)，也很容易达到。因此，根据这些 OECD 判据，APG 可归类为“快速降解”，并能在环境中经受快速的最终降解。用模拟污水处理厂的条件来研究降解和消除习性，具体预测物质在地表水中浓度是很重要的。就 C_{12}/C_{14}-APG 而言，初步降解（除去母体化合物）和最终降解（除去 C）是在连续污水处理模型试验中研究的。跟踪在污水处理厂条件下 APG 的消除，是发展一种足够特定和灵敏分析方法的先决条件。经仅 1 周的模拟试验进行阶段(OECD 证实试验)，APG 消除率已达 98%；在随后 3 周评价阶段也在 99.5%～99.8%之间。因此，仅用 3h 这样较短的保留时间来与现代污水处理厂操作相比较，只需 1%APG 流入液浓度仍能在流出液中被测出。基于可比操作条件下，溶解有机碳（DOC）在成对装置试验中，可测得 89%±2%的高消除率。将这与评价 APG 的“快速降解”相结合，可以得出结论：APG 在污水处理厂条件下初步降解性高，并有高的最终降解性[23]。

表 7.12　C_{12}/C_{14}-APG 和 C_8/C_{10}-APG 的降解数据

测试方法	试验结果/%		分析参数	评价
	C_{12}/C_{14}-APG	C_8/C_{10}-APG		
最终降解筛选试验				
密闭瓶试验	73～88	81～82	BSB_{28}/CSB	满足 10 天时间
改良 OECD	90～93	94	DOC	
筛选试验	56～82	88	TOC	根据 OECD 分类法
DOC 消除试验	95～96	—	DOC	属“易于生物降解”
连续活性污泥试验			TOC	
OECD 证实试验	≥99.5	—	APG	初步降解
成对装置试验	89±2	—	DOC	最终降解
代谢试验	101.8±2	—	DOC	完全最终降解
厌氧降解度				
ECETOC 筛选试验	84±15	95±22	生成 CO_2+CH_4	厌氧最终降解

7.6　水生生物的毒性

7.6.1　概念

水生毒性是指化学物质通过水生环境暴露，对自然水体中的鱼类、溞类、藻类等水生生物造成危害，甚至导致中毒死亡的特性。由于部分具有水生毒性的化学品同时具备其他健康危害性，人类通过饮用水等途径摄入这些化学污染物后，可能引发中毒，或对生殖系统、免疫系统、内分泌系统和/或神经系统造成损害，甚至致癌或致死。根据作用时间和效应特点，水生毒性物质的毒性可分为急性水生毒性和慢性水生毒性两类。

① 急性水生毒性是指一种物质对水中短期暴露的生物造成伤害的固有性质。

② 慢性水生毒性是指一种物质在根据生物生命周期确定的水生暴露期间，对水生生物造成有害效应的固有性质。

根据水生毒性物质危害性分类标准，水生毒性物质对水生生物的危害分为：

① 急性（短期）危害，是指一种化学品的急性毒性对短期暴露于该化学品的水生生物造成的危害。

② 长期危害，是指一种化学品的慢性毒性对长期暴露于该化学品的水生生物造成的危害。

7.6.2 水生生物毒性相关标准和方法

7.6.2.1 水生生物毒性标准

危害水生环境物质包括污染水生环境的液体或固体物质以及这些物质的溶液和混合物。联合国《全球化学品统一分类和标签制度（GHS）》（第 3 至第 9 修订版）对危害水生环境物质分类标准作了明确一致规定。危害水生环境物质分类标准主要包括：

(1) 急性（短期）水生危害

① 急性毒性类别 1：96h $L(E)C_{50}$（鱼类）≤1mg/L 和/或 48h EC_{50}（甲壳纲类）≤1mg/L 和/或 72h 或 96h ErC_{50}（藻类）≤1mg/L；

② 急性毒性类别 2：1mg/L＜96h $L(E)C_{50}$（鱼类）≤10mg/L 和/或 1mg/L＜48h EC_{50}（甲壳纲类）≤10mg/L 和/或 1mg/L＜72h 或 96h ErC_{50}（藻类）≤10mg/L；

③ 急性毒性类别 3：10mg/L＜96h $L(E)C_{50}$（鱼类）≤100mg/L 和/或 10mg/L＜48h EC_{50}（甲壳纲类）≤100mg/L 和/或 10mg/L＜72h 或 96h ErC_{50}（藻类）≤100mg/L。

(2) 长期水生危害

① 可提供充分的慢性毒性数据的不能快速降解物质：

慢性毒性类别 1：慢性 NOEC 或 ECx（鱼类）≤0.1mg/L 和/或慢性 NOEC 或 ECx（甲壳纲类）≤0.1mg/L 和/或慢性 NOEC 或 ECx（藻类）≤0.1mg/L；

慢性毒性类别 2：0.1mg/L＜慢性 NOEC 或 ECx（鱼类）≤1mg/L 和/或 0.1mg/L＜慢性 NOEC 或 ECx（甲壳纲类）≤1mg/L 和/或 0.1mg/L＜慢性

NOEC 或 ECx(藻类)≤1mg/L。

② 可提供充分慢性毒性数据的可快速降解物质：

慢性毒性类别 1：慢性 NOEC 或 ECx(鱼类)≤0.01mg/L 和/或慢性 NOEC 或 ECx(甲壳纲类)≤0.01mg/L 和/或慢性 NOEC 或 ECx(藻类)≤0.01mg/L；

慢性毒性类别 2：0.01mg/L<慢性 NOEC 或 ECx(鱼类)≤0.1mg/L 和/或 0.01mg/L<慢性 NOEC 或 ECx(甲壳纲类)≤0.1mg/L 和/或 0.01mg/L<慢性 NOEC 或 ECx(藻类)≤0.1mg/L；

慢性毒性类别 3：0.1mg/L<慢性 NOEC 或 ECx(鱼类)≤1mg/L 和/或 0.1mg/L<慢性 NOEC 或 ECx(甲壳纲类)≤1mg/L 和/或 0.1mg/L<慢性 NOEC 或 ECx(藻类)≤1mg/L。

③ 不能提供充分慢性毒性数据的物质：

慢性毒性类别 1：96h L(E)C_{50}(鱼类)≤1mg/L 和/或 48h EC_{50}(甲壳纲类)≤1mg/L 和/或 72h 或 96h ErC_{50}(藻类)≤1mg/L，且该物质不能快速降解和/或试验测定的 BCF≥500（或者如果缺少 BCF 值，lgK_{ow}≥4)；

慢性毒性类别 2：1mg/L<96h L(E)C_{50}(鱼类)≤10mg/L 和/或 1mg/L<48h EC_{50}(甲壳纲类)≤10mg/L 和/或 1mg/L<72h 或 96h ErC_{50}(藻类)≤10mg/L，且该物质不能快速降解和/或试验测定的 BCF≥500（或者如果缺少 BCF 值，lgK_{ow}≥4)；

慢性毒性类别 3：10mg/L<96h L(E)C_{50}(鱼类)≤100mg/L 和/或 10mg/L<48h EC_{50}(甲壳纲类)≤100mg/L 和/或 10mg/L<72h 或 96h ErC_{50}(藻类)≤100mg/L，且该物质不能快速降解和/或试验测定的 BCF≥500（或者如果缺少 BCF 值，lgK_{ow}≥4)。

(3) 安全网分类

慢性毒性类别 4：对于水中溶解度<1mgL 的难溶解的物质，在水中溶解度水平下没有观察到急性毒性［系指其 L(E)C_{50} 值高于水中的溶解度，而且对于该难溶解物质来说，有证据表明，急性毒性试验不会提供固有毒性的实际测量值］；且不能快速降解和 lgK_{ow} 24，表明其具有生物蓄积潜力，应当划为此类别。除非存在有其他科学证据表明不需要进行分类。这种证据包括试验测定的 BCF 值<500，或者其慢性 NOEC>1mg/L，或者有在环境中快速降解的证据。

一般来说，确定一种化学物质的急性和长期水生危害分类需要掌握下列数据，包括：

① 急性水生毒性（鱼类、甲壳纲类、藻类和其他水生植物 LC_{50} 或 EC_{50})：半数致死浓度（LC_{50})，指经统计学处理得出引起 50%受试生物死亡的浓度计算值；半数效应浓度（EC_{50})，指经统计学处理得出引起 50%受试生物发生有害反应或者生物的生长或生长率减少 50%的一种物质的浓度。

② 慢性水生毒性（鱼类、甲壳纲类、藻类 NOEC 或等效的 ECx）：无可见效应浓度（NOEC），指恰好低于产生统计学上明显有害效应的最低试验浓度，与对照组相比较，NOEC 不会产生可观察到的有害效应；半数效应浓度（藻类生长率）（ErC_{50}），指在特定时间内，与对照组样品相比较，会造成藻类细胞生长率减少 50％的一种物质的浓度。

③ 快速降解性（快速生物降解性和水中降解半衰期）：降解半衰期（DT_{50}）或者半衰期（$t_{1/2}$），指由于生物降解或非生物分解的结果，一种物质在环境介质中的浓度减少 50％所需要的时间。

④ 实际或潜在生物蓄积性［生物富集系数（BCF）或者正辛醇/水分配系数（$\lg K_{ow}$）］：生物富集系数（BCF），指达到稳定状态时，一种物质在水生生物中的浓度与该物质在周围水介质中浓度的比值；正辛醇/水分配系数（K_{ow}）：指在稳定状态下，一种物质在正辛醇中的溶解度与该物质在水中溶解度的比值，常以对数形式（$\lg K_{ow}$）表示。

⑤ 确定一种物质是否属于难以试验物质条件的证据，如水中溶解度、蒸气压、水中稳定性数据（离解常数、化学分解等）等。分类通常应当采用国际公认的《OECD 化学品测试准则》第 201、202、203、204、210、211、301、305、306、111 和第 117 号等规定的测试方法或其他等效试验方法，并由符合《良好实验室规范（GLP）原则》的实验室提供测试数据。联合国 GHS 分配给每个危害性种类规定的标签要素（象形图、信号词、危险性说明和防范说明）。危害水生环境物质急性或长期水生危害的标签要素和防范说明术语分别见表 7.13 和表 7.14。

表 7.13　GHS 规定的急性和长期水生危害的标签要素

水生危害类别	象形图	信号词	危害性说明
急性水生毒性类别 1		警告	对水生生物毒性非常大
急性水生毒性类别 2	不使用象形图	无信号词	对水生生物有毒
急性水生毒性类别 3	不使用象形图	无信号词	对水生生物有害
慢性水生毒性类别 1		警告	对水生生物毒性非常大，并具有长期持续影响

续表

水生危害类别	象形图	信号词	危害性说明
慢性水生毒性类别 2	[象形图]	无信号词	对水生生物有毒，并且具有长期持续影响
慢性水生毒性类别 3	不使用象形图	无信号词	对水生生物有害，并且具有持续影响
慢性水生毒性类别 4	不使用象形图	无信号词	可能对水生生物产生长期持续影响

表 7.14　急性和长期水生危害的防范说明术语

防范说明术语	适用的危险(害)性类别	使用条件
预防防范说明		
避免向环境中排放	危害水生环境(急性危害)类别 1、类别 2、类别 3	如果非其预定的用途
避免向环境中排放	危害水生环境(长期危害)类别 1、类别 2、类别 3、类别 4	如果非其预定的用途
反应防范说明		
搜集泄漏物	危害水生环境(急性危害)类别 1	
	危害水生环境(长期危害)类别 1、类别 2	
处置防范说明		
处置内装物/容器	危害水声环境(急性危害)类别 1、类别 2、类别 3	依照当地/地区/国家/国际法规
	危害水生环境(长期危害)类别 1、类别 2、类别 3、类别 4	

7.6.2.2　水生生物毒性法律法规

欧洲议会和理事会制/修订并颁布了一系列关于水污染防治政策法规（见表 7.15），以防控水生毒性物质对欧洲水环境的污染。此外，欧盟成员国的主管当局也颁布了危险物质相关环境管理法规，加强水生毒性物质环境风险管控。

表 7.15　水污染防治政策法规

国家/机构	时间	法规名称
欧洲议会和理事会	2000 年 10 月 23 日	《关于确立了欧共体在水政策领域的行动框架指令(2000/60/EC)》
	2001 年 11 月 20 日	《关于确立水政策领域优先物质名单并修正第 2000/60/EC 号指令》的决定(2455/2001/EC)
	2006 年 12 月 12 日	《关于保护地下水,避免污染和变质的指令(2006/118/EC)》
	2008 年 3 月 11 日	《关于修订第 2000/60/EC 号指令,建立共同体水政策领域行动框架并赋予欧盟委员会执行权力的指令(2008/32/EC)》
	2008 年 12 月 16 日	《关于水政策领域环境质量标准,修订并随后废止理事会指令 82/176/EEC、83/513/EEC、84/156/EEC、84/491/EEC、86/280/EEC 号以及修订欧洲议会和理事会指令(2000/60/EC)的指令(2008/105/EC)》
德国	2017 年 4 月	《关于处理对水有害物质设施的条例》,取代旧的 VwVwS 条例
	2017 年 8 月 10 日	《危害水体物质名单》

德国环境部发布的《危害水体物质名单》将水生危害化学品分为四个危害水平等级（见表 7.16）。

表 7.16　德国水生危害化学品危害水平等级

危害等级	危害水平
无危害	对水体无危害(not dangerous to water)
1	对水体较低危害(low danger to water)
2	对水体有危害(dangerous to water)
3	对水体高危害(highly dangerous to water)

7.6.2.3　水生生物毒性测试方法

(1) 根据是否采用受试生物完整机体来分类[24]

① 体外试验。通过在体外维持某一个靶器官或靶细胞，甚至靶分子的正常生理功能，观察受试物对其产生的作用，从而提供毒理学资料的方法。鱼类作为水生食物链的顶层生物，它的生命行为是水质毒性检测的重要指标。同时，鱼肝细胞中 SOD 酶的高活性和高敏感性使它成为一种较好的试验靶细胞，众多学者进行了相关研究并得到了与整体试验有较好相关性的结论。此外，鱼类胚胎发育初期具有较高灵敏度这一特点对水质毒理检测工作也有重要意义。通过观察鱼受精卵经化合物染毒后的胚胎发育过程，可分析化合物的毒性作用方式、毒性作用时间、胚胎毒性以及致畸性。

体外试验可用来测量生物体某一特性毒效而不受机体多种复杂因素影响。根据试验目的和需要，可选择不同种属动物的器官、组织，细胞株（系），细胞受体等，探索毒性作用机制，为整体动物试验提供线索和依据。该法可使试验中的剂量和对化学品的暴露期更精确化，可使试验的物化环境参数得到更精确的限定和控制，具有简便、快捷以及可直接利用人体细胞等优点，因此能在短时间内对化学物品的潜在毒性进行评估。但其主要缺点是各种微生物或细胞的培养都是在离体条件下进行，难以精确地模拟或反映外源物在生物体内的生物转运和生物转化过程；敏感度不佳，需要富集系数在 15～30 之间；无法得到毒效学或毒代动力学的资料。

② 体内试验。体内试验是对整体动物进行的毒性毒理试验，是体外试验的良好补充，可以用来发现毒物对有机生命体的危害程度，阐明剂量-效应关系，确定闯剂量或无作用剂量。国际上对常规的动物试验已形成了特定的规范，该试验受试生物需求量大，成本较高，试验周期长，不能对大量物质快速进行毒性评价，不能满足 3R 原则。科研人员呼吁一个合理的试验设计，使科研更人性化、先进化。目前国际上的研究方向主要集中在试图将转基因动物应用在毒理检测中，不仅可把标志基因转入试验动物体内，而且还可转入代表毒性终点的基因，其优点在于可以在整体动物内集中研究 DNA 损伤的诱发、修复突变和癌变等，延伸毒理机制探索的深度。

（2）根据暴露时间来分类

① 急性毒性试验。又称急性致死试验、短期试验，是指在短时间内（通常为 48～96h）接触高浓度毒物时，被测试污染物质会导致受试生物群体产生一特定比例的有害影响的试验。它可在较短时间内获得污染物的毒性危害信息。急性毒性试验可以反映机体短时间接触污染物后所受到的损害，并为确定有毒物质的作用途径、剂量与效应的关系提供依据，是一种应用最广泛的毒性测试方法。

② 亚急性毒性试验。又称亚致死试验。试验暴露时间长于急性毒性试验但短于慢性毒性试验。近年，随着人们对生态受体了解的深入，亚致死终点对保护环境的重要性得到认识，但亚致死终点概念的产生，也增加了确定毒害效应的难度。

③ 慢性毒性试验。又称长期试验。在低浓度下暴露时间接近或超过整个生活周期，或连续几代，其间考察生物繁殖能力、摄食能力和行为变化等长期存活的能力，可为污染物的毒性评估提供全面而科学的支持，通常为毒性检测不可缺少的环节。同时应用因子（AF）概念的提出使得生物急性毒性和慢性毒性联系起来，它表示一种化学物质的慢性试验浓度的阈值除以其急性毒性试验的 LC_{50} 浓度值。某些情况下，通过 AF 可以省去慢性毒性试验而进行慢性毒性评估，从而节约了慢性试验所需的时间和费用。在自然环境中，生物体大多情况下是阶段性地暴露于非点源污染物中，因此标准毒性试验不能完整反映实际环境中水生生

物暴露于污染物的状况，最好进行野外的慢性试验。

目前，阶段性污染相关研究受到越来越多的关注。例如，在不同脉冲频率和间歇时间条件下开展毒性试验，以及探索如何缩短慢性试验持续时间、通过较短试验时间预测毒物慢性影响的研究，均成为水生生物毒理学工作者关注的焦点。

(3) 根据试验溶液的状态体来分类

在不同处理条件下，受试水样或药物可能具有挥发性、环境不稳定性等特性，为保证试验方法合理和结果可靠，对不同受试对象须采用不同的试验溶液续补方式。

① 静态试验。试验溶液不流动，试验期间不需更换试验液，装置简单，适用于受试药物性质稳定且指示生物好氧性要求不高的状况。

② 半静态试验。试验溶液不流动，但可以定期更换试验溶液（如 12h 或 24h，可将容器内的试液吸出，而后加入新配制的试验溶液），或将受试生物转入新配制的、浓度相同的试验溶液中，但应避免在转移过程中损伤受试生物。

③ 流水试验。连续地或恒量间歇地使受试溶液流经试验容器，在保证充足的溶解氧和受试药物浓度稳定性的情况下，及时地将试验动物的代谢产物随着流出的试验液而排出。该方法为试验动物提供了更接近自然环境的试验条件，适用于大多数物质，包括不稳定物质。但由于其用水量和废水量较大，所需设备也较复杂，因而若非必要，仍是半静态试验使用较多。

(4) 根据标志物类别的不同来分类

① 毒性试验。传统的毒性试验包括微生物毒性试验、藻类毒性试验、大型溞急慢性毒性试验、鱼类急慢性毒性试验等，涵盖了水生态系统群落结构中各个营养级的生物。通过检测受试生物在暴露毒物一段时间后的中毒反应来判定毒物的毒性，是国内外学者广泛采用的毒性评价体系。

随着人类认识环境日益深入，毒理检测试验逐渐成为相关领域学者的关注焦点和重点研究对象，许多国家和地区都制定了适应本土实际条件的国家标准。国内外毒理学学者对自然界常见污染物如重金属、农药、有机物以及各种水体水样进行了大量的毒性检测试验，对人们合理开发利用现代科技及资源、更好地走可持续发展道路提供了颇具价值的理论支持。利用微生物检测水质毒性方面，基于发光细菌生理代谢所特有的发光功能，其被广泛用作毒性检测指示物。

薛建华等研究了发光细菌的发光特点，证明了水环境中的汞、苯酚都抑制发光细菌的发光，且与其浓度具有良好的相关性，在此基础上，将发光细菌发光检测技术应用于监测京杭运河的水污染中。

董春宏等利用底泥硝化菌的活性程度来评价铜离子的污染，得到底泥的铜离子半数抑制率 IC_{50} 为 12.43μmol/L，敏感性高于以活性污泥硝化菌为指示生物的情况，证明了用污染物对底泥硝化活性的抑制程度评价污染物的生物毒性是可行的。

发光细菌法是一种可以用来进行多元体系联合毒性研究的快速生物测试技术，可对多种有毒有害物质共存时产生的综合毒性进行评价，具有实时检测、前处理简单、成本低廉等优点。李彬等用斜生栅藻和明亮发光杆菌对重金属污染土壤进行生态毒性评估，结果显示发光菌的相对发光度以及斜生栅藻的增殖率与土壤中的重金属含量均有明显相关关系，并且比较所测参数后，认为斜生栅藻细胞增长率是最为敏感的土壤毒性表征指标。也有尝试其他菌种作为检测指示物的案例，Plata 等已通过测定乳酸菌暴露在 Hg^{+}、Cd^{2+}、Pb^{2+}、Cu^{2+} 和 Zn^{2+} 等重金属条件下的生长量，得出该细菌同样能够反映水体受污染程度，可应用在研究不同水样重金属毒性的试验中。

大型溞作为淡水生物的重要类群，对毒物敏感且取材容易，繁殖周期短，试验方法简便，是国际标准毒性试验模式生物之一。Calleja 等利用大型溞对有害废物浸出液的毒性成功进行了评估。修瑞琴等利用大型溞为受试生物，检测了铬渣、氰渣、铁渣、砷铁渣、金矿渣及农药等的毒性。目前大型溞毒性试验已广泛应用于工农业污水以及各种生化废水的毒性评价中。

藻类是水生态系统的初级生产者，它的生死存亡与水体的质量有着密不可分的关系，可以利用藻类的生物量来反映水体的毒性，该试验的优点在于藻类生长周期短，易于分离培养以及可直接观察细胞水平上的中毒症状等。常用的测试指标有细胞数、叶绿素含量、细胞干重以及最大比生长率等。陈德辉等摒弃传统以藻抑制率为毒性测试指标的方法，以氧电极法的光合率作为测试指标，准确、快速地测定受试毒物对藻类光合作用的毒效性，将传统的 96h 测定时间缩短到 2h，并且灵敏度也提高约一倍。由于藻类在水生态系统中的重要地位，许多国家和国际组织都规定化学品对藻类的毒性是测试化学品毒性的必需指标，并都制定了一系列藻类毒性测试的标准方法。

鱼类是水生态食物链的高层动物，当水体中有毒物质达到一定浓度时，会带给鱼一系列中毒症状，包括食饵、生殖或形态变化，行为迟钝，种群数量和结构变化等，因而鱼类是水质毒理试验的重要指示生物。金彩杏等利用急性毒性试验，研究了有机磷农药三唑磷对鲈鱼、梭鱼、日本鳗鲡苗、大弹涂鱼等海洋鱼类的毒性，获得了这四种鱼的常用急性半致死浓度，以及对三唑磷耐受力的强弱顺序。丁中海研究了五种有机化合物和三种农药对水生生物的毒效性，受试生物选用水生食物链三个营养级较具代表性的生物普通小球藻、大型溞和斑马鱼，得到了较为客观的急性和慢性生物毒性数据。李丽君等以斑马鱼的半致死浓度为评价指标，对六类工业废水的毒性进行了生物检测，得出毒性强度顺序为电子类＞食品类＞电镀类＞电池类＞玻璃类＞橡胶类。因传统鱼类毒性测定方法指标过于依靠感官判断，其应用范围受到限制。刘红玲等利用斑马鱼胚胎发育技术对氯代酚和烷基酚类化合物的毒性进行研究，通过观察其对不同阶段的斑马鱼卵的发育生长影响，发现该类化合物对斑马鱼胚胎发育有明显的抑制作用，甚至造成胚胎发育畸形。斑马鱼胚胎发育技术可重复性及可靠性较高，灵敏度远高于传统的鱼类急性试验，比成年鱼有更广阔的发展空间。

② 利用生物大分子检测。大分子检测对象应用在水质毒性检测方面的主要有蛋白质等。在污染物的刺激下，机体产生的对抗机制常常会在蛋白质表达中得以显示。因此通过对环境因素变化敏感的酶系的检测可以间接地推测环境质量的变化，并且有时外源物也可直接作用于蛋白质形成加合物，这种效应也可反映环境质量的变化。

用特定反应中关键酶的变化来表征污染物的影响，将其作为一种环境污染的生物标志物，对毒物的环境危害提供早期预警，已经受到国内外学者的广泛关注。此类标志物研究较早的有乙酰胆碱酯酶（AChE）和 ATP 酶。当前的研究多集中在混合功能氧化酶系（mixed function oxidase，MFO）。此酶又称单加氧酶，是体内的一族解毒酶系，包括细胞色素 P450 在内的一系列成分。细胞色素 P450 是电子传递链的末端氧化酶，具有催化专一性，其活性可被外源性物质诱导，具备作为生物标志物的条件。国外以 P450 作为毒理学指标对多环芳烃（PAHs）、多氯联苯（PCBs）、二噁英的生物检测做了较多的研究且主要集中在体内 EROD（7-乙氧基-3-异吩噁唑酮脱乙基酶）活性测试，而体外试验多采用细胞培养技术。

有报道表明，漆酶在免疫检测中有望代替辣根过氧化物酶，成为新的标记酶。其优点在于在漆酶的氧化过程中，不会形成非产物型的酶-底复合物，无需特殊的仪器和试剂，对不同价态金属离子浓度的敏感性较低。杨泉泉等对某流域不同污染程度的水质做了抗药酶活力影响测试，在 30d 的暴露中，谷胱甘肽-S 转移酶（GST）和谷胱甘肽过氧化物酶（GPX）活性被抑制，且酶活性随污染程度的加重，抑制程度加大，其结果与水化学监测结果一致；胆碱酯酶（CHE）活性变化较复杂，呈现低激活高抑制现象；认为耳萝卜螺体内 CHE、GST、GPX 活性是指示污染的敏感指标。

此外，DNA、生物代谢物等被用作水质污染的标志物均有报道。

③ 利用血液学指标的检测。鱼类的某些血液学指标对外界存在的污染物较为敏感，但对环境胁迫因子的响应过程具有阶段性，由于与机体的新陈代谢、生理状况关系密切，血液的生理指标能较好地体现鱼体的应激反应。其中，红细胞数量、白细胞数量、血红蛋白含量、细胞脆性及细胞直径等均是血液常见的检测指标。据报道有机磷能使血红素水平、红细胞数量及比容降低，引起机体的免疫反应，表现为白细胞组成改变，数量先增后减。葛慕湘的研究结果表明，感染嗜

水气单胞菌的鲤鱼血红蛋白、红细胞数量显著降低，血沉速率明显加快，红细胞直径显著大于正常值，能灵敏地反应该种菌的感染。

此外，铅中毒可加速鱼红细胞的沉降，增加不成熟红细胞数，并使红细胞溶解和退化，因此，鱼红细胞可作为水中铅污染的评判指标。再如，造纸废水和有机氯农药可增加鱼的血糖，因此鱼类血糖含量的变化，也可作为对有机氯农药和造纸废水的污染进行监测的指标。由于鱼体生理和健康状况与其生活环境质量直接相关，血液生理指标是一种良好的污染标志物。

④ 利用行为活动指标的检测。水中的鱼类及其他水生动物能够对所处的水环境压力作出反应，包括个体间的竞食、水温突变、捕捞以及其他人为惊扰等造成的急性环境胁迫，还有由于水质逐渐恶化和长期高密度拥挤等产生的慢性环境胁迫，会发生一些与行为活动相关的反应（如呼吸频率、鳃盖活动频率和咳嗽频率改变等），可作为对某些污染物的检测指标。程炜轩等利用斑马鱼和鲢鱼的摆尾速度和移动速度为检测指标，测试了其行为受水体中微囊藻毒素和孔雀石绿侵蚀的反应，并得到了较满意的结论，证明该两项指标用以监测环境是可行的。有研究表明，淡水养殖的鲫鱼和鲤鱼对重金属离子 Hg^{2+}、Cu^{2+}、Ag^{+} 具有相当高的敏感性，且洗涤运动（即咳嗽频率）与重金属离子密切相关，提示这两种鱼的呼吸运动对重金属离子的反应特性可作为水质重金属污染的生物监测指标。还有研究表明，大于 0.005mg/L 的酚对鲤鱼的呼吸运动有强烈抑制作用。

除此之外，还有研究发现 Cu^{2+} 能明显影响海湾扇贝的呼吸率，其 12h EC_{50} 为 0.339mg/L，而 0.1mg/L 的 Hg^{2+} 和 0.05mg/L 的 Cd^{2+} 能明显影响中国虾的呼吸。

⑤ 其他检测手段。由于生物之间存在着复杂的竞争、捕食以及相互依存等关系，将单种毒性试验的结果外推到真实环境中是不科学的，还需要进行不同种群生物在不同环境条件下的试验，因此群落级和系统级毒性试验越来越受关注。

在水生生态系统群落级毒性试验中，常以微型生物群落，包括细菌、真菌、藻类和原生动物为受试对象。这种生物群落对外界环境的变化相当敏感，因此生物群落的结构和功能的变化可反映化学品的毒性，主要有人工培养和人工基质模拟生态系统两种取样方法。同时，随着近年来微生物固定化技术的发展，全细胞微生物传感器应运而生，常见的作为分子识别元件的全细胞包括细菌、酵母菌、真菌，植物和动物细胞等，由于具有灵敏，检测速度快、范围宽等优点，已受到研究者的重视。

微生物传感器主要由微生物膜（微生物与基质以某种方式固化形成）和信号转换器（如气敏电极或离子选择电极等）构成，用来分析污染物的生物毒性。崔健升等以地衣芽孢杆菌、假单胞菌和枯草芽孢杆菌为识别元件，采用夹层法固定化微生物膜与氧电极组成毒性微生物传感器，以三种不同菌株生物传感器对河豚毒素的响应能力进行试验，得出对河豚毒素最敏感的微生物菌株为地衣芽孢杆菌的结论。王学江等采用基于大肠杆菌的 CellSense 生物传感器，对某垃圾填埋场渗滤液处理系统各单元的水质毒性进行跟踪分析。结果显示由于毒性中间产物的影响，部分处理单元的水质毒性升高，但与对应的 COD 和氨氮含量等指标无明显相关性，并认为制备的大肠杆菌型 CellSense 生物传感器能客观、真实地反映污水水质的综合毒性变化，具有良好的应用价值。

7.6.2.4 水生毒性试验方法相关标准

水生毒性试验方法相关标准如表 7.17 所示。

表 7.17 水生毒性试验方法相关标准

水生毒性试验方法
GB/T 21805《化学品 藻类生长抑制试验》
GB/T 21806《化学品 鱼类幼体生长试验》
GB/T 21807《化学品 鱼类胚胎和卵黄囊仔鱼阶段的短期毒性试验》
GB/T 21828《化学品 大型溞繁殖试验》
GB/T 21830《化学品 溞类急性活动抑制试验》
GB/T 21854《化学品 鱼类早期生活阶段毒性试验》
GB/T 27861《化学品 鱼类急性毒性试验》
GB/T 29763《化学品 稀有鮈鲫急性毒性试验》
GB/T 35524《化学品 浮萍生长抑制试验》
HJ/T 153《化学品测试导则》
OECD 试验准则 201:《藻类生长抑制试验》
OECD 试验准则 202:《溞类急性活动抑制试验》
OECD 试验准则 203:《鱼类急性毒性试验》
OECD 试验准则 204:《鱼类延长毒性 14 天试验》
OECD 试验准则 210:《鱼类早期生命阶段毒性试验》
OECD 试验准则 211:《大型溞繁殖试验》
OECD 试验准则 212:《鱼类胚胎和卵黄囊吸收阶段短期毒性试验》
OECD 试验准则 215:《鱼类幼体生长试验》
OECD 试验准则 221:《浮萍生长抑制试验》
EC C.1:《鱼类急性毒性》
EC C.2:《溞类急性毒性》
EC C.3:《藻类抑制试验》

续表

水生毒性试验方法
EC C. 14:《鱼类幼体生长试验》
EC C. 15:《鱼类胚胎-卵黄囊吸收阶段的短期毒性试验》
EC C. 20:《大型溞繁殖试验》
USEPA OCSPP 850. 1000:《水生试验研究特别注意事项》
USEPA OCSPP 850. 1010:《水生无脊椎动物急性毒性试验,淡水溞类》
USEPA OCSPP 850. 1020:《钩虾急性毒性试验》
USEPA OCSPP 850. 1035:《糠虾急性毒性试验》
USEPA OCSPP 850. 1045:《对虾急性毒性试验》
USEPA OCSPP 850. 1075:《鱼类急性毒性试验,淡水和海水》
USEPA OCSPP 8501300:《溞类慢性毒性试验》
USEPA OCSPP 850. 1350:《糠虾慢性毒性试验》
USEPA OCSPP 850. 1400:《鱼类早期生命阶段毒性试验》
USEPA OCSPP 850. 1500:《鱼类生命周期试验》
USEPA OCSPP 850. 1730:《鱼类 BCF 试验》
USEPA OCSPP 850. 4400:《浮萍水生植物毒性试验》
USEPA OCSPP 850. 4450:《水生植物现场试验》
USEPA OCSPP 850. 4500:《藻类毒性试验》

7. 6. 3　部分脂肪醇衍生物的水生生物毒性数据

7. 6. 3. 1　脂肪醇醚硫酸酯盐（AES）

Kikuchi 等[25] 用^{35}S作为示踪原子标记 C_{12}-AE_3S 和 C_{12}-AE_5S，采用全身放射自显影图谱和液体闪烁计数法研究鲤鱼吸收、分配和排出^{35}S的过程。研究发现，^{35}S很快被鳃和皮肤吸收，然后分配到其他器官和组织，24h 后，^{35}S在鳃、肝胰腺、胆囊、肠、鼻腔和口腔的浓度相对较高，^{35}S在组织中的分配规律与在器官中的分配规律相似。采用液体闪烁计数法可以得到^{35}S在一些重要组织和器官中的富集情况，在^{35}S标记的 C_{12}-AE_3S 中，24h 时胆囊中^{35}S的富集因子为 600，肝胰腺、鳃和肾中是 8～10，皮肤、脾、血液和生殖腺中是 1～2，大脑和肌肉中是 0.2；在^{35}S标记的 C_{12}-AE_5S 中相应的数值分别为胆囊中 80，肝胰腺、鳃和肾中 0.7～2，皮肤、脾、血液和生殖腺中是 0.2，大脑和肌肉中是 0.02。还用薄层色谱检测了^{35}S标记的 C_{12}-AE_3S 和 C_{12}-AE_5S 在胆囊和肝胰腺中的代谢物。结果显示，大部分代谢物都是初始表面活性剂。在^{35}S排出实验中，1/2 C_{12}-AE_3S转化为游离表面活性剂所需的时间分别为：全身120h，鳃24h，肝胰腺24h，胆囊120h；对于C_{12}-AE_5S所需时间分别为：全身120h，鳃72h，肝胰腺24h，胆囊120h。另外还计算出了^{35}S的吸收和消除速率常数，如表7.18，可见吸收和消除速度都很快。根据上面的研究可知，AES不会在水生生物体内积累。

表 7.18　AES在鱼体内的生物富集

化合物	生物富集因子(72h)	吸收速率常数	消除率/d
C_{12}-AE_3S	18±1	0.9±0.18	3
C_{12}-AE_5S	4.7±0.5	0.13±0.01	6

此外，AES的化学结构对水生生物的影响很大，烷基链长、EO加合数（n）与毒性的关系复杂，至今仍没有明确的说法，但与其他阴离子表面活性剂不同的是，AES的毒性受EO加合数的影响要大于烷基链长。碳链碳数小于16的AES，毒性随着EO加合数的增加而降低，当含2个EO时，毒性最大；碳链碳数大于16的AES，情况则相反；碳链碳数等于16时，AES毒性达到最大，此时AES的毒性受EO加合数的影响不大。以不同碳链长度（C_8～$C_{19.6}$）、不同EO加合数（1～3）的AES对蓝腮鱼进行急性毒理研究，LC_{50}值分别为：C_8>250mg/L，C_{10}=375mg/L，C_{13}=24mg/L，C_{14}=4～7mg/L，C_{15}=2mg/L，C_{16}=0.3mg/L，到$C_{17.9}$时增加到10.8mg/L，$C_{19.6}$=17mg/L。对于鱼类，LC_{50}值在0.39～450mg/L范围内，为期1年慢性生命周期实验确定了最低有影响浓度（LOEC）是0.22mg/L。AES对鱼类的毒性随着烷基链长度的增加而有所增加，烷基链碳数为16时毒性最大。

关于AES对藻类影响的报道较少，Kutt和Martin[26]在1974年报道了阴离子表面活性剂与阳离子、非离子表面活性剂相比对Gymnodium breve藻的致死率和生长速度有很大影响。然而，Matulova[27]在1964年研究表面活性剂对淡水蓝藻的影响时发现，阳离子表面活性剂（溴化十六烷基吡啶）对蓝藻的影响最大。两种相反的结果表明：表面活性剂对不同藻类影响程度不同。AES对藻类生长的影响由半数有效浓度（EC_{50}）表示，其值介于4～65mg/L，如表7.19。

表 7.19　AES对藻类的影响

藻的类别	AES	EC_{50}/(mg/L)	实验时间/d
月牙藻	$C_{10\sim15}$-AE_3S	65	2
月牙藻	$C_{12\sim14}$-AE_nS	20(97%生长受到影响)	21

续表

藻的类别	AES	EC_{50}/(mg/L)	实验时间/d
月牙藻	$C_{10\sim16}$-AE_2S	30(91%生长受到影响)	21
月牙藻	$C_{12\sim14}$-AES	32	3
月牙藻	C_x-AE_9S	4～8	3
菱荇藻	C_x-AE_9S	5～10	

Painter[28] 在 1992 年报道了 AES 对溞的急性毒理实验，对应的 EC_{50} 范围是 1～50mg/L，但是对大型溞进行 21 天重复试验时发现 EC_{50} 为 0.37mg/L。Belanger 等[29] 也发现 AES 的浓度对无脊椎动物的影响很小，但在 0.77mg/L 的浓度下对蜉蝣和双壳贝进行 8 周研究发现，其种群受到破坏。AES 的 LD_{50} 一般在 4000mg/kg 以上，有些甚至达到 10000mg/kg。根据物质毒性分类，某种物质 LD_{50}＞1000mg/kg，表示其毒性很低，LD_{50}＞5000mg/kg，则认为无毒，所以 AES 属于毒性很低物质。

7.6.3.2　季铵盐

季铵盐类（QACs）化合物对许多水生生物（如鱼类、溞、轮虫、藻类和原生动物以及许多微生物）有害，还会对哺乳类动物产生危害，如损害上皮细胞、影响生殖系统和呼吸系统。其毒性数据参见表 7.20。

表 7.20　QACs 对水生生物毒性数据

QACs	对象	测试	ρ/(mg/L)
十二、十四、十六、十八烷基三甲基溴化铵(ATMAC C_{12}、C_{14}、C_{16}、C_{18})	小球藻	96h EC_{50}	0.11～0.19
	蛋白核小球藻	EC_{50}	0.10～1.5
	四尾栅藻	EC_{50}	0.15～0.55
ATMAC C_{12}、C_{14}、C_{16}	大型溞	IC_{50}	0.13～0.38
	明亮发光杆菌	EC_{50}	0.24～0.63
	大型溞	24h EC_{50}	0.15～0.37
ATMAC C_{14}	费氏弧菌	IC_{50}	0.74
ATMAC C_{10}	费氏弧菌	IC_{50}	2.83
十六、十八烷基三甲基氯化铵(ATMAC C_{16}、C_{18})	蛋白核小球藻	EC_{50}	0.17～1.36
	四尾栅藻	EC_{50}	0.22～0.58
ATMAC C_{16}	小球藻	96h EC_{50}	0.14～0.15
	费氏弧菌	IC_{50}	0.99

续表

QACs	对象	测试	ρ/(mg/L)
十六烷基二甲基乙基溴化铵（ATMAC C_{12}、C_{16}）	小球藻	96h EC_{50}	0.12～0.20
双十二、双十六、双十八烷基二甲基溴化铵（DADMAC C_{12}、C_{16}、C_{18}）	蛋白核小球藻	EC_{50}	0.22～0.68
	四尾栅藻	EC_{50}	0.98～1.78
DADMAC C_{14}	月牙藻	72h EC_{50}	0.021
	大型溞	48h EC_{50}	0.023
	镜湖萼花臂尾轮虫	48h EC_{50}	0.025
	四膜虫	24h EC_{50}	4.43
双十二、双十六、双十八烷基二甲基氯化铵（DADMAC C_{12}、C_{16}、C_{18}）	蛋白核小球藻	EC_{50}	0.08～3.27
	四尾栅藻	EC_{50}	1.16～3.9
DADMAC C_{10}	费氏弧菌	IC_{50}	0.4
十二、十四、十六烷基二甲基苄基氯化铵（BAC C_{12}、C_{14}、C_{16}）	小球藻	96h EC_{50}	0.16～0.20
BAC C_{12}	费氏弧菌	IC_{50}	0.17
	大型溞	IC_{50}	0.13
	明亮发光杆菌	EC_{50}	0.18
BAC C_{14}、C_{16}	大型溞	IC_{50}	0.13～0.22
	明亮发光杆菌	EC_{50}	0.15～0.55
60%BAC C_{12}+40% BAC C_{14}	月牙藻	72h EC_{50}	0.041
	大型溞	48h EC_{50}	0.041
	镜湖萼花臂尾轮虫	48h EC_{50}	0.13
	四膜虫	24h EC_{50}	2.94
烷基（68%C_{12}、32%C_{14}）二甲基乙基苄基氯化铵	斑马鱼肝细胞	EC_{50}	0.85
溴代十六烷基吡啶（HAC C_{16}）	小球藻	96h EC_{50}	0.13

注：IC_{50} 为抑制一半生物的浓度；EC_{50} 为引起 50%个体有效的浓度。

由表 7.21 可知，QACs 在低浓度（0.021～3.9mg/L）下对一些藻类和菌类具有明显的抑制或者毒性作用。相同浓度下，DADMAC 类和 BAC 类的抑制效果强于 ATMAC 类[30]。

此外，从表 7.21 中数据可以看出 QACs 对水生生物的急性毒性效应浓度与其自身结构、受试生物类型及受试时间紧密相关。在所报道的受试生物中，Daphnia magna 对 QACs 最敏感。如 Kreuzinger 等对比了 48h 内 BAC（C_{12}、C_{14} 和 C_{16}）对几种水生生物生长繁殖影响的 EC_{50} 值，发现 BAC（C_{12}、C_{14} 和 C_{16}）对 Daphnia magna 的 EC_{50} 值为 0.041mg/L，显著低于 Brachionus calyciflorus（0.125mg/L）和 Tetrahymena thermophila（2.941mg/L）。一般地，QACs 的急性毒性强度与其碳链长度成正比，可能是因为长链 QACs 更容易被吸附到生物膜上，破坏细胞膜结构。如 96h 内，BAC（C_{12}）、BAC（C_{14}）和 BAC（C_{16}）对 Chlorella vulgaris 的生长抑制 EC_{50} 值分别为 0.203mg/L、0.174mg/L 和 0.161mg/L。此外，其毒性效应还受暴露时间影响，Li 将 Dugesia japonica 暴露在同一浓度 BAC（C_{12}）下，发现半数致死浓度（LC_{50}）与暴露时间成反比关系。为了进一步明确 QACs 对水生生物急性毒性机制，利用差异分析蛋白组学探究了 BAC（C_{12}）对铜绿微囊藻的急性毒性效应及其机制，发现 96h 内 BAC（C_{12}）对 Microcystis aeruginosa 生长抑制的 EC_{50} 为 3.61mg/L。在此剂量下，藻的光合活性降低了 36%，但内源藻毒素和乳酸脱氢酶的胞外释放量显著增高，藻细胞出现质壁分离、类囊体模糊及类囊体膜堆积等现象。差异分析蛋白组学分析表明，BAC（C_{12}）主要通过破坏光合系统，导致电子传递受限，构成氧化胁迫，破坏细胞膜来抑制 Microcystis aeruginosa 的生长，同时内源微囊藻毒素合成量上升，并通过破损的细胞膜释放到环境中，从而增加了 BAC（C_{12}）对水生生物的危害。

表 7.21 QACs 对水生生物的急性毒性数据

QACs 类别	受试生物	测试时长/终点	浓度/(mg/L)
BAC(C_{12})	Dugesia japonica	24h/死亡	LC_{50}=4.02
	Dugesia japonica	48h/死亡	LC_{50}=2.27
	Dugesia japonica	72h/死亡	LC_{50}=0.43
	Dugesia japonica	96h/死亡	LC_{50}=0.21
	Chlorella vulgaris	96h/生长抑制	EC_{50}=0.203
	Microcystis aeruginosa	96h/生长抑制	EC_{50}=3.614
BAC(C_{14})	Chlorella vulgaris	96h/生长抑制	EC_{50}=0.174
BAC(C_{16})	Chlorella vulgaris	96h/生长抑制	EC_{50}=0.161
BAC(C_{18})	Oryzias latipes	96h/死亡	LC_{50}=2.12

续表

QACs 类别	受试生物	测试时长/终点	浓度/(mg/L)
CTAB/ATMAC(C_{16})	Rainbow trout	24h/死亡	LC_{50}=0.6
	Daphnia magna	24h/活动抑制	EC_{50}=0.058
	Chlorella vulgaris	96h/生长抑制	EC_{50}=0.156
CTAC/ATMAC(C_{16})	Chlorella vulgaris	96h/生长抑制	EC_{50}=0.137
BAC(C_8～C_{18})	Chlorella vulgaris	96h/生长抑制	EC_{50}=0.15
	Ceriodaphnia dubia	24h/死亡	LC_{50}=0.4037
	Daphnia magna	48h/活动抑制	EC_{50}=0.0382
BAC(C_{12} 和 C_{14})	Oryzias latipes	96h/死亡	LC_{50}=0.246
BAC(C_{12}、C_{14} 和 C_{16})	Daphnia magna	48h/活动抑制	EC_{50}=0.04111
	Daphnia magna	48h/抑制生长繁殖	EC_{50}=0.041
	Brachionus calyciflorus	48h/抑制生长繁殖	EC_{50}=0.125
	Tetrahymena thermophila	24h/抑制生长繁殖	EC_{50}=2.941
BEC	Cyprinus carpi	96h/死亡	LC_{50}=4.57

7.6.3.3 脂肪醇聚氧乙烯醚（AEO）

在藻类细胞中，色素扮演着至关重要的角色，它们能够吸收光能并将其转化为化学能，为藻类的生长和代谢提供动力。藻类细胞含有 3 种色素叶绿素 a、b 和 c，其中叶绿素 a 在藻类细胞中的含量相对较高，且其较为敏感，能够迅速反映出藻类细胞生理状态的变化，因此一般作为生理毒性指标。

考察了 AEO 对盐藻生长的影响，结果如图 7.7 所示[31]。在实验的 0～192h 内，含有浓度为 2.0mg/L 和 4.0mg/L 的 AEO 组的盐藻生长受到了抑制，其他 3 个浓度组与对照组比未表现出较强的抑制作用。这一结果说明较高浓度的 AEO 在短期内对藻类的生长具有一定的抑制作用。在不同浓度的 AEO 中培养 9

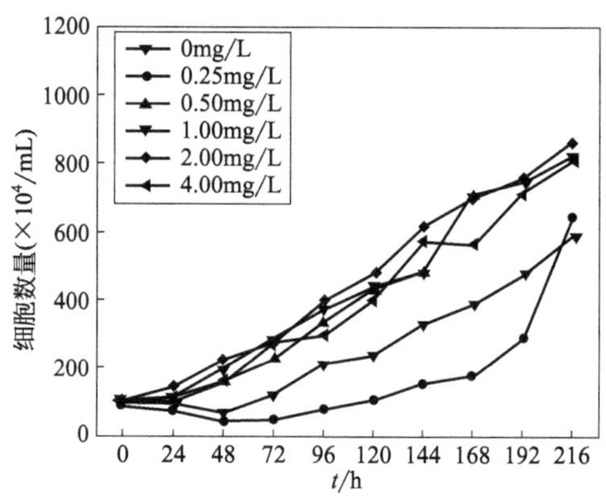

图 7.7　不同浓度 AEO 对盐藻细胞总数的影响

天后，各组盐藻叶绿素 a 的含量（图 7.8）未表现出显著差异。在不同浓度的 AEO 中培养 9 天后，4.0mg/L 的 AEO 组盐藻可溶性蛋白含量（图 7.9）显著低于对照组和低浓度（0.25mg/L）组（$p<0.05$）。在培养 9d 后，不同浓度的 AEO 中盐藻总谷胱甘肽（T-GSH）的含量（图 7.10）较对照组都有所升高，但各组与对照组比较差异不显著。

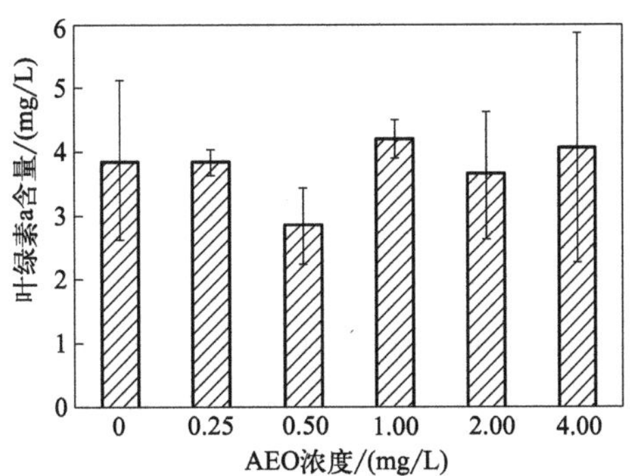

图 7.8　不同浓度 AEO 对盐藻叶绿素 a 含量的影响

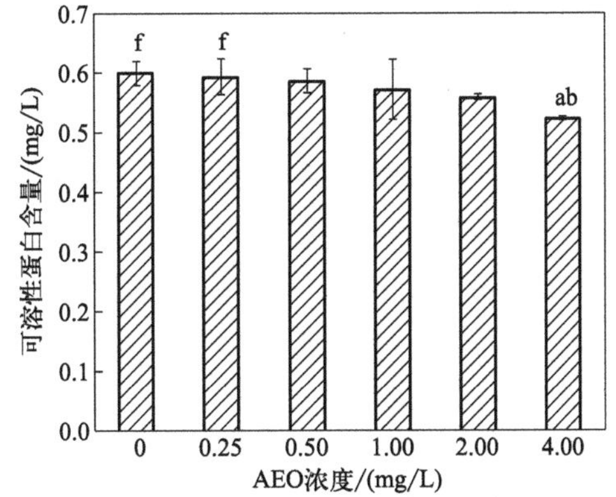

图 7.9　不同浓度 AEO 对盐藻可溶性蛋白含量的影响

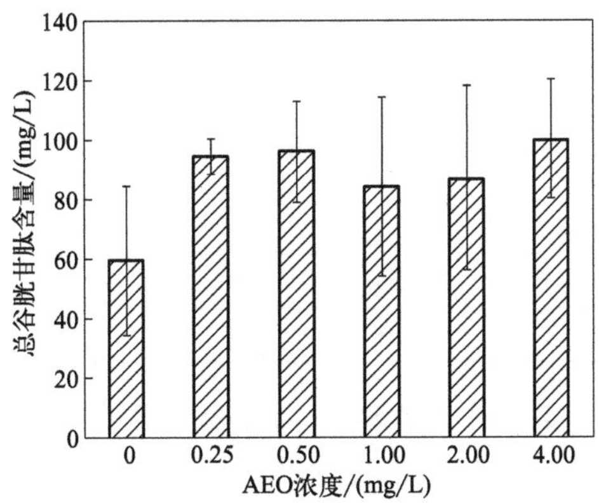

图 7.10　不同浓度 AEO 对盐藻总谷胱甘肽（T-GSH）含量的影响

此前研究认为，脂肪醇聚氧乙烯醚（AEO）结构稳定，是毒性最低的一类，对水生生物没有表现出毒性。但实验发现，较高浓度的 AEO（2.0mg/L 和 4.0mg/L）对盐藻的生长表现出了一定的抑制作用。同时，4.0mg/L AEO 组盐藻可溶性蛋白含量显著低于对照组和 0.25mg/L 浓度组。表明高浓度 AEO 抑制藻类生长和细胞内蛋白质的合成。其作用机理可能是由于 AEO 具有强表面活性，容易吸附在具有膜层结构的藻细胞器表面，而影响和破坏其正常功能，导致整个细胞死亡。另外，亦可能由于本研究使用的脂肪醇聚氧乙烯醚为工业用原料，可能含有其他对藻类生长具有抑制作用的成分导致。不同浓度活化剂脂肪醇聚氧乙烯醚对盐藻的生长具有抑制作用，初步证实 AEO 对盐藻具有一定的毒性作用。

7.6.3.4 脂肪醇硫酸酯盐

超氧化物歧化酶（superoxide dismutase，SOD）是一类含金属辅酶的抗氧化酶，主要分布于鱼类胞浆和线粒体的基质中。正常的生理状态下，抗氧化酶能够联合清除生物体内内源代谢产生的活性氧自由基，保护细胞膜结构和功能的完整。而污染物的胁迫可能会导致机体内抗氧化酶的含量或活性的变化，因此 SOD 可以作为预报水质污染对水生动物损伤的敏感性生物标记，监测污染物对水生生物的毒性效应[32]。

以草鱼为实验对象，采用暴露饲养的方式，初步研究阴离子表面活性剂十二烷基硫酸钠（K_{12}）对草鱼的毒性及其引起的部分组织 SOD 活性变化，试图探索阴离子表面活性剂污染对水生动物的损伤机理，为正确认识表面活性剂 K_{12} 对水生生物的危害及丰富分子毒理学内容提供理论依据。根据毒性实验结果，利用 Bliss 统计法进行数据处理，获得 SDS 对草鱼的 48h、96h LC_{50} 分别为 11.8mg/L 和 5.2mg/L，安全浓度为 1.26mg/L。草鱼腮 SOD 对 K_{12} 具有独特的应激反应，不同浓度 K_{12} 对草鱼腮、草鱼血清、草鱼肾脏 SOD 活性的影响如表 7.22 所示。

表 7.22 不同浓度 K_{12} 对草鱼腮 SOD 活性的影响

浓度/(mg/L)	活性				
	2d	4d	6d	8d	10d
0.0	65±2.3	65±1.3	67±5.1	68±3.7	70±3.5
0.01	78±3.6	85±2.7	93±4.6	105±12.2	107±8.7
0.2	124±1.9	132±11.5	135±10.5	98±2.1	77±5.7
4.0	71±9.4	73±6.4	69±1.2		

0.01mg/L 的低浓度处理中腮 SOD 活性随实验时间的延长而上升；后两个采样时间点（第 8、10 天）SOD 活性均产生极显著诱导，第 6 天前均受到显著诱导。升高 K_{12} 浓度到 0.2mg/L 时，SOD 活性随实验时间的延长而下降；前 8

天 SOD 活性诱导极显著，第 10 天无显著差异。表面活性剂 K_{12} 暴露对草鱼血清 SOD 具有明显的诱导作用。0.01mg/L 和 0.2mg/L 实验组中血清 SOD 活性诱导极显著；并且 SOD 活性随暴露时间的延长，出现先升后降的变化趋势。而 K_{12} 浓度较高（4.0mg/L）时，SOD 活性未受到显著诱导，变化趋势也不是很明显（表 7.23）。测定结果显示，低浓度（0.01mg/L 和 0.2mg/L）的 K_{12} 暴露草鱼肾脏 SOD 活性产生极显著诱导（表 7.24），在暴露的第 2、4、6 天肾脏 SOD 活性随处理时间延长逐渐上升，6 天后出现相反的变化趋势。4.0mg/L 处理组中 SOD 活性随着实验时间的延长而降低；暴露的第 6 天 SOD 活性出现抑制现象，第 8、10 天出现实验鱼死亡。

表 7.23　不同浓度 K_{12} 对草鱼血清 SOD 活性的影响

浓度 /(mg/L)	活性				
	2d	4d	6d	8d	10d
0.0	168±9.4	169.1±5.8	172.9±13.8	171.9±8.2	169.5±10.9
0.01	181.6±11.6	197.6±10.8	208.6±16.3	192.7±7.3	191.9±12.3
0.2	198.5±6.7	213.3±7.6	227.4±9.7	199.8±13.6	182.3±14.4
4.0	174.9±12	171.9±16.5	176.1±11.4		

表 7.24　不同浓度 K_{12} 对草鱼肾脏 SOD 活性的影响

浓度 /(mg/L)	活性				
	2d	4d	6d	8d	10d
0.0	89.5±2.1	90.3±0.98	87.1±1.4	91.6±1.3	93.2±0.45
0.01	105.9±5.3	163.3±2.5	268.4±8.1	157.5±4.4	127.6±6.5
0.2	110.7±3.9	146.9±7.6	212.6±9.7	132.3±9.7	109.3±3.9
4.0	96.8±9.4	93.1±5.4	86.0±2.8		

实验结果显示，阴离子表面活性剂 K_{12} 对草鱼腮、血清、肾脏等细胞组织有明显的毒性效应。毒性效应的产生可能是外源污染物在细胞组织中干扰正常受体与配体的相互作用、损伤细胞膜、干扰细胞能量的产生、与生物大分子核酸或蛋白质等结合，以及引起非致死性遗传改变，导致生物体受到伤害。而 SOD 作为一种保护酶，其功能是通过催化 O_2^- 歧化生成 H_2O_2 和 O_2，再和其他抗氧化酶联合作用，阻止自由基的连锁反应，调节生理功能，使机体免受损害。

急性毒性试验可以预测有毒污染物进入水域生态系统后对水生动物的致死效应，可是对含量少、作用时间长的微量污染物却难以评估。实验结果显示，水体中含有较低浓度的 K_{12} 不会导致草鱼死亡，但对其体内的 SOD 活性有显著的毒性影响。因此改变以半致死浓度作为评价污染物对生物毒性效应的标准，探索新的更灵敏的毒理学评价指标，用于评定生态环境中长期存在的低浓度污染具有重要意义。

7.6.3.5 烷基聚葡糖苷（APG）

APG 的生态毒性研究一般使用 C_{12}/C_{14}-APG 来进行。用 4 周的斑马鱼生长试验测得的无指示负效应（NOEC）最高试验浓度值为 1.8mg/L。因此，C_{12}/C_{14}-APG 的长程鱼毒性是与急性毒性处于相同的浓度范围。对溞的慢性毒性试验，是在 3 周增殖试验中测定的，表明 NOEC 值为 1mg/L。此值标志着所有用 C_{12}/C_{14}-APG 进行研究的最灵敏终点。在藻类慢性毒性试验中，研究了待测物料对细胞增殖的影响，观察到 NOEC 值为 2mg/L，而细菌细胞增殖的 NOEC 值则超过 1000mg/L。研究了 C_{12}/C_{14}-APG 对陆栖（生）生物的急性和慢性毒性试验，用蚯蚓做急性试验时甚至于 654mg/L 的最高浓度时也看不到有效应。用相同的浓度对燕麦、萝卜、番茄等做植物生长试验也无作用，因此 APG 可假定为仅对陆栖（生）机体有极低的毒性。

最后也在模拟河流实验室模型内对 C_{12}/C_{14}-APG 作了研究，这种研究涉及降解度和生态毒性的综合评价，由于测试物及其降解物在河流的生物群落均被用为评价标准。在这种所谓阶段模型中包含有 19 种藻类，原生动物和小后生动物标本进行生物群落发展，连续添加浓度为 5mg/L 的 APG 4 周评价阶段才导致标本组成的差异，即在引入时有生物群落效应，而在模型流进一步进行时，则在任何时候观察都无效应。这一结果说明 APG 可在短时期内快速生物降解浓度降落至低于地表水生物群落效应浓度（2.1mg/L≤NOEC 值<5mg/L)。

据这种观察生物群落已在 APG 添加后于 5 天内完全恢复引入点，而用其他表面活性剂，将需要长得多的时间。因此可得出结论：即便直接引入很大量的 APG 至河流中，也不会导致任何河水的长程生物群落效应[15]。

从标准测试方法得到的 C_{12}/C_{14}-APG 和 C_8/C_{10}-APG 的生态毒性学数据见表 7.25。

表 7.25 从标准测试方法得到的 C_{12}/C_{14}-APG 和 C_8/C_{10}-APG 的生态毒性学数据

单位：mg/L

测试方法	评价参数	C_{12}/C_{14}-APG	C_8/C_{10}-APG
急性毒性			
鱼	死亡率，LD_{50}	3.0	101
溞	游泳能力，EC_{50}	7.0	20
藻类	细胞增殖，EC_{50}	6.0	21
细菌	耗氧，EC_0	500	—

续表

测试方法	评价参数	C_{12}/C_{14}-APG	C_8/C_{10}-APG
亚慢性/慢性毒性			
鱼	生长,NOEC	1.8	—
溞	繁殖,NOEC	1.0	—
藻类	细胞增殖,NOEC	2.0	5.7
细菌	细胞增殖,NOEC	5000	1700
陆栖生物毒性			
蚯蚓	死亡率	654	—
植物(燕麦、萝卜、番茄)	生长	654	—

参考文献

[1] 于珍祥，刘有才，张华麟，等．脂肪醇原料制造应用［M］．太原：山西省日用化学学会，1986.

[2] 关鹏搏．脂肪醇制造与应用［M］．北京：轻工业出版社，1990.

[3] 杨婷婷，梅光军，瓮孝卿，等．阳离子表面活性剂的生物降解性测试［J］．现代矿业，2013，29（08）：17-19.

[4] 冯瑜，张广良，宋鹏，等．表面活性剂生物降解性及其法规［J］．日用化学品科学，2014，37（06）：33-39.

[5] 吴卫星．中国化学品环境立法的完善方向［J］．南京工业大学学报（社会科学版），2013，12（02）：44-48.

[6] 谭叙．探究不同方法测定生化需氧量的比对分析［J］．中国检验检测，2020，28（05）：111-113.

[7] 郭睿，来肖，赵艳艳，等．表面活性剂生物降解性研究现状与展望［J］．湖北造纸，2010（03）：25-28，48.

[8] 王鹏．表面活性剂的生物降解研究展望［J］．科技风，2015（07）：6.

[9] 伍堂敏，邓龙辉，刘保．液体脂肪醇硫酸盐的生产及应用性能［J］．日用化学品科学，2009，32（01）：27-31.

[10] Itoh S. Aerobic biodegradation of anionic and nonionic sufactant［J］. Eisei Kagaku，1988，34：414-420.

[11] Soto A M. Pnonylphenol：An estrogenic xenobiotic released from “modified” polystyrene［J］. Environ Health Perspect，1991，92：6167-6173.

[12] Birch R. Biodegradation of nonionic sufactant［J］. J Am Oil Chem Soc，1984，61，340-343.

[13] 罗世霞，朱淮武，张笑一．脂肪醇聚氧乙烯醚的厌氧与好氧生物降解性［J］．日用化学工业，2004（02）：77-79.

[14] Sturm R N. Biodegradation of nonionic suactant：Screening test for predicting rate and ultimate biodegradation［J］. J Am Oil Chem Soc，1973，50：159-167.

[15] 周大鹏，黄亚茹，秦志荣．脂肪醇聚氧乙烯醚硫酸盐生物降解和环境安全性评价［J］．日用化学品科学，2010，33（07）：33-38.

[16] Madsen T，Rasmussen D. Studies on the fate of linear alkvlben-zene sulfonates in sludge and sludae-amended soil［J］. The ClerReview，1999（5）：14-19.

[17] Barbara A N，Thomas W F. Batch test for assessing the minera-ization of 14C-radiolabeled compounds under realistic Anaero-bic conditions [J]. Environ Sci Technol，1996，30：3597-3603.

[18] 曹素珍．醇醚磷酸酯型助剂生物降解性的研究 [D]. 北京：中国农业科学院，2011.

[19] Grabinska-Sota E. Genotoxicity and biodegradation of quaternary ammonium salts in aquatic environments [J]. Journal of Hazardous Materials，2011，195：182-187.

[20] 张利兰，覃存立，钱瑶，等．季铵盐抗菌剂在环境中的迁移转化行为及其毒性效应 [J]. 环境科学，2023，44（01）：583-592.

[21] Oh S，Kurt Z，Tsementzi D，et al. Microbial community degradation of widely ammonium disinfectants [J]. Applied and Environmental Microbiology，2014，80（19）：5892-5900.

[22] 秦勇，张高勇，康保安．表面活性剂的结构与生物降解性的关系 [J]. 日用化学品科学，2002（05）：20-23.

[23] 萧安民．烷基聚葡糖苷的生态评价 [J]. 日用化学品科学，1997（03）：9-12.

[24] 高小辉，杨峰峰，何圣兵，等．水质的生物毒性检测方法 [J]. 净水技术，2012，31（04）：49-54.

[25] Kikuchi M，Wakabayashi M，Kojma H，et al. Bioa ccumulationprofiles of 35S-labelled sodium alkvl-poly（oxvethy-lene）sulfatesin carp [J]. Water Research，1980，14：1541-1548.

[26] Kutt E C，Martin D F. Effect of selected surfactants on the growth characteristics of Gymnodinium Breve [J]. Mar Bio，1974，28：253-259.

[27] Matulova D. Influence of detergents on water algae [J]. Technol Water，1964，8：251-301.

[28] Maki A W. Correlations between daphnia magna and fatheadminnow（Pimephales promelas）chronic toxicity values forseveral classes of test substances [J]. Fish Res Board Can，1979，36：411-421.

[29] Belanger S E，Meiers E M，Bausch R G. Direct and indirectecotoxicological effects of alkyl sulfate and akyl ethoxysulfate onmacroinvertebrates in stream mesocosms [J]. Aquatic Toxicology，1995，33：65-87.

[30] 杨春鹏，刘治界，桑军强．季铵盐废水的生物毒性及其处理技术研究进展 [J]. 水处理技术，2019，45（10）：12-16.

[31] 耿庆华，姜莉，张侃，等．表面活性剂脂肪醇聚氧乙烯醚对盐藻的毒性研究 [J]. 沈阳师范大学学报（自然科学版），2014，32（03）：435-440.

[32] 孙翰昌，黄丽英，丁诗华，等．表面活性剂 SDS 对草鱼急性毒性效应的研究 [J]. 中国农学通报，2005（11）：406-408.